聚酰亚胺泡沫材料

Polyimide Foam Materials

（第2版）

詹茂盛　王　凯　编著

国防工业出版社

·北京·

图书在版编目(CIP)数据

聚酰亚胺泡沫材料/詹茂盛,王凯编著.—2版.—北京:国防工业出版社,2018.11
ISBN 978-7-118-11663-2

Ⅰ.①聚… Ⅱ.①詹… ②王… Ⅲ.①聚酰亚胺-泡沫塑料 Ⅳ.①TQ323.7

中国版本图书馆 CIP 数据核字(2018)第 237306 号

※

新时代出版社
国防工业出版社出版发行
(北京市海淀区紫竹院南路23号 邮政编码100048)
三河市腾飞印务有限公司印刷
新华书店经售

*

开本 710×1000 1/16 插页 2 印张 24¼ 字数 435 千字
2018 年 11 月第 2 版第 1 次印刷 印数 1—2000 册 定价 128.00 元

(本书如有印装错误,我社负责调换)

国防书店:(010)88540777　　发行邮购:(010)88540776
发行传真:(010)88540755　　发行业务:(010)88540717

致 读 者

本书由中央军委装备发展部**国防科技图书出版基金**资助出版。

为了促进国防科技和武器装备发展,加强社会主义物质文明和精神文明建设,培养优秀科技人才,确保国防科技优秀图书的出版,原国防科工委于1988年初决定每年拨出专款,设立国防科技图书出版基金,成立评审委员会,扶持、审定出版国防科技优秀图书。这是一项具有深远意义的创举。

国防科技图书出版基金资助的对象是:

1. 在国防科学技术领域中,学术水平高,内容有创见,在学科上居领先地位的基础科学理论图书;在工程技术理论方面有突破的应用科学专著。

2. 学术思想新颖,内容具体、实用,对国防科技和武器装备发展具有较大推动作用的专著;密切结合国防现代化和武器装备现代化需要的高新技术内容的专著。

3. 有重要发展前景和有重大开拓使用价值,密切结合国防现代化和武器装备现代化需要的新工艺、新材料内容的专著。

4. 填补目前我国科技领域空白并具有军事应用前景的薄弱学科和边缘学科的科技图书。

国防科技图书出版基金评审委员会在中央军委装备发展部的领导下开展工作,负责掌握出版基金的使用方向,评审受理的图书选题,决定资助的图书选题和资助金额,以及决定中断或取消资助等。经评审给予资助的图书,由中央军委装备发展部国防工业出版社出版发行。

国防科技和武器装备发展已经取得了举世瞩目的成就,国防科技图书承担着记载和弘扬这些成就,积累和传播科技知识的使命。开展好评审工作,使有限的基金发挥出巨大的效能,需要不断摸索、认真总结和及时改进,更需要国防科技和武器装备建设战线广大科技工作者、专家、教授,以及社会各界朋友的热情支持。

让我们携起手来,为祖国昌盛、科技腾飞、出版繁荣而共同奋斗!

国防科技图书出版基金

评审委员会

国防科技图书出版基金
第七届评审委员会组成人员

主 任 委 员 柳荣普

副主任委员 吴有生　傅兴男　赵伯桥

秘 书 长 赵伯桥

副 秘 书 长 许西安　谢晓阳

委　　　员 才鸿年　马伟明　王小谟　王群书　甘茂治

（按姓氏笔画排序）甘晓华　卢秉恒　巩水利　刘泽金　孙秀冬

芮筱亭　李言荣　李德仁　李德毅　杨　伟

肖志力　吴宏鑫　张文栋　张信威　陆　军

陈良惠　房建成　赵万生　赵凤起　郭云飞

唐志共　陶西平　韩祖南　傅惠民　魏炳波

第 2 版前言

《聚酰亚胺泡沫》一书自 2010 年 4 月出版以来，深受业内同行们的关注，经常有同仁咨询购买该书和相关技术问题。

本书出版至今已 8 年，在此期间，国内外聚酰亚胺泡沫的研发和工业水平取得了很大发展，截至 2018 年 1 月，聚酰亚胺泡沫材料中国专利申请数为 95 件，其中 90% 是 2010 年 4 月第一版《聚酰亚胺泡沫》出版发行后发生的，相关科学研究更加深入，有多家企业实现聚酰亚胺泡沫材料量产，聚酰亚胺泡沫材料在舰船、航空航天、卫星、高铁、汽车、电子仪器等领域的应用不断扩大。聚酰亚胺是轻质、耐热材料领域的引领材料，我国已呈现快速发展态势。鉴于此，我们对该书进行修订、补充再版，为我国聚酰亚胺泡沫材料及其应用再尽绵薄之力。

在本书的再版中，我们将书名改为《聚酰亚胺泡沫材料》，增加了应用研究实例，补充了泡沫研究实例，补充了超临界二氧化碳发泡内容，调整了个别章节顺序，新增了耐更高温聚酰亚胺泡沫材料、电磁屏蔽聚酰亚胺泡沫材料以及附录。《聚酰亚胺泡沫材料》（第 2 版）由第 1 章绪论、第 2 章聚酰亚胺泡沫材料的主要组分与特性、第 3 章聚酰亚胺泡沫材料的发泡机理与成型工艺及实例、第 4 章聚酰亚胺泡沫材料的结构与性能、第 5 章增强聚酰亚胺泡沫材料、第 6 章耐更高温聚酰亚胺泡沫材料、第 7 章电磁屏蔽聚酰亚胺泡沫材料、第 8 章其他功能聚酰亚胺泡沫材料、第 9 章聚酰亚胺微发泡材料和附录构成。新增内容以自行实验研究结果为主，所述研究方法简化但行业人士可重复。由于聚酰亚胺泡沫材料研发十分活跃，资料收集、信息捕捉的遗漏难免，恳请读者和同行们指教。

詹茂盛和王凯负责修订及新增内容的编写等全部工作，潘玲英和马晶晶分别参与了第 6 章耐更高温聚酰亚胺泡沫材料和第 7 章电磁屏蔽聚酰亚胺泡沫塑料的部分编写工作。

本书再版得到了"国防科技图书出版基金"的资助，以及有关专家的荐举和鼓励，在此一并表示感谢，并向书中所有文献的作者表示深深敬意。

作 者

2018 年 2 月于北京

第1版前言

聚酰亚胺泡沫塑料是一类具有特定化学结构、耐高低温区域(−250~450℃)最宽、无有害气体释放的轻质多孔材料。聚酰亚胺泡沫塑料种类多样,包括在微观/介观或宏观等不同尺度具有不同孔结构(开孔、闭孔或开/闭孔组合)的软质或硬质泡沫材料,在许多高技术领域可单独作为隔热、吸声或阻燃材料使用,也可用作先进复合材料支撑体和复合材料夹芯。

聚酰亚胺泡沫塑料发明于20世纪60年代,伴随着液化天然气管道、船舶运输、火箭、导弹、航天飞机、高速列车的牵引机车、坦克发动机及低温燃料储箱等高技术领域对绝热保温、吸声等轻质复合材料需要的出现和增长而发展,21世纪各高技术领域对耐高低温轻质多孔材料的迫切需求进一步推动了聚酰亚胺泡沫塑料技术的发展与应用。目前,已有数十个国家将聚酰亚胺泡沫塑料作为海军舰船专用隔热、吸声材料;空客公司采用Rohacell® IG与Rohacell® S自熄型泡沫塑料制作A380副翼和气密隔板;我国第一代支线客机ARJ21−700采用Rohacell®刚性PMI泡沫塑料作为小翼和襟翼的芯材,采用Solimide软质聚酰亚胺泡沫塑料作为绝缘材料。

近3年来,发达国家致力于聚酰亚胺泡沫塑料的"低成本技术"研究,包括聚酰亚胺泡沫塑料单体的低成本和泡沫塑料成型产业化技术的低成本,事实表明:深度开发聚酰亚胺泡沫塑料综合技术是实现其低成本的基本保证。

聚酰亚胺泡沫及其复合材料涉及聚酰亚胺分子结构、泡孔结构设计、成型工艺、性能与功能设计和表征,以及发泡过程可视化等方面的研究,是近年来耐高温轻质聚合物材料领域的热点发展方向之一。目前,我国关于低密度、高强度和低成本聚酰亚胺泡沫塑料的技术开发仍处于起步阶段,为推动我国聚酰亚胺泡沫塑料的产业化发展和实际应用,解决诸多技术关键问题,对聚酰亚胺泡沫塑料的基础数据和资料进行归纳和提炼尤其重要。

作为多年从事航空航天、国防等聚酰亚胺材料科研和教学的总结,本书对作者自身相关特色研究成果和国内外同行最新研究文献进行了系统阐述,目的是通过聚酰亚胺泡沫塑料组分设计、制备工艺、性能与应用的介绍,进一步促进我国聚酰亚胺泡沫塑料方面科学与技术的发展。

本书内容包括:第1章绪论。主要简述聚酰亚胺泡沫塑料的概念、种类、技术

第1版前言

发展历史和趋势,以及聚酰亚胺泡沫塑料在航空航天和武器装备等领域的应用实例。第2章聚酰亚胺泡沫塑料的主要组分与特性。重点介绍热塑性和热固性聚酰亚胺泡沫塑料的材料组成及特性。第3章聚酰亚胺泡沫塑料的发泡机理与工艺。详细解说热塑性和热固性聚酰亚胺泡沫塑料的粉末发泡工艺与发泡机理。第4章聚酰亚胺泡沫塑料的结构与性能。比较系统地介绍了聚酰亚胺泡沫塑料聚集态结构与性能及其表征方法。第5章增强聚酰亚胺泡沫塑料。详细地介绍了微粒子、纤维和蜂窝增强聚酰亚胺泡沫塑料。第6章功能聚酰亚胺泡沫塑料。介绍了聚酰亚胺泡沫塑料的隔热、吸声降噪、低介电、电磁屏蔽、防辐射功能与表征方法。第7章聚酰亚胺微发泡材料。介绍了聚酰亚胺微发泡材料的组成与特性、发泡工艺、聚集态结构与性能等。在各章的最后均指出了拟解决的关键问题。在本书撰写工作中,詹茂盛负责封面和章节设计、参与全书撰写和全书审核,王凯参与第1章和第7章的撰写及部分修改工作,潘玲英参与第2章和第3章的撰写,沈燕侠参与第4章和第5章的撰写,李光珠参与第6章的撰写,全书由詹茂盛教授校对。

聚酰亚胺泡沫塑料是一种发展中的新材料,作者立足于聚酰亚胺泡沫塑料设计和成型工艺,同时注重发泡原理、泡孔结构与泡沫塑料性能,努力将本书编成具有资料收藏价值的参考书,限于作者水平,不足之处恳请读者和同行斧正。

本书撰写的内容得益于国家十一五"863"计划新材料技术领域"高性能结构材料专题项目"(2006AA03Z562)和多项航天基金项目的研究成果,以及某配套项目的推动;本书的出版得到了"国防科技图书出版基金"的资助,以及有关专家的荐举和鼓励。在此一并表示感谢,并向书中所有参考文献的作者表示深深敬意。

作 者
2009年9月于北京

目 录

第1章 绪论 ·································· 1
  1.1 聚酰亚胺泡沫材料的种类 ·························· 1
  1.2 聚酰亚胺泡沫材料发展情况 ························ 2
  1.3 聚酰亚胺泡沫材料的应用研究实例 ···················· 8
    1.3.1 航天领域应用研究实例 ························ 8
    1.3.2 航空领域应用研究实例 ······················· 12
    1.3.3 交通运输领域应用研究实例 ···················· 16
    1.3.4 武器装备领域应用研究实例 ···················· 18
    1.3.5 其他领域应用研究实例 ······················· 19
  1.4 聚酰亚胺泡沫材料的发展与挑战 ···················· 22
    1.4.1 聚酰亚胺泡沫材料的高性能化 ·················· 23
    1.4.2 聚酰亚胺泡沫材料的低成本化 ·················· 23
  1.5 其他高性能泡沫材料简介 ························· 23
    1.5.1 有机硅泡沫材料 ···························· 23
    1.5.2 聚苯并咪唑泡沫材料 ························ 24
    1.5.3 MAA/AN 泡沫材料 ··························· 25
  参考文献 ······································ 26

第2章 聚酰亚胺泡沫材料的主要组分与特性 ············ 30
  2.1 概述 ··· 30
  2.2 热塑性聚酰亚胺泡沫材料的组分及特性 ··············· 30
    2.2.1 热塑性聚酰亚胺泡沫材料基体材料 ··············· 30
    2.2.2 热塑性聚酰亚胺泡沫材料用发泡剂 ··············· 34
    2.2.3 表面活性剂 ······························· 41
  2.3 热固性聚酰亚胺泡沫材料的组分及特性 ··············· 41
    2.3.1 PMI 泡沫材料 ····························· 41
    2.3.2 BMI 泡沫材料 ····························· 51
    2.3.3 异氰酸酯基聚酰亚胺泡沫材料 ·················· 52
  参考文献 ······································ 53

第3章 聚酰亚胺泡沫材料的发泡机理与成型工艺及实例 ········· 57

3.1 概述 ········· 57
3.2 热塑性聚酰亚胺泡沫材料 ········· 57
3.2.1 粉末发泡成型工艺 ········· 58
3.2.2 粉末发泡机理 ········· 63
3.2.3 其他成型工艺 ········· 84
3.3 热固性聚酰亚胺泡沫材料 ········· 87
3.3.1 PMI 泡沫材料的发泡机理与成型工艺 ········· 87
3.3.2 BMI 泡沫材料的发泡机理与成型工艺 ········· 91
3.3.3 异氰酸酯基聚酰亚胺泡沫材料的发泡机理与成型工艺 ····· 94
3.4 实例 ········· 102
3.4.1 固相发泡泡沫实例 ········· 102
3.4.2 液相发泡泡沫实例 ········· 112
3.5 拟解决的关键问题 ········· 117
参考文献 ········· 117

第4章 聚酰亚胺泡沫材料的结构与性能 ········· 124

4.1 概述 ········· 124
4.2 聚酰亚胺泡沫材料的化学结构 ········· 124
4.3 聚酰亚胺泡沫材料的物理结构 ········· 127
4.3.1 聚酰亚胺泡沫材料的聚集态结构 ········· 127
4.3.2 聚酰亚胺泡沫材料的泡孔结构 ········· 129
4.4 聚酰亚胺泡沫材料的力学性能 ········· 138
4.4.1 聚酰亚胺泡沫材料力学性能的表征 ········· 138
4.4.2 典型热塑性聚酰亚胺泡沫材料的力学性能 ········· 140
4.4.3 典型热固性聚酰亚胺泡沫材料的力学性能 ········· 146
4.5 聚酰亚胺泡沫材料的回弹性能 ········· 150
4.5.1 泡沫回弹性能的表征方法 ········· 150
4.5.2 典型聚酰亚胺泡沫材料的回弹性能 ········· 151
4.6 聚酰亚胺泡沫材料变形机制 ········· 151
4.6.1 聚酰亚胺泡沫材料的压缩变形机制 ········· 152
4.6.2 聚酰亚胺泡沫材料的拉伸变形机制 ········· 156
4.7 聚酰亚胺泡沫材料的耐热性能 ········· 157
4.7.1 聚酰亚胺泡沫材料的 DMTA 测试 ········· 158
4.7.2 聚酰亚胺泡沫材料的 DSC 测试 ········· 159
4.7.3 聚酰亚胺泡沫材料的 TG 测试 ········· 160

目　录

　　4.8　聚酰亚胺泡沫材料的燃烧性能 165
　　　　4.8.1　聚酰亚胺泡沫材料的氧指数 165
　　　　4.8.2　聚酰亚胺泡沫材料的辉光电线点燃性能 167
　　　　4.8.3　聚酰亚胺泡沫材料的水平/垂直燃烧性能 167
　　　　4.8.4　聚酰亚胺泡沫材料的辐射加热板测试 169
　　　　4.8.5　聚酰亚胺泡沫材料的锥形量热测试 171
　　4.9　聚酰亚胺泡沫材料的其他性能 173
　　　　4.9.1　聚酰亚胺泡沫材料的LOX力学冲击性能 173
　　　　4.9.2　聚酰亚胺泡沫材料的单轴拉伸性能 175
　　4.10　拟解决的关键问题 176
　　参考文献 177

第5章　增强聚酰亚胺泡沫材料 180
　　5.1　概述 180
　　5.2　微粒子增强聚酰亚胺泡沫材料 180
　　　　5.2.1　在聚酰亚胺前驱体溶液中加入微粒子 180
　　　　5.2.2　在聚酰亚胺前驱体粉末中加入微粒子 183
　　　　5.2.3　在聚酰亚胺泡沫材料中加入微粒子 184
　　　　5.2.4　纳米微粒子原位增强聚酰亚胺泡沫材料 185
　　5.3　纤维增强聚酰亚胺泡沫材料 186
　　　　5.3.1　在聚酰亚胺前驱体溶液中加入纤维 186
　　　　5.3.2　在聚酰亚胺前驱体粉末中加入纤维 187
　　　　5.3.3　在纤维毡上沉积聚酰亚胺前驱体粉末 188
　　5.4　蜂窝增强聚酰亚胺泡沫材料 191
　　　　5.4.1　蜂窝材料简介 191
　　　　5.4.2　聚酰亚胺前驱体填充蜂窝 192
　　　　5.4.3　聚酰亚胺前驱体粉末填充蜂窝 194
　　　　5.4.4　聚酰亚胺前驱体微球填充蜂窝 194
　　5.5　拟解决的关键问题 206
　　参考文献 207

第6章　耐更高温聚酰亚胺泡沫材料 210
　　6.1　概述 210
　　6.2　更高T_g的α-BPDA基聚酰亚胺泡沫材料 211
　　　　6.2.1　酰亚胺化温度对α-BPDA基聚酰亚胺泡沫性能的影响 211
　　　　6.2.2　催化剂2-乙基-4-甲基咪唑对α-BPDA基聚酰亚胺泡沫性能的影响 214

  6.2.3 表面活性剂对 α-BPDA 基聚酰亚胺泡沫性能的影响 …… 217
  6.2.4 二胺结构对 α-BPDA 基耐高温聚酰亚胺泡沫性能
     的影响 ………………………………………………………… 218
 6.3 纳米蒙脱土填充固相发泡法耐高温聚酰亚胺泡沫材料 ……… 221
  6.3.1 纳米蒙脱土填充 α-BPDA 二酐聚酰亚胺泡沫材料 …… 221
  6.3.2 纳米蒙脱土填充 α-BPDA/p-PDA 聚酰亚胺泡沫材料
     的结构与性能 …………………………………………………… 221
  6.3.3 纳米蒙脱土填充 α-BPDA/m-PDA 聚酰亚胺泡沫材料
     的结构与性能 …………………………………………………… 224
 6.4 拟解决的关键问题 ……………………………………………… 227
 参考文献 …………………………………………………………………… 227

第 7 章 电磁屏蔽聚酰亚胺泡沫材料 …………………………………… 229
 7.1 概述 ……………………………………………………………… 229
 7.2 电磁屏蔽理论 …………………………………………………… 230
  7.2.1 电磁屏蔽基本原理 ……………………………………… 230
  7.2.2 电磁屏蔽理论分析 ……………………………………… 231
 7.3 电磁屏蔽聚酰亚胺泡沫材料的结构与性能 …………………… 235
  7.3.1 银纳米线杂化聚酰亚胺泡沫板的电磁屏蔽效能 …… 235
  7.3.2 银纳米球、线、片分别杂化聚酰亚胺泡沫板的电磁
     屏蔽效能 ………………………………………………… 246
  7.3.3 Ag-Fe$_3$O$_4$ 核壳纳米线杂化聚酰亚胺泡沫板的电磁
     屏蔽效能 ………………………………………………… 252
  7.3.4 聚酰亚胺泡沫薄片的电磁屏蔽性能 …………………… 255
  7.3.5 低发泡倍率对聚酰亚胺泡沫电磁波透过率的影响 …… 261
 7.4 拟解决的关键问题 ……………………………………………… 262
 参考文献 …………………………………………………………………… 263

第 8 章 其他功能聚酰亚胺泡沫材料 …………………………………… 265
 8.1 概述 ……………………………………………………………… 265
 8.2 隔热聚酰亚胺泡沫材料 ………………………………………… 265
  8.2.1 泡沫材料隔热原理与表征方法 ………………………… 266
  8.2.2 聚酰亚胺泡沫材料隔热性能影响因素 ………………… 268
  8.2.3 几种聚酰亚胺泡沫材料的隔热性能 …………………… 271
 8.3 吸声聚酰亚胺泡沫材料 ………………………………………… 274
  8.3.1 闭孔泡沫材料的吸声原理 ……………………………… 274
  8.3.2 开孔泡沫材料的吸声原理 ……………………………… 275

		8.3.3 泡沫材料吸声性能的表征方法	279
		8.3.4 聚酰亚胺泡沫材料吸声性能影响因素	280
		8.3.5 典型聚酰亚胺泡沫材料的吸声性能	282
	8.4	低介电聚酰亚胺泡沫材料	285
		8.4.1 泡沫材料的介电性能与表征方法	285
		8.4.2 影响聚酰亚胺泡沫材料介电性的因素	286
		8.4.3 聚酰亚胺泡沫材料介电常数的估算	290
	8.5	防辐射聚酰亚胺泡沫材料	291
		8.5.1 泡沫材料防辐射原理与表征方法	291
		8.5.2 聚酰亚胺泡沫材料的防辐射性能	292
	8.6	拟解决的关键问题	293
	参考文献		293
第9章	聚酰亚胺微发泡材料		296
	9.1	概述	296
	9.2	热分解法	297
		9.2.1 原理	297
		9.2.2 基体材料	297
		9.2.3 可热分解材料	300
		9.2.4 共聚聚酰亚胺的合成路线	302
		9.2.5 成型工艺	306
		9.2.6 聚集态结构表征	307
		9.2.7 典型聚酰亚胺微发泡材料的性能与研究实例	312
	9.3	超临界CO_2发泡法	321
		9.3.1 超临界CO_2作发泡剂的聚酰亚胺微发泡泡沫	321
		9.3.2 超临界CO_2作干燥剂的聚酰亚胺气凝胶	324
	9.4	其他方法的聚酰亚胺纳米多孔材料	338
		9.4.1 相反转法聚酰亚胺纳米多孔材料	338
		9.4.2 添加笼形聚倍半硅氧烷粒子法聚酰亚胺纳米多孔材料	344
		9.4.3 刻蚀法和萃取法聚酰亚胺纳米多孔材料	348
	9.5	商品化聚酰亚胺微发泡多孔材料	350
	9.6	拟解决的关键问题	352
	参考文献		352
附录			359
	附录1	典型聚酰亚胺泡沫材料品牌与性能	359
	附录2	材料名称缩写对照表	364

CONTENTS

Chapter 1 Introduction 1
  1.1 Type of polyimide foams 1
  1.2 Brief history of polyimide foams 2
  1.3 Applications of polyimide foams 8
    1.3.1 Astronautic applications 8
    1.3.2 Aeronautic applications 12
    1.3.3 Transportation applications 16
    1.3.4 Military applications 18
    1.3.5 Other applications 19
  1.4 Development and challenge of polyimide foams 22
    1.4.1 Performance increasing of polyimide foams 23
    1.4.2 Cost decreasing of polyimide foams 23
  1.5 Brief introduction of other high performance foams 23
    1.5.1 Silicon foams 23
    1.5.2 Polybenzimidazole foams 24
    1.5.3 AN/MAA co-polymer foams 25
  References 26

Chapter 2 Components and characteristics of polyimide foams 30
  2.1 Introduction 30
  2.2 Components and characteristics of thermoplastic polyimide foams 30
    2.2.1 Thermoplastic polyimide matrix for polyimide foams 30
    2.2.2 Blowing agents for thermoplastic polyimide foams 34
    2.2.3 Surfactants 41
  2.3 Components and characteristics of thermosetting polyimide foams 41
    2.3.1 Polymethacrylimide (PMI) foams 41
    2.3.2 Bismaleimide (BMI) foams 51
    2.3.3 Polyimide foams based on isocyanate 52
  References 53

CONTENTS

Chapter 3 Mechanism and process of polyimide foaming 57
  3.1 Introduction 57
  3.2 Process and foaming mechanism for thermoplastic polyimide foams 57
    3.2.1 Powdered precursors process 58
    3.2.2 Foaming mechanism of powdered precursors process 63
    3.2.3 Other processes 84
  3.3 Foaming mechanism and process for thermosetting polyimide Foams 87
    3.3.1 Foaming mechanism and process for PMI foams 87
    3.3.2 Foaming mechanism and process for BMI foams 91
    3.3.3 Foaming mechanism and process for polyimide foams based on isocyanate 94
  3.4 Examples 102
    3.4.1 Examples of solid phase foaming foams 102
    3.4.2 Examples of liquid phase foaming foams 112
  3.5 Problems 117
  References 117

Chapter 4 Structure and properties of polyimide foams 124
  4.1 Introduction 124
  4.2 Chemical structure of polyimide foams 124
  4.3 Physical structure of polyimide foams 127
    4.3.1 Solid-state structure of polyimide foams 127
    4.3.2 Cell structure of polyimide foams 129
  4.4 Mechanical properties of polyimide foams 138
    4.4.1 Characterization for mechanical properties 138
    4.4.2 Mechanical properties of typical thermoplastic polyimide foams 140
    4.4.3 Mechanical properties of typical thermosetting polyimide foams 146
  4.5 Resilience of polyimide foams 150
    4.5.1 Characterization 150
    4.5.2 Resilience of typical thermoplastic polyimide foams 151
  4.6 Deformation mechanism of polyimide foams 151
    4.6.1 Compression deformation mechanism 152

		4.6.2	Tensile deformation mechanism	156
	4.7	Thermal properties of polyimide foams		157
		4.7.1	DMTA for polyimide foams	158
		4.7.2	DSC for polyimide foams	159
		4.7.3	TGA for polyimide foams	160
	4.8	Combustion properties of polyimide foams		165
		4.8.1	Oxygen index	165
		4.8.2	Glow wire ignition	167
		4.8.3	Horizontal/vertical combustion properties	167
		4.8.4	Radiant heat panel	169
		4.8.5	Core calorimetry	171
	4.9	Other properties of polyimide foams		173
		4.9.1	Lox mechanical impact properties	173
		4.9.2	Uniaxial tension properties	175
	4.10	Problems		176
	References			177

Chapter 5 Reinforced polyimide foams 180

	5.1	Introduction		180
	5.2	Microparticle reinforced polyimide foams		180
		5.2.1	Adding microparticle to polyimide precursor solution	180
		5.2.2	Adding microparticle to polyimide precursor powder	183
		5.2.3	Adding microparticle to polyimide foam	184
		5.2.4	Nano-particles in situ reinforced polyimide foam	185
	5.3	Fiber reinforced polyimide foams		186
		5.3.1	Adding fiber to polyimide precursor solution	186
		5.3.2	Adding fiber to polyimide precursor powder	187
		5.3.3	Fiber mat reinforced polyimide precursor powder by deposition	188
	5.4	Honeycomb reinforced polyimide foams		191
		5.4.1	Introduction of honeycomb	191
		5.4.2	Honeycomb filled with polyimide precursor foam	192
		5.4.3	Honeycomb filled with polyimide precursor powder	194
		5.4.4	Honeycomb filled with polyimide precursor microsphere	194
	5.5	Problems		206
	Reference			207

CONTENTS

Chapter 6　Resistance to supreme temperature polyimide foam ········· 210
　6.1　Introduction ················· 210
　6.2　α-BPDA based polyimide foams with high T_g ············· 211
　　6.2.1　Influence of imidization temperature on properties of α-BPDA based Polyimide Foams ············· 211
　　6.2.2　Effect of catalyst 2-ethyl-4-methyl imidazole on foam properties of α-BPDA based polyimide ············· 214
　　6.2.3　Effect of surfactant on properties of α-BPDA based polyimide foam ············· 217
　　6.2.4　Effect of structure of diamine of α-BPDA based high temperature resistant polyimide foam ············· 218
　6.3　Nanomontmorillonite filled solid phase foaming high-temperature polyimide foams ············· 221
　　6.3.1　Nano montmorillonite filled with α-BPDA polyimide foam ············· 221
　　6.3.2　Structure and properties of α-BPDA/p-PDA polyimide foam filled with nano montmorillonite ············· 221
　　6.3.3　Structure and properties of α-BPDA/m-PDA polyimide foam filled with nano montmorillonite ············· 224
　6.4　Problems ················· 227
　Reference ················· 227

Chapter 7　Electromagnetic interference shielding polyimide foam plastics ················· 229
　7.1　Introduction ················· 229
　7.2　Theoretical analysis of electromagnetic interference (EMI) shielding ················· 230
　　7.2.1　Principle of EMI shielding ············· 230
　　7.2.2　Theoretical analysis of EMI shielding ············· 231
　7.3　Structure and properties of EMI shielding polyimide foam ········ 235
　　7.3.1　EMI shielding effectiveness of silver nanowire hybrid polyimide foam board ············· 235
　　7.3.2　EMI shielding effectiveness of polyimide foam board mixed with silver nanospheres, wires and sheets ········ 246
　　7.3.3　EMI shielding effectiveness of Ag-Fe_3O_4 core-shell nanowire hybrid polyimide foam board ············· 252

      7.3.4   EMI shielding properties of polyimide foam sheets ············ 255
      7.3.5   Electromagnetic transmittance of polyimide foams with
             low foaming ratio ··· 261
  7.4 Problems ·· 262
  Reference ·· 263

Chapter 8　Other functional polyimide foams ············ 265
  8.1 Introduction ··· 265
  8.2 Heat insulation polyimide foams ··· 265
      8.2.1   Mechanism and characteristic method ···················· 266
      8.2.2   Influencing factors ·· 268
      8.2.3   Heat insulating property of typical polyimide foams ············ 271
  8.3 Sound absorption polyimide foams ·· 274
      8.3.1   Sound absorption mechanism of closed cell foam ············· 274
      8.3.2   Sound absorption mechanism of open cell foam ············· 275
      8.3.3   Characteristic methods ··· 279
      8.3.4   Influencing factors ·· 280
      8.3.5   Sound absorption property of typical polyimide foams ········ 282
  8.4 Polyimide foam with low dielectric constant ································· 285
      8.4.1   Dielectric properties and characteristic methods ············· 285
      8.4.2   Influencing factors ·· 286
      8.4.3   Estimation of dielectric constants ····························· 290
  8.5 Radiation resistance polyimide foams ·· 291
      8.5.1   Mechanism and characteristic method ···················· 291
      8.5.2   Radiation resistance properties ······························· 292
  8.6 Problems ·· 293
  Reference ·· 293

Chapter 9　Microporous polyimides ············ 296
  9.1 Introduction ··· 296
  9.2 Thermal decomposition method ··· 297
      9.2.1   Mechanism ··· 297
      9.2.2   Matrix ··· 297
      9.2.3   Decomposable materials ······································ 300
      9.2.4   Synthesis route of copolymers ······························· 302
      9.2.5   Film Formation and foaming technologies ················· 306
      9.2.6   Aggregation structure ·· 307

CONTENTS

    9.2.7   Properties of typical microporous polyimides ·················· 312
9.3   Supercritical CO_2 foaming method ································ 321
    9.3.1   Polyimide Foam with supercritical CO_2 as foaming agent ··· 321
    9.3.2   Polyimide aerogels with supercritical CO_2 as desiccant ········· 324
9.4   Other methods for polyimide nanoporous materials ····················· 338
    9.4.1   Phase reversion method ·· 338
    9.4.2   Adding POSS ·· 344
    9.4.3   Etching and extraction method ··· 348
9.5   Commercial polyimide foams ··· 350
9.6   Problems ··· 352
    References ··· 352

Appendix ··· 359
    Appendix 1   Typical polyimide foams: brand and properties ················ 359
    Appendix 2   Abbreviation table ··· 364

第1章 绪　　论

聚酰亚胺是指主链上含有酰亚胺环的一类聚合物。这类聚合物具有突出的综合性能,可用多种方法合成和加工,应用领域极为广泛,国内已有专著论述[1]。

聚酰亚胺泡沫材料是指一类以聚酰亚胺树脂为主要成分、内部含有微观/介观或宏观等不同尺度开孔结构、闭孔结构或开孔/闭孔组合结构形成的软质和硬质多孔材料。其种类多、密度($5\sim400\text{kg/m}^3$)可设计、绝缘性突出,特别是具有优异的耐高低温($-250\sim450℃$)、耐辐射、难燃、低发烟,以及无有害气体释放等性能。聚酰亚胺泡沫材料属于先进功能材料系列,越来越多地用作航空航天、航空母舰、舰艇、油气远洋运输船、高铁、汽车、微电子和新型家电等高新技术领域的隔热、减振、降噪和绝缘等关键材料。

1.1 聚酰亚胺泡沫材料的种类

按分子结构特点分类,聚酰亚胺泡沫材料可为主链酰亚胺泡沫材料和侧链酰亚胺泡沫材料。

按聚酰亚胺树脂种类分类,聚酰亚胺泡沫材料可分为热塑性泡沫材料和热固性泡沫材料。热塑性聚酰亚胺泡沫材料是指具有线性分子链结构的聚酰亚胺泡沫材料,包括聚醚酰亚胺(PEI)泡沫材料等;热固性聚酰亚胺泡沫材料是指分子链呈交联网状结构的聚酰亚胺泡沫材料,主要包括聚甲基丙烯酰亚胺(PMI)泡沫材料、双马来酰亚胺(BMI)泡沫材料和异氰酸酯基聚酰亚胺泡沫材料。本书第2~第4章将分别介绍这两类聚酰亚胺泡沫材料的组分、制备工艺,以及结构与性能。

按硬度或力学性能分类,聚酰亚胺泡沫材料可分为软质(柔性)、半硬质(半刚性)和硬质(刚性或抗压)泡沫材料,PMI泡沫材料是典型的硬质泡沫材料,现有的聚酰亚胺泡沫材料均是软质或半硬质泡沫材料。

按密度分类,聚酰亚胺泡沫材料可分为低发泡(高密度,密度大于400kg/m^3)、中发泡和高发泡(低密度,密度小于10kg/m^3)泡沫材料。

按泡沫结构分类,聚酰亚胺泡沫材料可分为开孔和闭孔泡沫材料。

按功能分类,聚酰亚胺泡沫材料可分为隔热泡沫材料、吸声泡沫材料。

此外,还有一类聚酰亚胺微发泡材料,也称为聚酰亚胺纳米泡沫材料。这类聚酰亚胺泡沫材料通常只能制成薄膜状,主要用作微电子领域的低介电绝缘材料,具体参见本书第9章。

1.2 聚酰亚胺泡沫材料发展情况

聚酰亚胺泡沫材料由杜邦(Du Pont)公司和孟山都(Monsanto)公司发明于20世纪60年代。迄今,关于聚酰亚胺泡沫材料的研究论文和专利超过千篇,截至2018年1月中国国家知识产权局公开的聚酰亚胺泡沫材料专利申请数约95件,其中,2010年后申请数占90%,大多是2010年4月国防工业出版社《聚酰亚胺泡沫》之后发生的。相关科学实验研究更加深入,聚酰亚胺泡沫材料量产已显现,这可能是因为经济高速发展和高技术领域强烈需求所致。表1.1列出了国外制备聚酰亚胺泡沫材料的典型专利。国内研究多数处于实验室阶段或由实验室向产业转移阶段,其基本情况如表1.2所列。

表1.1 国外制备聚酰亚胺泡沫材料的典型专利

单位	时间	专利号	制备方法与泡沫特征	可能对应商品
Du Pont	1965-07-28	GB999578	以加入化学酰亚胺化试剂PMDA/ODA的聚酰胺酸溶液为主要成分,利用剧烈搅拌、通入气体、加入干冰或其他发泡剂的工艺引入气泡,制备出片状泡沫制品	SF
	1966-05-03	US3249561		
	1967-03-21	US3310506		
Monsanto	1969-12-09	US3483144	以四羧酸或二酐或其混合物与多胺为主要成分,利用球磨法制成挥发分含量至少为6.2%的混合物,再加热发泡,制备泡沫制品	—
	1970-07-21	US3520837	以二苯甲酮四酸和对苯二胺为主要成分,以吡啶为催化剂,加入20%~60%(质量)的水为溶剂,在150~500℃加热0.5~2h发泡定型制备出密度为17.6~19.7kg/cm³的泡沫制品	—
	1971-01-12	US3554939	以挥发分含量大于9%(质量)的四羧酸酯和铵盐混合物为前驱体A,以聚酰胺酸为前驱体B,将两种聚酰亚胺泡沫前驱体混合后加热到至少200℃发泡,制备出密度大于100kg/cm³的泡沫制品	—
NASA	1973-11-13	US3772216	以二酐及其衍生物等为前驱体溶液A,以异氰酸酯溶液为前驱体溶液B,利用混合后室温发泡,高温或微波固化的工艺,制备出低密度(低至8kg/cm³)阻燃的聚酰亚胺泡沫制品	—
	1975-12-03	GB1416187		
	1979-12-04	US4177333		
	1980-01-15	US4184021		
	2004-08-26	WO2004072032		
	2006-03-23	US2006063848		

第1章 绪　论

（续）

单位	时间	专利号	制备方法与泡沫特征	可能对应商品
NASA	1999-12-09	WO9962984	以二酐及其衍生物与二胺制备的泡沫前驱体粉末或微球为主要成分，利用粉发泡或球发泡工艺，制备出密度为 $8\sim320\text{kg/cm}^3$，压缩强度为 $0.01\sim10\text{MPa}$，氧指数为 $35\%\sim75\%$ 的聚酰亚胺泡沫制品	TEEK
NASA	2000-07-04	US6084000		TEEK
NASA	2000-10-17	US6133330		
Ethyl	1989-02-14	US4804504	以芳香族二酐及其衍生物，芳香族二胺和异氰酸酯为主要成分，利用微波发泡工艺，制备出密度可控的柔性泡沫	Solimide®
Ethyl	1991-11-12	US5064867		
Ethyl	1989-03-21	US4814357		
Ethyl	1989-09-12	US4866104		
Ethyl	1991-11-12	US5064867		
Ethyl	1992-06-16	US5122546		
Ethyl	1993-08-10	US5234966		
Inspec Foam	1999-05-04	US5900440	以异氰酸酯和二酸或二酐为主要成分，制备低密度（小于 96kg/cm^3）开孔泡沫	Solimide®
Inspec Foam	1999-07-06	US5919833		
UBE	2002-04-04	US2002040068	利用 α-BPDA 为主要成分，制备 T_g 高于 300℃ 的泡沫	Upilex®
UBE	2004-11-09	US6814910		
UBE	2004-11-18	US2004229969		
UBE	2009-01-15	WO2009008499		
UBE	2011-09-08	US2011218265		
UBE	2013-08-01	US2013193605		
UBE	2014-06-05	US2014155508		
UBE	2017-08-17	JP2017141355		
Roehm GmbH /Evonik	1975-09-16	US3906137	以 PMI 泡沫为可压缩芯材的层板	Rochell®
Roehm GmbH /Evonik	1980-02-05	US4187353	可发泡聚合物材料	
Roehm GmbH /Evonik	1986-03-18	US4576971	含磷阻燃 PMI 泡沫	
Roehm GmbH /Evonik	1987-05-12	US4665104	可发泡合成树脂复合材料	
Roehm GmbH /Evonik	1988-04-26	US4740530A	微波发泡法制备 PMI 泡沫	
Roehm GmbH /Evonik	1991-02-26	US4996109	用于夹层结构的硬质泡沫芯材	
Roehm GmbH /Evonik	1999-07-27	US5928459	PMI 泡沫的制备工艺	
Roehm GmbH /Evonik	2005-04-28	US2005090568	含多聚磷酸铵盐或硫化锌的阻燃 PMI 泡沫	
Roehm GmbH /Evonik	2014-11-27	AU2013295249	以 PMI 泡沫为芯材的复合材料成型工艺	
Roehm GmbH /Evonik	2015-11-05	JP2015193855	高断裂伸长率的 PMI 泡沫	
Roehm GmbH /Evonik	2016-02-11	US2016039986	连续制备 PMI 泡沫工艺	

注：表中各二酐、二胺单体的全称和化学结构参见表2.1和表2.2。

表 1.2　国内聚酰亚胺泡沫材料的研究概况

研究单位	制备方法与泡沫特征	典型性能指标	参考文献
北京航空航天大学	以芳香族二酐和二胺为主要成分,利用粉发泡和微球发泡工艺,制备出一系列热塑性聚酰亚胺泡沫	T_g:237~430℃; $T_{5\%}$:550~580℃; LOI:46~63	[2-5]
	以 BPDA 为主要成分,制备出耐高温泡沫;以二酐和异氰酸酯为主要成分制备出轻质、吸声、吸波的功能泡沫	T_g:359~450℃; $T_{5\%}$:550~580℃; 热导率小于 0.035W/(m·K); NRC 约为 0.53(0~4kHz)	[6,7]
	将热塑性聚酰亚胺泡沫原位填充到多种蜂窝中制备出一系列泡沫填充蜂窝复合材料	压缩强度:0.1~1.75MPa	[8,9]
中国科学院化学研究所	由聚酰亚胺前驱体固体粉末与蜂窝材料进行原位现场缩聚反应制备泡沫填充蜂窝复合材料	泡沫闭孔率大于 80%,T_g 大于 320℃,密度大于 100kg/m³ 泡沫的抗压强度大于 1MPa	[10]
国防科技大学	以甲基丙烯腈和甲基丙烯酸为主要成分,利用自由基预聚体法制备 PMI 泡沫	KHPM-Ⅰ 型泡沫:40~220kg/m³;热变形温度:200℃	[11]
		温度达到 285℃后,热分解出现快速失重	[12,13]
黑龙江石油化学研究院		$T_{5\%}$:300℃	[14]
航天材料及工艺研究所	以甲基丙烯腈和甲基丙烯酸为主要成分制备 PMI 泡沫	—	
	利用粉发前驱体,微波发泡	—	[15]
西北工业大学	以 AN/MAA/AM 共聚物为主要成分,利用自由基预聚体法制备硬质泡沫	热变形温度为 200~240℃	[16-24]
	以 BTDA、ODPA、ODA、MDA 和 DDS 为主要成分,加入微发泡成核剂,利用酯化法制备出五种阻燃聚酰亚胺泡沫	$T_{5\%}$:475~526℃,LOI:44%~51%	[25]
	以 BTDA、ODPA、ODA 和 DDS 为主要成分,加入碳纤维粉,利用酯化法制备出碳纤维粉增强的聚酰亚胺泡沫材料	碳纤维粉:6%(质量);密度:51kg/m³;T_g:297℃;10%室温压缩强度:0.7MPa	[26]
浙江大学	以 BTDA、ODA 和 2,4,6-三氨基嘧啶(TAP)为主要成分,利用酯化法制备硬质闭孔聚酰亚胺泡沫	T_g:272~287℃,$T_{5\%}$ 大于 520℃	[27-29]
广西化学纤维研究所	聚酰亚胺微发泡材料	密度:1.17kg/m³;孔隙率:14%	[30,31]
北京市射线应用研究中心	以异氰酸酯和 BTDA 为主要原料,制备低密度开孔泡沫	LOI:36%~39%	[32-34]
南京工业大学	利用粉发泡法,制备出开孔泡沫	T_g:260℃;$T_{5\%}$:510℃;开孔率:93%	[35,36]

(续)

研究单位	制备方法与泡沫特征	典型性能指标	参考文献
河北科技大学	以 BTDA 和 MDA 为主要原料,利用粉发泡法,制备出吸声泡沫	T_g：306℃；NRC 约 0.4（0～2kHz）	[37]

注：T_g表示玻璃化温度；$T_{5\%}$表示热失重 5%时的温度；NRC 表示降噪系数；LOI 表示极限氧指数。表中各二酐、二胺单体的全称和化学结构参见表 2.1 和表 2.2。

聚酰亚胺泡沫材料具有高低温绝热、吸声、轻质等特点,以及近十年液化天然气远洋船运、火箭或导弹、航天飞机、高速列车的牵引机车、坦克发动机及低温燃料储箱等高技术领域需求的强大牵引,使其在美国、日本和欧洲等国家得到快速发展,商品化情报不断公开,如美国 Inspec Foam 公司生产的 Solimide® 系列低密度柔性聚酰亚胺泡沫材料、NASA 授权 Sordal 公司生产的 Rexfoam® 系列半刚性聚酰亚胺泡沫材料、Dupont 公司的 SF 系列高密度聚酰亚胺泡沫材料,瑞士 Alcan Airex AG 公司的 PEI 泡沫材料和德国 RÖhm 公司的 Rohacell® 系列刚性 PMI 泡沫材料等。表 1.3 列举了几种商品化聚酰亚胺泡沫材料的主要性能[38-40]。

表 1.3 主要商品化聚酰亚胺泡沫材料性能

厂商	牌号	密度/(kg/m³)	压缩强度/MPa	最高使用温度/℃	热导率/(W/(m·K))
Inspec Foam	Solimide®TA-301	6.4	压缩50%,0.0090	200	0.046
	Solimide® AC-550	7.1	压缩25%,0.0048	200	0.043
	Solimide® AC-530	5.7	压缩25%,0.0028	220	0.049
	Solimide® HT-340	6.4	压缩25%,0.0048	300	0.046
	Solimide® Densified HT	32	压缩20%,0.0221	300	0.032
Sordal	Rexfoam	128	压缩10%,0.65	315	0.033
		96	压缩10%,0.45	315	0.032
		48	压缩10%,0.19	315	0.031
NASA	TEEK-HH	82	压缩10%,0.84	310	0.0179
	TEEK-HL	32	压缩10%,0.19	310	0.0168
	TEEK-LL	32	压缩10%,0.30	310	0.0254
	TEEK-CL	32	压缩10%,0.098	320	—
Du Pont	SF-0930	300	压缩10%,2.00	300	0.0467
	SF-0940	500	压缩10%,2.54	300	0.0657
Alcan	AIREX-82.60	60	0.7	160	0.036
	AIREX-82.80	80	1.1	160	0.037
	AIREX-82.110	110	1.4	160	0.040

(续)

厂商	牌号	密度/(kg/m³)	压缩强度/MPa	最高使用温度/℃	热导率/(W/(m·K))
RÖhm	Rochell-31A	32	压缩10%,0.4	180	0.0173
	Rohacell-51A	52	压缩10%,0.9	180	—
	Rohacell-71A	72	压缩10%,1.5	180	0.0300
	Rohacell-110A	110	压缩10%,3.0	180	0.0400

在已商品化热塑性聚酰亚胺泡沫材料中,比较成熟的品种是 TEEK 和 Rexfoam 系列聚酰亚胺泡沫材料,其产品照片分别如图 1.1 和图 1.2 所示。

图 1.1 TEEK-L 聚酰亚胺泡沫材料    图 1.2 Rexfoam™ 聚酰亚胺泡沫材料

北京航空航天大学在热塑性聚酰亚胺泡沫材料及其蜂窝增强聚酰亚胺泡沫复合材料方面进行了大量研究工作,研制的样件如图 1.3 所示。

图 1.3(a)表示雷达罩衬套缩比件,该聚酰亚胺泡沫材料圆锥底面内径为 90mm,外径为 110mm,高为 120mm,密度约为 40kg/m³;图 1.3(b)表示尺寸为

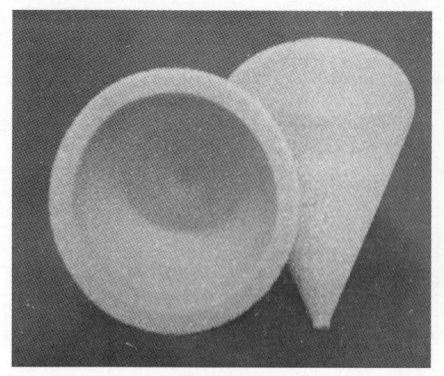

(a) 雷达罩衬套缩比件    (b) 块状泡沫

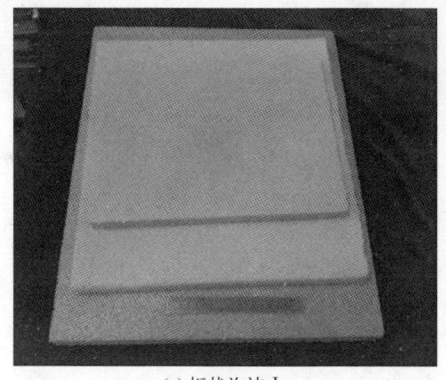

(c) 板状泡沫 I 　　　　　　　　　　　　(d) 板状泡沫 II

图 1.3　北京航空航天大学制聚酰亚胺泡沫材料

200mm×250mm×100mm,密度约为 20kg/m³ 的厚尺寸聚酰亚胺泡沫材料;图 1.3(c) 中最大聚酰亚胺泡沫材料的尺寸为 460mm×520mm×25mm,密度约为 15kg/m³;图 1.3(d) 中聚酰亚胺泡沫材料的尺寸为 260mm×160mm×20mm,密度约为 40kg/m³。

商品化的热固性聚酰亚胺泡沫材料主要是 Solimide® 系列软质聚酰亚胺泡沫和 Rohacell® 系列的 PMI 泡沫材料。Solimide® 系列聚酰亚胺泡沫制品照片如图 1.4(a)~(e) 所示。

(a) AC-550 　　　　　　　　　　　　(b) AC-530

(c) HT340 　　　　　(d) Densified HT 　　　　　(e) TA-301

图 1.4　Solimide® 系列聚酰亚胺泡沫制品

图 1.5 所示为德国 RÖhm 公司生产的牌号为 Rohacell® 的 PMI 泡沫材料，图 1.6 所示为 Rohacell® 泡沫的夹层结构。

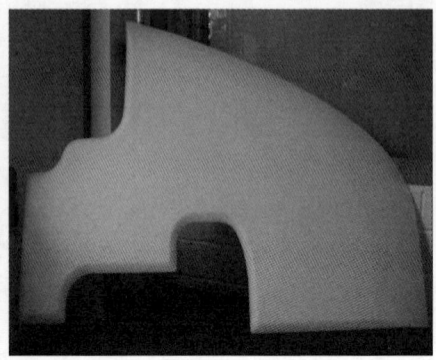

图 1.5　Rohacell® 泡沫材料

图 1.6　Rohacell® 泡沫夹层结构

上述商品化的聚酰亚胺泡沫材料的结构与性能将在第 4 章中介绍。

1.3　聚酰亚胺泡沫材料的应用研究实例

1.3.1　航天领域应用研究实例

三菱电机股份公司在申请号 2010-77722[41] 的发明专利中公开了一种由氧化铝类陶瓷纤维层、耐热聚酰亚胺 FRP、聚酰亚胺泡沫芯材、耐热聚酰亚胺 FRP 雷达透波层构成的耐热和宽频雷达透波的三明治结构材料导弹雷达罩，如图 1.7 所示。

耐聚酰亚胺三明治 FRP 包括耐热聚酰亚胺 FRP 外层、耐热聚酰亚胺泡沫芯材、耐热聚酰亚胺 FRP 雷达透波层。耐热聚酰亚胺 FRP 外层和耐热聚酰亚胺 FRP 雷达透波层用石英纤维，通过模具和耐热聚酰亚胺树脂胶使耐热聚酰亚胺泡沫芯

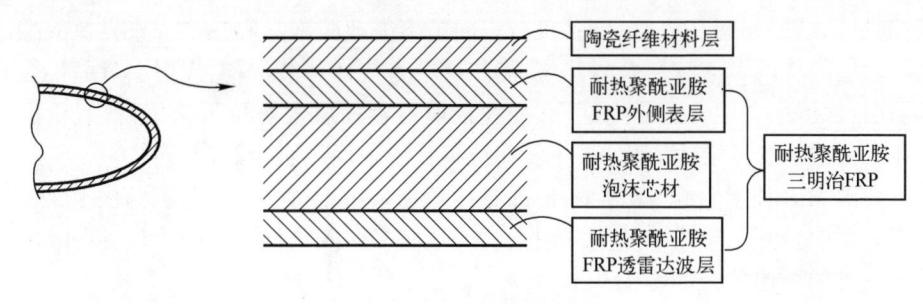

图 1.7 导弹雷达罩

材分别黏结耐热聚酰亚胺 FRP 外表层和耐热聚酰亚胺 FRP 雷达透波层,耐热聚酰亚胺 FRP 外层黏结陶瓷纤维材料层,即耐热聚酰亚胺三明治 FRP 与陶瓷纤维材料层之间采用耐热聚酰亚胺 FRP 预浸料黏结。陶瓷纤维材料层由氧化铝类陶瓷纤维溶液分散体系注入雷达罩形状的网格状模具中,真空吸附制作。陶瓷纤维材料表面涂覆二氧化硅溶胶提高其表面硬度,为保持形状,希望该陶瓷纤维材料层的 JIS 6050 硬度计值为 70~90,孔隙率为 40%~60%,密度为 600~700kg/m³,耐热温度 1200℃,800℃下的热导率为 0.18~0.25W/(m·K)。此外,耐热聚酰亚胺 FRP 芯材也可采用蜂窝材料或柔性蜂窝材料。

三菱重工股份公司在申请号 2014-72893[42] 和 2015-534218[43] 的发明专利中公开了一种聚酰亚胺泡沫用作火箭或人造卫星燃料箱的柔性热控材料,如图 1.8 所示。该材料主要由聚酰亚胺泡沫太阳光反射层、氟树脂红外线辐射层层合,具体而言,该柔性热控材料特征在于:层合材料的背面有聚酰亚胺材料或聚酯材料支撑

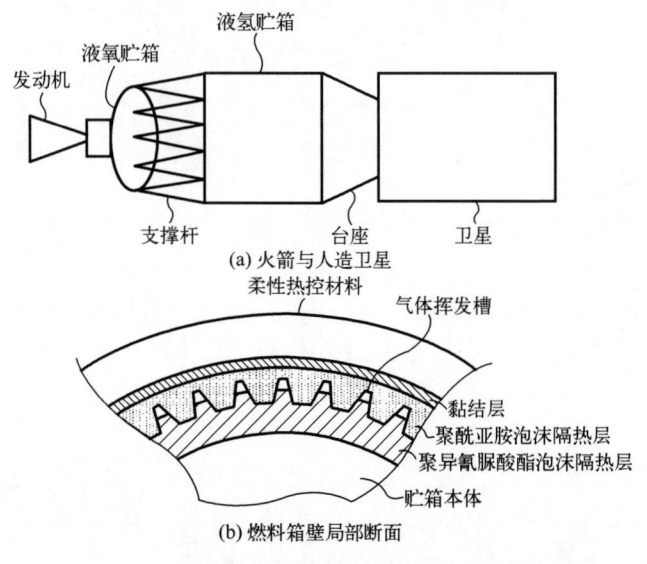

(a) 火箭与人造卫星

(b) 燃料箱壁局部断面

图 1.8 用作火箭或人造卫星燃料箱的柔性热控材料

层,通过黏结层固定在机身表面,机身表面是聚酰亚胺泡沫隔热层或聚异氰酸酯泡沫隔热层或其两者泡沫层合隔热层,隔热层上有气体释放沟槽;反射层背面层合有保护层,保护层上层合有导电层;红外线辐射层背面层合有抗氧化层,抗氧化层设置在反射层与支撑层间,也可进一步在抗氧化层表面层合金属膜。

  德国 MIS 技术公司(MIS Technologies Corporation)[44]在申请号 63-310233 的发明专利中公开了聚酰亚胺泡沫用于航天飞机多层隔热材料中的设计,图 1.9(a)航天飞机的结构单元如图 1.9(b)所示。

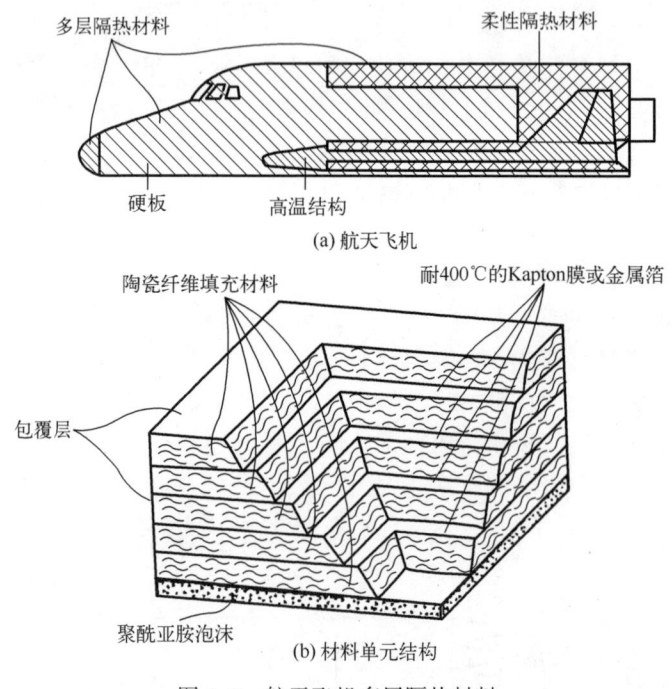

图 1.9 航天飞机多层隔热材料

  图 1.10 和图 1.11 分别表示 NASA 研制的 SAFE 柔性毯和哈勃太空望远镜的太阳电池帆。

  图 1.10 中,NASA 研制的 SAFE 柔性毯以片状玻璃纤维或碳纤维复合材料以及聚酰亚胺膜作为基层,该材料很薄(约 1mm),在该基层材料中填充的柔性聚酰亚胺泡沫材料可减小发射及行进过程中光电太阳能电池的震动,起到缓冲保护作用。

  另外,聚酰亚胺泡沫材料也用在哈勃太空望远镜上(图 1.11),其中的太阳电池帆中所用夹层材料的表层为 Kapton 膜,中间填充的聚酰亚胺泡沫材料可减小发射过程中光电太阳能电池的震动,起到缓冲保护作用。

图 1.10　SAFE 柔性毯

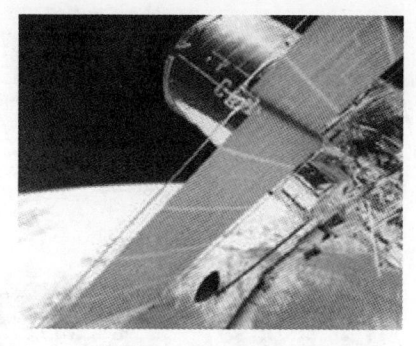

图 1.11　哈勃太空望远镜的太阳电池帆

航天员用头盔构造示意图如图 1.12 所示。图 1.12 中 14 和 16 为铰接壳部件,在 14 上有透明视窗 22、防晒板 24 和活动窗 20,23 为密封处,31 和 32 为冲击吸收垫,该吸收垫采用开孔弹性聚酰亚胺泡沫材料作内衬,聚酰亚胺泡沫材料紧贴坚硬壳体 14 和 16 起到防震阻尼作用。这种头盔可在太空飞行器生活舱内和高真空环境下使用[45]。

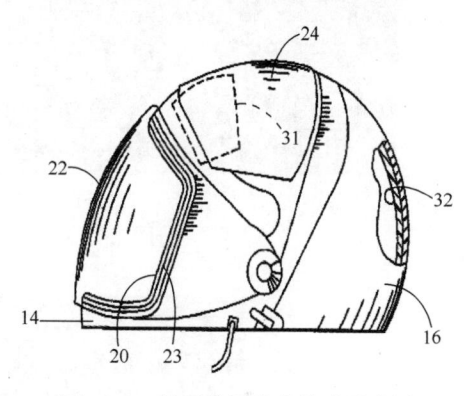

图 1.12　航天员用头盔构造示意图

Delta Ⅱ卫星运载火箭(图 1.13)的仪表舱整流罩及其舱与舱之间连接处填充了高性能 PMI(WF)泡沫材料,这些大型构件(直径 3m,长 9m 和 6m)在 180℃利用共固化技术制造。PMI 泡沫材料夹芯在树脂固化阶段支持预浸料,其优异的耐蠕变性能保证复合材料在固化过程中不发生形变。

图 1.14 所示为 Beagle 2 火星登陆器携带的风速传感器,其中三组 U 形镀铂 Kapton 膜的外围安置了聚酰亚胺泡沫材料(10mm 厚),该泡沫材料能够起到很好的隔热保护作用,并减缓地面崎岖引起的震动。

图 1.13　Delta Ⅱ卫星运载火箭

图 1.14　风速传感器

图 1.15 所示为"火星探测者"(Sojourner rover)机器人及其车轮部分。"火星探测者"机器人的车轮直径为 2.6m,主要支撑件由铝材料组成,黄色部分(见彩图)为开孔 Solimide 聚酰亚胺泡沫材料填充物,以减缓车轮转动过程中的震动,泡沫材料主要起到减振作用。聚酰亚胺泡沫材料具有易于切割或安装的特点,可装配到各种器件中。图 1.16 为航天飞机舱壁,舱壁使用的吸声隔热材料为 Solimide 聚酰亚胺泡沫材料[46]。

(a) 车轮　　　　　　　　　　(b) 机器人

图 1.15　"火星探测者"机器人

图 1.16　航天飞机舱壁

1.3.2　航空领域应用研究实例

波音公司是较早将聚酰亚胺泡沫用于波音 767 机舱壁的,在 1994 年发明专利(申请号 94195086.7、公开号 CN 1153500A)[47]中公告了飞机内部和航空航天设备用半刚性、轻型玻璃纤维/聚酰亚胺泡沫夹层绝缘层结构设计,如图 1.17 所示,该结构主要由玻璃纤维层 10、聚酰亚胺泡沫 12 层组合而成。

图 1.17(a)为第一实施例绝缘层的断面透视图:20 绝缘层为三层:上下各一层玻璃纤维外层 10 之间夹聚酰亚胺芯层 12,三层总厚度为 25.4×3 = 76.2(mm)。

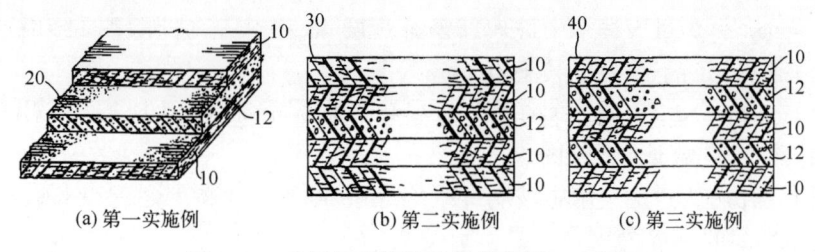

(a) 第一实施例　　　　(b) 第二实施例　　　　(c) 第三实施例

图 1.17　多层组合结构的机舱壁断面示意图

图 1.17(b)为第二实施例绝缘层的垂直断面示意图:30 绝缘层为五层:上下各二层玻璃纤维外层 10 之间夹聚酰亚胺芯层 12,五层总厚度为 25.4×5 = 127(mm)。

图 1.17(c)为第三实施例绝缘层的垂直断面示意图:40 绝缘层为五层:上中下各一层玻璃纤维 10 之间的两两玻璃纤维层之间夹聚酰亚胺芯层 12,五层总厚度为 25.4×5 = 127(mm)。

该发明减少了加固材料和絮状体的连接点、夹、钉、栓、针脚、补丁等,以及安装费。聚酰亚胺泡沫增加了绝缘层片的横向厚度,增加了与机身的曲线/曲面的吻合程度。

飞机绝缘层组件包括多个玻璃纤维层及其之间的芯层结构,芯层结构的密度小于玻璃纤维层密度。芯层是厚度约 25.4mm、密度约 4.8kg/m³(0.3Ib/ft³)的聚酰亚胺泡沫层,外层 10 的密度约 6.72kg/m³(0.42Ib/ft³)。

该专利绝缘层不同于美国第 4964936 号专利采用聚酰亚胺填充蜂窝芯有开孔结构,而是将较硬的聚酰亚胺泡沫芯层夹层叠在玻璃纤维层之间。这种新型夹层绝缘材料比全玻璃纤维层轻 10%~15%,安装更容易、更牢固,改善了全玻璃纤维层片四周的塌陷行为,降低了飞机内部噪声。

采用聚酰亚胺泡沫层 12 可防止飞机圆顶及其上部侧壁区域的绝缘层塌陷,与飞机机身表面维持预定间隙(图 1.18 和图 1.19),减少湿气聚积对主体结构的腐蚀,并提供了几乎相同的声学性能,如图 1.20 所示。

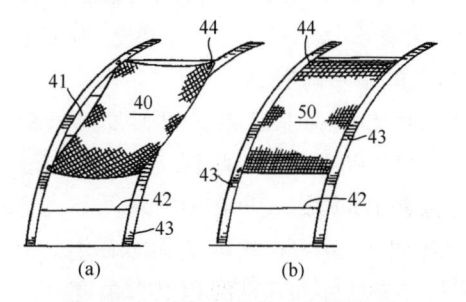

图 1.18　桁架与构件之间的塌陷　　　图 1.19　桁架与构件、层与层连接处的塌陷

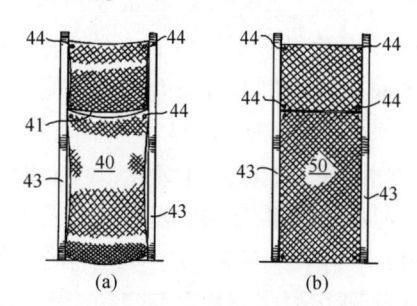

图 1.18(a)为过去技术中玻璃纤维绝缘层 40 相对于飞机桁条 42 和构架 43 发生塌陷缝隙 41 的透视图,接触点 44。

图 1.18(b)为本发明玻璃纤维绝缘层和聚酰亚胺泡沫夹层绝缘层相对于飞机桁条和构架塌陷减少的透视图。

图 1.19(a)为过去技术中玻璃纤维绝缘层 50 与飞机构架之间以及层与层连接处发生塌陷的示意图。

图 1.19(b)为本发明玻璃纤维绝缘层和聚酰亚胺泡沫绝缘层塌陷减少的示意图。

图 1.20 为 767 机舱的声音衰减情况。图 1.20(a)是波音 767 机舱内部(装饰及结构板)在增压(62kPa)条件下,厚为 76.2mm(3 英寸)本发明聚酰亚胺泡沫/玻璃纤维夹层(○)与过去玻璃纤维层(□)的噪声传播衰减对比图线;图 1.20(b)是波音 767 机舱内部(装饰及结构板)在无增压条件下,厚为 76.2mm(3 英寸)本发明聚酰亚胺泡沫/玻璃纤维夹层(○)和过去玻璃纤维绝缘层(□)的噪声传播衰减对比图线。可见,两者提供的声学性能几乎相同。

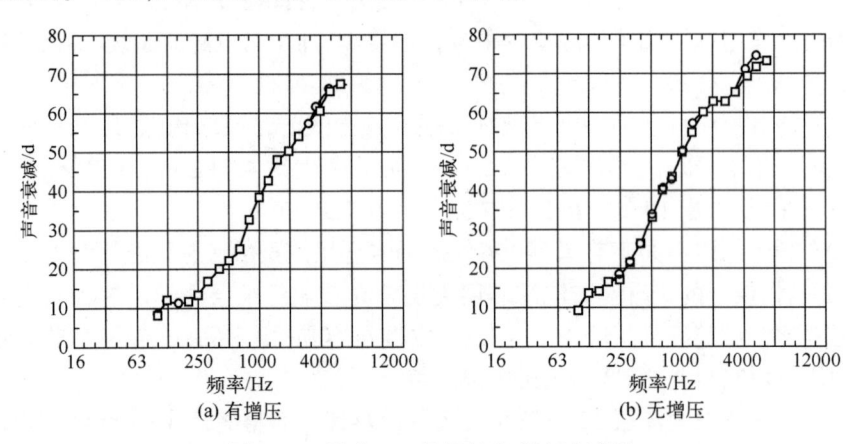

图 1.20 波音 767 机舱的声音衰减情况

现有飞机绝缘层片标准厚度(3/8 英寸、1/2 英寸、1 英寸)玻璃纤维聚酰亚胺泡沫夹层层片构型比同样厚度的全玻璃纤维绝缘层片轻 12.5%。用聚酰亚胺泡沫代替玻璃纤维层不改变处理和操作,不改变飞机侧壁构型。

此外,空中客车(空客)A340-500 和 A340-600 选择 PMI 泡沫材料加强气密机舱的球面框,如图 1.21 所示。球面框是飞机气密座舱末端的堵头。主要是由球皮、加强筋、止裂带及球面框框缘等构件组成的薄壁结构。飞机在地空地循环飞行过程中,作用于球面框上的气密载荷会使球面框产生疲劳裂纹,因此如何防止气密座舱疲劳破坏是应该注意的问题。PMI 泡沫材料夹层的加强筋结构可大幅度提高球面框的稳定性,并降低球面框的质量。

空客将 Rohacell® IG（工业级）与 Rohacell® S（自熄型）用于空客 A380 的副翼和气密隔板等部位，如图 1.22 所示。

图 1.21　空客 A340 的球面框

图 1.22　空客 A380

我国第一代自主生产的支线客机 ARJ21-700（图 1.23）也采用了 Rohacell® 刚性 PMI 泡沫材料作为小翼（winglet）和襟翼（flap vane）的芯材，Solimide 软质聚酰亚胺泡沫材料则用于 ARJ21-700 飞机的绝缘系统中。

此外，在高性能先进直升机的旋翼制造技术中，使用了 Rohacell® 结构性夹层芯材泡沫材料。20 世纪 90 年代，Westland 直升机公司（现更名为 Augusta Westland）在新一代先进直升机旋翼的发展项目——英国试验旋翼项目（British Experimental Rotor Program，BERP）中开始将 Rohacell® 泡沫材料用于旋翼中。1989 年"山猫"直升机 Lynx AH MK9 的首次飞行即安装了 PMI 泡沫材料填充的新型先进复合材料旋翼，旋翼直径达到 12.8m。Augusta Westland 公司的 EH-101 直升机的主桨叶旋翼的长度约为 8.5m，图 1.24 和图 1.25 分别表示 EH-101 直升机和该机的主桨叶悬翼。

图 1.23　2008 年 11 月在上海首次试航时的 ARJ21-700

图 1.24　EH-101 直升机

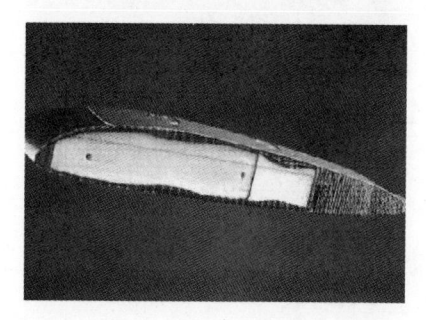

图 1.25　EH-101 直升机主桨叶悬翼

与其他刚性泡沫材料相比,PMI泡沫材料具有超乎寻常的抗疲劳性能,因此可以承受使用过程中旋翼所产生的高动力载荷。使用泡沫芯材的设计,使得直升机旋翼的使用寿命有了一个质的飞跃。

1.3.3　交通运输领域应用研究实例

日本新干线高速列车(图1.26)选用具有优异的高比强度和高耐蠕变性能的,密度为52kg/m^{3}的PMI泡沫材料作为复合材料芯材,采用低成本的一步共固化工艺制造了长约5m的碳纤维/环氧树脂蒙皮构件。该列车于1997年投产,同年加入新干线运营车辆当中。到1999年为止共生产10组(每组8辆)。此车辆是在E1max的基础上研制而成的。相比之下,这种车的噪声更低,最高时速为240km。车的鼻形长度延长至11m,以降低车辆进入隧道时的气压波。图1.27所示为瑞士的Schindler Technik公司以PMI泡沫材料为芯材,采用纤维缠绕法制造的长16m的自承载式货车车体[48]。

图1.26　日本新干线高速列车 　　图1.27　自承载式货车车体

雷诺(Renault)ESPACE第一代汽车的引擎盖由两个PMI夹层纵珩板加固,雷诺ESPACE第二代汽车的顶盖也是由两个PMI夹层纵珩板加固,但该夹层结构由于表面粗糙,需要进行打磨光洁处理后使用,如图1.28和图1.29所示。霍顿(Hood)汽车的车引擎盖也采用了PMI夹层材料,如图1.30所示。

图1.28　法国雷诺ESPACE一代 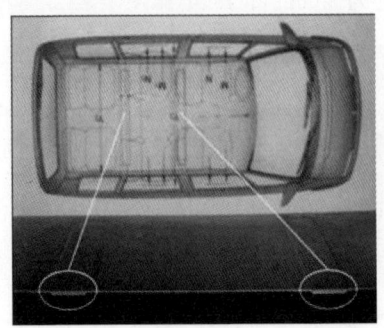　　图1.29　法国雷诺ESPACE二代

第1章 绪 论

图1.30 霍顿HRT-427型汽车

日本宇部兴产机械股份有限公司在申请号2010-66015[49]和2010277326[50]的发明专利中公开了一种用于汽车发动机隔热的聚酰亚胺泡沫与热塑性聚合物膜片层合材料及其制备方法,即通过加热熔融,使热塑性聚合物膜或片与聚酰亚胺泡沫层合,制得层合材料。研究表明:如果采用宇部兴产机械股份有限公司350t锁模力的注射成型机,把聚酰亚胺泡沫置入80℃的平板成型模具温度内,采用注射-压缩法注射成型260℃塑化的PA6(含GF30%(质量)),使PA6与聚酰亚胺泡沫成为一体,则因聚酰亚胺泡沫受注射成型压力作用受到压缩,只能得到隔热性能显著降低的层合材料。如果采用熔融层合方法,适当提高黏结温度,则可制得耐热性和隔热性良好的聚酰亚胺泡沫与热塑性聚合物层合材料。例如,将聚酰亚胺泡沫结合面加热至热塑性材料片熔点以上的15~85℃,在这0.1~10MPa作用下,使热塑性聚合物材料片与聚酰亚胺泡沫种层合。这种层合聚酰亚胺泡沫片材可作隔热、减振、吸声、隔声、气柱共鸣、冲击能吸收等材料,用于汽车发动机的隔热。表1.4和表1.5分别是两个专利的实例。

表1.4 申请号2010-66015发明专利实施例[49]

性 能		发明专利实施例						比较例 1
		1	2	3	4	5	6	
聚酰亚胺泡沫		参考例	参考例	参考例	参考例	参考例	参考例	参考例
热塑性 树脂	种类	PA6	PA6GF30	PA6GF30	PA6GF30	POM	PPS	PA6GF30
	T_m/℃	220	220	220	220	163	252	220
热塑性树脂片结合 面的温度/℃		240	250	270	300	200	260	注射成型
结合面温度与 T_m的温差/℃		20	30	50	80	37	8	—

17

(续)

性 能		发明专利实施例						比较例 1
		1	2	3	4	5	6	
聚酰亚胺泡沫		参考例	参考例	参考例	参考例	参考例	参考例	参考例
层合材料的性能评价	结合状态	○	○	○	△	○	○	×
	结合黏度	○	△	○	○	○	○	×
	隔热性	△	○	○	○	○	○	×
	耐热性	○	○	○	○	○	○	×

表 1.5 申请号 2010277326 发明专利实施例[50]

性 能		发明专利实施例						比较例 1	比较例 2
		1	2	3	4	5	6		
聚酰亚胺泡沫		参考例	参考例	参考例	参考例	参考例	参考例	参考例	参考例
热塑性树脂	种类	PA6	PA6GF30	PA6GF30	PA6GF30	POM	PPS	PA6GF30	PA6GF30
	DTA发热峰温度/℃	180	180	180	180	163	244	180	180
热塑性树脂片结合面的温度/℃		240	250	270	300	200	260	235	注射成型
结合面温度与发热峰温度的温差/℃		60	70	90	120	37	16	55	—
层合材料的性能评价	结合状态	○	○	○	△	○	○	×	×
	结合黏度	○	△	○	○	○	○	×	×
	隔热性	△	○	○	○	○	○	×	×
	耐热性	○	○	○	○	○	○	×	×

1.3.4 武器装备领域应用研究实例

美国 Inspec Foam 公司生产的 Solimide® 聚酰亚胺泡沫材料,被美国国防部指定为海军舰艇的绝热保温材料,并在民用船舶,如豪华游船、快艇和液化天然气船上也得到广泛的应用。美国 CG-47 护卫导弹巡洋舰上全部采用热塑性聚酰亚胺泡沫材料绝热保温材料后,每艘船的质量减小 50t。在长度 305m(1000ft)的航空母舰上使用,其质量可比用传统的纤维隔热材料减小 250t。美国最早在快艇上使用 Solimide® 热塑性聚酰亚胺泡沫材料,将其装贴在 STENA 航线的 HSS900 双体船上,与使用其他绝热保温材料相比,船体总质量减小了 6t[51~53]。

图 1.31 所示为舰船用聚酰亚胺泡沫材料复合材料,该泡沫材料为 Sordal 公司生产的 Rexfoam™ 聚酰亚胺泡沫材料。

(a)   (b)

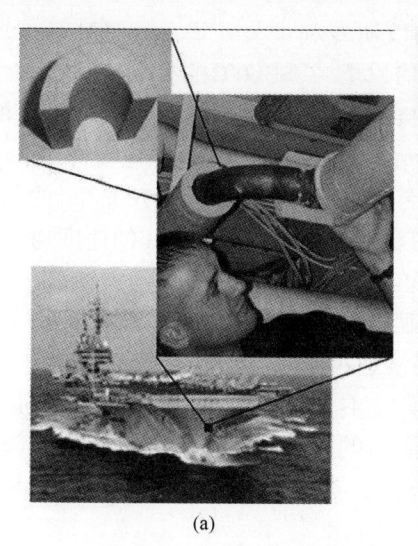

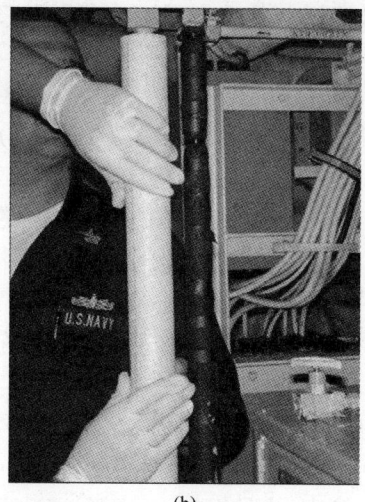

图 1.31　Rexfoam™聚酰亚胺泡沫材料在船舶上的应用

聚酰亚胺泡沫材料在舰船上应用场合已有以下几方面：

（1）有隔热、隔声要求的船侧壳体、舱壁和舱顶；
（2）船上高于37℃的冷却水管线和高温蒸汽管线；
（3）要求作声音透射损失处理的潜艇壳体和框架部件；
（4）为防止起雾进行热和蒸汽隔离处理的潜艇壳体及框架部件；
（5）低温容器的保温。

图 1.32 所示为 CG-47 护卫导弹巡洋舰。聚酰亚胺泡沫材料在该舰上主要作为船体的隔热保温吸声材料使用，所用产品主要为 Solimide® TA-301 系列聚酰亚胺泡沫材料。

图 1.32　CG-47 护卫导弹巡洋舰

1.3.5　其他领域应用研究实例

聚酰亚胺泡沫可用于变压器、电机和电器绝缘及隔热材料。日本宇部兴产股份有限公司在申请号 2011-546167[54] 的发明专利中公开了一种聚酰亚胺短纤及其耐热纸的制备方法,即将发泡倍率 20 倍以上、T_g>300℃的聚酰亚胺泡沫粉碎得到的 1mm 短纤维与全芳香族尼龙纤维混合制得耐热纸,用于变压器和电机的电器绝缘与隔热。实验 1:将聚酰亚胺泡沫粉碎物约 8kg 和全芳香族尼龙纤维 2kg 分散在 190L 水中,连续通过纸板抄造机后,经 100℃干燥为面密度 100g/m² 的隔热纸,再经 360℃的双辊机辊筒在 100kN/m 的压力作用下以 2min/m 的速度通过,制得隔热纸。实验 2:将聚酰亚胺泡沫粉碎物约 7kg 和全芳香族尼龙纤维 3kg 分散在 190L 水中,其他同实验 1。实验 3:聚酰亚胺泡沫粉碎物约 7kg 与全芳香族尼龙纤维 3kg 混合,制得隔热纸分散在水中,连续通过纸板抄造机后,经 100℃干燥为面密度 60g/m² 的隔热纸,其他同实验 1。实验 4:只用全芳香族尼龙纤维 10kg,其他同实验 1。表 1.6 所列为源于聚酰亚胺泡沫的短纤隔热纸的性能、紫外线辐射后和经 350℃、30min 耐热实验后的性能。可见,含有聚酰亚胺泡沫纤维的耐热纸其拉伸强度较高、质量损失小,电阻不变。

表 1.6 聚酰亚胺短纤隔热纸的性能

性能		实验 1	实验 2	实验 3	实验 4
聚酰亚胺泡沫粉碎物:全芳香族尼龙纤维/kg		8:2	7:3	7:3	0:10
面密度/(g/m²)		100	100	60	100
过辊筒前	厚度/mm	0.55	0.53	0.34	0.23
	拉伸断裂强度/(kg/15mm)	0.6	1.1	0.6	0.6
过辊筒后	厚度/mm	0.15	0.14	0.10	0.10
	拉伸断裂强度/(kg/15mm)	1.5	2.0	0.8	1.2
表面电阻/Ω		10^{15}	10^{15}	10^{15}	10^{15}
体积电阻/(Ω·cm)		10^{15}	10^{15}	10^{15}	10^{15}
紫外线辐射后	拉伸强度损失率/%	7	—	—	8
350℃、30min 后	质量损失率/%	4.0	5.0	6.5	14.4
	拉伸强度损失率/%	13.3	20.0	—	48.8

图 1.33 所示为丹麦 Vestas 公司生产的风力发电机,该公司的风力发电机复合材料叶片采用了 PMI 泡沫材料夹芯材料。

用 PMI 泡沫材料芯材制备 X 射线诊疗机的床板,对射线吸收程度低,可均匀地透过射线,无误诊因素,减小了电压且成像清晰,大大降低了对人体的伤害,具有可靠的力学性能,可长期使用,如图 1.34 所示。

Rohacell® 硬质泡沫材料优异的强度和刚度使其成为制造轻质、耐磨滑雪板的理想材料。Rohacell® 芯材与纤维增强表面的完美结合,赋予滑雪板最佳的柔韧性与动力学性能。采用胶黏或模压工艺,该高性能 PMI 泡沫材料可与各种常用塑料

第1章 绪　论

形成具有高承载能力的复合材料,材料的高热变形温度和优异的抗压缩蠕变性也极大地缩短了滑雪板制造商的生产时间。

图 1.33　风力发电桨叶 　　　　图 1.34　X 射线诊疗机床板

挪威 Madshus 公司在其生产的高性能雪橇上使用了 Rohacell®-110 IG 泡沫材料,如图 1.35 所示。Rohacell® 的耐久性、高抗扭曲性能和高比强度性能都能满足顶级运动器材的要求。法国 Corima 公司使用 Rohacell®-IG51 泡沫材料作为芯材用于制造高性能复合材料自行车的车架和轮辐,外面使用碳纤维包覆模压成型,如图 1.36 所示。

图 1.35　雪橇柄 　　　　图 1.36　自行车

先锋股份有限公司在申请号 2001-183273[55] 的发明专利中公开了一种通过模具二次成型的曲面扬声器聚酰亚胺泡沫振动板,该聚酰亚胺泡沫振动板密度为 $8kg/m^3$,具有良好的耐环境性能,其音压频率特性平坦,内部损失大,可控制共振。例如,将 Rohacell® 填充在高强度薄壁层板(碳纤维复合材料)之间(称之为"双外壳"结构),构成低音单元专用振膜,其刚性进一步提高,而质量却没有增加多少。Rohacell 振膜最显著的外部特征是厚度达到了 8mm。Rohacell 振膜内部具备 10dB

的能量传输损耗特性,而音圈的驱动力是作用在外层薄壁上的,这意味着振膜向后运动时向音箱内部辐射的能量将降低 10dB,而箱体内的声音通过振膜向外辐射时能量也将降低 10dB。在 Rohacell 振膜中央的防尘帽内,还采用了"蘑菇头"放射状加强肋板,从而进一步增加了锥盆的刚性,如图 1.37 所示。

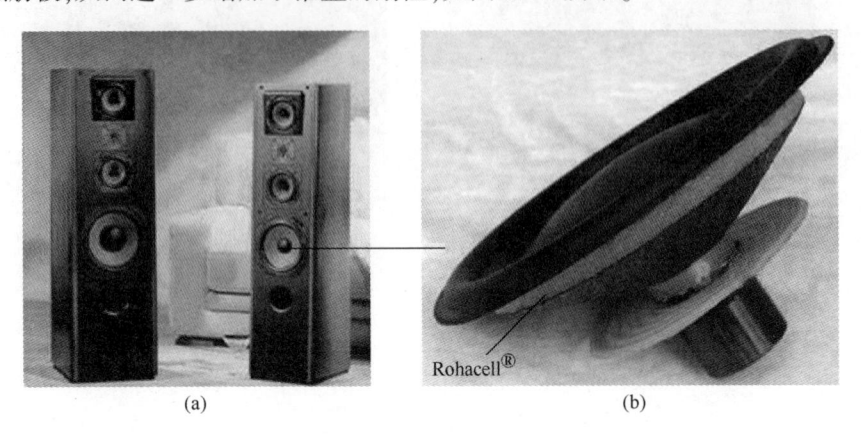

图 1.37 音响制品

金任海在申请号 201520986989.8 的实用新型专利中公开了用于电路板技术领域的低密度聚酰亚胺发泡基材多层板,即在两块相互平行的线路板之间通过低温黏结片黏结一层低密度聚酰亚胺层,解决了线路板高温变形难题,提高了层间对位精度。

日本 INOAC CORPORATION 公司和 Unitika 公司在申请号 2001-115534[56]的发明专利中公开了一种聚酰亚胺泡沫用于耐热、隔热、静电复印装置省电辊筒及热固定装置,即将聚酰胺酸前驱体粉末填入碳制模具中,采用加热片,在 140℃下加热 60min,然后把上面的模具迅速移到 300℃加热的氮气烤箱中,再加热 60min。之后,冷却至室温,制得表观密度大于 30kg/m³ 的聚酰亚胺泡沫。该材料 T_g 为 297℃,热导率小于 0.063W/(m·K)。此外,将 2mm 的这种聚酰亚胺泡沫用环氧树脂黏合剂黏贴在直径为 10mm、长度为 300mm 的不锈钢芯材表面,在 60℃烘箱内,以泡沫不分离的速度回转,制得芯材表面设置有聚酰亚胺泡沫层的辊筒。

1.4 聚酰亚胺泡沫材料的发展与挑战

近十年随着材料技术的高速发展,国内对高性能聚酰亚胺泡沫材料的需求迅速增长,目前最大的任务是进一步高性能化和低成本化。

1.4.1 聚酰亚胺泡沫材料的高性能化

1. 提高抗压强度

除了刚性 Rohacell® 系列 PMI 泡沫材料外,其他聚酰亚胺泡沫材料的抗压性能均不理想,因此提高聚酰亚胺泡沫材料的抗压强度极为重要。

2. 提高耐温等级

目前,商品化聚酰亚胺泡沫材料的玻璃化温度低于300℃,限制了其在耐高温领域的应用。耐高温聚酰亚胺泡沫材料尚未产业化,北京航空航天大学已研制出玻璃化温度达450℃的超高温聚酰亚胺泡沫材料,并正在向产业化转移。

1.4.2 聚酰亚胺泡沫材料的低成本化

1. 产品国产化

目前,我国对高性能聚酰亚胺泡沫材料的需求增长迅猛,部分领域的用途已由依赖进口向国产化转变,而且,聚酰亚胺泡沫材料国产化竞争态势开始显现。

2. 降低生产成本

降低聚酰亚胺泡沫材料的生产成本主要包括降低原材料成本和优化发泡成型工艺。近年来,国内聚酰亚胺原材料生产规模稳步增长,其价格已明显下降,因此,如何优化聚酰亚胺泡沫材料发泡成型工艺是降低其成本的关键所在。此外,开发低密度、高强度聚酰亚胺泡沫材料也是聚酰亚胺泡沫材料低成本化的有效途径之一。

随着国内各领域对聚酰亚胺泡沫材料的实际应用越来越多,这类材料在不同服役条件下的实际性能和功能响应越来越受到工业部门的关注。聚酰亚胺泡沫材料的特定功能,如吸声、真空隔热、耐辐射等,仍需要大量的实验研究和应用积累。

1.5 其他高性能泡沫材料简介

1.5.1 有机硅泡沫材料

有机硅泡沫材料具有较好的热稳定性,能在340℃下长期使用,最高使用温度可达370℃,并且高阻燃,可作为绝缘材料。

早在20世纪50年代,美国Dow Coming公司率先研制出这种泡沫材料,其后,日本、美国、德国以及苏联的一些公司也开始进行该泡沫材料的研究,如美国Dow Coming公司的R-7001、R-7002、R-8003、X-R7131,美国通用电器公司的RTV-757、RTV-7、RTV-60、TRV-90,苏联的ВРП-1、К-40、К-9、ВПГ-1、ВПГ-2。

1994年,美国又成立了Magnifoam Technology公司,开发出一种性能优越的有机硅泡沫材料,商品名为MagniFoam™,并用于航空航天工业的减振、阻燃、绝缘及垫圈等,如图1.38所示,其性能如表1.7所列[57]。

(a)　　　　　　　　　(b)

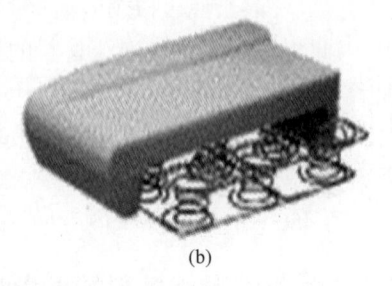

图1.38　MagniFoam™有机硅泡沫座椅材料[57]

表1.7　MagniFoam™有机硅泡沫的性能[57]

性　　能	测试方法	MF1-6535	MF1-8055	MF1-9575	MagniLight
密度/(kg/m^3)	ASTM D 1056	100	130	150	80
压缩变形/%	50%,22h,70℃	0	0	0	2
	50%,22h,100℃	0	0	0	<10
拉伸强度/kPa	ASTM D 412	82.74	103.43	117.21	78.98
伸长率/%	ASTM D 412	100	100	100	100
热失重/%	颠簸蠕动（1000000循环）	0	0	0	—
吸声系数	ASTM C 423-90a	0.65	0.65	0.65	—
耐热性/(℃·M^2·S/J^1)	ASTM C 518	0.86	0.86	0.86	0.79
火焰扩张	ASTM E162/D 3675	<25	<25	<25	<25
毒气释放	Bombardier SMP 800C	通过	通过	通过	通过
吸水性/%	ASTM D 570	—	—	—	3

这类泡沫材料均为柔弹性泡沫材料,密度相对较高,限制了其更广泛的应用。目前,国内对有机硅泡沫材料的研究与国外相比存在较大差距,主要表现在泡沫材料密度偏大、品种较少、未实现商品化等方面。

1.5.2　聚苯并咪唑泡沫材料

1965年,Whittaker公司Narmco研究部门成功开发出一种刚性闭孔结构的聚苯并咪唑(PBI)泡沫,其密度为160~1280kg/m^3,该材料通过较为简单的方法即可加工成不同的形状,其典型分子结构式如图1.39所示。

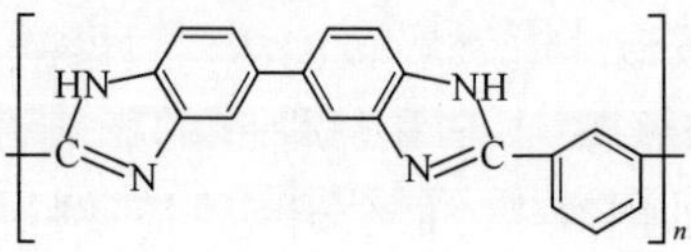

图 1.39 PBI 泡沫的典型分子结构式

PBI泡沫因热导率较低、比强度高、介电常数低、热稳定性好，以及在再入环境中表现出优异的耐蚀性，而成为航空航天领域的一种潜在的热绝缘材料，可用作热屏蔽材料、微波窗口材料以及雷达罩等。目前，该材料已由 Whittaker 公司以 Imidite SA 和 Imiditer PC 牌号投放市场，该泡沫是由 PBI 预聚物和纤维填料或微孔球混合物制得的复合泡沫，制备过程主要包括预成型和固化-后固化两大过程，固化过程在高温和一定压力(100Pa)下进行。PBI 泡沫密度在 400kg/m³ 时，其室温热导率为 0.198W/(m·K)，初始失重温度达到 570℃，玻璃化温度达到 400oC，最高长期使用温度达到 370oC。闭孔结构的 PBI 泡沫具有优异的力学性能，表 1.8 给出了 Imidite SA 泡沫的力学性能。另外，当密度从 160kg/m³ 增加到 320kg/m³ 时，介电常数从 1.2 增加到 1.6，且具有良好的热稳定性。但是，与聚酰亚胺泡沫相比，其价格昂贵，且高温环境中的耐氧化性能低[58-61]。

表 1.8 Imidite SA 泡沫的力学性能[59]

材料	测试温度/℃	压缩强度/MPa	压缩模量/GPa	拉伸强度/MPa	拉伸模量/GPa
Imidite SA (496kg/m³)	24	20.69	16.62	8.96	7.52
	315	20	2.48	8.81	7.31
	537	5.35	—	1.958	—
	954	2.07	—	—	—

1.5.3 MAA/AN 泡沫材料

西北工业大学张广成等研制了一种硬质 MAA/AN 泡沫材料，其热变形温度、耐热温度达 200℃以上。根据不同配方和发泡工艺可制得高、中、低密度的泡沫材料。在密度相同的情况下，其压缩强度和拉伸强度为国内现有泡沫材料的 2 倍以上，具有广泛的应用前景。MAA/AN 泡沫材料的结构与 PMI 类似，性能已接近甚至部分超过国外 PMI 泡沫材料的性能。研究还发现，该泡沫材料具有良好的成型加工性能，除了可机械加工成复杂的形面外，还可用热、冷环境交变使其形变。MAA/AN 泡沫材料已尝试应用于某型号无人侦察机，用作机翼和垂直尾翼夹层结构复合材料的芯层材料[15,16]。

近年来，有关聚酰亚胺泡沫的应用基础研究较多，例如，飞机侧壁用聚酰亚胺泡沫的声学研究[62]、聚酰亚胺泡沫太阳能电池整列研究[63]、聚酰亚胺泡沫吸声研究[64]、石墨烯杂化聚酰亚胺泡沫电磁屏蔽泡沫[65]、聚酰亚胺泡沫阻燃研究[66]、聚酰亚胺/黏土纳米复合泡沫形态、力学和热性能的影响[67]、聚酰亚胺/二氧化硅杂化泡沫材料的耐原子氧侵蚀研究[68]，但公开应用实例很少，对深度开发聚酰亚胺泡沫的应用有一定的影响。

参 考 文 献

[1] 丁孟贤．聚酰亚胺——化学、结构与性能的关系及材料[M]．北京:科学出版社,2006.

[2] Shen Y X, Zhan M S, Wang K. Effects of Monomer Structures on the Foaming Processes and Thermal Properties of Polyimide Foams [J]. Polymers for Advanced Technologies, 2010, 21 (10):704-709.

[3] Pan L Y, Shen Y X, Zhan M S, et al. Visualization Study of Foaming Process for Polyimide Foams and its Reinforced Foams [J]. Polymer Composites, 2010, 31(1):43-50.

[4] 詹茂盛,沈燕侠,王凯．一种聚硅氧烷酰亚胺泡沫的制备方法:中国,200710119168[P]．2007-07-17.

[5] 沈燕侠,潘丕昌,詹茂盛,等．几种聚酰亚胺泡沫的热力学研究[J]．宇航材料工艺,2007,6:109-122.

[6] 李光珠,沈燕侠,詹茂盛,等．芳香族聚酰亚胺泡沫的隔热性能研究[J]．材料工程,2009,(7):43-46.

[7] 潘丕昌,沈燕侠,詹茂盛,等．聚酰亚胺泡沫吸声性能与理论分析[J]．航空材料学报2009,29(6):94-97.

[8] 沈燕侠,詹茂盛,王凯．聚酰亚胺泡沫原位填充蜂窝复合材料压缩性能的研究[C]．第十五届全国复合材料学术会议．北京:国防工业出版社,2008.

[9] 詹茂盛,王凯,沈燕侠．一种聚酰亚胺泡沫原位填充蜂窝复合材料:中国,200710120046.7[P]．2008-02-27.

[10] 杨士勇,李姝姝,胡爱军,范琳．蜂窝增强热固性硬质闭孔聚酰亚胺泡沫复合材料及其制备方法与应用:中国201410160002.7[P]．2014-04-21.

[11] 杨士勇,胡爱军,李克迪,等．一种聚丙烯酰亚胺类泡沫材料及其制备方法和应用:中国,105085767A[P]．2015-08-25.

[12] 陈一民,何斌．聚甲基丙烯酰亚胺的制备研究[J]．国防科技大学学报2008,30(2):37-40.

[13] 陈一民,何斌．聚甲基丙烯酰亚胺(PMI)泡沫制备及结构表征[J]．化工新型材料,2007,35(2):32-34.

[14] 曲春艳,谢克磊,马瑛剑,等．聚甲基丙烯酰亚胺(PMI)泡沫材料的制备与表征[J]．材料工程,2008,(1):19-23.

[15] 王方颌,赵一搏,酒永斌．一种聚酰亚胺泡沫材料及其制备方法:中国201610339855.6 [P]．2016-05-19.

第 1 章 绪 论

[16] Chen T,Zhang G C,Zhao X H. Structure and Properties of AN/MAA/AM Copolymer Foam Plastics[J]. Journal of Polymer Reserch. 2010,17(2):171-181.

[17] 陈挺. AN/MAA 共聚物泡沫材料的制备、结构与性能[D]. 西安:西北工业大学,2006.

[18] 张翠. AN/MAA/AM 共聚物的表征及改性研究[D]. 西安:西北工业大学,2007.

[19] 刘铁民,张广成,梁国正,等. "原位成环"法制备高性能 MAA/AN 泡沫材料的研究[J]. 工程塑料应用,2006,34(7):9-12.

[20] 陈挺,张广成,刘铁民,等. AN/MAA 共聚物泡沫材料泡体结构研究[J]. 材料工程,2007(3):15-20.

[21] 刘铁民,张广成,梁国正,等. 光引发聚合在高性能 MAA/AN/AM 共聚物泡沫材料制备过程中的应用[J]. 西安石油大学学报,2007,22(1):95-100.

[22] 张广成,陈挺,张翠,等涛. 丙烯腈/甲基丙烯酸共聚物及其泡沫材料的力学性能[J]. 西北工业大学学报,2006,24(5):629-633.

[23] 刘铁民,张广成,梁国正,等. 甲基丙烯酸/丙烯腈(MAA/AN)共聚物泡沫制备过程中的"原位成环"反应研究. 中国塑料 2006,20(7):46-51.

[24] 陈挺,张广成,刘铁民,等. 丙烯腈/甲基丙烯酸共聚物泡沫材料的制备与表征[J]. 中国塑料,2006,20(3):70-74.

[25] 赵玺浩,张广成,张悦周,等. 酯化法合成聚酰亚胺泡沫材料的研究[J]. 合成树脂及塑料,2008,25(6):33-36.

[26] 张广成,李建伟,范晓龙,等. 一种碳纤维粉增强聚酰亚胺泡沫材料的制备方法:中国 201510398367.8[P]. 2015-07-08.

[27] 楚晖娟,朱宝库,徐又一. 聚酰亚胺泡沫的制备与性能[J]. 塑料科技,2008,36(3):56-60.

[28] 楚晖娟,朱宝库,徐又一. 聚酯铵盐粉末发泡制备聚酰亚胺泡沫材料的研究[J]. 广东化工,2007,37(12):14-17.

[29] 楚晖娟,朱宝库,徐又一. 聚乙二醇对聚酰亚胺泡沫的结构及热性能的影响[J]. 应用化工,2008,37(4):410-415.

[30] 李庆春,覃勇,杨春波. 聚酰亚胺纳米泡沫材料[J]. 绝缘材料,2002(5):3-7.

[31] 李庆春,覃勇,杨春波. 热不稳定低聚物对聚酰亚胺纳米泡沫材料合成的影响[J]. 广西化纤通讯,2002(1):8-10.

[32] 王连才,曾心苗,鲍矛,等. 一种改性聚酰亚胺泡沫及其制备方法:中国,101407594A[P]. 2008-11-25.

[33] 王连才,曾心苗,李淑凤,等. 一种聚酰亚胺泡沫及其制备方法:中国,101402743A[P]. 2008-11-25.

[34] 王连才,郭宝华,曾心苗,等. 聚酰亚胺泡沫材料制备与性能研究[J]. 工程塑料应用,2008,36(3):6-9.

[35] 刘俊英,黄培. 一种新型聚酰亚胺泡沫的制备与表征[J]. 宇航材料工艺,2008(2):9-11.

[36] 刘俊英,黄培. 发泡工艺条件对聚酰亚胺泡沫结构的影响[J]. 化工新型材料,2008,36

(2):47-49.

[37] 齐娜,王钶,肖继君. 聚酰亚胺泡沫材料的制备与性能表征[J]. 高分子学报,2009(5):483-488.

[38] Lee R,Okay D W,Ferro G A. Polyimide Foam from Mixture of Silicon Containing Diamine and Different Aromatic Diamine:US Patent,US4535099[P]. 1985-08-13.

[39] Lee R,Okay D W,Ferro G A. Polyimide Foam Prepared From Amino Terminated Butadiene Acrylonitrile Reactant:US Patent,US4539342[P]. 1985-09-03.

[40] Lee R,Michaell D. O'Donnell. Production of Polyimide foam:US Patent,US4900761[P]. 1990-2-13.

[41] Yamaguchi Shuji, Tsukidate Ryuji, Takahashi Ichiya, et, al. Flying Object Radome:JP2011211521(A)[P]. 2011-10-20.

[42] Kusaba Naoki,Kafuku Hidenaru,Najima Kenji. Flexible Heat Control Material:JP2015063118(A)[P]. 2015-04-09.

[43] 草場 尚喜,加福 秀考,名島 憲治. Flexible Thermal-Control Material, and Production Method Therefor:WO2015029975(A1)[P]. 2017-03-02.

[44] Karuru Keraa. Multilayer Heat-Insulating Material:JPH01202600(A)[P]. 1989-08-15.

[45] Dawn F S,Eck J D,Weiss F R. Protective Helmet Assembly:US,5475878[P]. 1995-12-19.

[46] Seibert H. Applications for PMI Foams in Aerospace Sandwich Structures[J]. Reinforced Plastics,2006,50(1):44-48.

[47] 芭芭拉 L 海恩斯,苏珊娜 S 恩格,保罗 M 塞拉蒂,等. 半刚性、轻型玻璃纤维/聚酰亚胺泡沫夹层绝缘层片:中国 1153500(A)[P]. 1997-07-02.

[48] 孙春方,李文晓,薛元德,等. 高速列车用 PMI 泡沫力学性能研究[J]. 玻璃钢/复合材料,2006,4:13-16.

[49] Koyashiki Keiichiro,Yamamoto Shigeru. Production Process for Laminate of Polyimide Foam and Thermoplastic Resin Sheet,and Laminate:JP2011194796(A)[P]. 2011-10-06.

[50] Koyashiki Keiichiro. Method for Manufacturing Laminate of Polyimide Foam and Thermoplastic Resin Sheet,and Laminate:JP2011218779(A)[P]. 2011-11-04.

[51] 周祖新. 论大型海洋船舶隔热材料的发展与应用[J]. 武汉交通科技大学学报,1998,22(3):314-317.

[52] 庞顺强. 聚酰亚胺泡沫材料在舰船上的应用[J]. 材料开发与应用,2001,16(3):38-41.

[53] 虞子森. 船舶绝热保温材料的最新研究与开发[J]. 上海造船,2005(1):49-53.

[54] 小沢 秀生,青木 文雄. Polyimide Short Fibers and Heat-Resistant Paper Comprising Same:JPWO2011074641(A1)[P]. 2013-04-25.

[55] HashimotoTadasumi,Takahashi Masanori. Speaker Diaphragm:JP2002374593(A)[P]. 2002-12-26.

[56] Omoto Mitsuru,Iwasaki Yoshiyuki,Kondo Satoshi,et al. Roller and Thermal Fixing Device:JP2002311664(A)[P]. 2002-10-23.

[57] 李颖. 有机硅泡沫材料的制备研究[D]. 西安:西北工业大学,2006.

[58] 陈旭,虞鑫海,徐永芬. 聚苯并咪唑的研究进展[J]. 绝缘材料,2008,41(6):30-33.

[59] Reed R, Feher S. New Rigid Foam Materials for Structural, Insulative and Ablative Applications at Environmental Extremes[C]. AIAA/ASME 9th Structures, Structural Dynamics and Materials Conference, California, AIAA:1968.

[60] TrouwN S. Process for the Production of Polybenzimidazole Foams: US 4598099[P]. 1986-07-01.

[61] LetinskiJ S. Process for the Preparation of Polybenzimidazole Foams: US 4681716[P]. 1987-07-21.

[62] SilcoxR J, Cano R J, HowertonB, Development of Polyimide Foam for Aircraft Sidewall Applications[C]. 51st AIAA Aerospace Sciences Meeting, Grapevine, TX, AIAA:2013.

[63] BiancoN, IasielloM, NasoV. Thermal Design of Spacecraft Solar Arrays Using a Polyimide Foam [J]. Journal of Physics:Conference Series,2015,655(1):012024.

[64] DoutresO, AtallaN, WullimanR, et al. Optimization of the Acoustic Performance of Polyimide foams[C]. 25th National Conference on Noise Control Engineering 2011, Portland, Transportation Research Board (TRB) ADC40 Committee:2011.

[65] LiY, PeiX, ShenB, et. al., Polyimide/graphene Composite Foam Sheets with Ultrahigh Thermostability for Electromagnetic Interference Shielding[J]. RSC Adv., 2015, 31(5): 24342-24351.

[66] XuL, XiaoL, JiaP, et. al. Lightweight and Ultrastrong Polymer Foams with Unusually Superior Flame Retardancy[J]. ACS Appl. Mater. Interfaces 2017,9(31):26392-26399.

[67] Qi K, Zhang G. Effect of Organoclay on the Morphology, Mechanical, and Thermal Properties of Polyimide/Organoclay Nanocomposite Foams[J]. Polymer Composites, 2014, 35(12): 2311-2317.

[68] Qi K, Zhang G. Investigation on Polyimide/Silica Hybrid Foams and their Erosion Resistance to Atomic Oxygen[J]. Polymer Composites,2015,36(4):713-721.

第 2 章 聚酰亚胺泡沫材料的主要组分与特性

2.1 概 述

基于聚酰亚胺树脂的热流变行为和特性,可将聚酰亚胺泡沫材料分为热塑性聚酰亚胺泡沫材料和热固性聚酰亚胺泡沫材料两类。本章从分子结构设计及材料组分设计角度,介绍热塑性聚酰亚胺泡沫材料和热固性聚酰亚胺泡沫材料(即 PMI 泡沫、BMI 泡沫和异氰酸酯基聚酰亚胺泡沫材料)的主要组分和特性。

2.2 热塑性聚酰亚胺泡沫材料的组分及特性

2.2.1 热塑性聚酰亚胺泡沫材料基体材料

热塑性聚酰亚胺品种繁多,据不完全统计,可用于合成热塑性聚酰亚胺的二酐和二胺单体达 200~300 种,合成聚酰亚胺的方法很多,可根据不同应用目的选择不同的合成方法,因此目前已合成或已研究的热塑性聚酰亚胺达千种。聚酰亚胺材料合成方法的多样性是其他高分子材料所不具备的[1]。

目前,制备热塑性聚酰亚胺泡沫材料,通常是利用二胺与二酐或其衍生物反应生成聚酰胺酸等前驱体,然后发泡而成的。

由于二酐和二胺单体的反应活性和结构特征直接影响最终热塑性聚酰亚胺泡沫材料的性能,因此在制备热塑性聚酰亚胺泡沫材料之前,必须首先了解各种单体的反应活性和结构特征。

衡量二酐活性的是羰基的电子亲和性(Ea)。Ea 越大,即酐的电子接受能力越大,酰化速度也越高。二酐单体中羰基的电子亲和性可由极谱还原数据得到,也可由分子轨道法求得。衡量二胺活性的是二胺的电离势(IP)。IP 越大,酰化速度越低。但研究表明,用 IP 评价二胺的活性并不很成功,而且不能建立定量关系。因此,人们改用二胺的碱性(pKa)衡量其活性,并发现二胺的碱性与活性之间存在着很好的定量关系,即二胺的 pKa 和酰化速度常数间存在线性关系。此外还发现,桥联二胺中桥的吸电子能力增加,酰化速度降低。动力学研究表明:对于不同

第 2 章 聚酰亚胺泡沫材料的主要组分与特性

的二酐单体,其酰化能力可相差 100 倍;而对于不同的二胺单体,其酰化能力则相差 10^5 倍。由此可见,二胺单体结构的变化比二酐单体更能影响反应的进行[1]。迄今为止,已经用于制备热塑性聚酰亚胺泡沫材料的二酐和二胺单体有很多,表 2.1 和表 2.2 分别表示已用作制备聚酰亚胺泡沫材料的典型二酐和典型二胺单体结构及其反应活性[1]。

表 2.1 用于制备热塑性聚酰亚胺泡沫材料的二酐单体的结构及其电子亲和性

名 称	简写	分子结构	Ea/eV	参考文献
3,3′,4,4′-二苯醚四酸酐	ODPA		1.30	[2-8]
3,3′,4,4′-联苯基四羧基二酐	BPDA		1.38	[9-11]
3,3′,4,4′-二苯甲酮四羧基二酐	BTDA		1.55	[12-28]
均苯四酸二酐	PMDA		1.90	[29-33]
2,2-二[4-(3,4-苯氧基苯基)]丙烷二酐(双酚 A 型二酸二酐)	BPADA		1.12	[34-36]
3,3′,4,4′-联苯基砜四羧基二酐	DSDA		1.57	[8-10]

31

(续)

名　称	简写	分子结构	Ea/eV	参考文献
2,3,3′,4′-联苯基四羧基二酐	α-BPDA		—	[11,30]

表2.2 用于制备热塑性聚酰亚胺泡沫材料的二胺单体的结构及其碱性

名　称	简写	分子结构	pKa	参考文献
3,4′-二氨基二苯醚	3,4′-ODA		5.20	[3-8]
4,4′-二氨基二苯醚	4,4′-ODA		—	[2,14-23,29]
1,3-二(3-氨基苯氧基)苯	APB		—	[34-36]
1,3-二(4-氨基苯氧基)苯	BPB		4.97	[34-36]
间-苯二胺	m-PDA		4.80	[12,13,24,31]
对-苯二胺	p-PDA		6.08	[9,11,30,32]
3,3′-二氨基二苯基砜	3,3′-DDS		—	[10,25,26,31]
4,4′-二氨基二苯基砜	4,4′-DDS		2.0	[6,18,22,32]
4-二(4-双氨基苯氧基)二苯基砜	4,4-BAPS		—	[34-36]
4-二(3-双氨基苯氧基)苯基砜	4,3-BAPS		—	[34-36]

第2章 聚酰亚胺泡沫材料的主要组分与特性

(续)

名 称	简写	分子结构	pKa	参考文献
4,4'-二(3-氨基苯氧基)联苯	3-BAPB	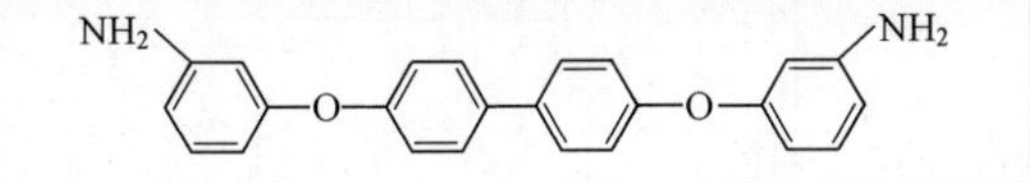 (结构式)	—	[34-36]
4,4'-二(4-氨基苯氧基)联苯	4-BAPB	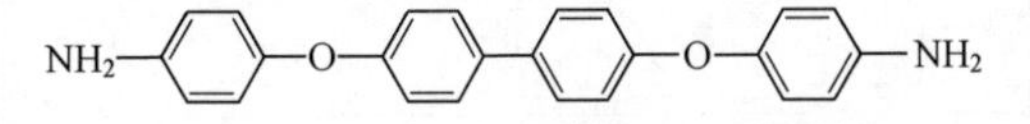 (结构式)	—	[34-36]
2,2-二[4-(4-氨基苯氧基)苯基]丙烷（双酚A二胺）	BAPP	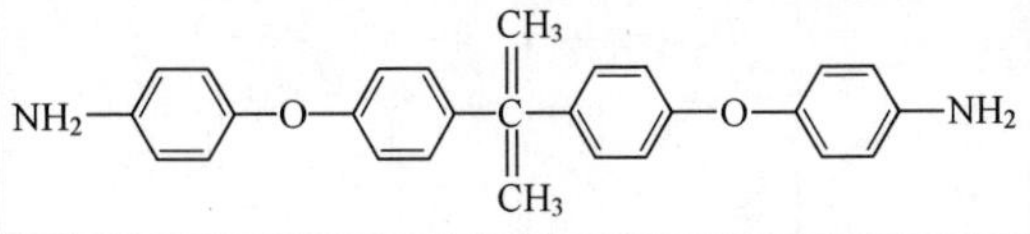 (结构式)	—	[34-36]
4,4'-二氨基二苯基甲烷	MDA	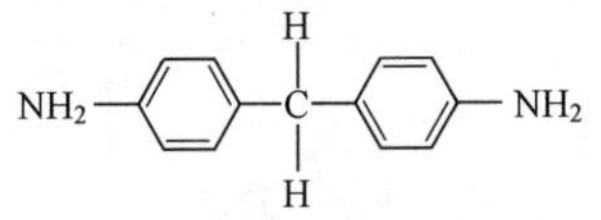 (结构式)	6.06	[25,31,33]
2,6'-二氨基吡啶	DAP	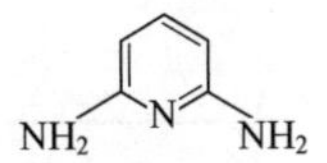 (结构式)	—	[12,13,22,30]

利用表2.1和表2.2所列单体，已成功制备出多种热塑性聚酰亚胺泡沫材料，如 ODPA/3,4'-ODA、ODPA/4,4'-ODA、BTDA/3,4'-ODA、BTDA/4,4'-ODA、PMDA/BAPB、BPADA/m-PDA 和 DSDA/3,4'-ODA 等。其中，部分聚酰亚胺泡沫材料已商品化，如美国杜邦公司的 SF 系列聚酰亚胺泡沫材料、瑞士 Alcan Airex AG 公司的聚醚酰亚胺泡沫、美国 Sordal 公司的 Rexfoam 系列聚酰亚胺泡沫材料，以及 NASA 开发的 TEEK 系列高性能聚酰亚胺泡沫材料。部分热塑性聚酰亚胺泡沫材料商品及其分子结构如表2.3所列。

表2.3 几种商品化热塑性聚酰亚胺泡沫材料的分子结构

商品牌号	公司/研发单位	分子结构
SF	杜邦	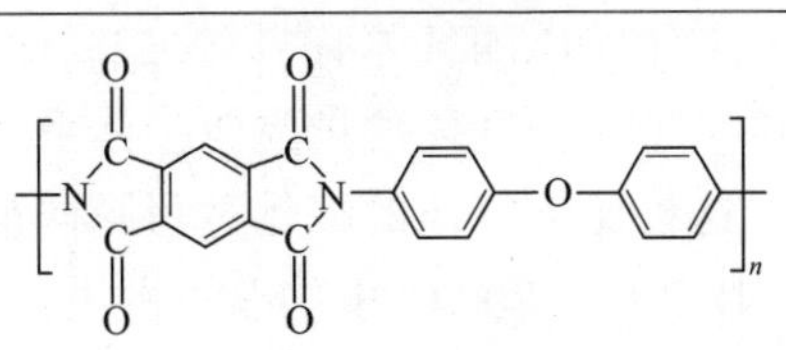 (结构式)
PEI	ALCAN	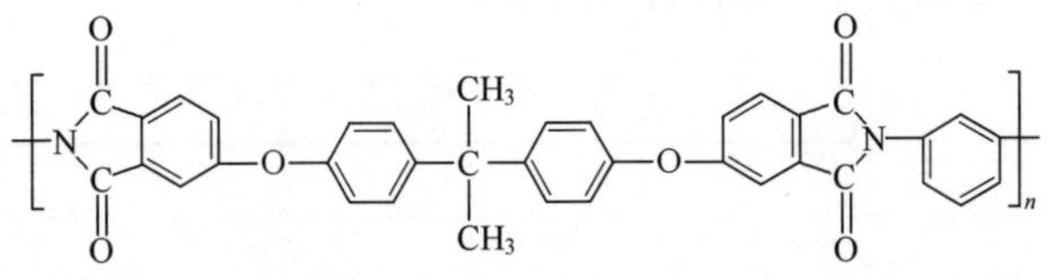 (结构式)

(续)

商品牌号	公司/研发单位	分子结构
TEEK-H	NASA	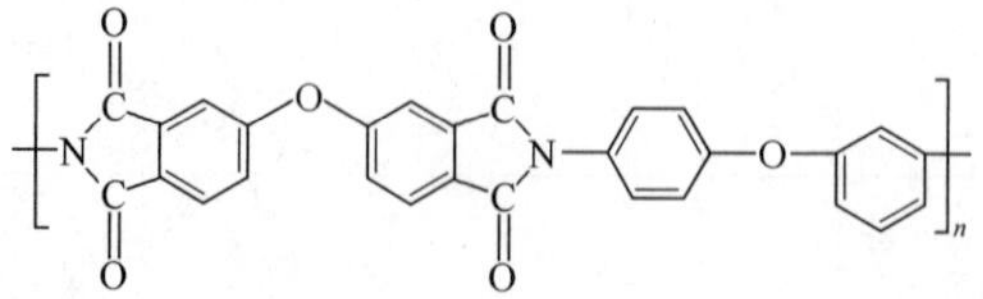 (结构式)
TEEK-L	NASA	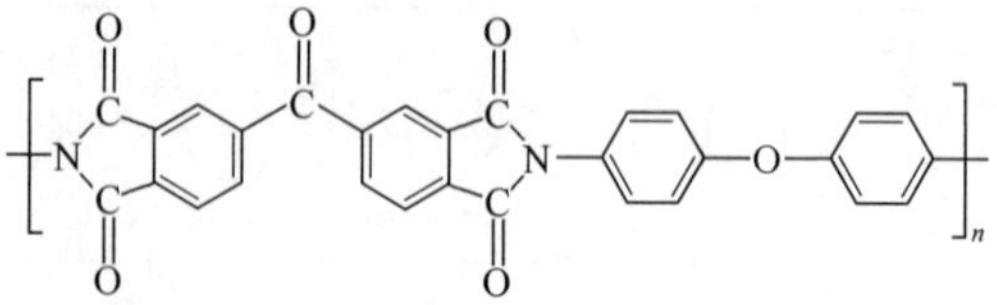 (结构式)
TEEK-C	NASA	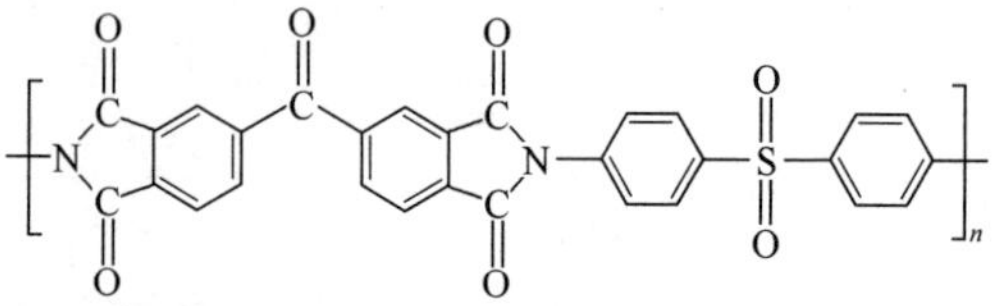 (结构式)

除上述外,凡可合成制备聚酰亚胺树脂的酐和胺、有机杂化聚酰亚胺、共聚聚酰亚胺、共混聚酰亚胺均可用作制备聚酰亚胺泡沫材料的原材料。

2.2.2 热塑性聚酰亚胺泡沫材料用发泡剂

2.2.2.1 物理发泡剂

物理发泡剂是一种通过物相转变使聚合物发泡的物质。物理发泡剂的发泡动因有多种,如加热、真空和运动等。常用的物理发泡剂主要有挥发性液体(低沸点的有机物)和压缩气体(惰性)两类。挥发性液体,如二氯三氟乙烷、二氯一氟甲烷、丙酮、水、乙醇、甲醇和2-丁氧基乙醇等[2,32],加热能够产生足够的气体,使聚酰亚胺发泡,其中的相变是指液相到气相的转变,表2.4给出了常用挥发性液体发泡剂的特性。常用的压缩气体有氢气、二氧化碳、氟里昂等。气体可作为发泡剂的原因是因为压入了压缩气体的聚酰亚胺体系随压力下降,其气体挥发,促使聚合物发泡的缘故。这种压缩气体的演化过程同样也说明了聚酰亚胺体系中的气泡形成机制。另外,沸点大于200℃可升华的物质,如邻苯二甲酸酐[29]也可用作热塑性聚酰亚胺泡沫材料的物理发泡剂。

表2.4 常用挥发性液体发泡剂的特性

名 称	分 子 式	沸点/℃
二氯三氟乙烷	CF_3CHCl_2	27.85
二氯一氟甲烷	$CHCl_2F$	8.9

（续）

名　　称	分子式	沸点/℃
丙酮	CH_3COCH_3	56.48
水	H_2O	100
乙醇	CH_3CH_2OH	78.4
甲醇	CH_3OH	64.7
2-丁氧基乙醇	$C_6H_{14}O_2$	171

物理发泡剂的主要优点是泡沫定型或在气体转化过程中不产生副产物，从而避免了副产物影响泡沫的颜色、机械强度和热稳定性等问题的发生；另一个优点是气体或挥发性液体的相对成本较低。但是，使用压缩气体作物理发泡剂时，需专用设备才能将物理发泡剂导入聚酰亚胺发泡体系中，从而导致生产成本提高。

2.2.2.2　化学发泡剂

化学发泡剂是一种通过加热分解或反应放出的气体使聚合物发泡的物质，其分解或反应产生气体的温度应与聚合物基体的熔融温度或最低黏度时的对应温度相近。评价化学发泡剂的三个重要特征是分解温度、单位质量产生的气体体积和分解产物的性质。一种发泡剂合适与否，取决于发泡剂的热分解性能和聚酰亚胺泡沫材料成型加工温度。因此，选择化学发泡剂时，要求化学发泡剂的热分解温度与聚酰亚胺发泡体系处于最小黏度时的对应温度相近。此外，还要求化学发泡剂能够产生足够的气体以使聚酰亚胺泡沫材料达到设计密度。

表 2.5 列出三种可能适合聚酰亚胺的高温分解化学发泡剂[2,3]。表 2.5 中的热重分析（TGA）数据由 Seiko TG/DTA 220 热重分析仪测得，升温速度为 2.5℃/min，空气流速为 40mL/min；气体产生数据由气体收集器测得，即将一定量的发泡剂放在一个连接封闭收集器的压力器皿中，加热该器皿至发泡剂的分解温度，收集产生的气体后，测定气体体积。

表 2.5　高分解温度化学发泡剂及其特性

厂　家	发泡剂名称	TGA 分解温度/℃	TGA 质量损失/%	气体产生情况 分解温度范围/℃	气体产生情况 产生气体量/(mL/g)
BASF Theic 公司	三(2-羟乙基)氰尿酸盐	280	100	250~300	105
Espirite Chemicals 公司	5-苯四唑钡盐	400	70	350~400	110
Polyvel 公司	含 5-苯四唑钡盐 25%（质量）的共聚物载体	420	80	350~450	48

表 2.5 中的 TGA 数据表明，三(2-羟乙基)氰尿酸盐分解后可 100% 转化为气体，但该发泡剂的分解温度仅为 280℃，低于耐高温聚酰亚胺的玻璃化温度，因此

不适合作为耐高温聚酰亚胺泡沫材料体系的化学发泡剂。5-苯四唑钡盐是耐高温聚酰亚胺泡沫材料最好的发泡剂,其分解温度与诸多热塑性聚酰亚胺黏度最小时的温度接近,且相同含量的5-苯四唑钡盐发泡剂可与三(2-羟乙基)氰尿酸盐发泡剂产生等量的气体。而含5-苯四唑钡盐25%(质量)的共聚物载体发泡剂在420℃的分解温度下失重仅为80%,且气体产生量仅为48mL/g。由此可见,以含5-苯四唑钡盐25%(质量)的共聚物载体作发泡剂,在420℃下无法产生足够的气体使聚酰亚胺发泡,因此不适合作聚酰亚胺泡沫材料的发泡剂。

图 2.1[2,3]为采用 BASF Theic 公司的三(2-羟乙基)氰尿酸盐发泡剂制备的 LARc™-IA 聚酰亚胺泡沫材料显微照片。LARC™-IA 是 NASA 兰利实验室开发的一种热塑性聚酰亚胺,其化学组成为 ODPA/3,4'-ODA。由图 2.1 可知,发泡剂三(2-羟乙基)氰尿酸盐分解后,在聚酰亚胺中形成一定量的微孔,但微孔的数目有限。聚酰亚胺中的微孔之所以比较少,是因为三(2-羟乙基)氰尿酸盐发泡剂的分解温度低于聚酰亚胺最小熔融黏度时的对应温度。三(2-羟乙基)氰尿酸盐发泡剂的分解温度虽然较高,但仍低于聚酰亚胺的玻璃化温度。因此,当发泡剂分解时,聚酰亚胺的黏度非常高(即没有达到最佳发泡条件),分解产生的气体压力不足以克服熔体黏度所形成的膨胀阻力,最终导致膨胀不充分,发泡剂在聚酰亚胺中形成的气泡未能完全膨胀,只能得到泡孔分布不均的高密度(690kg/m^3)聚酰亚胺泡沫材料。

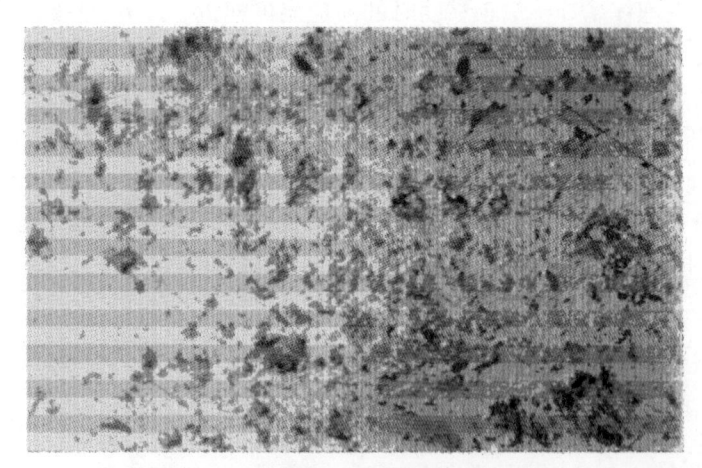

图 2.1 添加 10%三(2-羟乙基)氰尿酸盐发泡剂的热塑性聚酰亚胺泡沫材料的显微照片
(泡沫密度为 690kg/m^3)[3]

图 2.2[2,3]所示为利用 5-苯四唑钡盐化学发泡剂制备的具有闭孔结构的 LARC™-IA 聚酰亚胺泡沫材料显微照片,泡沫密度为 170kg/m^3。由图 2.2 可知,采用该发泡剂的聚酰亚胺泡沫材料的泡孔结构非常不均匀。这可能是因为发泡剂

本身分布不均匀,或是缺少某种合适的表面活性剂(表面活性剂在泡沫成型中可用来控制泡孔的生长,有助于防止泡孔的破裂)所致。比较图 2.1 和图 2.2 所示两种聚酰亚胺泡沫材料的密度可知,使用 5-苯四唑钡盐作化学发泡剂可明显降低聚酰亚胺泡沫材料的密度。

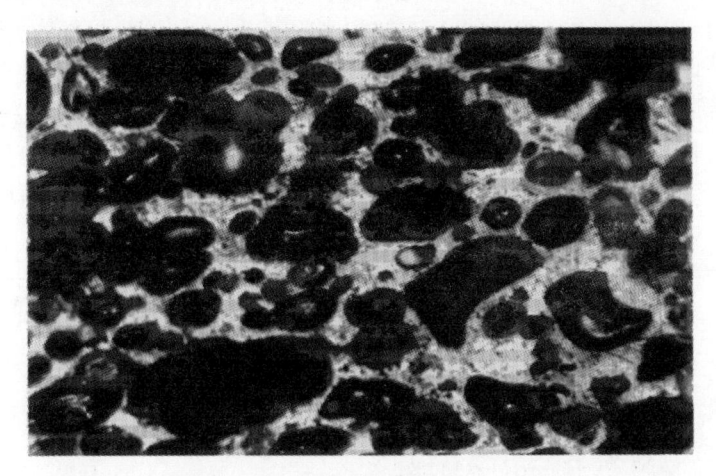

图 2.2　添加 10%5-苯四唑钡盐发泡剂的热塑性聚酰亚胺泡沫材料的显微照片
(泡沫密度为 170kg/m^3)[3]

图 2.3[2,3]所示为利用含 5-苯四唑钡盐 25%(质量)的共聚物载体发泡剂制备的 LARC™-IA 聚酰亚胺泡沫材料显微照片,其密度为 540kg/m^3,明显高于图 2.2 泡沫的密度。这是含 5-苯四唑钡盐 25%(质量)的共聚物载体发泡剂分解时可产生的气体量过少的缘故。

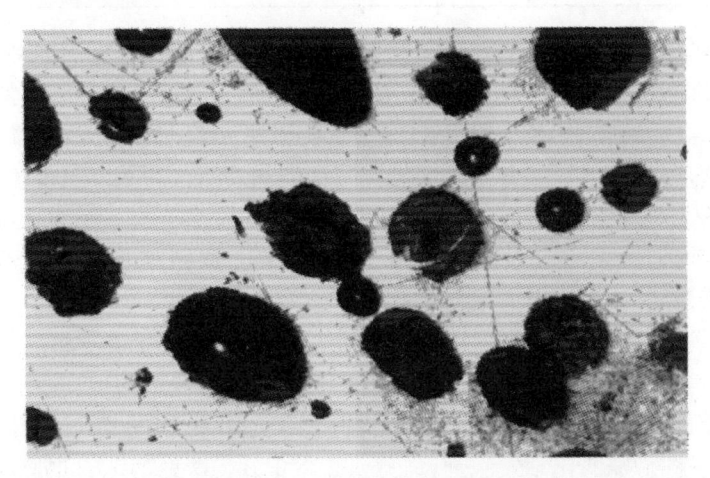

图 2.3　添加 10%共聚物载体(含 25%(质量)5-苯四唑钡盐)发泡剂的热塑性聚酰亚胺泡沫材料的显微照片(泡沫密度为 540kg/m^3)[3]

利用表2.5中三种不同化学发泡剂制备的聚酰亚胺泡沫材料的密度如表2.6所列。其中，PIXA是日本Mitsui Toatsu公司生产的一种热塑性聚酰亚胺。LARC™-IA和LARC™-IAX是NASA兰利实验室开发的热塑性聚酰亚胺，其化学组成分别为ODPA/3,4′-ODA和ODPA/3,4′-ODA/p-PDA（3,4′-ODA与p-PDA的摩尔比为90∶10）。LV232是NASA兰利实验室开发的一种塑化剂，用于降低聚酰亚胺的玻璃化温度。由表2.6可知，采用含5-苯四唑钡盐25%（质量）的发泡剂制备的聚酰亚胺泡沫材料密度约为单独采用5-苯四唑钡盐作发泡剂制备的聚酰亚胺泡沫材料密度的2倍。此外，由图2.3可知，采用含5-苯四唑钡盐25%（质量）的共聚物载体作发泡剂，其聚酰亚胺泡沫材料同样存在泡孔尺寸不均的问题。

表2.6 挤出成型热塑性聚酰亚胺泡沫材料的密度

粉末混合物	泡沫密度/(kg/m³)
90%PIXA+10%共聚物载体	510
90%IAX+10%共聚物载体	530
90%IA+10%共聚物载体	540
80%IAX+10%Polyvel+10%LV232	440
90%PIXA+10%钡盐	210
90%IAX+10%钡盐	170
90%IA+10%钡盐	170
80%IA+10%钡盐+10%LV232	140
80% PIXA+10%氰脲酸盐+10%LV232	750
80%IAX+10%氰脲酸盐+10%LV232	710

在制备聚酰亚胺泡沫材料时，除了采用表2.5所列的化学发泡剂外，还可使用偶氮二甲酸钡、草酸的二水化合物、N,N'-二亚硝基五亚甲基四胺、均二甲基均二亚硝基对苯二酸酰胺、偶氮二甲酰胺、硼酸、苯甲酸、p,p'-氧化双（苯磺酰肼）和对甲苯磺酰氨基脲等[13,14,29]，各发泡剂结构与性能如表2.7所列。值得注意的是，可通过固态发泡剂的粒子尺寸较为准确地控制聚酰亚胺泡沫材料的泡孔结构。为得到泡孔结构均匀的聚酰亚胺泡沫材料，一般要求所添加发泡剂的粒子直径小于200μm，最好其中98%以上的发泡剂粒子直径小于150μm。

使用化学发泡剂制备热塑性聚酰亚胺泡沫材料时，均要求发泡剂与聚酰亚胺基体充分混合，使其分解产生的气泡在聚酰亚胺基体中分散均匀，方可制得结构均匀的聚酰亚胺泡沫材料。研究表明，为提高泡沫泡孔结构的均匀性，在某些情况下，需采用一种特殊的化学发泡剂，详见2.2.2.3节。这种特殊的化学发泡剂在泡沫合成过程中，与聚酰亚胺单体或前驱体形成氢键，更均匀地分散在聚酰亚胺体系中，从而有效地提高聚酰亚胺泡沫材料泡孔结构的均匀性。

第2章 聚酰亚胺泡沫材料的主要组分与特性

表2.7 热塑性聚酰亚胺泡沫材料的常用化学发泡剂

	发泡剂的名称	分子结构式	在空气中的分解温度/℃	放气量/(mL/g)	产生气体
有机类	偶氮二甲酸钡	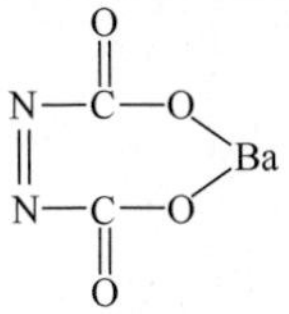	240~250	170~175	N_2,CO,CO_2
	N,N'-二亚硝基五亚甲基四胺	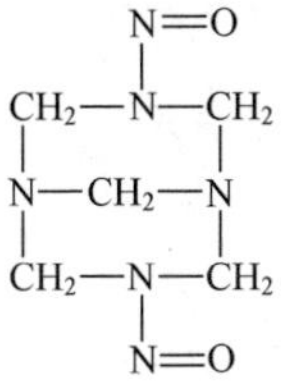	190~205	260~270	N_2,少量CO,CO_2
	均二甲基均二亚硝基对苯二酸酰胺	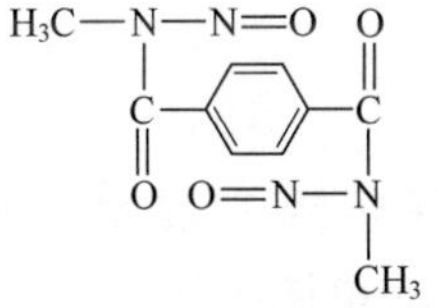	105	126	N_2
	偶氮二甲酰胺	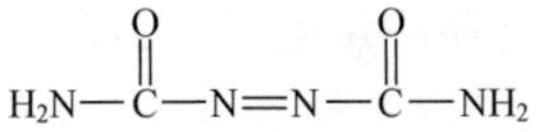	195~240	200~300	N_2,CO,少量CO_2
	p,p'-氧化双（苯磺酰肼）	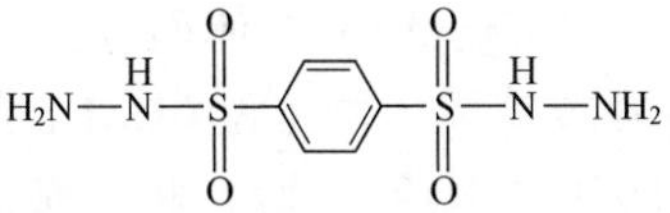	140~160	120	N_2,水蒸气
	对甲苯磺酰氨基脲	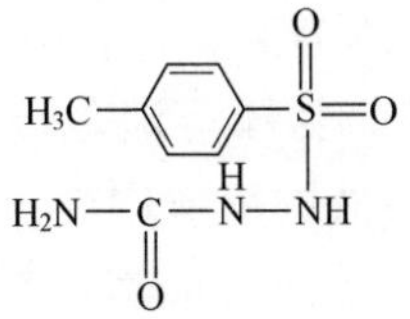	230	—	N_2,CO_2
	草酸的二水化合物	$(COOH)_2 \cdot H_2O$	100~157	—	CO,水蒸气
无机类	碳酸氢钠	$NaHCO_3$	100~140	267	CO_2,水蒸气
	硼酸	H_3BO_3	169	—	水蒸气

2.2.2.3 醚和叔胺类发泡剂

醚和叔胺类发泡剂是一种特殊化学发泡剂,该发泡剂能在高温下分解或挥发,使聚酰亚胺发泡。研究表明,采用醚和叔胺作发泡剂,可使聚酰亚胺前驱体粉体形成结构均匀稳定的聚酰亚胺泡沫材料[2]。式(2.1)和式(2.2)分别表示醚和叔胺发泡剂与聚酰亚胺前驱体的作用关系。其中,小分子醚中的氧和叔胺分子中的氮可分别与二酸二酯中羧基上的氢结合形成氢键,而叔胺在形成氢键的基础上会进

39

一步形成一种稳定的盐,从而使发泡剂均匀稳定地分散在聚酰亚胺前驱体中。常用的醚和叔胺类发泡剂有二氧杂环乙烷、1,2-二乙氧基乙烷(甲醚)、二乙烷基乙二醇基二甲醚(二甲醚)、四氢呋喃(THF)、三乙胺(TEA)、三丁基胺(TBA)和三辛烷胺(TOA)。

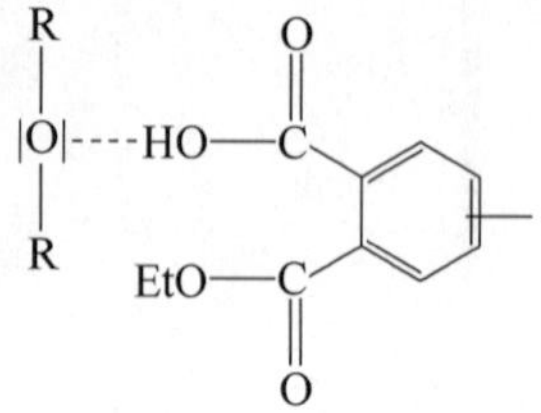

$$\tag{2.1}$$

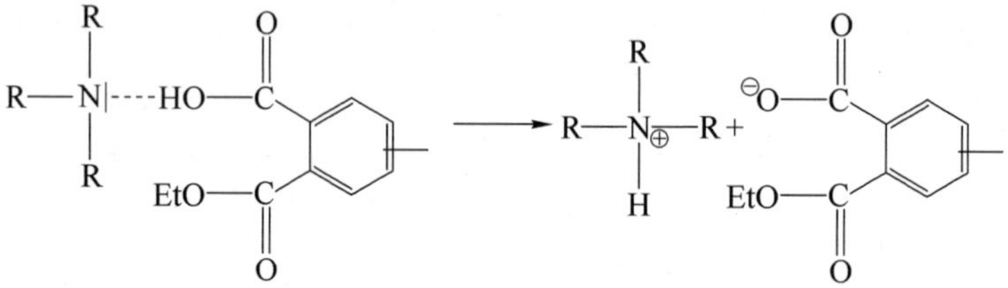

$$\tag{2.2}$$

采用醚或叔胺作发泡剂时,通常先将酐溶解在醚/脂肪醇或叔胺/脂肪醇混合物中,使酐与脂肪醇发生反应,生成含醚的单体溶液或由叔胺形成盐溶液,然后干燥处理,得到聚酰亚胺前驱体粉末,最后在一定的工艺条件下发泡制备聚酰亚胺泡沫材料。当使用小分子醚为发泡剂时,醚分子与酐单体复合形成氢键,该发泡剂含量约为聚酰亚胺前驱体总量的1%~15%(质量)。具体而言,将得到的含醚类发泡剂的单体溶液在70℃下加热6h,使酐转变成二酸二酯(DADE),并与小分子醚形成氢键。该氢键由醚中的氧和酸中的质子形成。然后,将二胺加入到DADE溶液中,搅拌2~6h,形成均匀的聚酰亚胺前驱体溶液。若有叔胺作用,则形成一种室温条件下稳定的盐溶液。类似地,聚酰亚胺前驱体溶液也可通过二酐衍生物四羧酸(TA)和二胺在不同的醚/脂肪醇的混合溶液中反应制得。醚和二酐间形成的氢键或者由叔胺与二酐形成的盐均为结构均匀聚酰亚胺泡沫材料的合成提供了条件。

在低温下,醚或叔胺发泡剂与聚酰亚胺前驱体间的作用能使反应物更为稳定,在达到最佳发泡温度和熔体黏度之前,可有效抑制聚酰亚胺前驱体的链增长和酰亚胺化反应的进行。此外,氢键的形成可使醚或叔胺发泡剂分散均匀,从而得到泡孔结构均匀的聚酰亚胺泡沫材料。在合适的温度下,化学发泡剂与聚酰亚胺前驱体间的作用减弱,形成独立小分子气体,均匀地分散在聚酰亚胺泡沫材料前驱体中。例如,THF在65℃时开始从前驱体中析出,形成小分子THF气体,当温度大于120℃时,THF气体膨胀,泡孔形成,从而得到多孔结构的聚酰亚胺泡沫材料。采用THF作发泡剂制得的多孔结构聚酰亚胺泡沫材料的扫描电镜(SEM)照片如图2.4所示。由图2.4可知,采用THF作发泡剂可制得泡孔均匀的聚酰亚胺泡沫材料。

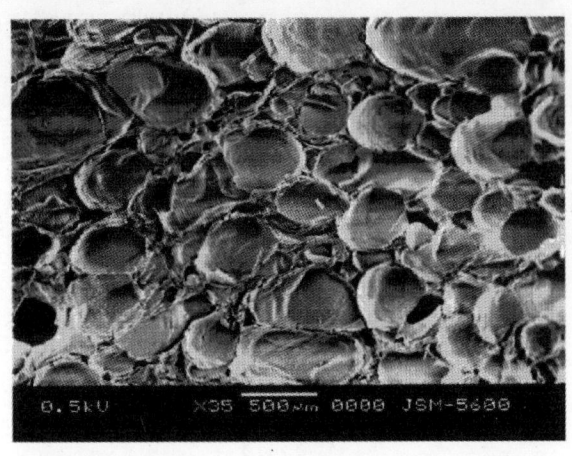

图 2.4 密度为 32kg/m³ 的 TEEK 系列聚酰亚胺泡沫材料的 SEM 照片[2]

2.2.3 表面活性剂

在聚酰亚胺的前驱体溶液中,加入一定量的表面活性剂,可提高泡孔的稳定性、泡孔尺寸和泡孔分布的均匀性。表面活性剂可使气泡产生过程更稳定,可提高聚酰亚胺泡沫材料耐疲劳性和柔弹性[3]。表面活性剂的用量一般是二胺和二酐总量的 0.1%~5%(质量)。用量过少,不能保证泡孔尺寸及其分布的均匀性;用量过多,会降低聚酰亚胺泡沫材料的性能。常用表面活性剂有含硅和含氟两大类。表 2.8 给出了常用表面活性剂的种类和特性。

表 2.8 常用表面活性剂的种类和特性

商品代号		特 性	参考文献
含氟类	FS-O	聚氧乙烯基醚类非离子型氟碳表面活性剂,微溶于水,能溶于大多数有机溶剂,具有强烈的表面活性	[26]
	FS-N	水溶性聚氧乙烯基类非离子型氟碳表面活性剂,对表面张力的降低非常有效,能有效提高固-气和固-液界面的润湿性	[13,14]
	FS-B	一种非离子型的氟化聚醚共聚物	[13,14]
	FS-C	一种阳离子含氟表面活性剂,可以降低表面自由能	[25,31,34,35]
有机硅类	L550	一种不含有 Si—O—C 键的有机硅乙二醇共聚物	[25,31,34,35]
	DC-193	有机硅乙二醇共聚物	[8,32]

2.3 热固性聚酰亚胺泡沫材料的组分及特性

2.3.1 PMI 泡沫材料

PMI 泡沫材料是一类理论上 100% 闭孔的刚性泡沫材料,通常由丙烯酸类单体和丙烯腈类单体为主要单体,并加入一定量的发泡剂、引发剂、交联剂及其他助剂制备而成。下面将分别对每种组分的组成及其作用进行详细介绍。

2.3.1.1　PMI泡沫材料基体材料

PMI泡沫材料的分子结构特征为具有式(2.3)所示的重复单元。在PMI结构单元中,该重复单元的比例大于50%(质量)。PMI泡沫材料的基体材料主要由丙烯酸类单体和丙烯腈类单体反应而成,丙烯酸类单体主要是指甲基丙烯酸和丙烯酸(MA);丙烯腈类单体主要是指甲基丙烯腈和丙烯腈[37-43]。其中,丙烯酸类和丙烯腈类单体的质量比一般在40∶60~60∶40之间[44-49]。常用丙烯酸类和丙烯腈类单体分子结构与特性如表2.9所列。

$$\qquad(2.3)$$

表2.9　常用丙烯酸类和丙烯腈类单体分子结构与特性

单体名称		分子结构	相对分子质量	沸点/℃
丙烯酸类	甲基丙烯酸	CH$_2$=C(CH$_3$)COOH	86	161
	丙烯酸	CH$_2$=CHCOOH	72	141
丙烯腈类	甲基丙烯腈	CH$_2$=C(CH$_3$)—CN	67	90
	丙烯腈	CH$_2$=CH—CN	53	78

2.3.1.2　PMI泡沫材料发泡剂

与其他泡沫材料一样,PMI泡沫材料制备过程中所用发泡剂也分为物理发泡剂和化学发泡剂两大类。物理发泡剂通常是含有3~8个碳原子的醇类,如2-丙醇、戊醇、己醇、叔丁醇和异丁醇等;化学发泡剂为碳酰胺(H$_2$NCONH$_2$)和偶氮二甲酸二异丙酯(DIAP)等[48]。

按照分子组成可将PMI泡沫材料用发泡剂分为两类:一是含酰胺结构的发泡剂,如甲酰胺、N,N'-二甲基甲酰胺、2,2'-偶氮双(异丁酸丁基酰胺)、2,2'-偶氮双(N-二乙基异丁酰胺)、氰基甲酰胺、脲、一甲基脲和N,N'-二甲基脲等;二是无氮发泡剂,如甲酸、水,以及1-丙醇、2-丙醇、1-丁醇、异丁醇、叔丁醇、戊醇和己醇等含有3~8个碳原子的脂肪醇[38,39,44,50]。其中,含酰胺结构的发泡剂可释放出能与羧基形成酰亚胺基团的氨或胺(式(2.4)),对人体有一定毒性。

第2章 聚酰亚胺泡沫材料的主要组分与特性

$$CH_3-\underset{CN}{\underset{|}{C}}-N=N-\underset{CN}{\underset{|}{C}}-CH_3 \longrightarrow 2CH_3-\underset{CN}{\underset{|}{C}}\cdot + N_2 \tag{2.4}$$

此外,其他许多在200℃以下能分解或气化的小分子物质都可作为PMI的发泡剂[40]。发泡剂的含量控制在1%~15%(质量)(占共聚单体的比例)[45]。

在制备PMI泡沫材料时,一般要求发泡剂能在150~250℃分解或蒸发形成气相,使预聚体在进行酰亚胺基团转化期间发泡。要求发泡剂能溶于混合单体,并在预聚过程中保持稳定,不发生析出、分解现象。发泡过程中的成核阶段为均相成核,发泡剂的气化或分解温度要低于或等于预聚体的软化温度,并要求发泡剂分子足够小,能在发泡过程中良好地成核。在发泡温度下,发泡剂能充分分解或气化,使共聚物发泡[44,50]。

研究文献指出[44],采用戊醇、己醇和异丙醇等脂肪醇作为发泡剂发泡时,MAA/AN共聚物中会出现大泡并开裂,不能发泡为泡沫板。这一现象说明戊醇、己醇和异丙醇等作为共聚物发泡剂时不能良好地成核,发泡剂气化后在共聚物中形成大量过饱和气体,过饱和气体从共聚物中析出并汇聚于个别气泡中,气泡过分膨胀而破裂。因此,在PMI泡沫材料的制备过程中,一般不单独采用脂肪醇作为发泡剂,而是将其与其他发泡剂协同使用。常用PMI泡沫材料用发泡剂及其特性如表2.10和表2.11所列。

表2.10 PMI泡沫材料常用物理发泡剂及其特性

名 称	分 子 式	沸点/℃
1-丙醇	$CH_3CH_2CH_2OH$	97.4
异丙醇	$(CH_3)_2CHOH$	82.5
叔丁醇	$(CH_3)_3COH$	82.8
异丁醇	$(CH_3)_2CHCH_2OH$	107
戊醇	$CH_3(CH_2)_3CH_2OH$	137.8
己醇	$CH_3(CH_2)_4CH_2OH$	158

表2.11 PMI泡沫材料常用化学发泡剂及其特性

发泡剂的名称	分子结构式	在空气中的分解温度/℃	产生气体
甲酰胺	$H-\overset{O}{\overset{\|}{C}}-NH_2$	180	N_2,CO,CO_2
N,N'-二甲基甲酰胺	$H-\overset{O}{\overset{\|}{C}}-N(CH_3)_2$	150~220	N_2,CO,CO_2

(续)

发泡剂的名称	分子结构式	在空气中的分解温度/℃	产生气体
碳酰胺(脲)	H₂NCONH₂	133	NH_3，CO_2
偶氮二甲酸二异丙酯	(结构式)	100~200	N_2，CO，CO_2
一甲基脲	(结构式)	100~157	CO，N_2

2.3.1.3 PMI 泡沫材料引发剂

与普通引发剂一样，PMI 泡沫材料用引发剂也是在聚合反应中自身分解产生自由基，该自由基进一步将单体分子活化为自由基并引发自由基聚合反应。一般引发剂分子结构上具有弱键，能在光或热的作用下发生共价键断裂，生成两个自由基，从而表现出独特的化学活性，并引发聚合反应。常用的 PMI 泡沫材料引发剂有偶氮类化合物、有机过氧化物、无机过氧化物和氧化还原体系四大类[38,39,44]，其中氧化还原体系是指有两个可发生氧化还原反应产生自由基的引发剂体系，该体系可在较低温度下引发，所引发的聚合反应属于氧化还原聚合反应，由于引发速度太快，故很少使用[50]。

不同引发剂适用于不同的聚合体系，在具体应用中，需根据聚合体系的特性选择合适的引发剂。例如，可将不同分解性能的引发剂和引发体系组合使用[39]，也可根据引发剂的不同分解温度，同时使用多种引发剂，使其在不同时间和温度下分别发挥作用。引发剂的选用会直接影响最终制得 PMI 泡沫材料的性能。以 AN/MAA 共聚体系为例，当选用不同的油溶性自由基引发剂偶氮二异丁腈(AIBN)、过氧化苯甲酰(BPO)和过氧化甲乙酮(MEKP)时，得到 PMI 泡沫材料的性能存在很大差异。以 AIBN 为引发剂时，虽然 AIBN 在引发过程中会产生少量的氮气(式(2.4))，但其在实验条件下反应温和，氮气能够充分排出聚合体系，使最终制得的 AN/MAA 共聚物板均匀透明无气泡；以 BPO 为引发剂时，由于 BPO 在引发过程中会发生副反应，在整个聚合过程中持续有 O_2 或 CO_2 生成(式(2.5))，因此造成制得的 AN/MAA 共聚物板材中夹杂气泡；以 MEKP 为引发剂时，虽然 MEKP 的活性较低，但在实验条件下引发反应快，并持续产生 O_2(式(2.6))，会使制得的 AN/MAA 共聚物板材中出现明显的气泡。此外，BPO 和 MEKP 分解产生的 O_2 对自由基聚合体系还有阻聚作用，不利于共聚反应的发生，影响共聚物的分子量[44]。

第2章 聚酰亚胺泡沫材料的主要组分与特性

$$\text{(反应式)} \tag{2.5}$$

$$\text{(反应式)} \tag{2.6}$$

为了更好地控制 PMI 泡沫材料的聚合反应,优选合适的引发剂体系,了解引发剂的活性是十分必要的。通常用来表征引发剂活性的参量主要有引发剂的半衰期 $t_{1/2}$ 和引发剂的分解温度。其中:引发剂的半衰期是指在给定温度下,当引发剂分解至起始浓度 1/2 时所需的时间,反映了引发剂分解速度的快慢和活性的高低,半衰期越短,分解速度越快,活性越高,反之亦然;引发剂的分解温度是指引发剂在某种溶剂(如苯或甲苯等有机溶剂)中半衰期 $t_{1/2} = 10h$ 时的分解温度。一些 PMI 泡沫材料常用引发剂的特性如表 2.12 所列。在实际应用中,可对照表中给出的引发剂参数,结合共聚单体的特性,进行引发剂的选择。

表 2.12 PMI 泡沫材料常用引发剂的特性

类别	名称	半衰期 $t_{1/2}$/h	分解温度(0.2M 苯)/℃
有机过氧化物	过氧化苯甲酰	2.4(85℃),4.3(80℃)	73
	异丙苯过氧化氢(CHP)	3.1(120℃),9.8(115℃)	115
	过氧化二月桂酰(LPO)	1/60(114℃)	62
	过氧化二碳酸二环己酯	0.27(70℃),4.2(50℃)	44
	过氧化甲乙酮	—	105
	二叔丁基过氧化物	1.6(140℃),4.9(130℃)	—
无机过氧化物	过硫酸铵(APS)	38.5(60℃),2.1(80℃)	120
	过硫酸钾(KPS)	—	100
偶氮类化合物	偶氮二异丁腈	—	64
	偶氮二异庚腈(AIVN)	—	52

对 PMI 的共聚体系而言,为了缩短聚合时间,所选用引发剂的半衰期最好比聚合时间短,至少是同数量级的。同时,由于其为静止聚合体系,因此要求引发剂与混合单体有良好的相容性。此外,研究表明[44,50],制备 PMI 泡沫材料时,引发剂的用量不宜过多,以免反应太快或爆聚。用量也不宜太少,否则使得反应无法进行或制得的 PMI 泡沫材料性能不佳。此外,在一定的温度条件下,引发剂的用量还直接影响 PMI 聚合物的分子量。引发剂用量大,制得 PMI 聚合物的分子量小;而引发剂用量小,制得 PMI 聚合物的分子量大[44]。

2.3.1.4 PMI 泡沫材料交联剂

PMI 泡沫材料用交联剂一般是分子中含有多个双键的有机化合物。制备 PMI 泡沫材料时常用的交联剂主要有两大类:一是共价交联剂,即可与基体共聚的不饱和化合物;二是离子型交联剂,即可在共聚物的羧基之间形成离子桥的多价金属阳离子[38,39,49,50]。表 2.13 所列为常用 PMI 泡沫材料交联剂种类及特性[37-50]。

表 2.13 常用 PMI 泡沫材料交联剂种类及特性

交联剂种类		实　例	特　点
共价交联剂	酰胺类交联剂	N,N'-二苯甲烷型双马来酰亚胺	具有单一双键的交联剂,在聚合过程中不发生交联,得到的是线性结构的共聚物,在后续的发泡和热处理过程中交联。这类交联剂在作交联剂的同时,可起到第三种共聚单体的作用
		烯丙基丙烯酰胺	
		烯丙基甲基丙烯酰胺	
		亚甲基双(丙烯酰胺)	
	丙烯酸酯类或甲基丙烯酸酯类交联剂	乙二醇二丙烯酸酯或乙二醇二甲基丙烯酸酯	
		二甘醇二丙烯酸酯或二甘醇二甲基丙烯酸酯	
		三甘醇二丙烯酸酯或三甘醇二甲基丙烯酸酯	
		四甘醇二丙烯酸酯或四甘醇二甲基丙烯酸酯	
	烯丙基尿酸酯类	三烯丙基氰尿酸酯	
		三烯丙基异氰尿酸酯	
离子型交联剂		(甲基)丙烯酸锌	含有两个或两个以上双键,因此,在生成共聚物时即发生轻度交联。可同时具有交联剂、第三种共聚单体和阻燃剂的功能
		(甲基)丙烯酸镁	
		Co^{2+}、Cd^{2+}、Zr^{4+}、Cr^{3+}、Bi^{3+} 和 TiO^{2+} 等形成的(甲基)丙烯酸盐	

制备 PMI 泡沫材料时,不同类型交联剂的交联机理存在一定差异。共价交联剂具有单一双键,故在聚合过程中,不会发生交联,得到的是线性结构的共聚物,在后续的发泡和热处理过程中发生交联。这类交联剂在作交联剂的同时,可起到第

三种共聚单体的作用。在共聚反应中,这种交联剂链节上的—CONH$_2$不足以发生反应使分子链交联,仅作为第三种共聚单体,而在发泡和热处理条件下,其链节的—CONH$_2$与其他分子链上的—CONH$_2$发生脱氨酰亚胺化反应,同时还可与其他分子链的—COOH发生脱水酰亚胺化反应,使分子链交联,如式(2.7)和式(2.8)所示[50]。

$$\text{（反应式 2.7）} \qquad (2.7)$$

$$\text{（反应式 2.8）} \qquad (2.8)$$

可作第三种共聚单体的酰胺类交联剂链节上的—CONH$_2$还能与相邻链节的—CONH$_2$或—COOH发生环化反应(式(2.9))[50]。因此,这种交联剂提高PMI分子链刚性,有利于PMI泡沫材料泡孔的稳定固化。

与共价型交联剂相比,作为离子型交联剂的金属丙烯酸盐或甲基丙烯酸盐同时具有交联剂、第三种共聚单体和阻燃剂的功能。由于离子型交联剂含有两个或两个以上双键,因此,在生成共聚物时即发生轻度交联。以甲基丙烯酸镁为例,离子型交联剂的作用机理如式(2.10)和式(2.11)所示[50]。

$$(2.9)$$

$$(2.10)$$

$$(2.11)$$

  在发泡过程中,为促进共聚物泡沫的泡孔固化和稳定程度,在配方中加入一定量的交联剂,使 PMI 预聚体分子之间产生交联,分子结构由线型转变为网型或体型,从而得到均匀泡沫。此外,添加交联剂还可改进泡沫的热变形温度、力学性能和抗蠕变性能[38,39,44,48-50],如表 2.14 所列[48],其中采用的交联剂分别为 N,N'-二苯甲烷型 BMI 和三烯丙基异氰尿酸酯(TAIC)。一般交联剂含量为丙烯酸类和丙烯腈类共聚单体质量总和的 0.05%~1%(质量)[45]。如果交联剂的加入量太多,交联网络太密,会导致 PMI 泡沫材料的发泡率过低或无法发泡,甚至在有些配方体系中还会造成预聚体黏度太大,不易排泡。而且,较多的交联剂在提高 PMI 泡沫材料的压缩、拉伸强度的同时,也会增加 PMI 泡沫材料的脆性。

表 2.14 添加交联剂前后的 AN/MAA/AN 体系的 PMI 泡沫材料的性能比较

性能	AN/MAA/AN	AN/MAA/AN/BMI	AN/MAA/AN/TAIC
拉伸强度/MPa	91.1	99.2	95.2
拉伸模量/GPa	6.0	6.2	6.1
压缩强度/MPa	190.4	184.0	202.9
压缩模量/GPa	4.1	4.0	4.2
弯曲强度/MPa	151.9	181.2	162.8
弯曲模量/GPa	5.4	6.5	6.1
冲击强度/(kJ/m^2)	14.9	15.0	14.7
吸水率/%	0.86	0.31	0.36
球压痕硬度/(N/mm^2)	204.8	257.1	247.5
热变形温度/℃	205	215	208

2.3.1.5 PMI 泡沫材料其他助剂

PMI 泡沫材料的其他助剂主要包括第三种共聚单体、阻燃剂、NH_3 发生剂和成核剂等。

PMI 泡沫材料的分子结构中除了式(2.3)的结构单元外,还存在一部分非酰亚胺型单元,其源自第三种共聚单体,如其他单官能烯类不饱和单体。这种不饱和单体的聚合单元难以转化或根本不能转化为环状酰亚胺单元。常用的第三种共聚单体有丙烯酸或者甲基丙烯酸酯(特别是甲基丙烯酸与具有 1~4 个碳原子的低级醇形成的酯)、苯乙烯、马来酸或马来酸酐、衣康酸或其酸酐、乙烯基吡咯烷酮、氯乙烯或偏二氯乙烯等。第三种共聚单体的用量一般在 0~10%(质量)之间,最好小于 1%(质量)(基于丙烯酸类和丙烯腈类单体的总和)[43]。另外,有些交联剂也可作为第三种共聚单体,其作用机理已在上述交联剂部分详细介绍。加入第三种共聚单体有时可改善 PMI 泡沫材料的力学性能或阻燃性能等[44]。

阻燃剂能提高 PMI 泡沫材料的阻燃性能,一般为含卤素或磷的物质,含卤素阻燃剂的阻燃效果虽好,但其对环境的危害较大,一般情况下不宜采用。含磷的阻燃剂主要有无机含磷阻燃剂和有机含磷阻燃剂两大类。常采用的无机磷阻燃剂为多聚磷酸铵(NH_4PO_3)$_n$(APP),且多采用聚合度小于 1000 的多聚磷酸铵。有机膦阻燃剂的溶解性好,其应用广泛。常用的有机磷阻燃剂有膦、氧化膦、膦酸一酯、膦酸二酯(甲膦酸二甲酯,DMMP)、甲膦酸二乙酯、氯甲膦酸二乙酯、羟甲膦酸二甲酯、羟甲膦酸二乙酯、甲氧基羰基甲膦酸二甲酯和乙氧基羰基甲膦酸二乙酯)等。无论是无机磷阻燃剂还是有机磷阻燃剂,其用量一般都控制在反应物总质量的 1%~15%(质量)。图 2.5、图 2.6 和表 2.15 分别表示含有无机磷阻燃剂(APP)和有机磷阻燃剂(DMMP)的 PMI 泡沫材料燃烧后形态与燃烧性能[51]。

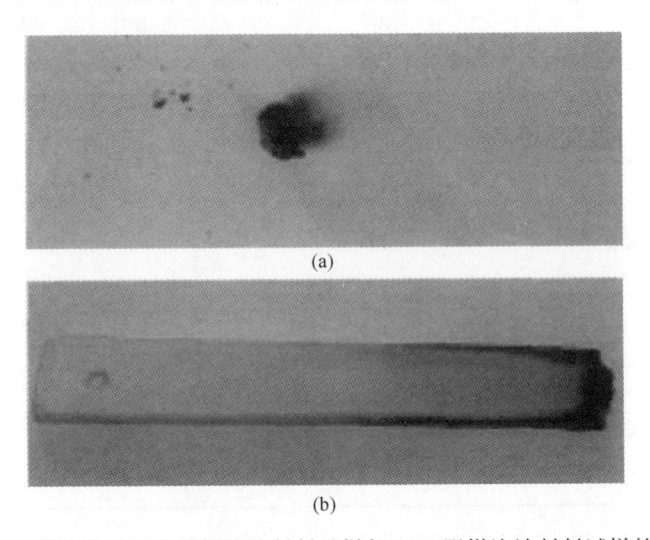

图 2.5 燃烧实验后未阻燃泡沫材料试样与 APP 阻燃泡沫材料试样的对比

表 2.15 APP、DMMP 阻燃的 PMI 泡沫材料的燃烧性能

组　　分	燃烧现象
未加阻燃剂的 PMI 泡沫材料	燃烧剧烈,有燃着的滴落物,30s 燃完
APP 阻燃的 PMI 泡沫材料	离火不到 1s 自熄,焦烧长度 25mm
DMMP 阻燃的 PMI 泡沫材料	离火不到 1s 自熄,焦烧长度 50mm

添加阻燃剂虽然能提高 PMI 泡沫材料的阻燃性,但同时降低了其力学性能和热性能,如表 2.16 所列[51]。最新研究文献指出[40],在 PMI 泡沫材料的制备过程中,引入式(2.12)所示结构的有机含磷化合物作为阻燃剂,可以在不降低泡沫材料的热性能和力学性能的条件下提高其阻燃性,同时降低吸水性。

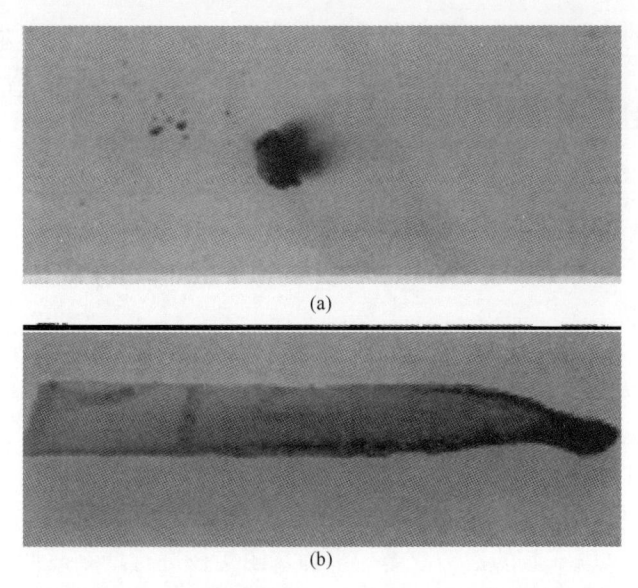

图 2.6 燃烧实验后未阻燃泡沫材料试样和 DMMP 阻燃泡沫材料试样的对比

$$\text{X} - \text{CH}_2 - \overset{\overset{\text{O}}{\|}}{\underset{}{\text{P}}} \overset{\text{OR}}{\underset{\text{OR}}{}} \qquad (2.12)$$

表 2.16 加入阻燃剂 DMMP 前后 PMI 泡沫材料的压缩强度

泡沫材料组成	密度/(kg/m³)		
	50	65	75
未加阻燃剂的 PMI 泡沫材料的压缩强度/MPa	1	1.25	1.7
DMMP 阻燃的 PMI 泡沫材料的压缩强度/MPa	0.70	1.05	1.35

此外,为进一步改善 PMI 泡沫材料的力学性能,可在体系中加入 NH_3 发生剂。NH_3 发生剂通常为碳酰胺(H_2NCONH_2)、甲基碳酰胺($CH_3NHCONH_2$)等。其中,碳酰胺可在高温下分解产生 NH_3,同时与共聚物分子链上的—COOH 反应,生成六元酰亚胺环或使分子链交联[44]。

另外,为得到泡孔结构均匀的 PMI 泡沫材料,通常在反应体系中添加成核剂(也称抗沉降剂)。这种成核剂在成核的同时,还可在体系中起到气化中心的作用。常用的成核剂有高分散硅胶(Aerosil)、炭黑和高分子量的聚甲基丙烯酸甲酯等[50]。

2.3.2 BMI 泡沫材料

BMI 是通过马来酸酐上双键的自由基加成反应聚合而成的,反应过程中不产生小分子。因此,它具有很好的耐热性和化学稳定性。BMI 的特点是单体中含有酰亚胺结构和可发生交联、产生体型结构的活性端基,其典型结构如式 2.13 所示[1,52]。该活性端基在催化剂作用下交联,通过外加发泡剂发泡,制得交联泡沫体[53-55]。

$$\text{(结构式)} \quad (2.13)$$

BMI 具有无毒、耐热和工艺性优越等特点。然而,由于均聚物的交联密度很大,由双马来酰亚胺单体均聚得到的 BMI 泡沫材料脆性较大,限制了 BMI 泡沫材料的应用。因此,需要对 BMI 泡沫材料进行增韧改性。马来酰亚胺单体分子中相邻的两个羰基的吸电子作用,使其封端双键具有很高的亲电性,可与多种官能团反应,故可利用双马酰亚胺的活性双键与多种基团接枝进行增韧改性,经发泡、聚合制得增韧的 BMI 泡沫材料。目前国内已有人成功制备出了性能优异的 BMI 泡沫材料。他们采用 4,4′-二苯甲烷型 BMI、MDA 和端羧基丁腈橡胶(改性剂,CTBN),以 135 型偶氮二甲酰胺为发泡剂,外加三氧化钼作阻燃剂制得耐高温阻燃的 BMI 泡沫材料[56,57]。其中,MDA 和 CTBN 可起到增韧作用,具体的增韧反应机理见第 3 章。此外,WO2005082986 专利[58]报道了一种制备 BMI 泡沫材料的方法,采用 Safoam®RPC 作发泡剂,用量控制在 BMI 单体总质量的 3% ~ 10%(质量),最好为 5%(质量)。这种发泡剂为一种吸热型发泡剂,分解温度在 158 ~ 180℃之间,其活性成分主要是碳酸或聚碳酸的钠盐,分解产生二氧化碳,放气量在 100mL/g 左右。

2.3.3 异氰酸酯基聚酰亚胺泡沫材料

异氰酸酯基聚酰亚胺泡沫材料是通过芳香二酐和/或芳香酸酯与异氰酸酯在催化剂的存在下发生缩聚反应,利用产生的低分子物(如 CO_2)作为发泡剂制得的一种热固性聚酰亚胺泡沫材料[59-62]。

2.3.3.1 异氰酸酯基聚酰亚胺泡沫材料基体材料

异氰酸酯基聚酰亚胺泡沫材料基体材料主要包括芳香二酐和/或芳香酸酯和异氰酸酯。其中,芳香二酐主要有 3,3′,4,4′-二苯醚四酸酐、3,3′,4,4′-联苯基四羧基二酐、3,3′,4,4′-二苯甲酮四羧基二酐、均苯四酸二酐、3,3′,4,4′-二苯砜四羧基二酐等,芳香酸酯是由上述芳香二酐与醇反应形成的化合物。

异氰酸酯主要有多苯基多亚甲基多异氰酸酯(PAPI)、甲苯二异氰酸酯(TDI)、二苯基甲烷二异氰酸酯(MDI)、异佛尔酮二异氰酸酯(IPDI)、苯二亚基二异氰酸酯(XDI)和四甲基苯二亚甲基二异氰酸酯(TMXDI)等。

2.3.3.2 异氰酸酯基聚酰亚胺泡沫材料助剂

异氰酸酯基聚酰亚胺泡沫材料助剂主要包括反应速率调节剂、发泡剂、表面活性剂和极性溶剂。

反应速率调节剂主要有三乙醇胺、三亚乙基二胺、双(2-二甲氨基乙基)醚、Dabco33-LV、辛酸亚锡、二月桂酸二丁基锡、二乙酸二丁基锡、硫醇二丁基锡等。

发泡剂主要有水、甲醇、乙醇、丙酮、2-乙二醇、乙二醇丁醚、聚乙二醇（M=600）、卤代化合物 HCFC-141-B、HFC-245FA 等。

表面活性剂主要有 DC-193、DC-195、DC-197、DC-198、Niax L620、Niax L-6900、AK-168 系列有机硅。

极性溶剂主要有 N,N'-二甲基甲酰胺(DMF)、N,N'-二甲基乙酰胺(DMAc)、N-甲基-2-吡咯烷酮(NMP)、二甲基亚砜(DMSO)等。

参 考 文 献

[1] 丁孟贤. 聚酰亚胺—化学、结构与性能的关系及材料[M]. 北京:科学出版社,2006.
[2] Weiser E S. Sythesis and Characterization of Polyimide Residuum, Friable Balloons, Microspheres and foams[D]. The College of William and Mary :Williamsburg,VA,2004.
[3] Weiser E S. High Temperature Structural Foam[C]. 43rd International SAMPE Symposium, Anaheim Convention Center,Anaheim,California,SAMPE:1998.
[4] Hou T H,Weiser E S,Siochi E J,et al. Processing Characteristics of Teek Polyimide Foam[J]. High Performance Polymers,2004,16(4):487-504.
[5] Veazie D R, Vincent S, Weiser E. Characterization of Polyimide Foams for Ultralightweight Space Structures[C]. 44th AIAA/ASME/ASCE/AHS/ASC Structures, Structural Dynamics, and Materials Conference,Norfolk, Virginia,2003.
[6] Veazie D R,Wright M O. Polyimide Foam Development and Characterization for Lightweight Integrated Structures[C]. 45th AIAA/ASME/ASCE/AHS/ASC Structures,Structural Dynamics, and Materials Conference,Palm Springs,California,2004-4-19:4-22.
[7] Weiser E S,Grimsley B W. Polyimide Foams from Friable Balloons[C]. 47th International SAMPE Symposium,Long Beach,California,2002-5-12:5-16.
[8] Lee R, Village E G, Donnell M D. Production of Polyimide Foam:US 4900761[P]. 1990-02-13.
[9] Barringer J R, Broemmelsiek H E,et al. Polyimide Foam Products and Methods:US 5096932 [P]. 1992-03-17.
[10] Lee R,Rouge B. Polyimide foam Precursor:US 5122546 [P]. 1992-06-16.
[11] Yamaguchi H,Yammoto S. Aromatic Polyimide Foams:US 6576683[P]. 2003-06-10.
[12] Gagliani J, Usman A K. Methods of Preparing Polyimides and Polyimide Precursors:US 4296208[P]. 1981-10-20.

[13] Gagliani J, Lee R, Anthony L. Methods of Preparing Polyimides and Polyimide Precursors: US 4305796[P]. 1981-12-15.

[14] Weiser E S, Johnson T F, St Clair T L, et al. Polyimide Foams for Aerospace Vehicles[J]. High Performance Polymers, 2000, 12(1): 1-12.

[15] Kuwabara A, Ozasa M, Shimokawa T, et al. Basic Mechanical Properties of Balloon-Type TEEK-L Polyimide Foam and TEEK-L filled Aramid-Honeycomb Core Materials for Sandwich Structures[J]. Advanced Composite Materials. , 2005, 14 (4): 343-363.

[16] Canoa C I, Weiserb E S, Kyua T, et al. Polyimide Foams From Powder: Experimental Analysis of Competitive Diffusion Phenomena[J]. Polymer, 2005, 46 (22): 9296-9303.

[17] Chu H J, Zhu B K, Xu Y Y. Polyimide Foams with Ultralow Dielectric Constants[J]. Journal of Applied Polymer Science, 2006, 10 (2): 1734-1740.

[18] Williams M K, Holland D B, Melendez O, et al. Aromatic Polyimide Foams: Factors that Lead to High Fire Performance [J]. Polymer Degradation and Stability, 2005, 88 (1): 20-27.

[19] Chu H J, Zhu B K, Xu Y Y. Preparation and Dielectric Properties of Polyimide Foams Containing Crosslinked Structures[J]. Polymers for Advanced Technologies, 2006, 17(5): 366-371.

[20] Williams M K, Weiser E S, Fesmire J E, et al. Effects of Cell Structure and Density on the Properties of High Performance Polyimide foams[J]. Polymers for Advanced Technologies, 2005, 16 (2-3): 167-174.

[21] Indyke D M, Heights A. Polyimide Foams and their Production: US 4826886 [P]. 1989-05-02.

[22] Indyke D M, Heights A. Polyimide Foams and their Production: US 4952611 [P]. 1990-08-28.

[23] Loy W, Weinrotter K. Flame-retardant, High-temperature Resistant Foams of Polyimides: US 515323 [P]. 1992-10-06.

[24] Resewski C, Buchgraber W. Properties of New Polyimide Foams and Polyimide Foam Filled Honeycomb Composites [J]. Materialwissenschaft und Werkstofftechnik, 2003, 34 (4): 365-369.

[25] Hill F U, Schoenzart P F, Frank W P. Polyimide Foam Filled Structures: US 5188879[P]. 1993-04-23.

[26] Choi K Y, Lee J H, Lee S G, et al. Method of Preparing Polyimide Foam with Excellent Flexibility Properties: US 6057379[P]. 2000-05-02.

[27] 楚晖娟,朱宝库,徐又一. 聚酯铵盐粉末发泡制备聚酰亚胺泡沫材料的研究[J]. 广东化工, 2007, 34(12): 14-17.

[28] 王连才,郭宝华,曾心苗,等. 聚酰亚胺泡沫材料制备与性能研究[J]. 工程塑料应用, 2008, 36(3): 6-8.

[29] Amborski L E, Weisenberger W P. Cellular Polyimide Product: US 310506 [P]. 1967-03-21.

[30] Ozawa H, Yamanoto S. Aromatic Polyimide Foam: US 6814910 [P]. 2004-11-09.

第2章　聚酰亚胺泡沫材料的主要组分与特性

[31] Gadliani J,Long J V. Closed Cell Polyimide Foams and Methods of Making Same:US 4425441[P]. 1984-01-10.
[32] Vazquez J M,Cano R J,Jensen B J,et al. Polyimide foams:WO 2004072032[P]. 2004-08-26.
[33] 龙永江,张广成,陈挺,等. 聚酰亚胺泡沫材料的合成路线及制备工艺[J]. 合成树脂及塑料,2007,24(6):68-73.
[34] Weiser E S,News N,Clair T S,et al. Aromatic Polyimide Foam:US 6133330[P]. 2000-10-17.
[35] Weiser E S,News N,Clair T S,et al. Hollow Polyimide Microphere:US 6235803[P]. 2001-05-22.
[36] Weiser E S,News N,Clair T S,et al. Polyimide Precursor Solidresidum:US 6180746[P]. 2001-01-30.
[37] 陈一民,何斌. 聚甲基丙烯酸酰亚胺的制备研究[J]. 国防科技大学学报,2008,3(2):37-40.
[38] 舍不勒J,盖尔W,赛贝特H,等. 耐热变形性的具有微细孔的聚甲基丙烯酸酰亚胺泡沫:中国,1856531[P]. 2006-11-1.
[39] Scherble J,Geyer W,Selbert H,et al. Thermostable Microporous Polymethacrylimide Foams:US 20070077442[P]. 2007-4-25.
[40] Baumgartner E,Besecke S,Seeheim-Jugenheim,et al. Flame-retarded Polyacrylamide or Polymethacrylimide Synthetic Resin Foam:US 4576971[P]. 1986-3-18.
[41] Pip W,Winrer K. Laminates Comprising a Foamed Polyimide Layer:US 4205111[P]. 1980-5-27.
[42] 斯特恩P,瑟比尔特H,麦尔L,等. PMI泡沫材料的制备方法:中国,1561361[P]. 2005-10-12.
[43] 盖尔W,赛贝特H,泽瓦蒂S. 具有明显改善的热力学性能的PMI泡沫材料:中国,10117305[P]. 2008-5-7.
[44] 陈廷. AN/MAA共聚物泡沫材料的制备、结构与性能[D]. 西安:西北工业大学. 2006.
[45] Krieg M,Ude W,et al. Hard Foam Cores for Laminates:US4996109[P]. 1991-04-26.
[46] Krieg M,Geyer W,Pip W,et al. Flame-resisitant Polymethacryimide Foams:US 5698605[P]. 1997-12-16.
[47] Geyer W,Seibert H,Servaty S. Process for the Production of Polymethacrylimide Foam Materials:US 5928459[P]. 1999-7-27.
[48] 张翠,张广成,陈廷,等. AN/MAA/AM三元共聚物的合成及性能研究[J]. 热固性树脂,2006,21(4):9-14.
[49] 曲春艳,马瑛剑,谢克磊,等. PMI硬质泡沫材料[J]. 化学与黏合,2008,30(1):43-47.
[50] 赵飞明,安思彤,穆晗. PMI(PMI)泡沫研究现状[J]. 宇航材料工艺,2008(1):1-9.
[51] 张翠. AN/MAA/AM共聚物的表征及改性研究[D]. 西安:西北工业大学. 2007.
[52] 庞顺强. 聚酰亚胺泡沫材料在舰船上的应用[J]. 材料开发与应用,2001,16(3):

38-41.

[53] 虞子森. 船舶绝热保温材料的最新研究与开发[J]. 上海造船,2005(1):49-53.

[54] 虞子森,蔡正燕,石明伟,等. 船舶绝热保温材料的研究与开发[J]. 造船技术,2004(3):39-43.

[55] 周祖新,黄志雄,周祖福,等. 论大型海洋船舶隔热材料的发展与应用[J]. 武汉交通科技大学学报,1998,22(3):314-317.

[56] 谢文峰,黄志雄. 高强泡沫复合材料的研制[J]. 国外建材科技,2007,28(1):29-31.

[57] 黄志雄,梅启林,周祖福. 增韧双马来酰亚胺泡沫体的研究[J]. 武汉理工大学学报,2001,23(1):5-8.

[58] Stevenson J, Mendoza J. Noise Suppression Structure and Method of Making the Same [P]. WO2005082986. 2005-09-09.

[59] 王连才,曾心苗,李淑凤,等. 一种聚酰亚胺泡沫材料及其制备方法:中国,200810227146.4[P]. 2008-11-25.

[60] 王连才,郭宝华,曾心苗,等. 聚酰亚胺泡沫材料制备与性能研究[J]. 工程塑料应用,2008(3):6-8.

[61] Rosser R W, Calif S J, Claypool C J. Polyimide Foam for Thermal Insulation and Fire Protection:US 3772216[P]. 1973-11-13.

[62] Farrissey W J, Rose J S, Carleton P S et al. Preparation of a Polyimide Foam [J]. Journal of Applied Polymer Science,1970,14(4):1093-1101.

第3章 聚酰亚胺泡沫材料的发泡机理与成型工艺及实例

3.1 概　　述

热塑性与热固性聚酰亚胺在分子结构、聚合原理和合成工艺上差异较大,因此,热塑性与热固性聚酰亚胺泡沫材料的合成路线、发泡机理和成型工艺也存在较大区别。本章分别介绍热塑性和热固性聚酰亚胺泡沫材料的发泡机理、工艺路线与典型实例。对热塑性聚酰亚胺,首先简单介绍合成方法;然后阐述粉末发泡、浆发泡和糊发泡等方法;最后重点论述目前普遍采用的粉末发泡的发泡机理。对热固性聚酰亚胺泡沫,主要介绍 PMI、BMI 泡沫,特别是异氰酸酯基聚酰亚胺泡沫材料的发泡机理、工艺路线与典型实例。

3.2　热塑性聚酰亚胺泡沫材料

目前,有关热塑性聚酰亚胺泡沫材料成型工艺方面的研究主要包括合成聚酰亚胺前驱体工艺的改进、发泡剂的优选和发泡工艺的改进等。热塑性聚酰亚胺泡沫材料成型工艺的发展主要经历了三个阶段:

第一阶段(20世纪60年代),先将气泡直接引入聚酰胺酸中,然后将含有气泡的聚酰胺酸成型为一定形状,再酰亚胺化得到泡沫制品[1,2]。

第二阶段(20世纪60年代末期),先用物理方法将单体反应物混合均匀,然后将混合物粉末置于模具中加热发泡,同时酰亚胺化得到泡沫制品,主要由小分子反应副产物发泡[3]。

第三阶段(20世纪80年代),先制得不同溶剂含量的预聚体粉末,然后将预聚体粉末置于模具中加热发泡,同时酰亚胺化得到泡沫制品,主要由残留溶剂和小分子反应副产物发泡[4]。其中,聚酰胺酸前驱体粉末是固相发泡聚酰亚胺中关键工艺之一,目前已有旋蒸-真空干燥、流延-干燥、挤出片-干燥、挤出丝-干燥、喷雾干燥等去溶剂制粉方法,其中,喷雾干燥即雾化法所制粉末结构均匀性好、操作安全性高。

关于热塑性聚酰亚胺泡沫材料的成型工艺已有诸多文献报道,典型的成型工艺如表3.1所列。按照制备手段来分,热塑性聚酰亚胺泡沫材料的成型工艺主要有球磨法[3]、液体树脂喷雾干燥法[4-6]、微波发泡法[5,7]、逐步升温处理法[8]和挤出法[9-11]等。按照前驱体的状态来分,聚酰亚胺泡沫材料的成型工艺可分为粉末发泡法[12-19,23-37,40-43]、溶液发泡法[1]、微球发泡法[20-22,38,39]和糊发泡法[8,44-47]等,其中,粉末发泡法是目前应用最广的一种热塑性聚酰亚胺泡沫材料成型工艺,因此本节将主要介绍粉末发泡法。

表3.1 热塑性聚酰亚胺泡沫材料的成型工艺

名 称	工艺概述	发泡机理	优 缺 点
糊发泡法	聚酰亚胺前驱体粉末和前驱体溶液或者蒸馏水混合均匀后,填入模具发泡	利用溶剂、反应中产生的小分子为发泡剂,并且可添加化学或物理发泡剂促进发泡	得到的泡沫密度低,最低能达到约2kg/m³,最高约为几十千克每立方米;但泡沫均匀性不易控制
微球发泡法	先将预聚体粉末预发泡形成微球中间体,后填入模具再次发泡并相互黏结		闭孔率高,泡沫均匀性好,但微球间的黏结性对泡沫制品的力学性能影响较大
粉末发泡法	将预聚体粉末填入模具并加热发泡		可得到高密度泡沫材料,但粉末传热不均匀,易导致泡沫制品结构不均匀
嵌段共聚法	合成微相分离的聚酰亚胺(热稳定段)-脂肪链(热不稳定段)的嵌段共聚物	由热不稳定分子链段的热分解产生泡孔	可严格控制泡孔的大小和分布,是制备聚酰亚胺纳米泡沫材料的主要方法,但只限于薄膜泡沫制品
相反转法	先用第一种溶剂使聚酰亚胺片溶胀,然后用第二种溶剂取代第一种溶剂,加热发泡	基体溶胀、溶剂挥发形成泡孔	泡孔结构较均匀,但只限于薄片泡沫制品
挤出法	首先在聚酰亚胺熔体中加压注入惰性气体,并挤出成型聚酰亚胺板,再快速卸压,加热发泡	外加惰性气体为发泡剂	工艺简单,泡沫绝缘性好,但需要以热塑性聚酰亚胺为原料,以及高温挤出机(高于400℃)

3.2.1 粉末发泡成型工艺

热塑性聚酰亚胺泡沫材料的粉末法成型工艺主要有三种,分别是基于二酸二酯与二胺液相反应法、二酐与二胺液相反应法、四酸与二胺固相反应法的泡沫成型工艺。

3.2.1.1 基于二酸二酯与二胺液相反应法的泡沫成型工艺

利用二酸二酯与二胺反应合成聚酰亚胺泡沫材料前驱体是目前粉末发泡中使用最多的一种方法。先将二酐单体溶解在脂肪醇(如甲醇或乙醇等)中,加热回流得到二酸二酯,冷却后加入二胺单体以及表面活性剂等助剂,混合反应,得到前驱体溶液;然后将前驱体溶液干燥、粉碎得到固态前驱体粉末;再将前驱体粉末放入

第3章 聚酰亚胺泡沫材料的发泡机理与成型工艺及实例

模具中发泡,得到聚酰亚胺泡沫材料。该方法是利用酰亚胺化过程中释放的水和醇(R—OH)作为发泡剂发泡制得聚酰亚胺泡沫材料。式(3.1)表示 BTDA/4,4'-ODA 体系的反应过程。

$$\tag{3.1}$$

在这种方法中,还可引入其他发泡剂协助发泡。但是,由于引入的其他发泡剂很难均匀分散,往往导致泡沫制品的泡孔结构不均匀。

为解决上述问题,NASA 与 Unitika 公司合作,提出了一种改进的聚酰亚胺泡沫材料成型工艺,即在聚酰亚胺泡沫材料前驱体的合成过程中,引入小分子醚和叔胺类物质[27]。该方法通过一种聚酰亚胺的盐溶液制备聚酰亚胺泡沫材料,该盐溶液由二酐单体与醚/不同脂肪醇或叔胺/脂肪醇混合物在室温下反应制得。将该溶液在70℃下处理6h,使二酐单体转变成二酸二酯,并与醚中的氧形成氢键。在有氢键结合的二酸二酯中加入二胺单体,混合、搅拌2h,形成均匀的聚酰亚胺前驱体溶液。此外,加入叔胺所形成的盐在室温下也有很好的稳定性。醚和叔胺与二酸二酯所形成的稳定结构如式(2.1)和式(2.2)所示。

为提高泡孔尺寸分布的均匀性,可先在聚酰亚胺前驱体溶液中加入一定量的表面活性剂(约为前驱体溶液中固体总质量的0.1%~5%(质量));将得到的前驱体溶液置于不锈钢容器中,在70℃下加热14h,挥发掉多余溶剂(醚和脂肪醇),将得到的块体研成细粉(2~200μm),再将聚酰亚胺前驱体粉末加热到50~100℃,维持10~120min,使残留溶剂(醚和脂肪醇)含量降低到1%~10%(质量);最后将该粉末填入模具,加热制成聚酰亚胺泡沫材料。图3.1和图3.2分别表示采用醚和叔胺制备聚酰亚胺泡沫材料的工艺过程。

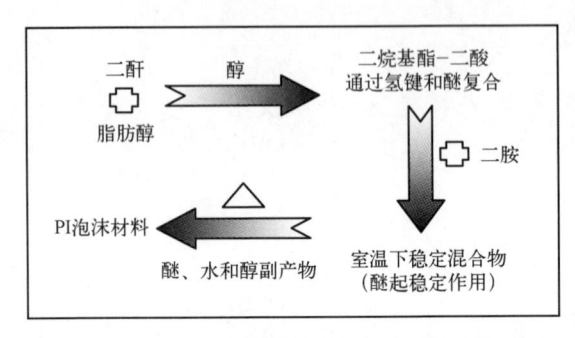

图3.1 由含醚二酐溶液法制备聚酰亚胺泡沫材料

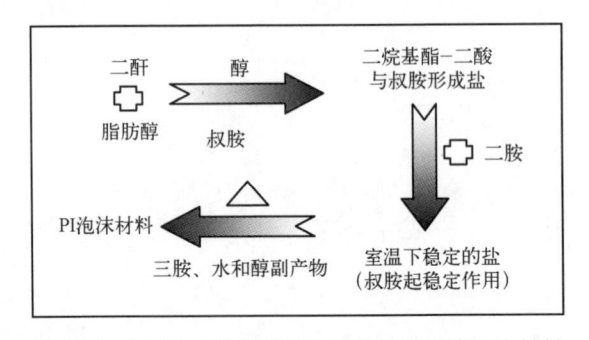

图3.2 由叔胺形成盐溶液法制备聚酰亚胺泡沫材料

粉末发泡制备聚酰亚胺泡沫材料可采用两种不同的加热形式。第一种,从两个加热板向模具传导热量,如图3.3所示。模具由模腔以及上下石墨板组成。通过上、下加热板加热,热量由加热板传递给模具及其内腔,使前驱体粉末发泡,并酰亚胺化。第二种,使用与图3.3相似的封闭模具,只是下方的石墨板用钢板代替。这种加热方式是通过下方的钢板与上方的石墨板之间的热对流加热前驱体粉末,使整个模具均匀加热。这两种加热形式均能制得泡孔结构均匀的聚酰亚胺泡沫材料。

上述两种加热形式,均是将一定量聚酰亚胺前驱体粉末填入模腔。首先,将模具加热到140℃左右并保温60min进行发泡,其发泡率(发泡程度)可通过升温速率或发泡温度调节。然后,将模温升到300℃,保温60min,进行酰亚胺化,或者将模具转移到300℃的氮气鼓风烘箱中进行酰亚胺化。实验表明,氮气和空气两种氛围对聚酰亚胺泡沫材料制品质量没有明显影响,所以对大多数聚酰亚胺体系没有必要使用氮气烘箱。最后,在更高的温度下将制得的泡沫后固化几小时,以除去残留的少量挥发物,随后将模具冷却至室温,脱模得到聚酰亚胺泡沫材料。图3.4所示为典型的由前驱体粉末制备聚酰亚胺泡沫材料的工艺实例。

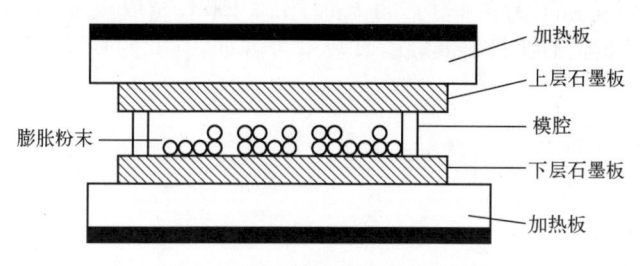

图3.3 粉末发泡制备泡沫材料

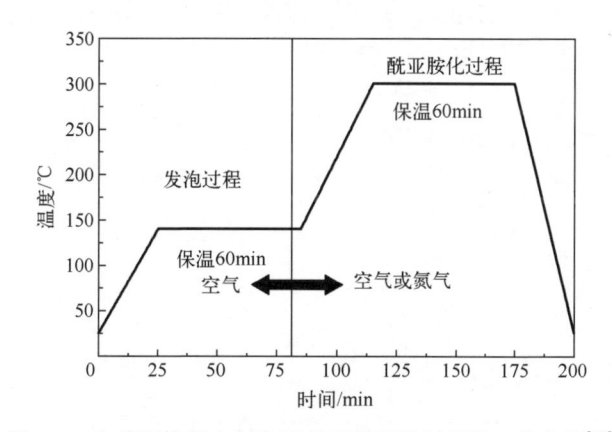

图3.4 由前驱体粉末制备聚酰亚胺泡沫材料的工艺实例[38]

该方法制备聚酰亚胺泡沫材料的特点:①采用二酸二酯和二胺制备聚酰亚胺前驱体溶液,加热脱醇、脱水生成聚酰亚胺泡沫材料,可保证酸酐与二胺的摩尔比为1:1,从而得到相对分子量足够高的聚酰亚胺泡沫材料;②使用四氢呋喃/甲醇作为混合溶剂,相对廉价,且残留溶剂可作为发泡剂,通过控制残留溶剂含量可有效实现聚酰亚胺泡沫材料密度和泡孔结构控制;③加入叔胺类酰亚胺化催化剂可降低酰亚胺化温度,从而降低发泡温度[30]。

3.2.1.2 基于二酐与二胺液相反应法的泡沫成型工艺

专利US3249561[1]公开了一种二酐单体和二胺单体在溶液中反应制备聚酰亚胺泡沫材料的方法。首先,将二酐单体和二胺单体在溶剂(N,N'-二甲基甲酰胺或者N,N'-二甲基乙酰胺)中低温缩聚,得到聚酰胺酸前驱体溶液;然后,加入乙酸酐或者乙酸酐与叔胺类催化剂(如吡啶,可作为乙酸酐脱水环化的催化剂)的混合物,以及一种可产生气体的酸(如甲酸),混合均匀后成膜;经过化学脱水环化,发泡、固化得到聚酰亚胺泡沫材料。例如:首先,将均苯四甲酸酐与4,4′-二氨基二苯醚(4,4′-ODA)在N,N'-二甲基乙酰胺中反应,得到固含量为12%(质量)的聚酰胺酸前驱体溶液;然后,加入一定量的甲酸、乙酸酐和嘧啶,将得到的混合溶液涂成厚度约为1.5mm的薄膜;最后,将其加热到400℃完成酰亚胺化,同时除去溶剂,并得到聚酰亚胺泡沫材料薄膜。其反应过程如式(3.2)所示。

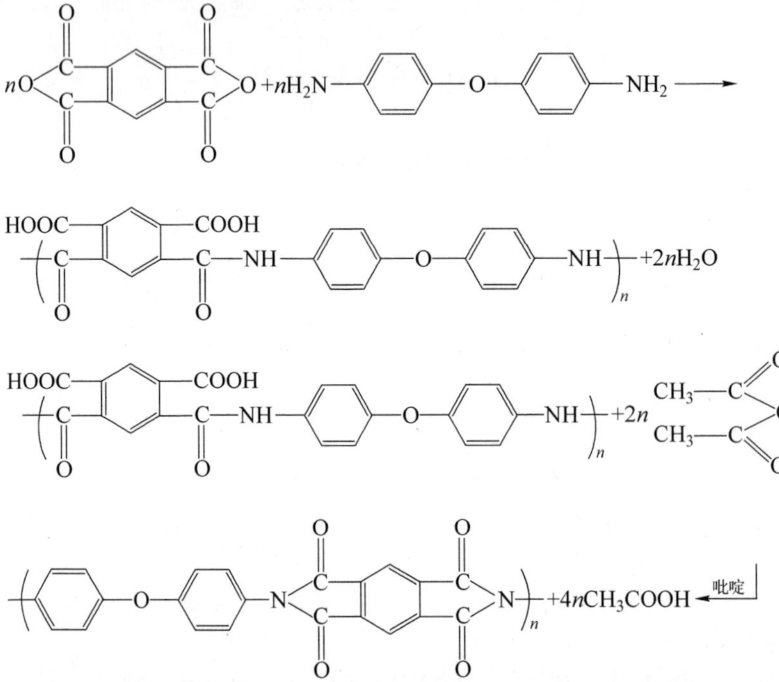

该方法因为采用的化学发泡剂分解温度较低,发泡结束后的薄膜只部分酰亚胺化,发泡程度低。又因采用了较高沸点的溶剂,难以去除,影响聚酰亚胺泡沫材料制品的使用性。

3.2.1.3 基于四酸与二胺固相反应法的泡沫成型工艺

专利US3483144[3]公开了一种四酸和二胺单体固体直接反应制备聚酰亚胺泡沫材料的方法。该方法先将四羧酸和二胺两种单体直接利用球磨混合,得到前驱体粉末,然后加热,通过缩聚反应产生的水汽化发泡制得聚酰亚胺泡沫材料。例如,将二苯甲酮四酸和间苯二胺置于球磨机中,混合球磨得到一种含有15.8%(质量)挥发份的混合物,将混合物喷洒在一个托盘上,放入烘箱中在300℃下加热10min,得到聚酰亚胺泡沫材料。该方法制备聚酰亚胺泡沫材料的流程如图3.5所示。

图 3.5 固相反应法制备 PI 泡沫材料流程

但是,该方法制得的聚酰亚胺泡沫材料制品的泡孔不均匀,且由于反应中产生的副产物(水)较少,泡沫密度较高。

3.2.2 粉末发泡机理

聚酰亚胺泡沫材料的诸多性能在很大程度上取决于其物理结构,如何通过成型工艺实现对聚酰亚胺泡沫材料物理结构的控制一直是研究者最关心的问题之一。而对发泡过程和发泡机理的研究是解决该问题的基础及关键所在。Weiser 和 Canoa 等[27-28,48-50]对聚酰亚胺发泡过程进行了系统的实验分析及数值模拟,为深入研究热塑性聚酰亚胺泡沫材料发泡机理奠定了基础。

3.2.2.1 不可压缩聚合物的发泡模型

为定量分析聚酰亚胺前驱体粉末发泡过程,Weiser 等建立了一个中空微球几何模型,如图 3.6 所示。假设:①微球初始内径为 a_0,初始外径为 b_0,初始壁厚为 t_0;②膨胀后微球的内外半径分别为 a 和 b,壁厚为 t;③微球在膨胀过程中树脂体系的体积恒定;④a_0 大于零,但远小于外径 b_0,t_0 远大于 t。在上述假设基础上,可对发泡前后的微球尺寸关系进行定量描述,由于发泡前的微球尺寸中,仅 b_0 可较方便地由实验测定,因此,发泡后的尺寸均以 b_0 为参照,b/b_0、a/b_0、t/b_0 的推导过程可用式(3.3)~式(3.10)表示。

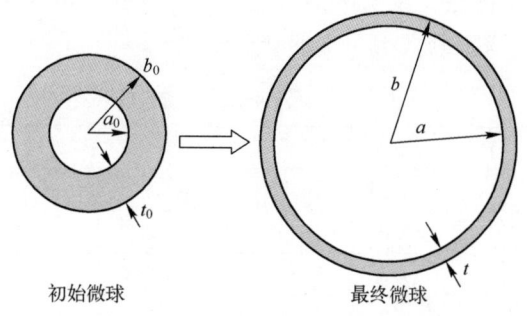

图 3.6 不可压缩聚合物发泡模型

由于聚合物的体积不变,故中空微球膨胀前后的球壁体积相等,可由式(3.3)表示:

$$\frac{4}{3}\pi b_0^3 - \frac{4}{3}\pi a_0^3 = \frac{4}{3}\pi b^3 - \frac{4}{3}\pi a^3 \tag{3.3}$$

即

$$b_0^3 - a_0^3 = b^3 - a^3 \qquad (3.4)$$

式(3.4)各项同除以 b_0^3,整理得

$$\frac{b_0^3}{b_0^3} = \frac{b^3}{b_0^3} - \frac{a^3}{b_0^3} + \frac{a_0^3}{b_0^3} \qquad (3.5)$$

即

$$1 = \left(\frac{b}{b_0}\right)^3 - \left[\left(\frac{a}{b}\right)\left(\frac{b}{b_0}\right)\right]^3 + \left(\frac{a_0}{b_0}\right)^3 \qquad (3.6)$$

$$1 = \left(\frac{b}{b_0}\right)^3 \left[1 - \left(\frac{a}{b}\right)^3\right] + \left(\frac{a_0}{b_0}\right)^3 \qquad (3.7)$$

$$\left(\frac{b}{b_0}\right)^3 = \frac{1-(a_0/b_0)^3}{1-(a/b)^3} \qquad (3.8)$$

$$\frac{b}{b_0} = \left[\frac{1-(a_0/b_0)^3}{1-(a/b)^3}\right]^{\frac{1}{3}} \qquad (3.9)$$

$$\frac{a}{b_0} = \left(\frac{a}{b}\right)\left(\frac{b}{b_0}\right) = \left(\frac{a}{b}\right)\left[\frac{1-(a_0/b_0)^3}{1-(a/b)^3}\right]^{\frac{1}{3}} \qquad (3.10)$$

式(3.9)和式(3.10)分别给出了膨胀后微球的外径与初始外径的比值 b/b_0,以及膨胀后微球内径与初始外径的比值 a/b_0 与微球初始尺寸的函数关系,假设 $a_0/b_0 = 0.1$,计算结果如表3.2所列。结果表明,膨胀后的外径增长速率(b/b_0)远小于内径的增长速率(a/b_0)。例如,a/b_0 从 0.1 增加到 0.523 时,对应的 b/b_0 从1.0 增加到1.045,即内径变化500%只会引起4.5%的外径变化,只有当内径增加超过1300%时,才能观察到大于50%的外径变化。

表 3.2 $a_0/b_0 = 0.1$ 时的结果

a/b	b/b_0	t/b_0	a/b_0
0.1	1.000	0.900	0.100
0.2	1.002	0.802	0.200
0.3	1.009	0.706	0.303
0.4	1.022	0.613	0.409
0.5	1.045	0.523	0.523
0.8	1.270	0.254	1.016
0.9	1.545	0.154	1.390
0.99	3.228	0.032	3.196
0.999	6.934	0.007	6.927

式(3.11)给出了微球壁厚与初始外径的比值 t/b_0,可用初始内外径与最终内外径的比值 a_0/b_0 和 a/b 表示,即

$$\frac{t}{b_0} = \frac{b}{b_0}\left[1-\left(\frac{a}{b}\right)\right] = \left[\frac{1-(a_0/b_0)^3}{1-(a/b)^3}\right]^{\frac{1}{3}} \left[1-\left(\frac{a}{b}\right)\right] \quad (3.11)$$

式(3.12)给出了微球体积(Volume)与初始内外径比值 a_0/b_0 的关系。当 a_0/b_0 在一定比例范围内时,微球可以等价为固态球体,即

$$\frac{3\text{Volume}}{4\pi b_0^3} = \frac{b_0^3 - a_0^3}{b_0^3} = 1-\left(\frac{a_0}{b_0}\right)^3 \quad (3.12)$$

3.2.2.2 微球生长的可视化

为评价上述理论模型,Weiser[38]等进行了大量实验,并对聚酰亚胺微球在27.5~190℃的演变行为进行了可视化观察,研究了微球粒径分布对前驱体粉末膨胀大小以及几何尺寸的影响。对比实验结果与理论预测结果(图3.7和图3.8)可知,实验结果与理论预测结果并不完全吻合,实验中观察到不规则形状粒子的形变与体积恒定假设时的粒子形变存在较大差异,这些结果说明聚合物体积恒定(不可压缩)的假设并不恰当。

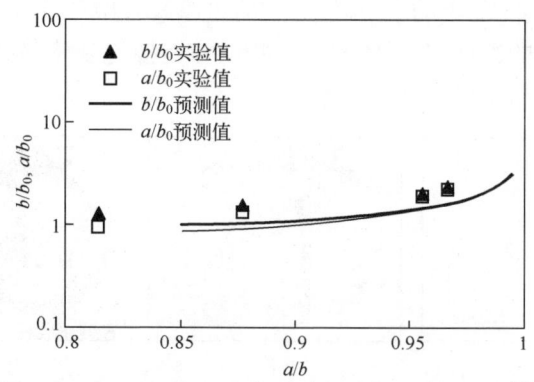

图 3.7 当 $a_0/b_0 = 0.85$ 时,微球尺寸与 a/b 的关系[38]

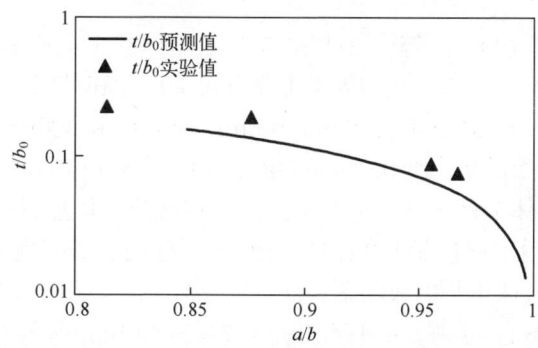

图 3.8 当 $a_0/b_0 = 0.85$ 时,微球壁厚 t 与 a/b 的关系[38]

此外，Weiser[38]等通过五种平均直径不同的前驱体粉末（50.4μm、76.7μm、86.7μm、190μm和280μm）评估了粉末初始尺寸对微球最终尺寸的影响，结果如表3.3所列。由表3.3可知，与五种前驱体粉末对应的微球直径分别为78μm、71μm、173μm、382μm和658μm。如果将粉末粒子视为尺寸相同的实心球体，则可根据式(3.12)计算出膨胀聚酰亚胺微球的体积，由式(3.11)估算出微球的最终壁厚 t。

表3.3　粉末粒子尺寸对微球最终直径的影响

平均粒子直径/μm	微球直径/μm	体积/(10^{-14} m³)	最终的壁厚/μm
50.4	77.6	6.7	4.0
76.7	71.0	23.7	—
86.7	173.0	34.2	3.8
190.0	382.0	358.8	13.2
280.0	658.0	1148.8	8.7

Weiser等研究发现，单个聚酰亚胺前驱体粉末粒子在发泡过程中可观察到三种不同的微球结构：①简单的中空微球，它的壁厚只有微球外径的百分之几；②含有两个或多个相连的微球；③球体间由肋状结构连接的多球，分别如图3.9所示。这可能与粉末粒子初始尺寸有关。

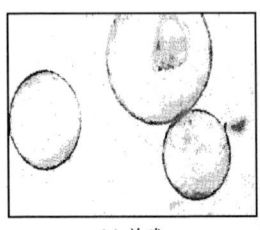

(a) 单球 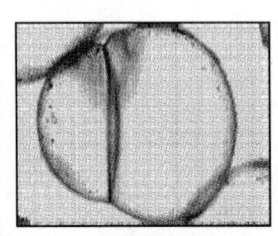　　　　　　(b) 多球 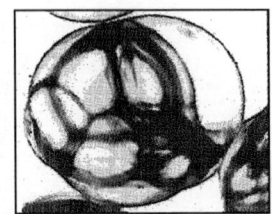　　　　　　(c) 肋状多球结构

图3.9　单球、多球和肋状多球结构[38]

此外，Weiser[38]和Cano等[28]对聚酰亚胺前驱体粉末的膨胀动力学进行了研究，发现影响粉末粒子形态演变的因素主要有粒子尺寸和升温速率。

他们研究了平均直径分别为75μm、106μm、180μm和300μm的聚酰亚胺前驱体粉末在发泡过程中的形态变化，结果如图3.10~图3.13所示。实验观察用的前驱体粉末是由前驱体溶液干燥后研磨得到的。在溶液干燥过程中，溶剂逐渐挥发，当溶剂含量降低到10%（质量）左右时，溶液开始凝固。随着凝固的进行，挥发分运动受限，成长为微球生长的成核剂。

图3.10和图3.11分别表示平均直径为75μm和106μm的粉末粒子膨胀形成的单个微球。其中图3.10给出了平均直径为75μm的粉末粒子膨胀成单球结构

的演变过程。图 3.12 和图 3.13 分别表示平均直径 180μm 和 300μm 的粉末粒子膨胀形成的肋状多球结构。与图 3.12 相比,图 3.13 中平均直径为 300μm 的粉末粒子膨胀后体积更大,因此制得泡沫材料的宏观结构较理想。Cano 等[28]研究表明,粉末粒子中的微裂纹也可作为成核剂。分析认为上述两种情况均是溶剂首先扩散并进入粒子内的气孔或微裂纹中,然后受热气化使粉末粒子膨胀形成微球。

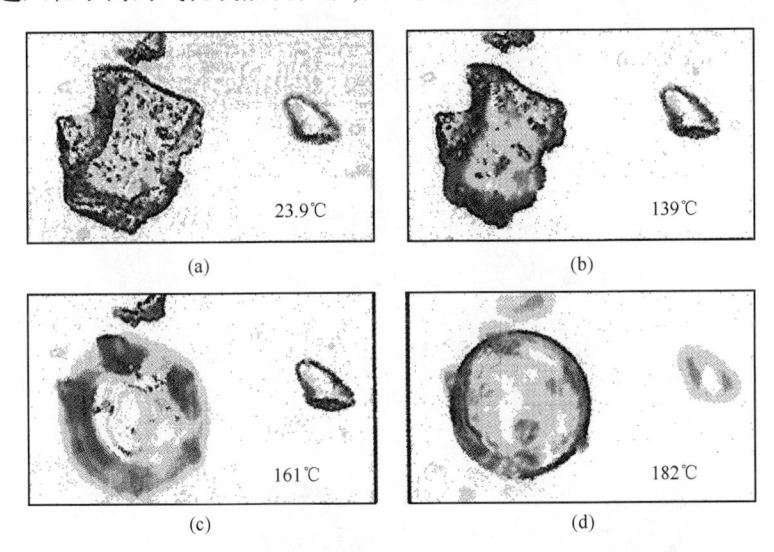

(a) 23.9℃
(b) 139℃
(c) 161℃
(d) 182℃

图 3.10 23.9~182℃,75μm 的粒子的膨胀过程[38]

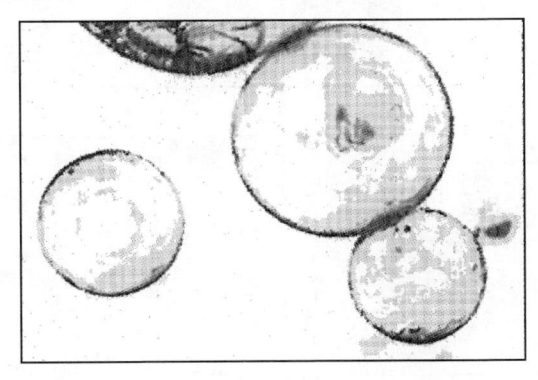

图 3.11 106μm 的粒子 200℃时的膨胀形态[38]

由此可见,升温速率将影响溶剂向粉末粒子内部和外部的扩散。如果升温速率足够快,则能克服小粒子的较大表面能,保证足够量的溶剂扩散进入气孔或微裂纹,进而促使它们膨胀。研究表明,升温速率应大于 10℃/min,否则大部分溶剂将从粉末粒子中直接扩散出去,这样就只有一小部分粒子可以膨胀了。

进一步观察图 3.12 和图 3.13 可知,粒子尺寸较大时,粒子中存在着较多的气孔和微裂纹。此时,升高温度,粒子中多个区域开始同时膨胀,即形成图中所示的肋状多球结构。这种肋状多球结构的形成是气孔间的竞争使得其中一部分气孔被其他气孔或微裂纹吞没,从而消除了部分膨胀点,导致某些气孔发生了合并所致。

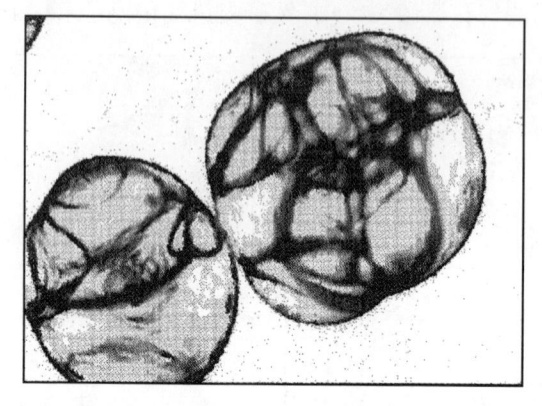

图 3.12　145℃时,180μm 的粒子的膨胀形态[38]

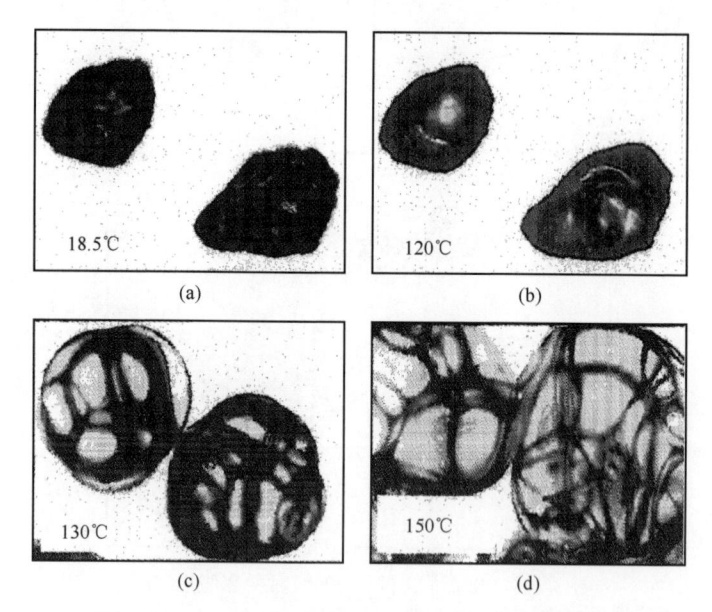

图 3.13　18.5~150℃,300μm 的粒子的膨胀形态[38]

在 Weiser 等研究的基础上,北京航空航天大学[34-36]通过自制可视化装置,对 ODPA/4,4′-ODA、ODPA/3,4′-ODA 及其增强体系进行了较为深入的研究,主要研究了分子结构、增强组分及升温速率对发泡程度和发泡起始温度的影响,部分结果如图 3.14~图 3.16 所示。

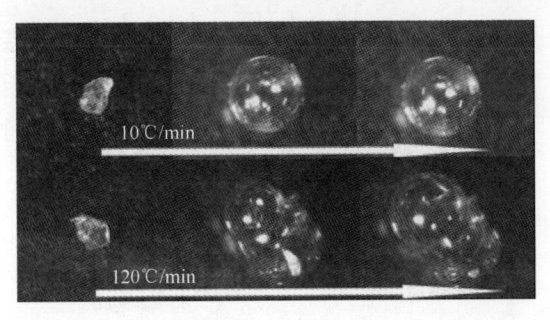

图 3.14　不同升温速率条件下 ODPA/3,4′-ODA 体系的粉末前驱体的形态变化[37]

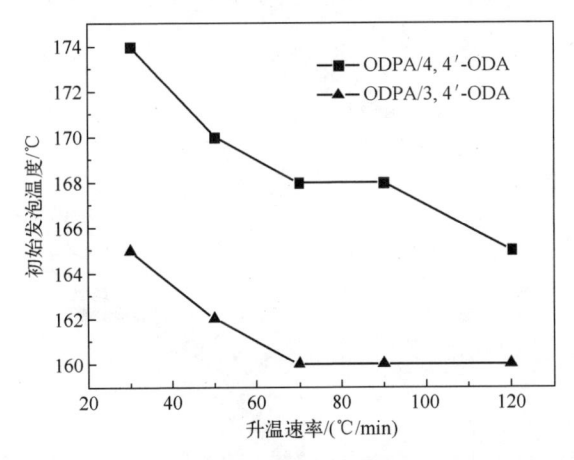

图 3.15　升温速率对不同纯聚酰亚胺泡沫材料前驱体发泡起始温度的影响[37]

图 3.14 表示不同升温速率条件下(10℃/min 和 120℃/min)ODPA/3,4′-ODA 体系前驱体粉末发泡过程的形态演变。由图 3.14 可知：升温速率为 10℃/min 时，发泡体的最终形态为单球结构；而升温速率为 120℃/min 时，发泡体的最终形态为多球结构。这可能是随着升温速率的增加，低温区停留时间缩短，有效减少了发泡前挥发分的挥发量，相当于增加了发泡时挥发分的含量，使挥发分在气泡成核前达到过饱和状态，增加了发泡体中气泡生长的有效区域。因此，当达到初始发泡温度后，发泡体中容易形成多个气泡核。此外，升温速率较高时，气泡在生长过程中，其表面容易发生二次气泡生长现象，所以得到了多球生长的气泡形态，且发泡程度较大。这也说明较高的升温速率有利于制得密度较小的聚酰亚胺泡沫材料。

图 3.15 和图 3.16 分别表示 ODPA/4,4′-ODA 和 ODPA/3,4′-ODA 两种纯聚酰亚胺泡沫材料前驱体的初始发泡温度及发泡程度与升温速率之间的响应关系。由图 3.15 和图 3.16 可知：在所研究的升温速率范围内(30~120℃/min)，ODPA/3,4′-ODA 体系的初始发泡温度比 ODPA/4,4′-ODA 体系低 10℃左右；ODPA/3,4′-ODA 体系最终的发泡程度明显高于 ODPA/4,4′-ODA 体系。上述结果表明

ODPA/3,4'-ODA 体系的发泡性能优于 ODPA/4,4'-ODA 体系。这主要是因为 ODPA/4,4'-ODA 分子链的刚性较强、流动性较差,导致熔体黏度高,增加了发泡的阻力。因此在后续的增强体系中选用 ODPA/3,4'-ODA 作为基体材料。

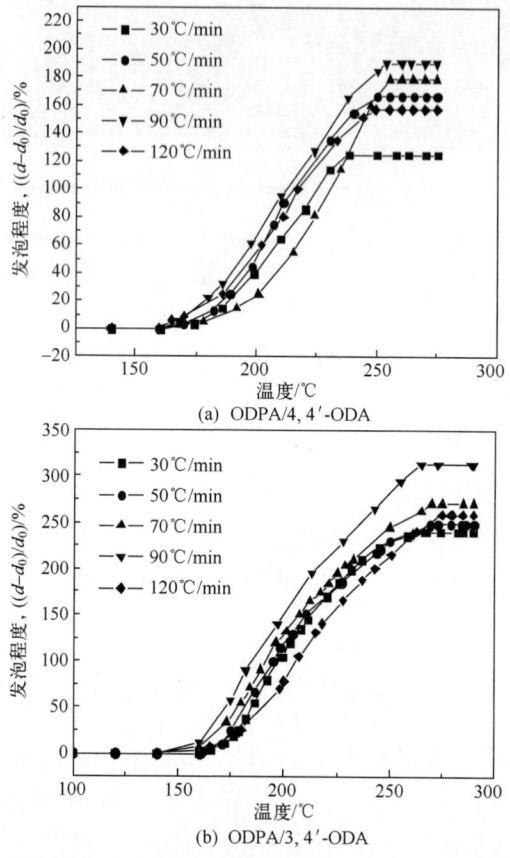

图 3.16 不同升温速率条件下纯聚酰亚胺泡沫材料前驱体的发泡程度随温度的变化[37]

由图 3.15 可知:升温速率较低(30~70℃/min)时,两个体系的初始发泡温度均随升温速率的增加而降低;升温速率较高(70~120℃/min)时,初始发泡温度的变化逐渐趋于平缓,尤其是 ODPA/3,4'-ODA 体系;升温速率相同时,ODPA/4,4'-ODA 体系的初始发泡温度高于 ODPA/3,4'-ODA 体系,这可能与聚合物分子链刚性及熔体黏度有关。

式(3.13)和式(3.14)分别表示体系的酰亚胺化程度和玻璃化温度[38]:

$$\begin{cases} \alpha = 1 - \left[1 + \beta \left[\exp\left(\dfrac{-E_a}{RT}\right)\dfrac{1}{T^2} - \exp\left(\dfrac{-E_a}{RT_{ref}}\right)\dfrac{1}{T_{ref}^2}\right]\right]^{-1} \\ \beta = \dfrac{AE_a C_0}{mR} \end{cases} \quad (3.13)$$

$$\frac{1}{T_g} = \frac{W_{PAA}}{T_{g,PAA}} + \frac{W_{PI}}{T_{g,PI}} \tag{3.14}$$

式中：α 为酰亚胺化程度；T 为温度；E_a 为反应活化能；m 为升温速率；T_{ref} 为低于亚胺化反应初始温度的任意参考温度；W_{PAA}、W_{PI} 分别为体系中聚酰胺酸单元和聚酰亚胺单元的质量分数。

由式(3.13)和式(3.14)可知，当温度 T 保持不变时，升温速率 m 越小，体系的酰亚胺化程度 α 越大，即此时体系中聚酰亚胺单元的质量百分含量 W_{PI} 越高，致使体系的玻璃化温度较高。也就是说，以不同的速率升温至同一温度时，慢速升温体系的酰亚胺化程度较高，玻璃化温度较高。有研究表明，当温度达到体系的 T_g 后，发泡体才开始发泡，因而出现初始发泡温度随着升温速率增加而降低的现象。此外，慢速升温时，低温区挥发分的解吸附现象比较明显，从而降低了有效挥发分的含量，不利于发泡的进行，同样会导致初始发泡温度升高。

在图 3.15 中，当升温速率升至 70℃/min 后，随升温速率的增加，ODPA/3,4′-ODA 和 ODPA/4,4′-ODA 两体系的初始发泡温度基本上不再发生变化，即出现了一个平台区域。出现上述现象的原因可能是由于升温速度过快，体系没有足够的时间传热，从而出现了内部温度滞后的现象，表观上体现为初始发泡温度不再下降。

由图 3.16 可知：在 30~90℃/min 升温速率范围内，发泡最大程度随升温速率的增加而增加；以 120℃/min 升温时，两种聚酰亚胺体系的最大发泡程度均低于 90℃/min 时的发泡程度。这可能是由于升温速率增加到一定程度后，发泡过程中的挥发分短时膨胀过于剧烈，导致部分小气泡在膨胀过程中破裂。此外，在任意相同升温速率下，ODPA/3,4′-ODA 体系的发泡程度大于 ODPA/4,4′-ODA 体系，在整个升温过程中，当温度达到初始发泡温度后，两体系发泡体的体积均随着温度的增加而急剧增大，当温度达到 250℃ 左右时，发泡体的体积开始趋于恒定。

图 3.17(a) 和 (b) 分别表示升温速率为 70℃/min 时，ODPA/3,4′-ODA 和 ODPA/3,4′-ODA+5%(质量)CNT 发泡体的发泡程度与温度间的关系。由图 3.17 可知：达到初始发泡温度(160℃)后，ODPA/3,4′-ODA 体系发泡体的体积持续增加，但增加到一定程度，即发泡程度达到约 265% 后，发泡体体积便不再变化；而碳纳米管增强体系达到初始发泡温度(155℃)后，发泡体迅速膨胀，当体积达到一定程度，即发泡程度达到约 147% 后，在一定温度范围内发泡体体积不再发生明显变化，但随着温度继续升高至 230℃ 左右时，气泡的体积开始逐渐缩小，270℃ 后保持不变，最终的发泡程度约为 90%。玻璃微珠增强体系也表现出与碳纳米管增强体系类似的发泡过程和形态变化规律。初步分析可认为，约 230℃ 后增强体系气泡体积缩小的原因为：当温度升高到一定程度后，聚酰亚胺基体发生软化、坍塌；另外，由于碳纳米管和玻璃微珠在聚酰亚胺基体中分散并不均匀，在这些增强粒子周围易形成缺陷，导致局部小气泡在缺陷处破裂或坍塌。上述结果表明，制备增强热塑性聚酰亚胺泡沫材料时，后

处理温度不宜过高,具体的温度应视添加成分及其含量而定。

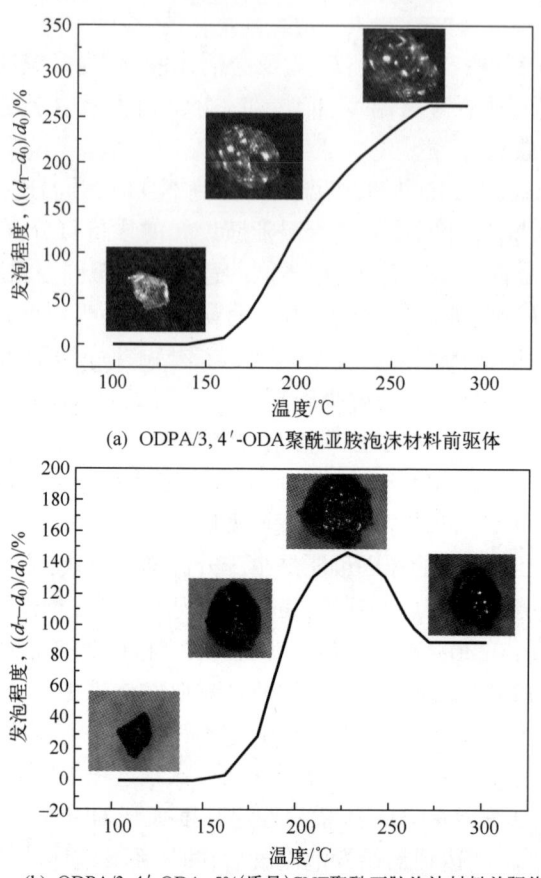

(a) ODPA/3,4′-ODA聚酰亚胺泡沫材料前驱体

(b) ODPA/3,4′-ODA+5%(质量)CNT聚酰亚胺泡沫材料前驱体

图3.17 增强粒子对聚酰亚胺泡沫材料前驱体发泡程度的影响(升温速率:70℃/min)[37]

图3.18(a)和(b)分别表示不同含量玻璃微珠和碳纳米管增强的ODPA/3,4′-ODA体系的初始发泡温度与升温速率间的关系。由图3.18可知,升温速率在30~70℃/min范围内,两种体系的初始发泡温度均随升温速率的增加而降低,降幅超过纯聚酰亚胺体系。

在图3.18(a)中,升温速率在70~90℃/min范围内的初始发泡温度曲线出现上升趋势。分析原因认为:玻璃微珠因具有超细且致密的多孔结构,故在其内部很难发生气体的流动,所以玻璃微珠的热传导能力很低,当热量遇到玻璃微珠时,只有小部分热量通过玻璃微珠传导,大部分热量会绕过玻璃微珠通过基体传导,这就使得复合材料中的传热路径变长且复杂化,最终导致玻璃微珠增强的ODPA/3,4′-ODA体系的传热性能下降。因此,当升温速率较高时,热量来不及传递到发泡体内部,从而提高了初始发泡温度,当升温速率进一步提高到90~120℃/min时,增强体系传热性能的下降对发泡初始温度的影响逐渐变弱,即此时升温速率成为主导因素,因而初始发泡温度再度呈降低趋势。在图 3.18(b)中,升温速率在 70~90℃/min 范围内的初始发泡温度曲线没有出现图 3.18(a)所示的情况。这可能是由于碳纳米管的导热性好,且长径比大,容易在复合材料中互相搭接,形成很好的传热路径,使增强体系的热传导性能提高,缩短了快速升温过程中体系对外界温度的响应时间,降低了体系内部温度的滞后程度。

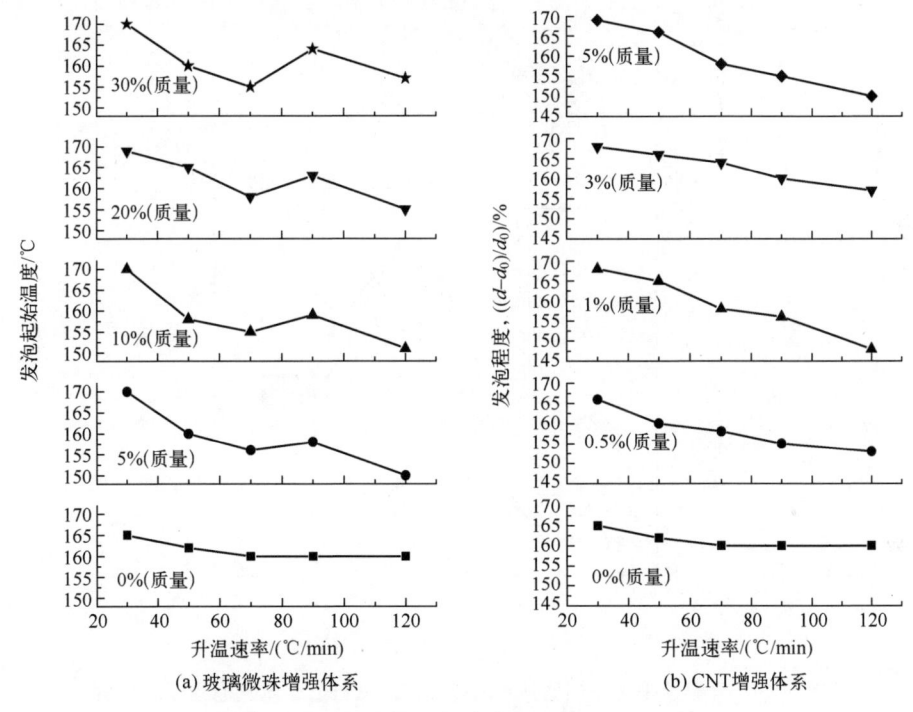

图 3.18 升温速率对不同增强 ODPA/3,4′-ODA 聚酰亚胺泡沫材料前驱体发泡起始温度的影响[37]

图 3.19(a)和(b)分别表示不同升温速率下,添加 5%(质量)玻璃微珠和碳纳米管的 ODPA/3,4′-ODA 体系发泡体的发泡程度与温度间的关系。由图 3.19 可知,在 30~120℃/min 升温速率范围内,两个增强体系发泡体的体积随温度变化规律是一致的,即达到初始发泡温度后,皆随着温度升高先急剧增加后减少至一定值。然而,两个增强体系在不同升温速率下的最大发泡程度和最终发泡程度是存在差异的。在 30~90℃/min 升温速率范围内,两个增强聚酰亚胺体系的最大发泡程度均随着升温速率的增加而增大;在 90~120℃/min 升温速率范围内,两个体系的最大发泡程度则随着升温速率的增加而减小。此外,由图 3.19 可见两增强体系最终的发泡程度也随着升温速率的增加先增大后减小。

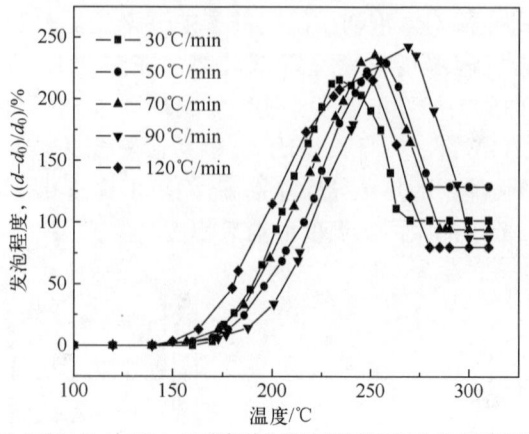

(a) ODPA/3,4′-ODA+5%(质量)玻璃微珠聚酰亚胺泡沫材料前驱体

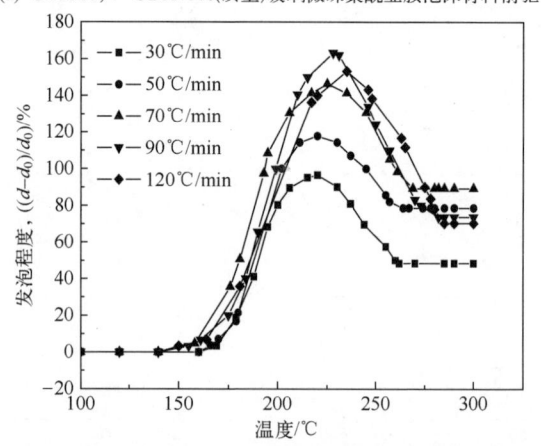

(b) ODPA/3,4′-ODA+5%(质量)CNT聚酰亚胺泡沫材料前驱体

图 3.19　升温速率对不同增强聚酰亚胺泡沫材料前驱体发泡程度的影响

由图 3.19(a)可知:在 30~70℃/min 升温速率范围内,玻璃微珠增强体系发泡体最终的发泡程度随着升温速率的增加而增大;在 70~120℃/min 升温速率范围内,玻璃微珠增强体系发泡体最终的发泡程度随着升温速率的增加而减小。由图 3.19(b)可知:在 30~50℃/min 升温速率范围内,碳纳米管增强体系发泡体最终的发泡程度随着升温速率的增加而增大;而在 50~120℃/min 的升温速率范围内,碳纳米管增强体系发泡体最终的发泡程度随着升温速率的增加而减小。上述结果表明,较高的升温速率宜制备出密度较小的泡沫,但是超过某一临界升温速率(90℃/min)后,高升温速率将成为发泡体膨胀的不利因素。因此,在泡沫制备过程中,最终酰亚胺化温度和升温速率的确定至关重要。

图 3.20 为添加不同含量玻璃微珠或碳纳米管的增强聚酰亚胺泡沫材料体系发泡程度随温度的变化曲线。由图 3.20 可知,随着增强组分含量的增加,最大发

第3章 聚酰亚胺泡沫材料的发泡机理与成型工艺及实例

泡程度基本呈减小趋势。这是因为,加入玻璃微珠和碳纳米管之后,在基体和填料的界面出现缺陷和应力集中,因而增强组分的含量越大,在高温区,气泡越容易破裂,从而导致最大发泡程度减小。对比图 3.20(a)和(b)可知,在图 3.20(a)中,最大发泡程度随玻璃微珠含量的变化不明显,当玻璃微珠含量从 5%(质量)增加到 30%(质量)时,最大发泡程度仅从 162%减小到 137.5%,尤其是当含量超过 20%(质量)之后,发泡体的膨胀曲线几乎重叠。而在图 3.20(b)中,当碳纳米管含量从 0.5%(质量)增加到 5%(质量),最大发泡程度从 214.4%减小到 76.2%。

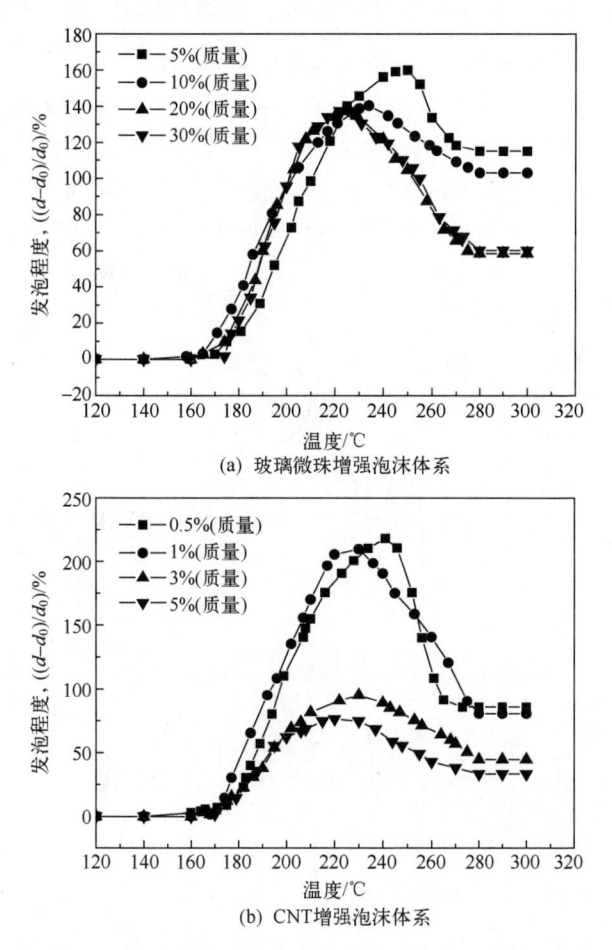

(a) 玻璃微珠增强泡沫体系

(b) CNT增强泡沫体系

图 3.20 不同填料含量的增强 PI 泡沫材料体系发泡程度随温度的变化(升温速率:30°C/min)

表 3.4 列出了不同增强聚酰亚胺发泡体的最大发泡程度。由于碳纳米管长径比和比表面能高,难于分散,应力集中现象明显,因此其含量的变化对最大发泡程度的影响较大;而玻璃微珠表面光滑,应力分布均匀,因而其含量变化对发泡程度的影响较小。

表 3.4　不同增强聚酰亚胺发泡体的最大发泡程度

CNT 增强体系		玻璃微珠增强体系	
CNT 含量/%(质量)	最大发泡程度/%	玻璃微珠含量/%(质量)	最大发泡程度/%
0.5	218.4	5	160
1	209.9	10	140.4
3	95.4	20	137.5
5	76.2	30	137.5

3.2.2.3　聚酰亚胺泡沫材料发泡过程的数值模拟

为更好地分析发泡过程的影响因素，Cano 等[28,48-50]通过数值模拟研究了粒子尺寸、粒子形态、发泡剂含量和升温速率对粉末粒子发泡过程的影响。他们采用了两种简化的粒子几何模型：球体和正立方体，并考虑了发泡粒子中微孔（气泡核）的存在，同时假定每个粒子中微孔的数目是恒定的，且为潜在的发泡点，如图 3.21 所示。

为简便起见，在模拟过程中，假定微孔即气泡核的密度和尺寸是均一的。在分析过程中，认为微孔随机分布在粒子中，其数量由预先设置的核密度和粒子尺寸决定。

式(3.15)~式(3.20)是模拟评估粒子发泡前潜在发泡条件的控制方程。

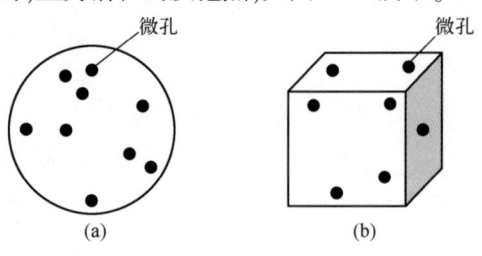

图 3.21　数值模拟中粒子形态示意图

扩散方程：

$$\frac{\partial C}{\partial t} = \frac{1}{r^2}\frac{\partial}{\partial r}\left(r^2 D \frac{\partial C}{\partial r}\right)（球体） \quad (3.15)$$

$$\frac{\partial C}{\partial t} = \left(\frac{\partial}{\partial x}\left(D\frac{\partial C}{\partial x}\right) + \frac{\partial}{\partial y}\left(D\frac{\partial C}{\partial y}\right) + \frac{\partial}{\partial z}\left(D\frac{\partial C}{\partial z}\right)\right)（正立方体） \quad (3.16)$$

热传递方程：

$$\rho c_p \frac{\partial T}{\partial t} = \frac{1}{r^2}\frac{\partial}{\partial r}\left(r^2 k \frac{\partial T}{\partial r}\right)（球体） \quad (3.17)$$

$$\rho c_p \frac{\partial T}{\partial t} = \left(\frac{\partial}{\partial x}\left(k\frac{\partial T}{\partial x}\right) + \frac{\partial}{\partial y}\left(k\frac{\partial T}{\partial y}\right) + \frac{\partial}{\partial z}\left(k\frac{\partial T}{\partial z}\right)\right)（正立方体） \quad (3.18)$$

吸附方程：

$$p_1 = H_c w_1, H_c = p_v \left(\frac{V_1}{V_2}\right)\exp(1+\chi) \quad (3.19)$$

力学平衡方程：

$$p_g - p_{atm} = \frac{2\gamma}{R} + \frac{4\eta R}{R} \tag{3.20}$$

式中：C 为挥发分浓度；D 为扩散系数；t 为时间；r 为极半径；ρ 为密度；c_p 为比热容；k 为热导率；p_1 为气体分压；w_1 表示溶解在聚合物中挥发分的质量分数；H_c 为亨利常数；p_v 表示挥发分的蒸气压；V_1、V_2 分别为挥发分和聚合物的比容积；χ 为 Flory-Huggin 相互作用参数；p_g 为气泡内挥发分的分压；γ 为聚合物溶液的表面张力；p_{atm} 为粒子周围的压力。

为模拟发泡前的现象，主要采用了两个模型：模拟模型和分析模型，具体的算法分别如图 3.22 和图 3.23 所示。

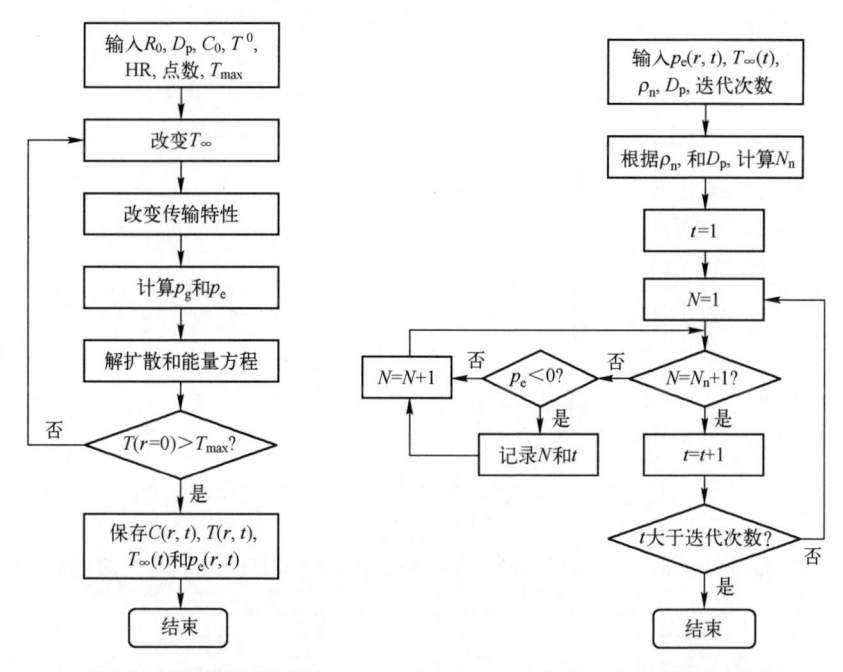

图 3.22 球体粒子模拟模型的算法　　图 3.23 球体粒子分析模型的算法

在图 3.22 中，D_p 表示粒子尺寸，R_0 表示微孔半径，C_0 表示初始浓度，T_0 表示温度，HR 表示升温速率，T_{max} 表示最终温度（比有效玻璃化温度高 10℃），传输特性包括黏度、表面张力、扩散系数及热导率等。在图 3.23 中，ρ_n 表示核密度，N 表示核数目，p_e 表示过压。模拟模型用来模拟扩散和能量传递过程，以及计算每一步的气体分压和过压。分析模型主要是根据粒子尺寸和核密度选取一定数目的随机成核区，利用过压值分析发泡条件和区域，在设定特殊参数（粒子尺寸、初始浓度、升温速度、核尺寸和核密度）条件下，根据分析模型得到可发泡的核数目及核数目随设定参数的变化。模拟计算结果如图 3.24~图 3.28 所示。

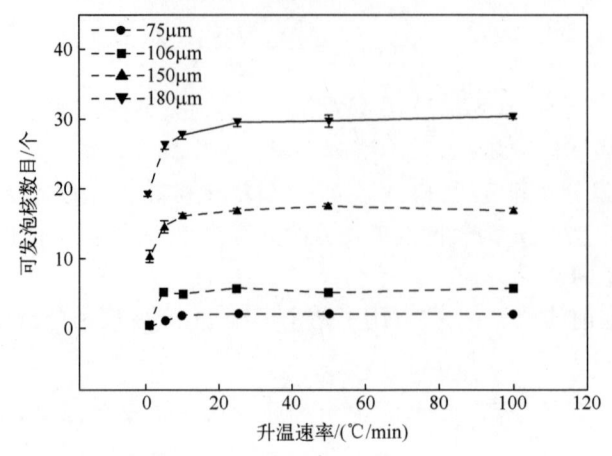

图 3.24　不同尺寸粒子的可发泡核数目与升温速率的关系

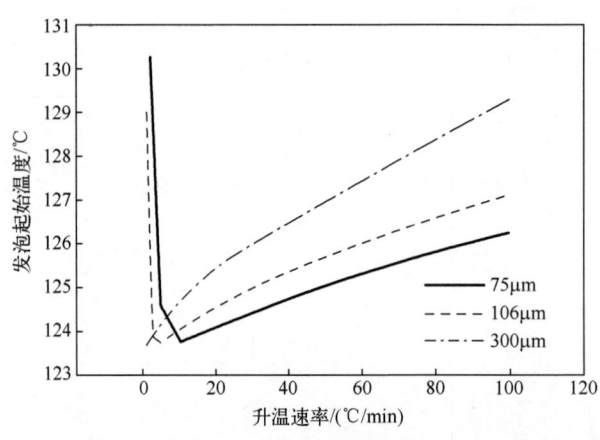

图 3.25　相同发泡剂含量不同尺寸粒子的发泡起始温度与升温速率的关系

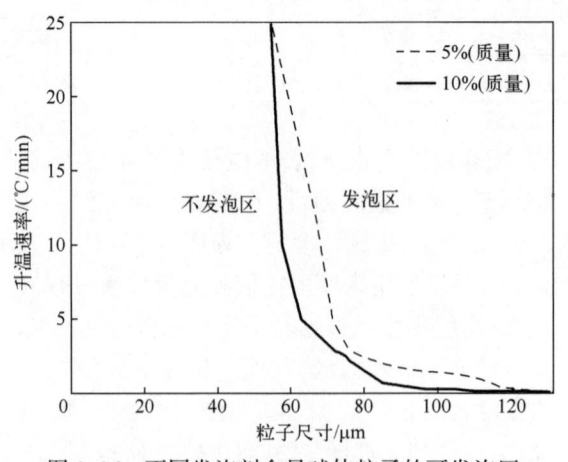

图 3.26　不同发泡剂含量球体粒子的可发泡区

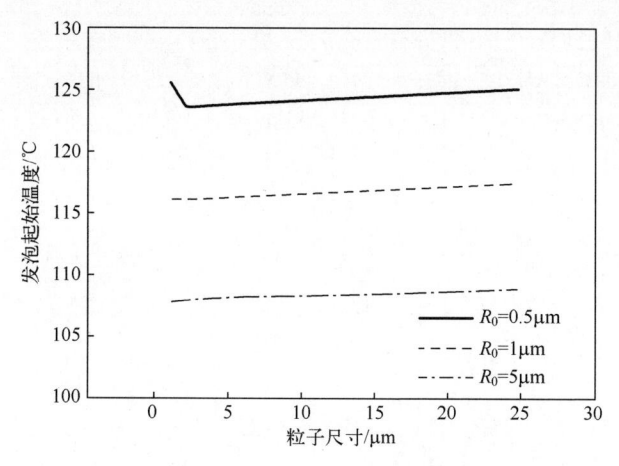

图 3.27　不同发泡核尺寸粒子发泡起始温度与升温速率的关系(R_0表示发泡核半径)

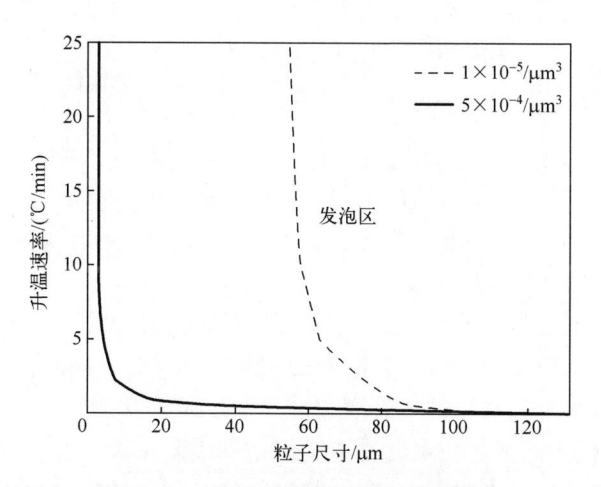

图 3.28　不同发泡核密度粒子的发泡区

由图 3.24~图 3.28 可知,粒子尺寸和发泡剂含量对发泡条件的影响较大。由图 3.24 可知,随着升温速率和粒子尺寸的增加,可发泡核数目增加,当升温速率增加到 25℃/min 时,可发泡核数目渐近于粒子中的总核数,此后可发泡核数目达到平衡,基本上不随着升温速率的增加而增加。由图 3.25 可知,升温速率对大尺寸粒子的起始发泡温度影响较大,且粒子的起始发泡温度随着升温速率的增加先降低后升高,不同尺寸粒子最低起始发泡温度对应的升温速率有所不同。由图 3.26 可知,发泡剂含量越高,粒子越容易发泡。由图 3.27 可知,较大的初始核尺寸膨胀所需的温度和挥发分的过饱和程度较低。因此,气泡核尺寸较大时,尽管可膨胀核的数目减少,但气泡的膨胀不会完全终止。由图 3.28 可知,增加粒子的发泡核密度,可降低发泡粒子的临界尺寸,因此可通过添加成核剂来增加气泡成核数目和提高核尺寸均匀性,并控制核密度。

在发泡过程模拟中,假设半径为 b 的球体粒子中间有一个半径为 r 的气泡核,如图 3.29 所示。式(3.21)~式(3.24)表示上述粒子发泡过程的控制方程,包括扩散方程式(3.21)、热传递方程式(3.22)、运动方程式(3.23)和压力变化方程式(3.24)。

扩散方程:
$$\frac{\partial C}{\partial t'} = 9D\frac{\partial}{\partial y}\left((y+R^3)^{\frac{4}{3}}\frac{\partial C}{\partial y}\right) + R_a \quad (3.21)$$

热传递方程:
$$\frac{\partial T}{\partial t'} = 9\alpha\frac{\partial}{\partial y}\left((y+R^3)^{\frac{4}{3}}\frac{\partial T}{\partial y}\right) + Q_a \quad (3.22)$$

运动方程:
$$p_{atm} - p_g + 2\gamma\left(\frac{1}{S} + \frac{1}{R}\right) - 4\eta R2R\left(\frac{1}{S^3} + \frac{1}{R^3}\right) \quad (3.23)$$

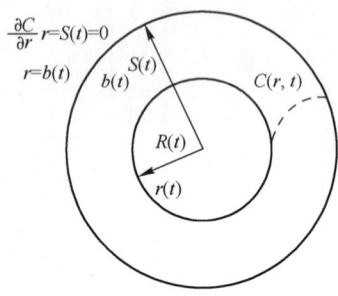

压力变化方程:
$$\frac{dp_g}{dt} = \frac{R_g}{V}\left[N\frac{dT}{dt} + T\frac{dN}{dt} - \frac{3nT}{R}\frac{dR}{dt}\right] \quad (3.24)$$

图 3.29 具有中心气泡核的球体粒子的几何示意图

式中:R_a 为化学反应过程中产生挥发分的相关参数;Q_a 为吸热反应中热吸收速度的相关量;α 为热扩散率;R_g 为气体常数。

模拟分析发泡过程时,主要考虑两个不同阶段。第一阶段是粒子发泡前形成浓度和温度梯度阶段。此阶段与发泡前的现象模拟相似,不同的是不考虑气泡核和聚合物之间的吸附过程。这一阶段假设只发生质量和能量传递,并认为这一阶段结束时,气泡核内的分压与聚合物浓度将达到吸附平衡。当气泡核和聚合物界面的温度达到玻璃化温度时,第一阶段结束。第二阶段始于聚合物溶液的玻璃化温度。此时发泡开始,气泡核内部的压力足以克服液体动力的束缚,因而使气泡膨胀,气泡核内部的分压下降,界面的浓度也随之减少,挥发分浓度梯度使界面处聚集新的挥发分。图 3.30 和图 3.31 分别表示两个不同阶段模拟过程的算法。模拟结果如图 3.32~图 3.38 所示。

由图 3.32~图 3.37 可知,所研究的工艺和粒子形态参数以两种方式控制发泡过程:①通过调节材料的热变形能力和气泡内的气体分压控制气泡核浓度及发泡温度;②通过调节发泡剂含量控制发泡形态和发泡程度。

由图 3.32 可知,温度较低时,粒子膨胀缓慢,当达到起始发泡温度后,粒子迅速膨胀,并在很短时间内完成发泡。发泡过程起始于工艺温度 T 与聚合物的玻璃化温度 T_g 差值最大的时刻,终止于 $T=T_g$ 的时刻。因此,T_g 是影响发泡温度和发泡程度的重要因素,而 T_g 受聚合物的分子结构和溶剂含量的影响。

第3章 聚酰亚胺泡沫材料的发泡机理与成型工艺及实例

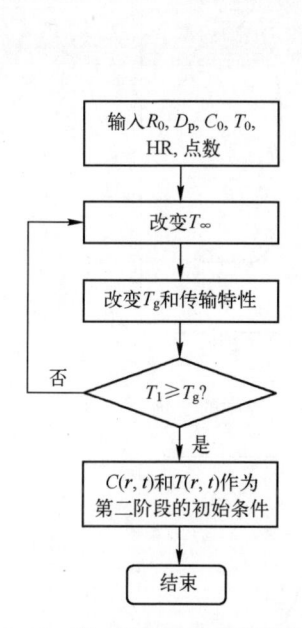

图 3.30 第一阶段数值模拟的算法（发泡之前粒子的条件）

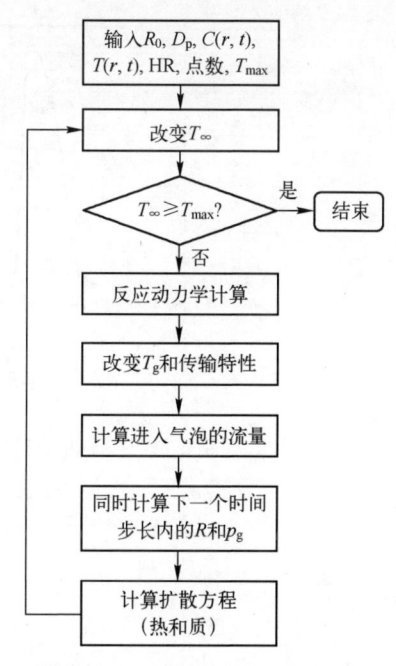

图 3.31 第二阶段数值模拟的算法（粒子发泡）

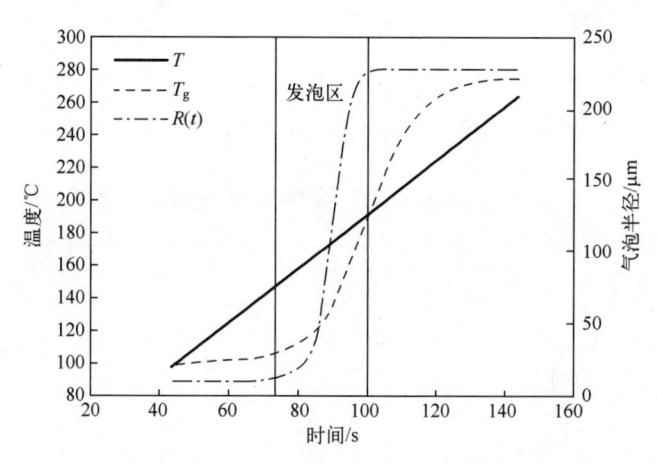

图 3.32 气泡半径 R、工艺温度 T 和 T_g 随时间的变化

由图 3.33 可知：在初始发泡温度之前，由于熔体黏度大，足以约束气泡的生长，因此气泡内的压力随着温度的增加而升高；达到初始发泡温度时，熔体黏度减小，发泡速率急剧增加，气泡体积增大，气泡内压力急剧下降；随着温度的进一步升高，熔体黏度增大，限制气泡进一步生长，气泡结构逐渐稳定，气泡内压力再次呈上升趋势。

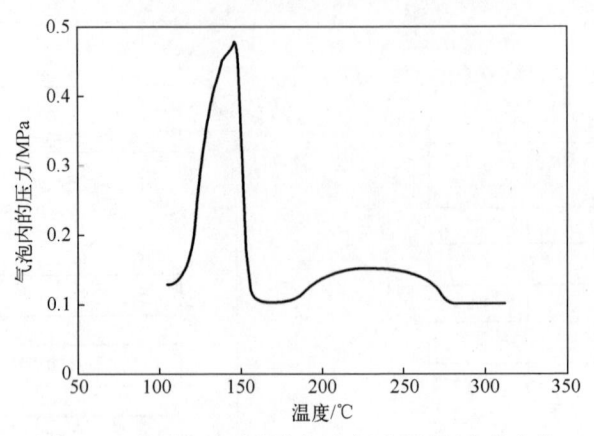

图 3.33　粒子发泡过程中气泡中压力随温度的变化

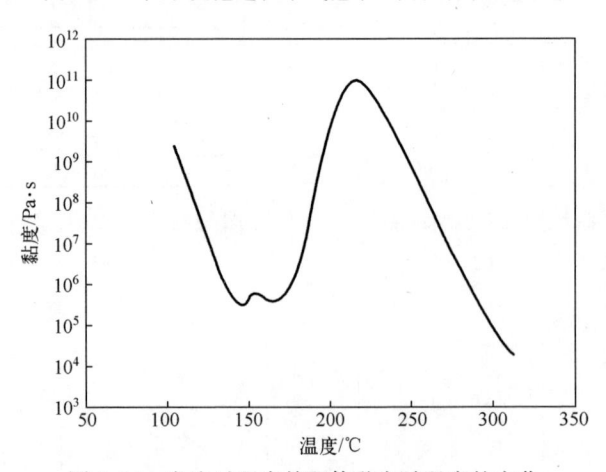

图 3.34　发泡过程中前驱体黏度随温度的变化

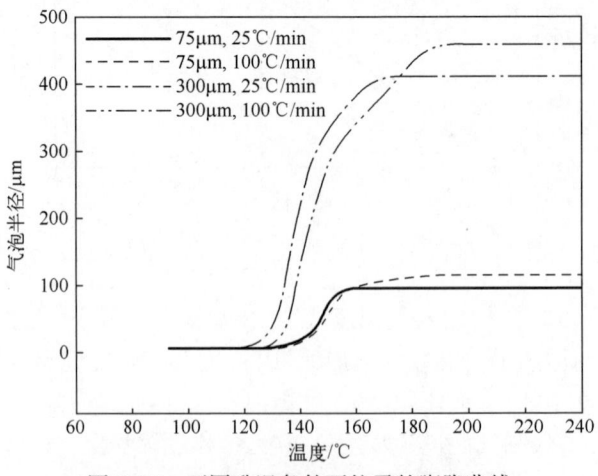

图 3.35　不同升温条件下粒子的膨胀曲线

第3章 聚酰亚胺泡沫材料的发泡机理与成型工艺及实例

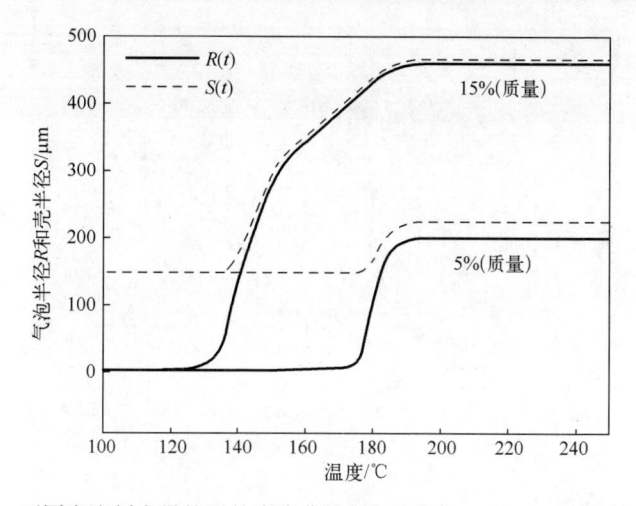

图3.36 不同发泡剂含量粒子的膨胀曲线(升温速率:100℃/min,粒径:300μm)

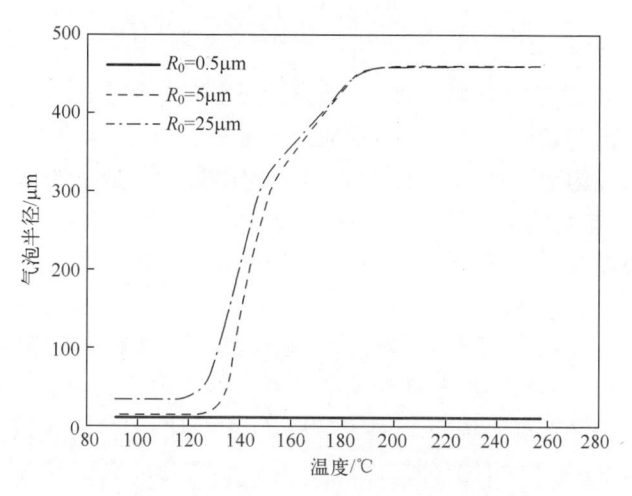

图3.37 不同核尺寸粒子的膨胀曲线
(升温速率:100℃/min,发泡剂含量:15%(质量),粒径:300μm)

由图3.34可知:150℃以前,熔体黏度随着温度的增加而下降;为150~230℃,随着酰亚胺化程度的增加,熔体黏度增加,气泡生长逐渐受限;超过230℃,基体发生塑化,黏度下降,泡孔坍塌。

由图3.35可知,升温速率降低会使粒子的发泡能力降低,最终的发泡程度减小。这主要是因为升温速率低,发泡剂易在发泡之前扩散到粒子表面;由于体系反应的转化率高,最终的T_g高,体系黏度大,不利于发泡,因此需要在较高的温度下才能获得合适的发泡条件。此外,小尺寸的粒子在低温时发泡剂的解吸附程度高,挥发分含量相对较少,因此膨胀程度较小。

图3.38　微球法制得的聚酰亚胺泡沫材料

由图3.36可知,在初始粒子尺寸相同时,随发泡剂含量的增加,粒子的最终发泡程度增大,发泡起始温度降低。当发泡剂含量从5%(质量)增加到15%(质量)时,粒子的最终发泡程度增加了1倍多,发泡起始温度降低了约50℃。这是因为发泡剂含量影响聚合物分子的塑化程度,含量越高,塑化程度越高,分子链流动性越大,熔体黏度越小,越有利于发泡的进行,因此在较低的温度条件下即开始发泡,且最终发泡程度较大。

由图3.37可知:当气泡核的初始尺寸过h($R_0=0.5\mu m$)时,要求提供足够高的压力保持其气泡生长,而发泡剂挥发膨胀产生的压力不足以克服发泡阻力使气泡生长,因此在整个升温过程中,气泡体积不发生变化;当气泡核的尺寸增加到一定程度后($R_0 \geqslant 5\mu m$),发泡剂挥发膨胀产生的压力足以克服发泡阻力使气泡生长,尽管气泡的初始发泡过程不同,但最终发泡程度均相同。

上述模拟结果只能在一定程度上反映发泡趋势,在数值上与实际结果存在差异是可以预见的。

3.2.3　其他成型工艺

3.2.3.1　微球发泡法

微球法制备聚酰亚胺泡沫材料是基于前述粉末发泡法提出的,这里的微球是指粉末预发泡的产物。微球法的目的是提高泡沫的闭孔率、泡孔均匀性和结构的可控性。

微球法制备聚酰亚胺泡沫材料的成型工艺主要包括[20-22,38,39]:①按3.2.1.1节所述工艺过程制备聚酰亚胺泡沫材料前驱体粉末;②在一定温度下(120~

180℃),使粉末预发泡成部分酰亚胺化的微球;③按照计算密度称量一定量的微球填入模具,并置于烘箱中,升温至250℃,保温1h后,再次升温至300℃;④保温1h后,冷却至室温,取出模具,脱模便得到聚酰亚胺泡沫材料。微球法制备聚酰亚胺泡沫材料的模具与粉末法相同,如图3.3所示。

微球法可用于制备泡孔结构均匀、大尺寸的聚酰亚胺泡沫材料制品。北京航空航天大学已具备生产厚度为200mm、长宽尺寸不受限、密度为10~500kg/m³聚酰亚胺泡沫材料制品的条件,图3.38是尺寸为250mm×200mm×300mm、密度为15kg/m³的聚酰亚胺泡沫材料制品。

有研究表明[38],相同体系的聚酰亚胺,采用微球法制备的泡沫闭孔率明显高于粉末法,具体的性能比较参见第4章。

3.2.3.2 糊发泡法

US5234966、US5077318、US5096932、US5122546和US4900761[8,45-47]均报道了一种制备热塑性聚酰亚胺泡沫材料的糊发泡法,该方法采用高固含量(65%~85%(质量))聚酰亚胺前驱体糊状物进行发泡,可制得最低密度为2kg/m³的聚酰亚胺泡沫材料。糊发泡法制得的聚酰亚胺泡沫材料的泡孔均匀、柔弹性好,其工艺过程如图3.39所示。

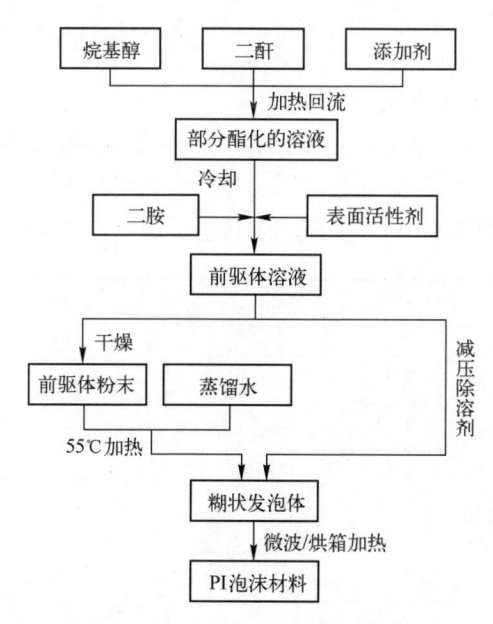

图3.39 糊发泡法制备聚酰亚胺泡沫材料的工艺流程

在糊发泡法中,所用添加剂是一种主要结构为ROH的极性质子化合物。其中,R表示H或者含有1~12个碳原子的线性或支化烷烃。添加剂无须在室温条件下与前驱体有很好的相容性或者是其良溶剂,但需与聚酰亚胺前驱体在加热到发泡前的某一温度时能形成透明溶液,或均匀不透明的悬浮液,或"熔体"。发泡温度一般不超过150℃,最好在60~80℃。此外,要求添加剂(发泡用的挥发分)在发泡条件下能够挥发,即在发泡条件下具有足够高的挥发蒸气压,可影响聚酰亚胺泡沫材料的密度。添加剂可以是蒸馏水、甲醇、乙醇、丙醇、异丙醇和甘油等,聚酰亚胺前驱体中固体组分与添加剂的质量比最好控制在75∶1~7∶1。其中,酰胺化或者酰亚胺化过程中产生的水和醇以及极性质子化合物也可作为发泡剂,也可添加其他有机或无机发泡剂,通过改变发泡剂的浓度制得特定密度的聚酰亚胺泡沫材料。

利用糊发泡法制备聚酰亚胺泡沫材料的实例:①前驱体制备。在1L的三口瓶中,加入8mol的甲醇和1.33mol的蒸馏水,将该混合溶液与1mol的BTDA充分混合搅拌;然后,加热、回流形成BTDA的甲酯溶液;酯化完全后将溶液降温至40℃以下,加入0.8mol的二氨基二苯甲烷,待完全溶解后,加入0.2mol的二氨基吡啶,直至完全溶解;再加入硅油表面活性剂,其含量为聚酰亚胺固体的1.5%(质量),最终得到液态聚酰亚胺前驱体。②糊状物制备。将得到的液态前驱体干燥成粉末;粉末加水混合,并加热至55℃,混合1h,制得均一的糊状物。③固化。将该糊状物倒在与微波相容的耐热基质上(特氟龙(Teflon)涂层的玻璃布),置于200W、2450MHz频率的微波炉中预热;待完全预热后,在220W下发泡20min,2200W下固化20min,便得到聚酰亚胺泡沫材料。

糊状法制得的聚酰亚胺泡沫材料密度随着水添加量的增加而降低,当水的添加量达到17%(质量)时,聚酰亚胺泡沫材料的密度可降至2.40kg/m³,不加水时密度为8.65kg/m³,如图3.40所示。另外,上述文献[63-66]指出,随着水添加量的降

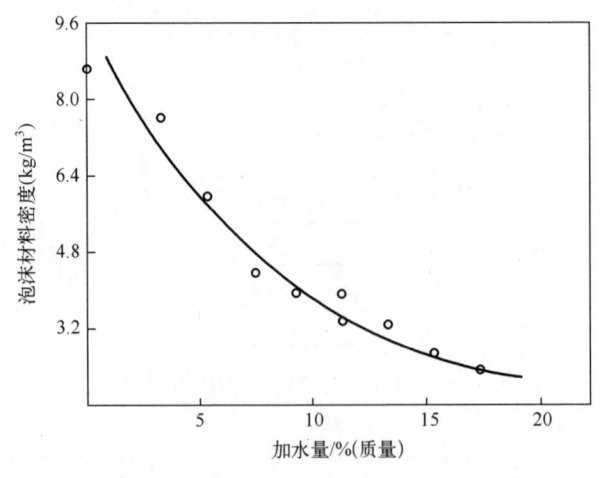

图3.40 泡沫材料密度随水(极性质子泡沫增强剂)含量的变化[47]

低,糊状物的固含量增加,泡沫材料密度也增加,同时泡沫材料的拉伸强度、阻燃性能及隔热性能等均有所下降。

此外,嵌段共聚法、溶剂溶胀法和挤出法等热塑性聚酰亚胺泡沫材料的成型工艺尚在进一步开发中,此类泡沫制品的泡孔尺寸小,应用范围窄。

3.3 热固性聚酰亚胺泡沫材料

3.3.1 PMI泡沫材料的发泡机理与成型工艺

3.3.1.1 PMI泡沫材料的发泡机理

PMI泡沫材料成型工艺主要有两种:高温高压挤出法[51]和自由基预聚体法[52-57]。高温高压挤出法需要高温高压设备,成本较高;自由基预聚体法简单易行,投资少,工业生产目前主要使用该方法。

高温高压挤出法:聚甲基丙烯酸甲酯(PMMA)与伯胺(酰亚胺试剂)在双螺杆挤出机的高温高压下反应挤出生成PMI泡沫材料,发泡温度为200~300℃,压力为2~50MPa。反应式为[51]

$$\text{反应式 (3.25)}$$

自由基预聚体法:在引发剂存在的条件下,MAN和MAA低温预聚,然后经高温反应环化、异构化生成PMI泡沫材料。反应式为[51]

$$\text{反应式 (3.26)}$$

这类反应是由氰基和羧基分子间重排环化而生成酰亚胺结构的,反应本身不产生小分子,需外加发泡剂。具体过程包括:①在较低温度下共聚单体由引发剂引发打开双键,进行自由基聚合得到共聚物;②再经高温处理,大分子内相邻的—COOH和—CN进行重排形成六元酰亚胺环。另外,MAA链段中相邻的—COOH可脱水形成六元酸酐环结构,MAN链段中相邻的—CN也可重排形成梯形结构,得到式(3.27)所示的三种环状结构[52]。

  一般情况下,PMI泡沫材料均由MAN和MAA制备,这类泡沫材料综合性能优异。为提高共聚物的力学和耐热性能,可通过促进分子内成环和分子间交联实现。因此,常在聚合过程中加入第三种共聚单体(如丙烯酰胺),得到三元共聚物,如式(3.28)[71]所示。经高温处理,大分子内相邻的—CONH$_2$脱NH$_3$,相邻的—CONH$_2$和—COOH脱H$_2$O后可分别生成式(3.29)[52]和式(3.27)所示的酰亚胺环。

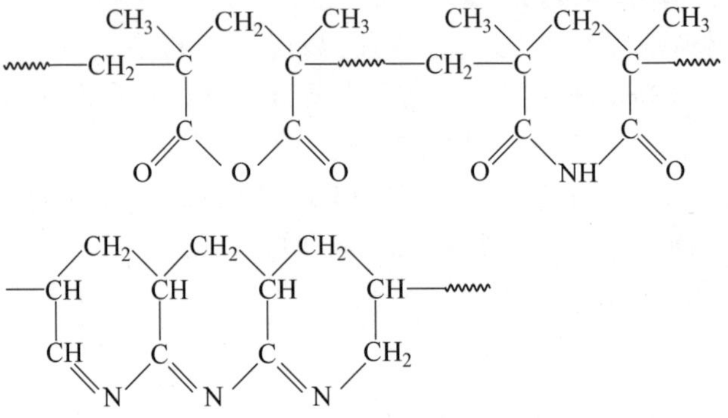

(3.27)

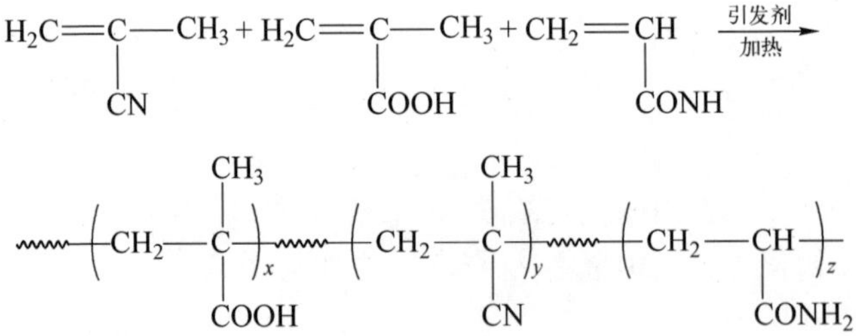

(3.28)

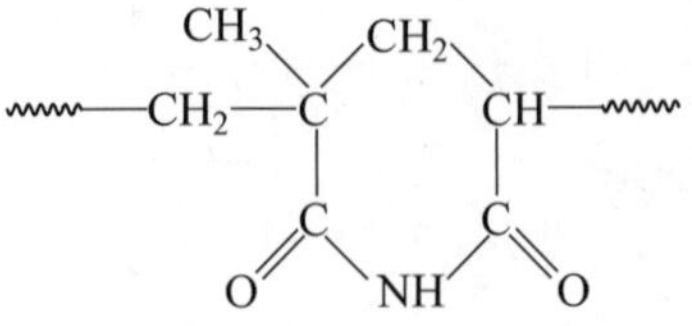

(3.29)

  另外,在制备PMI泡沫材料的过程中,也可能生成五元和七元酰亚胺环结构,如式(3.30)所示[51]:

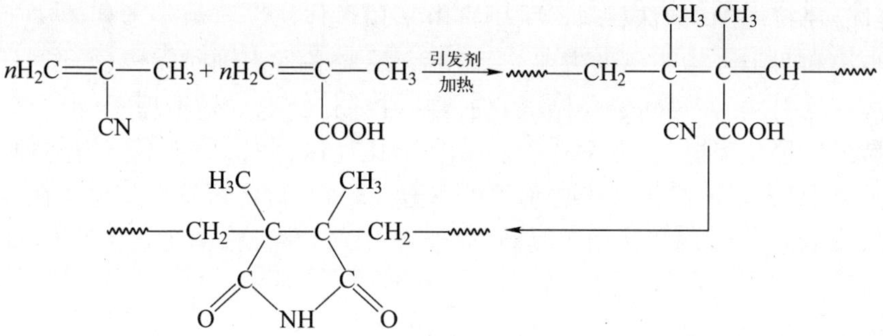

$$nH_2C=C-CH_3 + nH_2C=C-CH_3 \xrightarrow[\text{加热}]{\text{引发剂}} \cdots CH_2-\underset{CN}{\overset{CH_3}{C}}-\underset{COOH}{\overset{CH_3}{C}}-CH-\cdots$$

（3.30）

$$nH_2C=C-CH_3 + nH_2C=C-CH_3 \xrightarrow[\text{加热}]{\text{引发剂}} \cdots CH_2-\underset{CN}{\overset{CH_3}{C}}-\underset{COOH}{\overset{CH_3}{C}}-CH-\cdots$$

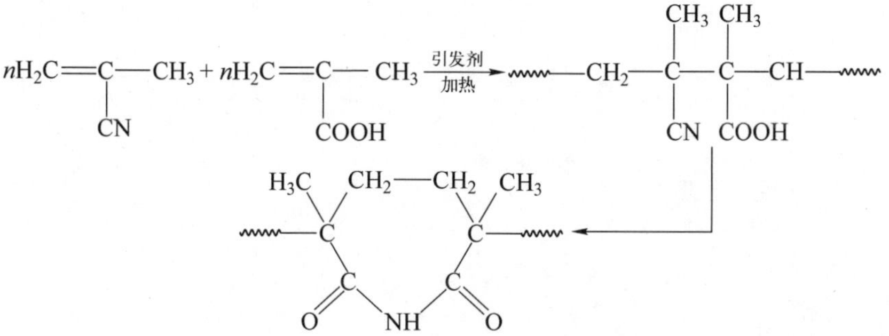

在自由基的基元反应中，甲基丙烯腈自由基有两种可能的结构，分别如式(3.31)中的(a)和(b)所示[51]。叔碳自由基的稳定性大于伯碳自由基，氰基的 π 键与相邻自由基碳上的 p 电子形成的 p-π 共轭有利于自由基的稳定，所以式(3.31(a))的稳定性大于式(3.31(b))，故甲基丙烯腈自由基以式(3.31(a))为主。与甲基丙烯腈相同，甲基丙烯酸的自由基也是叔碳自由基较稳定。当发泡温度或热处理温度达到 200℃ 左右，过量的氰基能够发生氰基环化反应，如式(3.32)所示[51]：

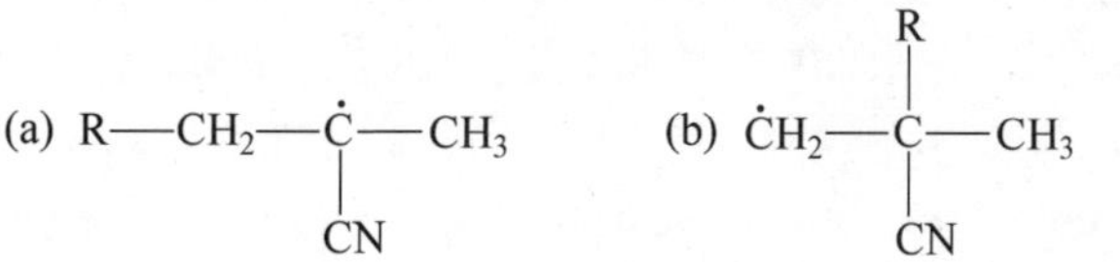

(a) $R-CH_2-\overset{\cdot}{\underset{CN}{C}}-CH_3$ (b) $\overset{\cdot}{C}H_2-\underset{CN}{\overset{R}{C}}-CH_3$ （3.31）

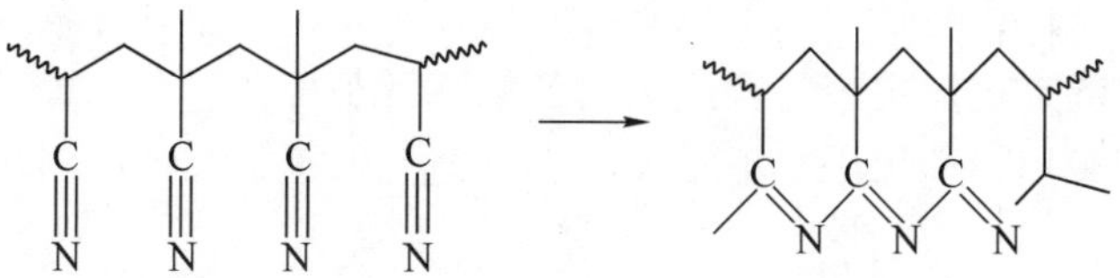

（3.32）

3.3.1.2 PMI泡沫材料的成型工艺

目前,制备PMI泡沫材料多采用自由基预聚体法。自由基预聚体法工艺分为一步法和两步法。在一步法中,单体聚合反应和发泡同时完成,操作简便,但一步法一旦引发,就瞬间聚合,放热快,难以控制,发泡效果不理想,泡沫材料制品容易出现裂纹和缺陷,无法制备较厚的PMI泡沫材料,一般不使用这种方法。在两步法中,先采用本体聚合法制备可发泡共聚物,再将可发泡共聚物在高温下进行热发泡[51-53]。两步法简单易行,适合于工业化生产,其工艺流程如图3.41所示[51]。

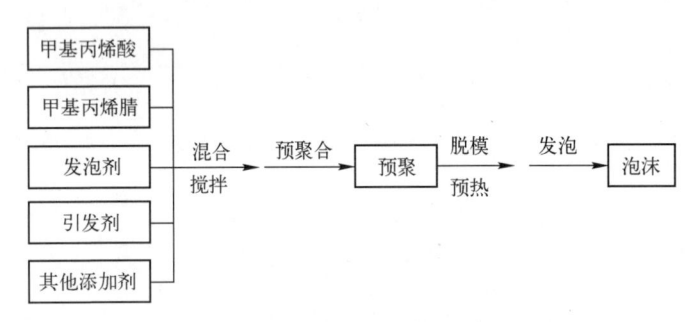

图3.41 两步法制备PMI泡沫材料的工艺流程

两步法制备PMI泡沫材料具体实施步骤如下[51,55]:

(1) 采用本体聚合法制备可发泡共聚物。将MAA和MAN两种主要单体与聚合引发剂、发泡剂和其他添加剂充分混合、搅拌均匀,将反应性液体注入由两块平行玻璃板和密封胶条形成的隔槽中,置于40~60℃的水浴中聚合72~100h,得到透明的MAN/MAA共聚物板材。

(2) 将可发泡共聚物在高温环境下进行热发泡。将共聚物基体树脂板脱模,放入烘箱中预热,然后进行发泡,形成PMI泡沫材料。预聚反应阶段可能存在未反应完全的单体,在发泡过程中会继续反应并释放出大量的反应热,导致发泡板的温度分布不均,使PMI泡沫材料板中的泡孔不均匀;反应热还可能使局部发泡速度过快,导致泡沫发生开裂破坏,很难制得结构均匀的PMI泡沫材料。因此,在发泡之前,将MAN/MAA共聚物板在80~140℃下预热4~6h,使单体完全反应。之后,在200~220℃下发泡3~4h。在发泡过程中,聚合物中相邻的MAA和MAN链节将发生环化反应生成环状六元酰亚胺结构。最后可根据具体需求,对泡沫材料进行后续热处理和干燥处理,以提高泡沫材料的交联密度和性能。

上述的第一步在很大程度上对最终PMI泡沫材料的性能起决定性作用,因为PMI泡沫材料的耐热性和力学性能与其分子链结构有关,所以制备结构均匀、高性能可发泡共聚物是制备 PMI 泡沫材料最关键的一步。

自由基预聚体法制备 PMI 泡沫材料实例[56]：①将 290g(2.9%(质量))甲酰胺和 290g(2.9%(质量))异丙醇作为发泡剂加入 5000g 甲基丙烯腈(50%(质量))、5000g(50%(质量))甲基丙烯酸及 17g(0.17%(质量))甲基丙烯酸甲酯组成的混合物中；②将 40g(0.4%(质量))过新戊酸叔丁酯、3.6g(0.036%(质量))过 2-乙基己酸叔丁酯、10g(0.1%(质量))过苯甲酸叔丁酯、10.3g(0.103%(质量))过新癸酸枯基酯、400g(4%(质量))高分子量甲基丙烯酸甲酯、0.5g(0.005%(质量))苯醌和 16g 脱模剂也加入混合物中；③搅拌该混合物至均匀，将其注入由两个尺寸为 50cm×50cm 的玻璃板和厚度为 2.3cm 的边缘密封条构成的型腔中，在 39℃下聚合 18.5h，之后，从 40℃缓慢加热到 115℃，持续 17.25h，使聚合物充分聚合；④将制得的混合物在 205℃下发泡 2h，最终制得 PMI 泡沫材料板材。

3.3.2 BMI 泡沫材料的发泡机理与成型工艺

BMI 泡沫材料属于热固性聚酰亚胺泡沫材料，其特点是化学结构单元中含有酰亚胺基团，以及可发生交联和产生体型结构的活性基团。BMI 泡沫材料的发泡过程与一般泡沫材料相同，采用外加发泡剂发泡方法，并在催化剂作用下形成交联泡沫体[58-61]。本节主要以一种端羧基丁腈橡胶增韧改性 BMI 泡沫材料的制备[62,63]过程为例，介绍 BMI 泡沫材料的发泡机理与成型工艺。表 3.5 所列为制备该 BMI 泡沫材料的材料组分。

表 3.5 改性 BMI 泡沫材料的材料组分

组分名称	用途
4,4'-二苯甲烷型 BMI	单体
4,4'-二氨基二苯基甲烷	单体
端羧基丁腈橡胶	单体、增韧剂
135 型偶氮二甲酰胺	发泡剂
三氧化钼	阻燃剂

3.3.2.1 BMI 泡沫材料的发泡机理

第 2 章中指出：制备 BMI 泡沫材料时要加入增韧组分，如二胺单体 MDA 和 CTBN。其中：MDA 是用作扩链增韧改性的；CTBN 可与双马来酰亚胺发生共聚合，控制分子链交联网络的不均匀性，起物理增韧作用。MDA 与马来酰亚胺单体发生扩链反应时，利用双马来酰亚胺单体中缺电子的碳碳双键的高亲电反应

性与含活泼氢的 MDA 共聚合,以降低聚合物的交联度,达到增韧目的,其反应式如式(3.33)所示[64]:

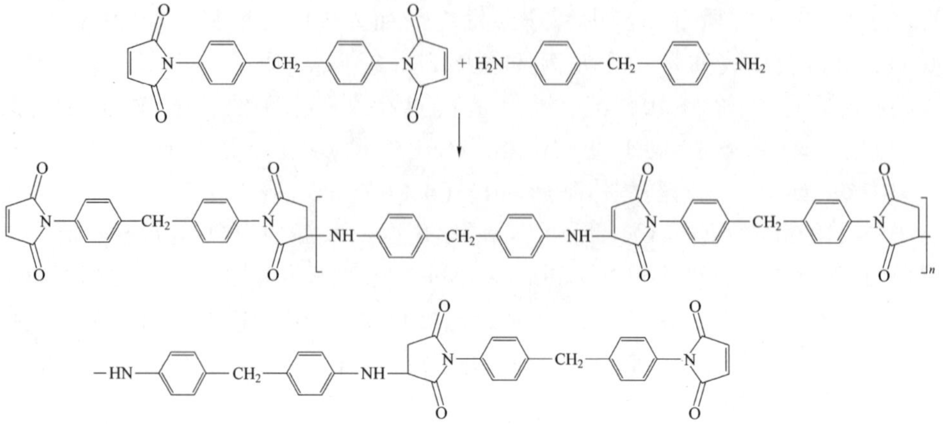

(3.33)

在 BMI 泡沫材料制备过程中,随着共聚反应的进行,均匀分布在熔体中的发泡剂连续分解,放出大量热量,形成许多固定热点,即产生大量温度高于周围温度的发泡点,因为这些发泡点的树脂表面能和黏度低于周围树脂,从而促进气泡的生成。随着聚合反应的进行和分子量的不断增大,BMI 熔体的黏弹性逐步增加,为膨胀发泡提供了有利条件,随着聚合物分子结构网状化的进行,泡体逐渐失去形变能力,固化定型。

3.3.2.2 BMI 泡沫材料的成型工艺

以 CTBN 增韧 BMI 泡沫材料的成型工艺为例,介绍 BMI 泡沫材料成型步骤。第一步,阻燃型 CTBN 改性 BMI/MDA 树脂的制备:按比例称取单体 BMI 和 MDA,倒入烧杯,搅拌均匀后,再将盛有混合料的烧杯放入已加热至 110~120℃ 的油浴中,搅拌物料,直至其熔融形成棕红色的透明液体;预聚一定时间后,降温至 100~110℃ 时加入 CTBN,在 120℃ 左右搅拌 20min;之后,加入阻燃剂三氧化钼冷却。第二步,BMI 泡沫材料的制备:将改性的 BMI 树脂、发泡剂和表面活性剂按比例在 120℃ 下混合,高速搅拌,倒入聚四氟乙烯发泡箱中发泡,定型后,在 200℃ 下固化 4h、220℃ 下固化 2h,冷却后,即得到 BMI 泡沫材料[62,63]。

由于阻燃 BMI 是一种高温固化体系,因而选择发泡剂时应选择高温发泡剂,且不应影响 BMI 树脂体系的固化温度和反应速率,故选择 135AC 发泡剂(偶氮二甲酰胺与三盐基硫酸铝和氧化锌的混合物)较合适。通过测试 135AC 发泡剂的放气量与时间的关系、发泡剂用量与泡沫密度的关系、树脂体系的黏度与温度的关系,以及恒温条件下树脂黏度与时间的关系,确定发泡剂的用量及发泡温度,结果如图 3.42~图 3.45 所示[62,63]。

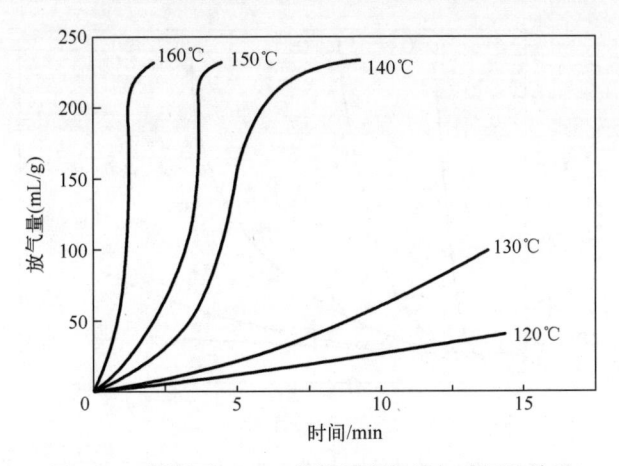

图 3.42　恒温下 135AC 发泡剂发气量与时间的关系

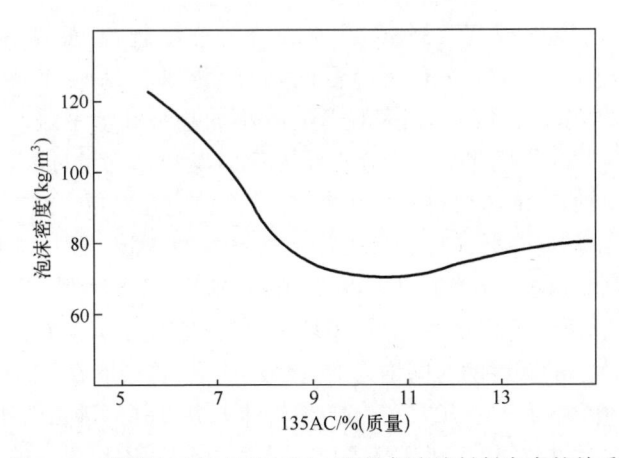

图 3.43　恒温(140℃)下 135AC 用量与泡沫材料密度的关系

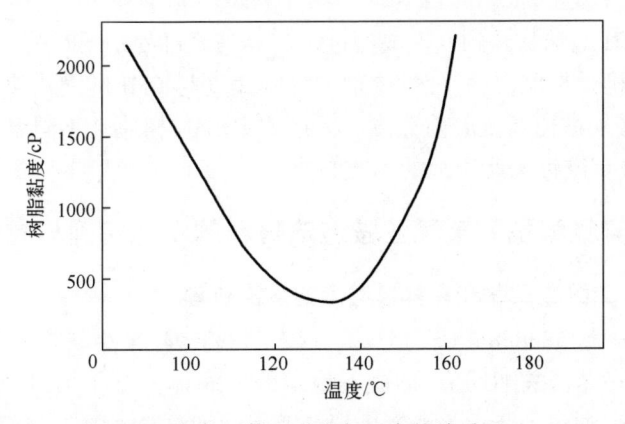

图 3.44　等速升温条件下体系黏度与温度的关系(1cP = 1mPa·s)

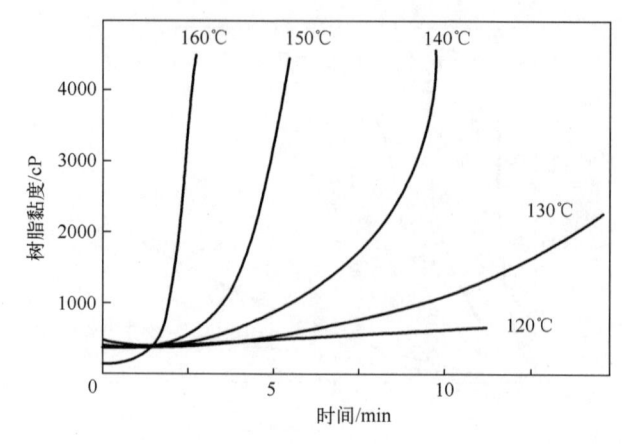

图 3.45 恒温条件下体系黏度与时间的关系

文献指出[63],温度越高,135AC 发泡的分解速度越快,如图 3.42 所示。如图 3.43 所示,随着 135AC 发泡剂用量的增加,泡沫的表观密度迅速减小,当 135AC 用量超过 9%(质量)时,其表观密度减小的趋势渐渐平缓。说明此时表观密度对发泡剂用量的依赖性很小。分析原因认为发泡剂用量过大,大量分解气体逸出树脂体系,增加了泡沫材料的开孔率,导致部分泡孔坍塌。在图 3.44 中,随着温度的升高,熔体黏度降低,125~130℃间的体系黏度最低。超过 130℃时,黏度增大。这说明当温度超过 130℃时,CTBW 与 BMI/MDA 树脂已发生共聚反应。随着温度进一步升高,反应速度加快,分子量增大,体系黏度上升。在图 3.45 中:当温度为 120℃时,体系的黏度随时间增大的趋势不明显,这说明在 120℃时,交联反应极其缓慢;在 130℃、140℃、150℃和 160℃时,体系黏度强烈地依赖于时间,尤其在 160℃时,树脂黏度对时间的响应极其短暂。因此,改性 BMI 树脂的发泡温度应控制在 130~150℃。

热固性 BMI 泡沫材料的发泡成型过程与其缩聚过程是同时进行的,因此,BMI 发泡工艺的关键是控制温度,使发泡剂的分解速度与 BMI 的固化速率相匹配。此外,发泡过程必须在树脂凝胶前完成。通过测定 BMI 树脂在不同温度下的凝胶时间,可进一步确定改性树脂发泡的工艺参数。

3.3.3 异氰酸酯基聚酰亚胺泡沫材料的发泡机理与成型工艺

3.3.3.1 二酐或四酸和多异氰酸酯的发泡机理

US4263410、US4830883、US5153234 和 US5338594 等专利[43,44,65-67]均采用二元酐或四酸与多异氰酸酯反应,形成不稳定的中间体氨基甲酸,以反应中产生的 CO_2 为主发泡剂,通过一步缩聚法制备聚酰亚胺泡沫材料,式(3.34)给出了化学反应式。例如,先将多苯基多异氰酸酯与均苯四甲酸酐在 170~195℃反应,在 CO_2

释放量为二酐和异氰酸酯总量的5%~7%(质量)时(相当于单位摩尔的二酐基团与单位摩尔的异氰酸酯反应),将得到的预聚物置于270~300℃的模具中,处理20min,便得到聚酰亚胺泡沫材料[44]。在泡沫材料的制备过程中,可采用辛酸亚锡作为催化剂促进反应过程中的酰亚胺化进程。

(3.34)

该方法可在相对低的温度下发泡,甚至可以室温固化[66],但是制得聚酰亚胺泡沫材料的玻璃化温度较低。

3.3.3.2 异氰酸酯基聚酰亚胺泡沫材料的成型工艺

异氰酸酯基聚酰亚胺泡沫材料的成型工艺主要有以下五种。

(1) 成型工艺1如图3.46所示。将芳香二酐、多异氰酸酯、催化剂和表面活性剂在室温下混合均匀,获得的浆状混合物加热到200~275℃,并在此温度范围内保持5~20min,获得聚酰亚胺泡沫材料[44,67]。

图3.46 异氰酸酯基聚酰亚胺泡沫材料的成型工艺1

(2) 成型工艺2如图3.47所示。将芳香二酐和/或芳香酸酯、低分子醇、催化剂和表面活性剂按比例混合,在极性溶剂中反应形成泡沫前体溶液;将泡沫前体溶液按比例与异氰酸酯快速搅拌均匀,生成泡沫中间体溶液,待溶液开始发白后倒入预先准备好的模具内,进行自由发泡,成为泡沫中间体,当泡沫中间体脱黏后从模具中取出,再经过微波辐射或/和烘箱加热固化后得到聚酰亚胺泡沫材料[31,68-70]。

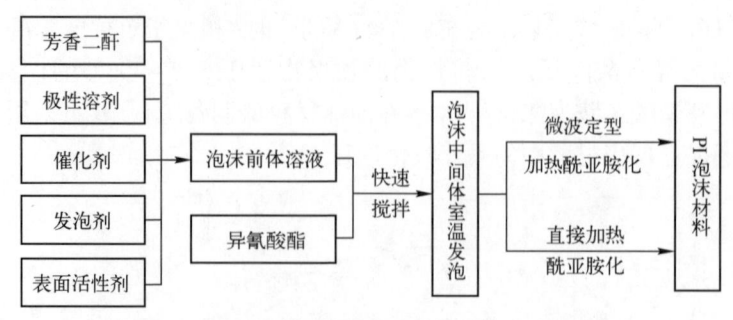

图 3.47 异氰酸酯基聚酰亚胺泡沫材料的成型工艺 2

(3) 成型工艺 3 如图 3.48 所示。将多异氰酸酯、芳香二酐、叔胺催化剂、硅烷表面活性剂和少量的水,室温混合搅拌均匀,然后放入烘箱加热到 110~330℃ 反应一定时间,利用原位产生的 CO_2 发泡。可通过反应温度和表面活性剂的用量控制泡沫材料的密度[71]。

图 3.48 异氰酸酯基聚酰亚胺泡沫材料的成型工艺 3

(4) 成型工艺 4 如图 3.49 所示。将等摩尔的芳香二酐和异氰酸酯混合均匀为黏性易处理的浆液,加入含水、乙醇和叔胺催化剂的极性溶剂,快速搅拌发泡,200~230℃ 固化 1~2h 后,制得刚性泡沫材料[72]。

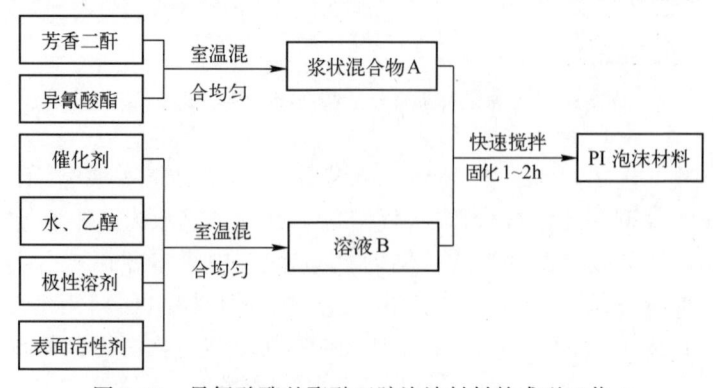

图 3.49 异氰酸酯基聚酰亚胺泡沫材料的成型工艺 4

(5) 成型工艺 5 如图 3.50 所示。将芳香二酐和多元醇在溶剂中高温混合均匀形成 A 组分，将水、聚乙二醇和催化剂、表面活性剂等混合形成 B 组分，将 A、B 组分与异氰酸酯形成的 C 组分按比例快速搅拌发泡，制得泡沫材料[73]。

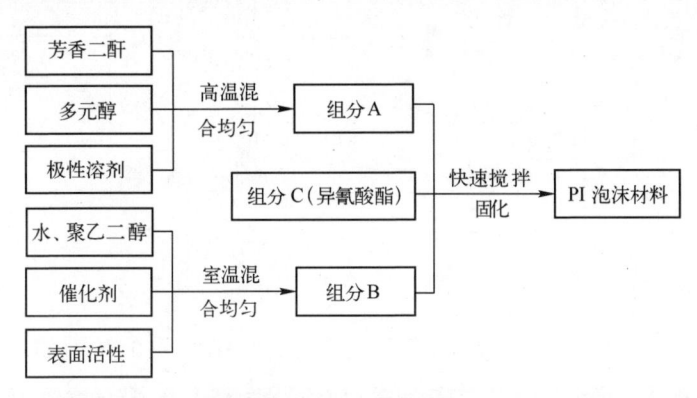

图 3.50 异氰酸酯基聚酰亚胺泡沫材料的成型工艺 5

北京航空航天大学[74-76]以 PMDA、PAPI(牌号 PM-200)、聚乙二醇(PEG, M = 600)、泡沫稳定剂(DC-193)和极性溶剂 N,N'-二甲基甲酰胺(DMF)为主要原材料，以甲醇和去离子水为反应性发泡剂，以三乙醇胺和二月桂酸二丁基锡为反应性复合催化剂，采用工艺 2 制备聚酰亚胺泡沫材料，系统研究了发泡剂水对聚酰亚胺泡沫材料结构与性能的影响。

制备聚酰亚胺泡沫材料的配方如表 3.6 所列。图 3.51 表示水含量对聚酰亚胺泡沫材料 FT-IR 光谱的影响。图 3.52(a)~(f)分别表示不同水含量影响聚酰亚胺泡沫材料泡孔结构的 SEM 照片。

表 3.6 异氰酸酯基聚酰亚胺泡沫材料配方

配方编号	泡沫前体溶液/g							异氰酸酯 PM-200
	PMDA	DMF	MeOH	H_2O	DC-193	PEG	催化剂	
A	100	100	12.0	9.6	20.0	7.5	0.1	242
B	100	100	12.0	10.8	20.0	7.5	0.1	242
C	100	100	12.0	12.0	20.0	7.5	0.1	242
D	100	100	12.0	13.2	20.0	7.5	0.1	242
E	100	100	12.0	14.4	20.0	7.5	0.1	242
F	100	100	12.0	15.6	20.0	7.5	0.1	242

由图 3.52 可知，按图 3.52(a)、(b)、(c)、(d)、(e)、(f)顺序，泡孔尺寸减小，泡孔结构趋向均匀。进一步采用 SISC-IAS 图像分析仪对不同水含量制得的聚酰亚胺的泡沫孔径尺寸及其分布进行了统计，结果见图 3.53 和表 3.7。

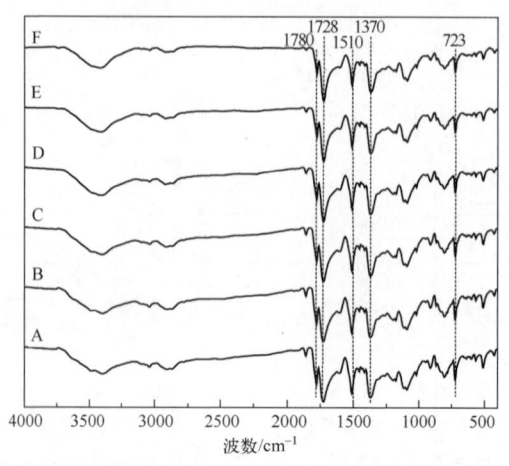

图 3.51　水含量对异氰酸酯基聚酰亚胺泡沫材料的 FT-IR 光谱的影响

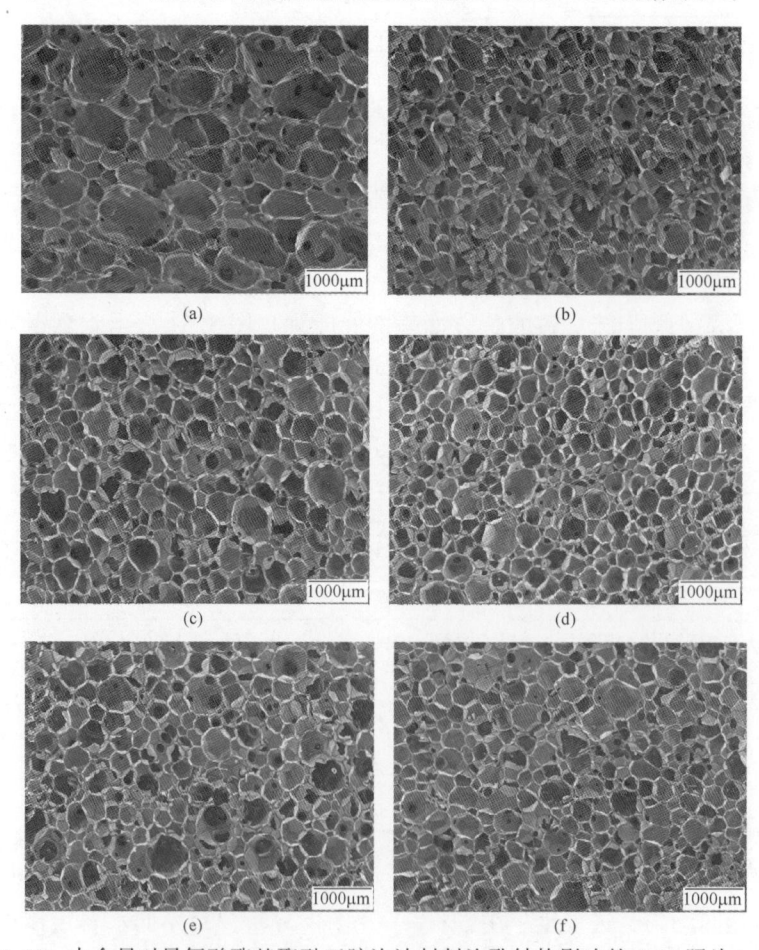

图 3.52　水含量对异氰酸酯基聚酰亚胺泡沫材料泡孔结构影响的 SEM 照片（×30）

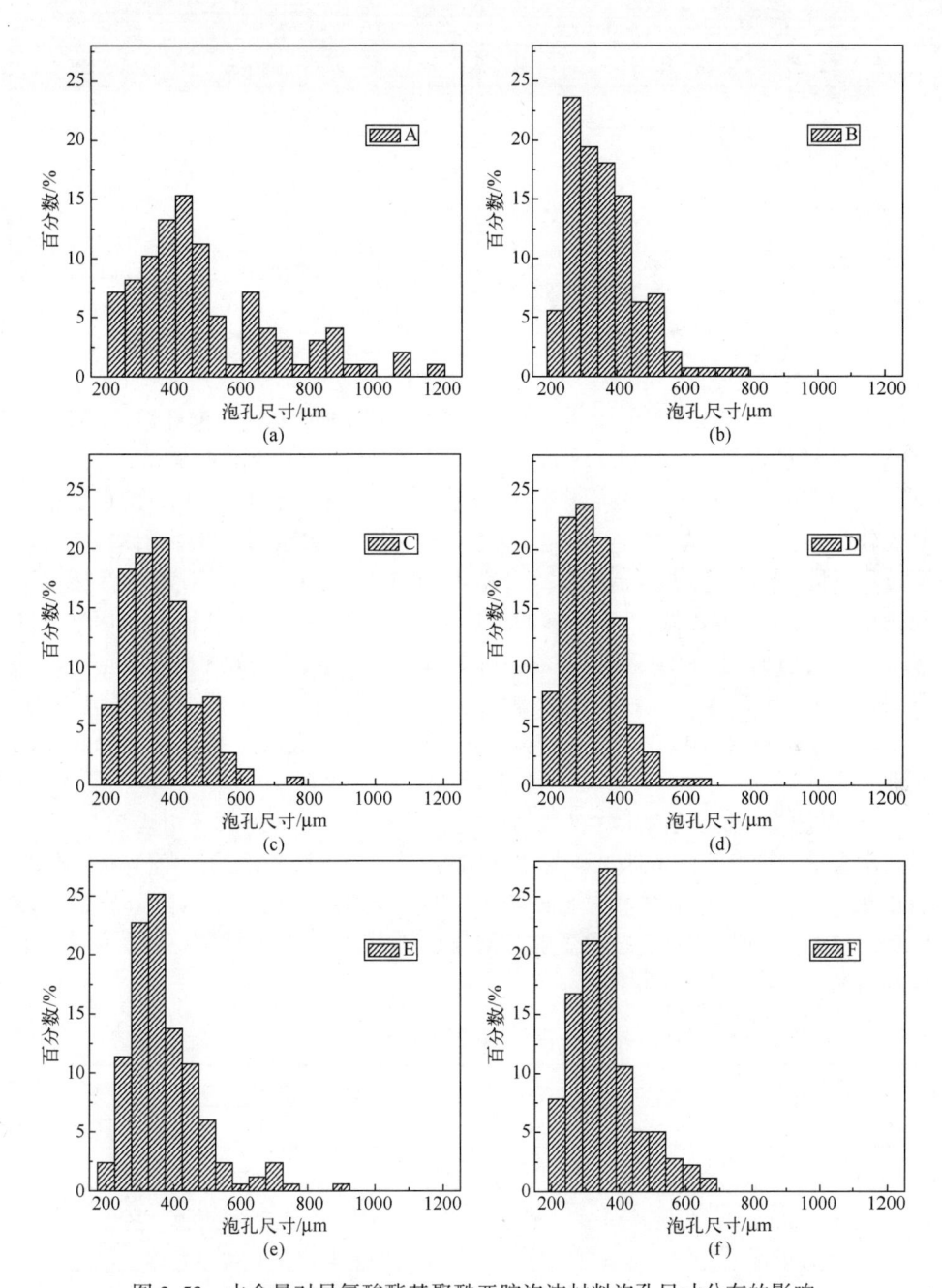

图 3.53 水含量对异氰酸酯基聚酰亚胺泡沫材料泡孔尺寸分布的影响

表3.7　水含量对异氰酸酯基聚酰亚胺泡沫材料泡孔均匀性的影响

配方编号	最小孔径/μm	最大孔径/μm	平均孔径/μm	标准差[①]
A	175	1290	477	229
B	169	749	340	103
C	162	737	336	96.6
D	154	718	305	87.1
E	150	884	350	112
F	166	652	333	97.7

① 标准差:各数据偏离平均数的距离的平均值。标准差越小,数据的波动范围就越窄,分布越均匀。

由表3.7、图3.52和图3.53可知,随着水含量的增加,泡沫泡孔趋于均匀,尤其是D试样($m_水:m_{二酐} = 13.2:100$)的泡孔均匀性最好(标准差值最小、孔径最小),且泡沫开孔率最高。这可能是由于:①$m_水:m_{二酐}<13.2:100$ 的A、B、C试样的泡孔较大,尤其是A试样($m_水:m_{二酐}=9.6:100$)聚酰亚胺泡沫材料中间体在室温放置过程中即发生塌泡现象,泡孔尺寸分布不均匀。这可能是因为此时泡沫体的凝胶速率较低,聚合度较低,没有足够的强度支撑已形成的泡孔,从而泡孔塌泡。随着水含量的增加,水在泡沫前体溶液中的分散趋向均匀,水与异氰酸酯反应生成的CO_2能分散在泡沫体中,因此,按A→B→C顺序,其泡孔尺寸减小,且趋向均匀。②$m_水:m_{二酐}≥13.2:100$ 的E、F试样的泡孔较小,很难观察到其尺寸及分布上的区别。

水含量对聚酰亚胺泡沫材料热耐热能的影响如表3.8所列。由表3.8可知,不同水含量使聚酰亚胺泡沫材料的T_g在294.7~295.6℃变化,最大值与最小值仅差0.9℃。可见,水含量对聚酰亚胺泡沫材料的T_g影响不大,这与红外光谱的结果是一致的。因此,水在合成聚酰亚胺泡沫材料中只起发泡剂作用,对聚酰亚胺泡沫材料的分子结构无明显影响。

表3.8　水含量对异氰酸酯基聚酰亚胺泡沫材料耐热性能的影响

配方编号	T_g/℃	T_d^5/℃	T_d^{10}/℃	R_{700}/%	R_{800}/%
B	295.4	378.3	438.4	53.2	50.4
C	295.3	377.9	438.5	53.6	50.6
D	295.3	377.5	438.7	54.0	51.1
E	294.7	378.6	438.3	52.9	50.0
F	295.6	379.3	438.2	52.6	49.6

分析表3.8可知,随着水含量的增加,泡沫5%热失重和10%热失重的温度范围分别为377.5~379.3℃和438.2~438.7℃,差值仅1.8℃和0.5℃。可见,水含

量对聚酰亚胺泡沫材料的 T_d^5 和 T_d^{10} 影响很小,与红外光谱、TMA 的结果也是一致的。此外,300℃真空处理不同水含量制备的聚酰亚胺泡沫材料经在 700℃ 和 800℃时的残余质量分别达为 52.6% 和 49.6%。这表明该聚酰亚胺泡沫材料具有良好的耐热性能。

采用驻波管法对不同水含量制得的聚酰亚胺泡沫材料进行了吸声性能测试,试样厚度为 25mm,结果如表 3.9 所列和图 3.54 所示。

表 3.9 水含量对异氰酸酯基聚酰亚胺泡沫材料吸声系数的影响

配方编号	频率/Hz						吸声系数
	125	250	500	1000	2000	4000	
B	0.05	0.09	0.19	0.58	0.73	0.70	0.390
C	0.06	0.09	0.20	0.61	0.82	0.76	0.423
D	0.06	0.09	0.21	0.62	0.86	0.80	0.440
E	0.07	0.11	0.23	0.63	0.81	0.75	0.433
F	0.07	0.11	0.25	0.64	0.75	0.71	0.422

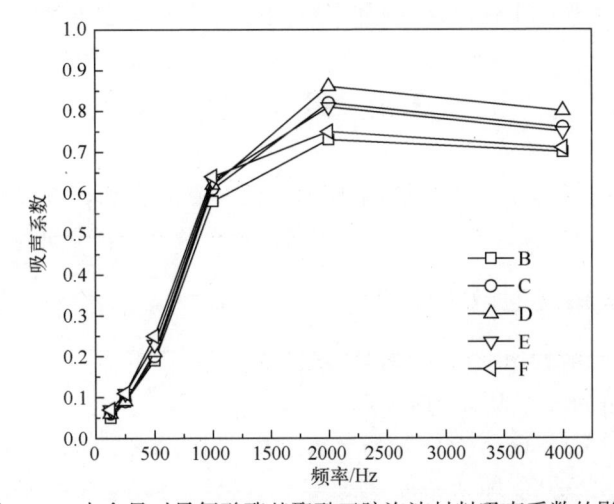

图 3.54 水含量对异氰酸酯基聚酰亚胺泡沫材料吸声系数的影响

由表 3.9 和图 3.54 可知:在 125~1000Hz 的低频范围内,随着频率的增大,泡沫的吸声系数呈直线增大;在 2000~4000Hz 的高频范围内,泡沫的吸声系数稍有下降,其变化很小;D($m_水:m_{二酐}$ 为 13.2:100)泡沫试样的平均吸声系数为 0.44,是所有试样中吸声系数最大的。

图 3.55 所示为聚酰亚胺泡沫材料的吸声系数与平均孔径和频率间的关系。由图 3.55 可知:随着聚酰亚胺泡沫材料平均孔径的增加,在 125~1000Hz 低频区内的吸声系数变化很小,呈近似水平线;在 2000~4000Hz 高频区内的吸声系数稍

有变化,即随着孔径增加,吸声系数呈下降趋势;当平均孔径为305μm时,其吸声系数最大即0.44。这说明泡沫孔径适当减小,可以提高吸声系数,或许与小泡孔泡沫结构更均匀有关。

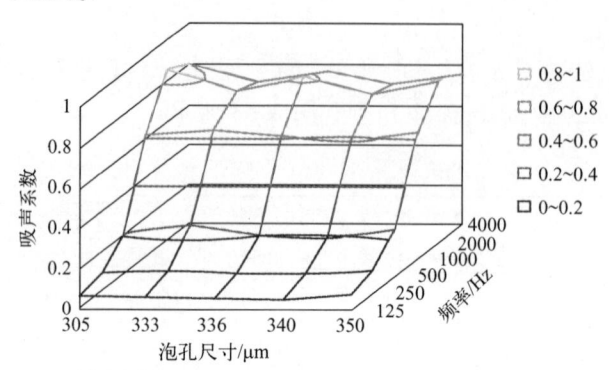

图3.55 异氰酸酯基聚酰亚胺泡沫材料平均孔径对吸声系数的影响

由上述分析可知,水只与异氰酸酯反应生成CO_2,起发泡剂作用,促使泡孔形成,影响泡孔尺寸,从而影响吸声性能,但由于水不成为最终聚酰亚胺泡沫材料的成分,因此不影响聚酰亚胺泡沫材料的分子结构及其玻璃化温度。

3.4 实　　例

近年尤其是2010年以来,聚酰亚胺泡沫诸多新工艺和新方法得到广发开发,泡沫的结构和性能表征不断丰富,下面依据公开资料介绍若干研究实例。

3.4.1 固相发泡泡沫实例

1. ODPA/二胺和BTDA/二胺的聚酰亚胺泡沫[77-80]

泡沫主要组分设计为如下四种:

(1) ODPA/3,4′-ODA泡沫制备。31.02g即0.1mol的3,3′,4,4′-二苯醚四酸二酐(ODPA)/20.02g即0.1mol的3,4′-二氨基二苯醚(3,4′-ODA)。

(2) BTDA/3,4′-ODA泡沫制备。32.22g即0.1mol的3,3′,4,4′-二苯酮四酸二酐(BTDA)/20.02g即0.1mol的3,4′-ODA。

(3) ODPA/4,4′-ODA泡沫制备。31.02g即0.1mol的ODPA/20.02g即0.1mol的4,4′-二氨基二苯醚(4,4′-ODA)。

(4) BTDA/4,4′-ODA泡沫制备:32.22g即0.1mol的BTDA/20.02g即0.1mol的4,4′-ODA。

首先,在室温将上述二胺溶解在THF和甲醇的混合液中,分批加入上述二酐,固含量为15%(质量),搅拌直至反应完全,得到均匀的聚酰胺酸前驱体溶液;其次,在室温下除去大量溶剂,得到聚酰胺酸固体;将固体剪成小块,再在70℃加热6~8h,进一步除去溶剂,得到溶剂含量较低的聚酰胺酸固体;将得到的固体材料研碎成粉末,经筛网分选即得聚酰胺酸前驱体粉末;在155~180℃下预发泡后,再高温模压发泡、酰亚胺化和冷却,制得聚酰亚胺泡沫。测试表明:上述ODPA/3,4′-ODA、ODPA/4,4′-ODA、BTDA/3,4′-ODA和BTDA/4,4′-ODA四种聚酰亚胺泡沫密度在30~125kg/m³内的压缩强度均在0.04~0.5MPa之间,压缩强度随着泡沫密度的增加而增加,四种泡沫的压缩强度差异可忽略,仅在低密度即30kg/m³时的压缩强度才显区别,其顺序为ODPA/3,4′-ODA>BTDA/3,4′-ODA>ODPA/4,4′-ODA>BTDA/4,4′-ODA;密度约100kg/m³聚酰亚胺泡沫ODPA/3,4′-ODA、BTDA/3,4′-ODA、ODPA/4,4′-ODA和BTDA/4,4′-ODA基于动态黏弹性实验装置(DMTA)测试的T_g分别为245℃、257℃、280℃和300℃,基于DSC曲线测试的T_g分别为237℃、248℃、266℃和285℃,两种测试均表明二酐单体的刚性越大(BTDA>ODPA),或二胺单体的刚性越大(4,4′-ODA>3,4′-ODA),聚酰亚胺泡沫的T_g越高;基于微分热重(Differential Thermogravimetry,DTG)曲线5%热失重温度T_d^5均大于550℃。

为安全制备聚酰胺酸粉体,可采用聚酰胺酸前驱体溶液流延、干燥、粉碎工艺,如日本宇部兴产股份有限公司[79,80]在申请号2008-130217和2008-130218发明专利中公告了一种聚酰亚胺发泡炭化粒子及其与黏合剂组成的炭电极制备方法,其聚酰亚胺发泡粒子采用聚酰胺酸直接干燥或流延干燥、粉碎、热处理制得,发泡倍率20倍(密度约67.5kg/m³)以上,在缺氧环境下,以1~50℃/min的升温速度加热到300~2000℃,处理10~300min,制得炭化粒子。这种炭化粒子平均直径为1~100μm,比表面积超过100m²/g,T_g>300℃。制备这种炭化粒子的T_g>300℃更好,发泡倍率越高越好,非热塑性聚酰亚胺发泡粒子更好。将该炭化粒子与PTFE水分散液混合混炼,制得有黏性的片,经120℃加热,进一步压延制得厚度0.5mm以下的片,制得炭电极。当比表面积为631m²/g时,其电极的静电容量达144F/g。

2. 外加发泡剂聚酰亚胺泡沫[81]

在反应釜中加入6kg THF和2.80kg甲醇形成混合溶剂,然后加入3,3′,4,4′-二苯醚四酸二酐8kg,升温至50℃,回流至溶液澄清(约60min),降温至50℃,加入二氨基二苯醚6kg,再升温至80℃,回流反应至溶液澄清(反应时间为5h),得聚酰亚胺前驱体溶液;将得到的聚酰亚胺前驱体溶液在50℃下加热浓缩,待其黏度达到2500mPa时停止浓缩,冷却至10℃,形成易碎固体;向得到的易碎固体中加入50g偶氮二甲酰胺发泡剂、50g聚二甲基硅氧烷泡沫稳定剂,混合均匀后注入模具中流延或模压成厚度为2mm片材,将装有片材的模具先升温至180℃得到泡沫中间体,待泡沫中间体整体形状不增大后,继续升温至250℃加热3h制得聚酰亚胺泡沫材料。采用不同种类和含量的芳香二酐、芳香二胺、化学发泡剂、泡沫稳定剂或溶剂制得聚酰亚胺泡沫材料,其主要成分和性能分别列在表3.10和表3.11中。

表 3.10　外加发泡剂聚酰亚胺泡沫材料的主要成分

	二酐	二胺	化学发泡剂	稳定剂	溶剂
1	3,3′,4,4′-二苯醚四酸二酐 8kg	二氨基二苯醚 6kg	偶氮二甲酰胺 0.05kg	聚二甲基硅氧烷 0.05kg	THF 6kg 甲醇 2.80kg
2	3,3′,4,4′-二苯醚四酸二酐 8kg	二氨基二苯醚 6kg	偶氮二甲酰胺 0.5kg	聚二甲基硅氧烷 0.15kg	THF 6kg 甲醇 2.80 kg
3	3,3′,4,4′-二苯酮四酸二酐 15kg	二氨基二苯甲烷 13kg	偶氮二甲酰胺 1.5kg	聚二甲基硅氧烷 1.5kg	THF 15kg 乙醇 6kg
4	3,3′,4,4′-三苯二醚四酸二酐 12kg	对苯二胺 11kg	偶氮二异丁腈 1kg	聚二甲基硅氧烷 0.5kg	THF 15kg 聚乙二醇 6kg
5	4,4′-六氟亚异丙基邻苯二甲酸酐 10kg	间苯二胺 10kg	偶氮二甲酸二异丙酯 1kg	聚二甲基硅氧烷 0.8kg	二甲基甲酰 18kg
6	3,3′,4,4′-联苯四酸二酐 8kg	二氨基吡啶 6kg	偶氮二甲酸钡 0.5kg	聚二甲基硅氧烷 0.3kg	二甲基乙酰胺 10kg
7	3,3′,4,4′-二苯砜四酸二酐 8kg	双酚 A 二醚二胺 8kg	N,N′-二亚硝基对苯二甲酰胺 0.5kg	聚二甲基硅氧烷 0.3kg	吡啶 10kg
8	3,3′,4,4′-二苯砜四酸二酐 8kg；1,2,4,5-均苯四甲酸酐 8kg	对苯二胺 8kg，双酚 A 二醚二胺 8kg	磺基酰肼 0.06kg 苯磺基酰肼 0.1kg	聚氧化乙烯非离子表面活性剂 0.1kg	N-甲基吡咯烷酮 20kg

表 3.11　外加发泡剂聚酰亚胺泡沫材料的主要性能

样品/性能	密度/(kg/m³)	热导率/(W/(m·K))	极限氧指数/%	烟密度
1	68	0.038	44	3
2	40	0.040	42	2
3	12	0.041	45	3
4	20	0.045	43	2
5	25	0.043	46	2
6	28	0.047	42	2
7	30	0.045	42	3
8	65	0.042	46	2

3. 喷雾干燥制粉聚酰亚胺泡沫[82]

将芳香二酐置于反应釜内，加入极性溶液，在 50~90℃使其酯化完全，直至反应釜内固体颗粒完全溶解(1~5h)；在 0~40℃下加入芳香二胺和一种或两种以上催化剂，反应 0.5~2h,再加入发泡剂反应 1~2h,得前驱体溶液；将釜内物料冷至室温后，将溶液加入喷雾干燥设备内，在 50~100℃干燥 0.5~3h,制成粉末，回收产生的废液;将粉末放入模具并置于隧道微波炉内,微波发泡 0.5~3h,制得泡沫体;将泡沫体放入固化设备熟化 0.5~3h,制得聚酰亚胺泡沫材料,其组成和性能如表 3.12 所列。

表 3.12 聚酰亚胺泡沫材料的组成和性能

二酐(份)	PMDA(30)	BTDA(30)	BPDA(35)
二胺(份)	PDA(15)	ODA(20)	MDA(20)
溶剂(份)	乙醇(50)	丙酮(40)	丙醇-DMF(40)
催化剂(份)	三乙胺(1)	咪唑(1)	异喹啉(1)
发泡剂(份)	正戊烷(4)	甲醇(9)	乙醚(4)
泡沫密度/(kg/m^3)	6.0	6.4	6.2
拉伸强度/kPa	56	76	63
压缩永久变形/%	16	14	15
热导率/(W/(m·K))	0.041	0.039	0.040
降噪系数(驻波管法刚性壁)	0.56	0.58	0.55

日本宇部兴产股份有限公司[83]在申请号 2012-504476 的发明专利中公开了一种喷雾干燥制备聚酰亚胺前驱体粉末的聚酰亚胺发泡方法。例如:以流量 30m^3/min(同时用除湿器除湿)的干燥空气,在温度 50℃下,以 640mL/min 的液体输送量输送聚酰亚胺前驱体溶液,通过喷雾干燥法制得聚酰亚胺前驱体粉末;将 7900g 的聚酰亚胺前驱体粉装入长 1800 mm、宽 1280mm、厚 0.45mm 的聚乙烯包装内,挤出袋中的空气至聚酰亚胺前驱体粉末铺层均等厚度,封口、密闭;置入干燥箱内已预热 100℃的 1230mm×1230mm 金属板上,并在袋子上放置同样的金属板,使其层合,为制得密而厚度均匀的聚酰亚胺前驱体熔融成型板,在金属板上附加相同的金属板,使聚酰亚胺前驱体粉末平均受压为 1kPa,经 20min 处理后,放置冷却至室温,取出约 990mm×990mm×7.3mm 的聚酰亚胺前驱体熔融成型板;将袋子剥离后的聚酰亚胺前驱体熔融成型板置入已预热 100℃的 1280mm×1280mm×770mm 的金属框内,并放置微波炉中,预热 20min 后,经 17.5kW 的微波辐射 10min,使其发泡;发泡后,从微波炉中取出金属框,迅速置入高温烘箱,当温度达到 200℃后,开始升温至 330℃,从升温开始,热处理约 6h;停止加热,当温度降至 250℃时,取出金属框,室温放置冷却 2h,从金属框内取出聚酰亚胺泡沫。这种泡沫发泡倍率 184 倍,质量良好。可采取上述方法制备 160~200 倍率的聚酰亚胺泡沫。

日本宇部兴产股份有限公司[84,85]在申请号 2015-62390 和 2016-23456 的发明专利中继续公开了一种喷雾干燥法制备聚酰亚胺前驱体粉末的不发裂、大尺寸聚酰亚胺泡沫制备方法。例如:先通过喷雾干燥法在 100℃空气环境喷雾聚酰胺酸、除去甲醇溶剂、干燥,制得平均粒径 41μm、体密度 0.286g/mL 的聚酰亚胺前驱体粉末;再将聚酰亚胺前驱体粉末 2.4kg 铺放在底面 0.5m×0.5m 框中,置于微波炉内,3r/min 的回转速度回转,同时在 10kW 下微波辐射 18min,然后置入 200℃热风烘箱中,在 300℃后处理 10min,得到高度为 0.58m、密度为 7.8kg/m³ 的聚酰亚胺泡沫。聚酰胺酸喷雾干燥、干燥制粉法是粉末颗粒尺寸均匀和操作安全的方法,是一种良好的产业化方法。

4. 真空辅助发泡聚酰亚胺泡沫[86]

将 31.02g(0.1mol) 的 ODPA 溶于 25.6g 甲醇中,在 67℃回流、反应直至澄清(约 2h),继续反应 1h 得到二酸二酯溶液;将得到的二酸二酯溶液降至 40℃,加入 20.24g(0.1mol) 的 4,4′-ODA、102.4g 四氢呋喃、0.25g 异喹啉催化剂,升温至 60℃,反应 6h,加入 1.03g 聚二甲基硅氧烷,继续搅拌 1h,得到聚酰亚胺前驱体溶液;将该前驱体溶液倒入发泡模具中并平铺,在 25℃下干燥,待其不再流动后,放入 60℃真空烘箱中,先抽至 0.04MPa 并保持 10min,再抽至 0.1MPa 并保持 24h,充分干燥后,将得到的聚酰亚胺泡沫置于 300℃烘箱中热处理 1h,制得聚酰亚胺泡沫,表 3.13 所列为上述方法所得不同聚酰亚胺泡沫材料的组成和性能。

表 3.13　聚酰亚胺泡沫材料的组成和性能

二酐	ODPA 31.02g(0.1mol)	ODPA 31.02g(0.1mol)	BTDA 32.23g(0.1mol)	ODPA 31.02g(0.1mol)
二胺	4,4′-ODA 20.24g(0.1mol)	3,4′-ODA 20.24g(0.1mol)	4,4′-MDA 19.83g(0.1mol)	4,4′-ODA 20.24g(0.1mol)
催化剂	异喹啉 0.25g	吡啶 0.5g	异喹啉 0.5g	吡啶 0.4g
密度/(kg/m³)	15	25	28	27
T_g/℃	275	257	277	275
5%热失重温度/℃	567	565	576	571
开孔率/%	97.7	—	98.6	95.7
极限氧指数/%	38.6	—	41.7	41.9
10%变形压缩强度/MPa	0.03	0.07	0.14	0.1
永久形变/%①	<7	<5	<20	<10

① 压缩至原厚度的 30%并保持 30s

5. 预制坯发泡聚酰亚胺泡沫[87-89]

在 50L 不锈钢反应釜中,投入 1560g 的 BTDA,2500mL 的无水甲醇及 1000mL 的四氢呋喃,于 75℃温度下回流、酯化反应至清澈溶液,冷却至室温;加入 960g 的 4,4′-二氨基二苯基甲烷及 15g 异喹啉催化剂反应至固体颗粒消失,继续回流反应至溶液清澈透明,加入 0.1%的有机氟表面活性剂,制得可发泡聚酰亚胺前驱体溶液,将此溶液置于旋转蒸发器中,在 70℃下分批真空干燥,脱除甲醇和四氢呋喃;冷至室温,制得松散的固相聚酰亚胺前驱体,用超微粉碎机研磨成 43~35μm 的聚酰亚胺前驱体粉末,称取 600g 该前驱体粉末,置于捏合机中并拌合适量的水,于 70~80℃捏合 1h,直至呈均相熔体;取出、压成饼,置于 600mm×400mm×300mm 致密透气的玻纤模框内,连同模框一并置入工业微波炉中,在 200~300W 下预热 20min 后,在 1000~2000W 下进行微波发泡,然后冷却、去除模框,再在 260~300℃内固化 30~60min,制得泡孔均匀、密度为 6~8kg/m³ 的热塑性聚酰亚胺软质泡沫方坯,经泡沫切割机切割成 75mm 厚泡沫板,再置于不同高度的金属模框内并上置金属板,于 260~300℃的电热烘箱中热压成型,制得高密度泡沫板,其密度取决于泡沫板厚度,泡沫板的厚度由模框的高度控制,表 3.14 表列为热压热塑性聚酰亚胺泡沫板的主要性能。

表 3.14 不同密度的软质聚酰亚胺泡沫的主要性能

密度/(kg/m³)	7	15	35	66
拉伸强度/kPa	60	90	180	260
热导率/(W/(m·K))	0.035	0.038	0.038	0.040
氧指数/%	41	41	43	42
烟密度/无量纲	2	0	0	0
体积变化率/%	<5	<5	<5	<5
热导率变化率/%	<2	<2	<2	<2
300℃、1000h 质量损失率/%	2~4	2~4	2~4	2~4

日本宇部兴产股份有限公司[88,89]在申请号 2007-283597 和 2007-283598 的发明专利中公开了一种聚酰亚胺前驱体粉末模压成坯再微波发泡、高温酰亚胺化的发泡工艺:先制备聚酰亚胺前驱体溶液,经热处理直接发泡;或者除去聚酰亚胺前驱体溶液中的溶剂,制得聚酰亚胺前驱体粉末、压制、热处理发泡;或者粉体聚酰亚胺前驱体与溶剂的混合物,经热处理直接发泡。其中,先制得聚酰亚胺前驱体粉末是制备泡沫的最佳方案。除去溶剂的温度为 50~100℃,高温、真空蒸发溶剂制得的聚酰亚胺前驱体粉末的发泡倍率低,因此,溶剂蒸发和粉体干燥在常压、加压或真空下都可以。采用微波加热装置发泡时,一般微波频率为 2.45GHz,随着聚酰亚胺前驱体处理量的增加,需要增大功率,例如,对于聚酰亚胺前驱体粉末为数十克至数千克而言,其功率为 1~5kW。微波辐射时,一般在 1~2min 开始发泡;辐射时间 5~10min 发泡结束,但这时的泡沫强度低;然后,在 200~T_g+10℃(一般为 200~310℃)下进行后加热处理 4min~24h,制得聚酰亚胺泡沫。这里的后加热处理温度从 200℃开始,以 10℃/min 的速度缓慢升至 300℃。该发明指出,聚酰亚胺泡沫

的泡孔直径约在5000μm以下,3000μm以下较好,更好是0.1~2000μm,最好是1~1000μm;发泡50倍以上时,聚酰亚胺泡沫的表观密度小于27.2kg/m³;发泡100倍以上时,表观密度小于13.6kg/m³;发泡400倍以上时,表观密度小于3.4kg/m³;发泡500倍以上时,表观密度小于2.7kg/m³。例如:实验聚酰亚胺前驱体溶液,室温真空干燥制得干燥的固体;经研磨、粉粹,制得聚酰亚胺前驱体粉末;经室温模压制坯;将聚酰亚胺前驱体模压坯料置于电子微波炉中,在1120W下,微波处理5min,制得聚酰亚胺泡沫,但这时的强度低;然后切成适当形状,置入200℃的热风烘箱中,升温至300℃进行热处理,制得泡孔均匀的柔性聚酰亚胺泡沫。

日本宇部兴产股份有限公司在申请号2007-192549的发明专利中公开了一种由聚酰胺酸浓缩液、干燥、研磨粉碎制得粉末,压制预成型体,再经微波发泡制备的聚酰亚胺泡沫的方法。该柔性泡沫最高发泡倍率为389倍。

6. 超临界 CO_2 发泡颗粒模塑聚酰亚胺泡沫[90]

将聚酰亚胺(PI)粒料(200 g)与THF(50 mL)置于80℃高压釜(1L)中,向釜中通入低压 CO_2 约3min,然后加压至5MPa,处理1周后,快速降压(2MPa/s),制得 CO_2 处理的聚酰亚胺粒料;将该粒料转移至270℃烘箱中,发泡60s得到发泡的PI颗粒;将PI发泡颗粒与PEI/氯仿溶液混合,获得PEI涂覆的PI泡沫,随后转移至模具中,在200℃、2~8MPa下热压至溶剂全部排出,获得模塑聚酰亚胺(MPI)泡沫,表3.15所列为几种MPI泡沫的主要性能。

表3.15 几种MPI泡沫的主要性能

名 称	PEI溶液浓度		模压压力		
	MPI-1	MPI-2	MPI-3	MPI-1	MPI-4
浓度/(g/mL)	0.08	0.13	0.08	0.08	0.08
表观密度/(kg/m³)	115.56	121.6	93.7	115.5	137.7
弯曲强度/MPa	0.51	1.16	0.34	0.51	1.27
10%变形压缩强度/MPa①	0.98	1.20	0.65	0.98	1.60
50%变形压缩强度/MPa①	2.25	2.51	1.26	2.25	4.31
① 根据曲线上压缩变形处的强度估算					

7. 热固性前驱体粉热发泡聚酰亚胺泡沫[91]

将α-BPDA(45.31g,0.154mol)在无水乙醇(56.67g,1.232mol)中回流3h,得到α-BPDE溶液,将NA(32.89g,0.200mol)在无水乙醇(36.80g,0.800mol)中回流3h,得到NE溶液;将p-PDA(27.47g,0.254mol)和异喹啉(isoquinoline)(0.194g,0.0015mol)加入到上述溶液中,在 N_2 气气氛中回流并机械搅拌15min,然后旋蒸除去大部分乙醇,再在200℃真空干燥、粉碎、过筛,得到前驱体粉末,其理论分子量为1000g/mol。利用该方法可制备一系列不同分子量和不同二胺单体的前驱体粉末。将该粉末至于模具中,通过压机阶梯升温至 300~330℃,保温 3h,随后冷至室温,根据填入模具内的粉末量可获得不同密度的泡沫,表 3.16 所列为密度为 100kg/m³ 泡沫的性能,表 3.17 所列为分子量对泡沫性能的影响。

表 3.16 密度为 100kg/m³ 泡沫的性能

理论分子量/(g/mol)	TGA T_5/℃	TGA T_{10}/℃	DMA E'/℃	DMA $\tan\delta$/℃	TMA CTE/(10^{-6}℃$^{-1}$)①	闭孔率 %
1000	468	506	361	389	41	85
1500	491	558	345	374	42	88
2000	475	560	337	361	43	86
2500	480	565	334	365	40	92

① CTE 在 30~300℃ 范围测定

表 3.17 分子量对泡沫性能的影响

理论分子量/(g/mol)	拉伸性能 模量/MPa	拉伸性能 强度/MPa	拉伸性能 伸长率/%	弯曲性能 模量/MPa	弯曲性能 强度/MPa	压缩模量/MPa 室温	压缩模量/MPa 300℃	10%形变压缩强度/MPa 室温	10%形变压缩强度/MPa 300℃	压缩蠕变/% 室温	压缩蠕变/% 250℃①
1000	18.6	0.62	4.3	28.2	1.36	29.0	17.5	1.24	0.70	0.18	1.28
1500	27.4	0.96	4.6	20.1	1.1	37.1	22.5	1.34	0.71	0.18	1.03
2000	18.5	0.75	4.9	18.7	1.17	32.0	20.6	1.27	0.61	0.23	3.87
2500	7.23	0.44	9.0	6.4	0.59	22.7±1.0	11.9	0.89	0.50	0.22	10.31

① 在 0.4MPa 进行 2h

8. 增强聚酰亚胺泡沫复合材料[92-94]

碳纤维粉增强聚酰亚胺泡沫复合材料:称取 32.2g(0.1mol) 的 BTDA 加到 250mL 三口烧瓶中,量取 100mL 的乙醇和 20mL 的四氢呋喃加入三口烧瓶中,并滴加 0.06g 的 1-甲基咪唑作催化剂,在 70℃ 加热、回流 2h;加入 0.26g 氟碳表面活性剂和 1.05g(2%(质量)) 碳纤维粉,充分搅拌后,加入 20.0g(0.1mol) 的 4,4′-ODA,再在 70℃ 加热、回流 2h,得到 BTDA/ODA 的前驱体溶液;反应结束后,减压蒸馏除去多余溶剂,将得到的树脂置于真空烘箱中进一步烘干,并控制其中的溶剂挥发分含量至 12%(质量);将该干燥树脂研磨成粉末,筛选得 100~150μm 粒径的粉末;以石墨板作为发泡下传热板,上面均匀平铺并压实一层高岭土,将前驱体粉末平铺在高岭土上,将石墨板置于烘箱中,在 130℃ 敞开式自由发泡,发泡时间为 1h,升温至 260℃ 并保温 1h 进行后固化,制得增强聚酰亚胺泡沫。利用相同方法制备不同泡沫材料的组成和性能如表 3.18 所列。

表3.18 碳纤维粉增强聚酰亚胺泡沫复合材料的组成和性能[92]

名 称	碳纤维粉含量/%(质量)	密度/(kg/m³)	玻璃化转变温度/℃	10%变形压缩强度/MPa	5%热失重温度/℃
BTDA/ODA	2	28	281	0.3	566
BTDA/ODA	6	51	297	0.7	585
BTDA/ODA	4	27	289	0.4	573
BTDA/DDS	8	33	305	0.5	577
ODPA/DDS	14	43	288	0.5	586
ODPA/ODA	13	38	264	0.6	551

聚酰亚胺纤维增强聚酰亚胺泡沫复合材料:将二苯甲酮四酸二酐(1.00mol,322.23g)加入甲醇(3.5mol,112g)和四氢呋喃(3.50mol,252.39g)的混合溶剂中,加热、回流直至体系澄清,继续反应1h,获得二酸二酯溶液;降至室温,加入二氨基二苯醚(1.00mol,200.24g),继续反应3h,加入10g含氟聚醚FSO-100泡沫稳定剂,搅拌形成均一溶液;向溶液中加入10mm的聚酰亚胺纤维30g,持续搅拌2h;将溶液经流延法涂覆到基板上,将基板置于装配负压引风装置及进风口的烘箱中烘干,得预成型薄膜。该烘干过程分两个阶段:先在70℃烘干36h,然后在100℃烘干1h。将预成型薄膜放入密闭的不锈钢模具中,在烘箱内160℃发泡60min,获得初始泡沫材料,然后升温至300℃,进行亚胺化4h,制得纤维增强聚酰亚胺泡沫复合材料。该纤维增强聚酰亚胺泡沫复合材料的表观密度为0.042kg/m³,玻璃化温度为285℃,10%变形压缩强度为0.51MPa。表3.19所列为利用相同方法制得的几种泡沫复合材料的组成和性能。

表3.19 聚酰亚胺纤维增强聚酰亚胺泡沫复合材料的组成和性能[93]

名 称	1	2	3	4
二酐	二苯甲酮四酸二酐(1.00mol,322.23g)	4,4′-联苯四酸二酐(1.00mol,294.22g)	二苯醚四酸二酐(1.00mol,310.21g)	均苯二酐(1.00mol,218.12g)
溶剂	甲醇(3.5mol,112g)和THF(3.50mol,252.39g)	乙醇(3.5mol,161g)和THF(3.50mol,252.39g)	甲醇(3.5mol,112g)和THF(3.50mol,252.39g)	乙醇(3.5mol,161g)和THF(3.50mol,252.39g)
二氨	二氨基二苯醚(1.00mol,200.24g)	对苯二胺(1.00mol,108.14g)	二氨基二苯醚(1.00mol,200.24g)	4,4′-二氨基二苯甲烷(1.00mol,198.26g)
稳定剂	FSO-100(10g)	DC-193(8.0g)	DC-193(10.2g)	DC-193(20.9g)
聚酰亚胺纤维	10mm,30g	4mm,20g	12mm,10g	12mm,20g
表观密度/(kg/m³)	0.042	0.024	0.033	0.035
T_g/℃	285	275	270	276
压缩10%强度/MPa	0.51	0.32	0.29	0.38

第3章 聚酰亚胺泡沫材料的发泡机理与成型工艺及实例

蜂窝增强聚酰亚胺泡沫复合材料：在装有机械搅拌器、球形回流冷凝管和温度计的三口瓶中加入 64g 的 α-BTDA，80g 低沸点溶剂无水乙醇，在搅拌的条件下加热回流 3h，得到芳香族二酸二酯的均相溶液；在装有电磁搅拌装置、球形回流冷凝管的单口瓶内加入 24g 反应性降冰片二酸酐（NA）封端剂、55g 低沸点无水乙醇溶剂，边搅拌边加热 3h，得到反应性封端剂的单酸单酯均相溶液，冷至室温；将反应性封端剂的单酸单酯均相溶液加入芳香族二酸二酯的均相溶液中，并加入 30g 芳香族二胺（m-PDA）、0.26g 异喹啉胺化促进剂，在氮气保护条件下加热、回流反应 15min，得到均相溶液；冷至室温后，加入 0.51g 聚氧乙烯基醚类非离子型氟碳表面活性剂 FS0-100，在氮气保护条件下常温搅拌 30min，得到聚酰亚胺前驱体树脂溶液；将聚酰亚胺前驱体树脂溶液在 60℃ 旋转蒸发至黏稠状后倒入搪瓷盘中，放入烘箱中干燥，粉碎后得到聚酰亚胺前驱体树脂固体粉末。将该固体粉末与铝蜂窝材料进行原位现场缩聚反应，具体步骤如下：将 20g 聚酰亚胺前驱体树脂固体粉末均匀平铺于 8cm×8cm×3cm 的不锈钢模具空腔中，在烘箱或热压机中从室温升至 300℃，发泡 15min，再将与模具空腔尺寸相同的铝蜂窝材料（8g）垂直插入泡沫熔体中，加 1MPa 压强固定模具，继续升温至 320℃ 固化交联 3h，冷却后开模，得到蜂窝增强热固性硬质闭孔聚酰亚胺泡沫复合材料。表 3.20 所列为不同种类和配比的聚酰亚胺泡沫蜂窝复合材料的组成和性能。

表 3.20 聚酰亚胺泡沫/蜂窝复合材料的组成和性能[94]

	单体	固体粉末/g	蜂窝（材质）/g	密度/(kg/m³)	T_g/℃	闭孔率/%	常温压缩强度/MPa	320℃高温压强度/MPa	压缩形变率①/%
1	α-BTDA/m-PDA/NA	20	铝,18	150	354	>80	1.9	1.0	9.7
2	α-BTDA/m-PDA/NA	30	铝,13	200	354	>80	4.4	2.4	1.8
3	α-BTDA/m-PDA/NA	40	铝,13	250	354	>80	6.5	3.6	0.9
4	α-ODPA/m-PDA/NA	30	铝,10	200	340	>80	4.0	2.0	2.0
5	DSDA/m-PDA/NA	30	铝,10	200	342	>80	4.6	2.5	1.5
6	α-BTDA/m-PDA/MNA	30	Nomex,8	200	354	>80	4.4	2.4	1.8
7	α-ODPA/m-PDA/MNA	30	Nomex,10	200	340	>80	4.0	2.0	2.0
8	α-BTDA/3,4'-ODA/NA	30	Nomex,10	200	339	>80	4.2	2.2	1.8
9	α-BTDA/α-ODPA/3,4'-ODA/NA	30	Nomex,10	200	340	>80	4.3	2.3	1.7

① 320℃/0.5MPa/2h

9. 挤出聚酰亚胺泡沫[95,96]

三井东亚化学股份公司在申请号特愿平 1-310616（1990 年）发明专利中公

开了一种采用固体发泡剂与热塑性聚酰亚胺粉体或颗粒通过挤出机挤出制备聚酰亚胺泡沫的方法,其机筒温度为360~400℃,机头模具温度250~370℃,挤出口后经风冷至150~250℃,表面形成微细气泡层。

信越聚合物股份公司在申请号2005-266973的发明专利中公开了一种热塑性聚酰亚胺发泡片连续挤出制备工艺,即先挤出制备热塑性聚酰亚胺片,在31℃、7.4MPa高压下含浸超临界CO_2类不活泼气体,然后,1MPa/s以上的速度急速释放压力,加热(T_g~T_g-100℃)发泡,反复多次进行压力含浸到发泡的过程,便制得热塑性聚酰亚胺发泡片。该热塑性聚酰亚胺发泡片在T_g~T_g+50℃内的储能模量为10^5~10^8Pa,热导率为0.15W/(m·K)。

3.4.2 液相发泡泡沫实例

1. 二胺改性聚酰亚胺泡沫[97]

在一个500mL的三口烧瓶中加入200g的DMF溶剂和84g的PMDA,缓慢升温至100℃,搅拌使PMDA完全溶解,溶液呈黄色透明状,在该溶液中加入3g的ODA,并将温度升至120℃,溶液变为铁锈红的黏稠状液体;将该溶液降温至50℃,依次缓慢加入12g的甲醇、2g的乙二醇乙醚、0.03g的A-1、0.03g的A-33、0.01g的K-19,同时还加入12g的B8404,混合均匀后,降至25℃,得均匀溶液;取该溶液50g、水2.5g、PAPI 22g置于高速搅拌器中,迅速混合搅拌,速度为3000r/min,搅拌时间10s,搅拌后迅速倒入纸制模具中,让其自由发泡,15min后,待其表面干爽不沾手时,将该预聚体泡沫移入微波炉中,在功率1000W下熟化10min;从微波炉中取出再在200℃的高温炉中熟化10min。利用相同方法制备的泡沫组成和性能如表3.21所列。

表3.21 添加二胺改性聚酰亚胺泡沫的组成和性能

二酐/g	PMDA/84g	PMDA/84g	PMDA/75g、BTDA/15g
二胺/g	ODA/3g	ODA/6g	ODA/6g
密度/(kg/m³)	4.2	7.0	6.0
50%变形压缩强度/kPa	3.2	4.8	4.4
拉伸强度/kPa	40	60	50

2. 聚醚胺改性聚酰亚胺泡沫[98]

在备有搅拌器、温度计及回流冷凝器的500mL三口瓶中,加入80g的PMDA及140g的DMF,充分搅拌、缓慢升温至90~100℃,待PMDA固体颗粒全部溶解、溶液澄清时,降温至65℃;加入10g无水甲醇,进行酯化反应,待溶液清澈透明,降温至60℃以下,加入1.5g异喹啉,15g聚氧化丙烯二胺(D-2000),搅拌至恒温,制得棕红色透明黏稠前驱体溶液;称取20g该前驱体溶液,加入1.5g有机硅泡沫稳定剂、3g去离子水、0.5g三乙烯二胺、0.2g二月桂酸二丁基锡和0.1g双(二甲氨基乙基)醚催化剂,配制成泡沫混合溶液;该泡沫混合溶液与25g的PAPI一并快速搅拌均匀,待混合液开始发泡时,倒入模具中自由发泡,泡沫体脱黏后停留10~20min脱模,将泡沫体放入工微波炉中定型5~10min,再转入电热鼓风干燥箱中,在220℃时固化1h,制得聚酰亚胺泡沫体。该泡沫主要性能为:热导率0.036W/(m·K),压缩强度80kPa,吸水率2.6%(体积)。

3. 纳微粒子填充改性液相发泡聚酰亚胺泡沫

在备有搅拌器、温度计及回流冷凝器的500mL三口瓶中,投入70g的BTDA及110g的DMF,充分搅拌,缓慢升温至100~110℃,待BTDA固体颗粒全部溶解,加入5g的4,4′-ODA,升温至120℃,反应得清澈溶液,降温至65℃,加入18g无水甲醇,进行酯化反应,待溶液清澈透明,降温至60℃以下,加入1.5g异喹啉和15g有机硅泡沫稳定剂,将溶液搅拌均匀,制得淡黄色透明前驱体溶液;称取20g该前驱体溶液加入10g空心玻璃微珠、3g去离子水、0.5g三乙烯二胺、0.2g二月桂酸二丁基锡、0.1g双(二甲氧基乙基)醚催化剂和0.5g硅烷偶联剂,配制成泡沫组合溶液;将该泡沫组合溶液与25gPAPI混合、快速搅拌均匀,倒入模具中自由发泡,泡沫脱黏后脱模,放入电热鼓风干燥箱中,在220℃固化1h,制得纳微粒子填充改性聚酰亚胺泡沫。表3.22所列为利用该法制得的几种微粒子填充改性聚酰亚胺泡沫主要性能。

表3.22　纳微粒子填充改性聚酰亚胺泡沫的主要性能[99]

二酐	BTDA(70g)	BTDA(70g)	BTDA(70g)	PMDA(80g)	BPDA(80g)
填料/g	空心玻璃微珠/10	空心陶瓷微珠/10	膨胀蛭石/10	聚酰亚胺泡沫粉/10	可膨胀石墨/10,聚磷酸铵/5
密度/(kg/m³)	27	34	28	12.5	24
热导率/(W/(m·K))	0.033	0.0368	0.035	0.0374	0.037
压缩强度/kPa	96	125	115	46	80
吸水率/%(体积)	1.6	1.8	3.2	1.6	3.8
氧指数/%	—	—	—	—	34.5
烟密度	—	—	—	—	27

在500mL三口烧瓶中,加入200g的DMF和160g的BTDA,加入磁子,接上回流冷凝管通入冷却水,在磁力搅拌器作用下充分搅拌缓慢升温至60℃,然后以恒压滴液漏斗向浊液中逐滴滴入18g甲醇,滴加速度控制在1~5mL/min,待酯化反应进行完全,制得接近无色的透明二酸二酯溶液,将上述溶液静置降至室温,避光储存待用。称取20g上述二酸二酯溶液,加入2g泡沫稳定剂、2g聚氧化乙烯表面活性剂、0.1g氟碳表面活性剂、1g复配催化剂、2g去离子水,充分搅拌后形成澄清

透明的泡沫组合溶液。在澄清的泡沫组合溶液中加入10g水滑石和10g的TCPP，在超声波作用下分散得到白色乳浊液。将25g的PAPI迅速倒入白色乳浊液中，以机械搅拌桨快速搅拌均匀，待混合物开始发泡并起升时迅速倒入模具中自由发泡，泡沫中间体在室温环境下静置5min后，转入预先加热至160℃的电热鼓风干燥箱中固化120min，制得一步法聚酰亚胺泡沫。利用相同方法，不同填料制备的泡沫组成和性能如表3.23所列。

表3.23 添加不同填料的聚酰亚胺泡沫的组成和性能[100]

二酐	BTDA	BTDA	PMDA	PMDA	PMDA
溶剂/酯化剂	DMF/甲醇	DMF/甲醇	DMF/乙醇	NMP/乙醇	NMP/乙醇
二酸二酯溶液/g	20	20	20	20	20
填料/g	水滑石/10、TCPP/10	可膨胀石墨/5、DMMP/10	蒙脱土/10、DEEP/10	水滑石/10、DEEP/10	水镁石/10、TCEP/10
密度/(kg/m³)	18.13	17.11	24.28	31.64	30.12
氧指数/%	31	29.7	32.3	34.4	33.8

4. 采用聚酰胺酸改性

称取8.4g（0.042mol）的4,4′-ODA加入到187g的DMF中，搅拌溶解后，加入12.349g（0.042mol）的BPDA，室温搅拌7h得到固含量为10%的第一溶液。

将124g的BTDA、10g的甲醇、12g的去离子水、17g的DC-193、6.5g的PEG、0.1g的三乙醇胺和0.1g的二月桂酸二丁基锡分别加入到120g的DMF中，室温搅拌溶解均匀，得到第二溶液。

将制备得到的第一溶液1.5g，加入到28g第二溶液中，再加入16g的PAPI和26g的DMF中，高速搅拌20s之后混合溶液开始发白，CO_2气体开始放出，移去搅拌，转入模具中，静置使其自由发泡，5min后泡沫体积逐渐膨胀至不再膨胀，得到泡沫中间体，将泡沫中间体移入烘箱60℃熟化1h后升温至160℃加热1h，再升温至250℃亚胺化2h，冷却脱模得到聚酰亚胺泡沫。利用相同方法制备的、第一溶液与第二溶液不同比例的聚酰亚胺泡沫的组分和性能列于表3.24。

表3.24 聚酰胺酸比例对泡沫性能的影响[101]

第一和第二溶液投料比/(g/g)	0/28	1.5/28	3.0/28	4.5/28	6.0/28
密度/(kg/m³)	10.0	11.0	13.9	16.6	17.5
T_g/℃	287.8	316.9	297.4	322.8	289.6
5%热失重温度/℃	338	348	357	360	355
压缩强度/kPa	18.19	24.97	34.72	73.12	70.70
拉伸强度/kPa	38.5	50.8	65.7	90.8	71.5

5. 加压/定容发泡

将148.8g的BTDA投放于140g的DMF中,加热至120℃充分搅拌使其溶解,待二酐固体全部溶解后,加入4.6g聚乙二醇-10000反应20min,反应完全后,待溶液温度冷却至80℃时加入13g甲醇反应10min,反应结束后,待溶液温度降至50℃以下,再加入12g去离子水、0.32g辛酸亚锡、0.12g三乙醇胺、12g硅油AK-8803、10g硅油DC-193,将上述溶液搅拌至室温,可得到粉红色黏稠聚酰亚胺泡沫前体溶液。量取15g聚酰亚胺泡沫前体溶液,与等质量的黑料PAPI快速搅拌均匀,待溶液开始发白后倒入预先准备好的模具中,在5MPa压强下室温加压发泡10min,得到聚酰亚胺泡沫中间体,并将处于5MPa压强下带有模具的泡沫中间体放入微波设备中定型5min,然后将泡沫中间体从模具中取出放入充氮烘箱中在300℃下充分亚胺化60min,得到硬质聚酰亚胺泡沫结构材料。利用相同方法制备的泡沫组成和性能如表3.25所列。

表3.25 加压发泡制备的的聚酰亚胺泡沫的组成和性能[102]

二酐/g	BTDA/148.8	PMDA/138.6	PMDA/138.6
异氰酸酯/g	PAPI/15	PAPI/15	二苯基甲烷二异氰酸酯/18
密度/(kg/m^3)	51	69	47
热导率/(W/(m·K))	0.045	0.031	0.039
氧指数/%	35	32	29
邵氏硬度/(HC)	57	64	58
压缩强度/MPa	0.9	1.8	1.1
拉伸强度/MPa	1.9	2.9	2.3
热变形温度/℃	355	325	317

在250mL三口烧瓶中,加入110g的二甲基甲酰胺和45g的BTDA,在电磁搅拌器作用下充分搅拌缓慢升温至55℃。以恒压滴液漏斗逐滴滴入6g甲醇,滴加速度控制在15mL/min。待酯化反应进行完全,溶液重新澄清透明后,电磁搅拌器停止搅拌。将上述溶液静置降至室温,制得接近无色的透明羧酸酯溶液。按照羧酸酯溶液∶多元芳香酐粉末∶泡沫稳定剂∶表面活性剂∶复配催化剂∶水为161∶180∶12∶12∶6∶12的比例配制发泡白料,发泡白料与多苯基多亚甲基多异氰酸酯按照1∶1的质量比称取、混合,以机械搅拌桨搅拌15s,得到发泡料浆。随后按照发泡料浆质量与模具空腔体积0.09g/cm^{3}的比例关系迅速称取发泡料浆45g,均匀倒入空腔体积为500cm^{3}且衬有聚乙烯塑料膜的钢质模具中,快速镶上顶盖形成密闭钢质体系,3min后将钢质密闭体系放入180℃烘箱内高温固化2h。固化完成后,将钢质密闭体系自然冷却至室温,开模后得到规整三维尺寸泡沫体。泡沫体的性能与投料比例关系如表3.26所列。

表 3.26　定容发泡投料比对性能的影响[103]

投料比①/(g·cm³)	0.09	0.12	0.15	0.18
密度/(kg/m³)	43.85	54.66	69.56	90.32
纵向压缩强度/kPa	251	400	589	696
横向压缩强度/kPa	244	322	504	638
极限氧指数/%	29	30	30	31

① 投料比：发泡料浆总质量与模具空腔体积比值

6. 蜂窝增强液相发泡聚酰亚胺泡沫

在 50mL 三口烧瓶中，加入 20g 的 DMF 和 12g 的 BTDA，加入磁子，接上回流冷凝管通入冷却水，在电磁搅拌器作用下充分搅拌缓慢升温至 55℃。以恒压滴液漏斗向浊液中逐滴滴入 1.8g 甲醇，滴加速度控制在 1~5mL/min，待酯化反应进行完全、溶液重新澄清透明后，电磁搅拌器停止搅拌。将上述溶液静置降至室温，制得接近无色的透明羧酸酯溶液，避光储存待用。向上述羧酸酯溶液中，加入 5g 泡沫稳定剂、5g 聚氧化乙烯表面活性剂、0.5g 氟碳表面活性剂、2g 复配催化剂、5g 去离子水，充分搅拌后形成澄清透明的发泡白料。

按照钢结构可拆卸敞口模具内腔长宽尺寸裁切密度为 32kg/m³、蜂窝孔格尺寸为 4.8mm 的芳纶纸蜂窝，将芳纶纸蜂窝置于模具中。

将 50g 多苯基多亚甲基多异氰酸酯迅速倒入发泡白料中以电动搅拌桨快速搅拌均匀得到发泡料浆，将发泡料浆立即转移至多嘴喷壶中，随后迅速灌入芳纶纸蜂窝里。发泡料浆在蜂窝中自由成长，随后将蜂窝芯材填充完全，得到蜂窝增强的泡沫中间体。将蜂窝增强的泡沫中间体在室温环境下静置 5min 后，转入预先加热至 180℃的电热鼓风干燥箱中固化 120min，制得蜂窝增强聚酰亚胺泡沫复合材料。不同种类和配比的复合材料的具体性能列于表 3.27 中。

表 3.27　聚酰亚胺泡沫/蜂窝复合材料的组成和性能[104]

二酐/g	BTDA/12	BTDA/12	PMDA/11	PMDA/
多苯基多亚甲基多异氰酸酯/g	50	50	60	60
蜂窝种类	芳纶纸蜂窝	芳纶纸蜂窝	芳纶纸蜂窝	铝蜂窝
蜂窝密度/(kg/m³)	32	64	48	49
蜂窝孔格尺寸/mm	4.8	4.8	9.6	5.0
密度/(kg/m³)	54.25	85.06	66.98	71.33
纵向压缩强度/kPa	954	3662	2516	2017
横向10%形变压缩强度/kPa	92	203	194	137

7. 液相发泡聚酰亚胺泡沫连续制备方法

常州天晟新材料股份有限公司[73]在国际申请号 PCT/CN2014/078629 和国际公布号 WO2015/180063 A1 的发明专利中公开了一种连续制备无溶剂开孔与闭孔聚酰亚胺泡沫的方法:先将一个或多个二酐溶于或悬浮于多元醇,形成透明高黏度液体前驱体 A,各种助剂溶于多元醇中形成液体前驱体 B,不同分子结构的芳香族异氰酸酯混合均匀形成前驱体 C;然后将三种前驱体一步法混合均匀,采用双面加热传送带进行连续化发泡,固化后得到性能不同的聚酰亚胺泡沫。前驱体 A 制备过程中包括加热、挥发溶剂、冷却、防结晶团聚和制粉工艺;前驱体 B 的制备过程中包括抗絮凝工艺。前驱体 A:前驱体 B:前驱体 C =(3.1~11.4):1:(6.3~14.3),需要同时加入助发泡剂 1%~10%,混合速度 1200~2500r/min。分析认为该发泡方法的特点在于将混合料注射到连续运转双面输送带内固定的上下两张牛皮纸内,依然是液相发泡,经加热制得。

3.5 拟解决的关键问题

尽管目前关于聚酰亚胺泡沫材料成型工艺有诸多研究,也取得了较大的进展,但是在实际应用中,仍存在许多问题。例如:对热塑性聚酰亚胺泡沫材料而言,常用的粉发泡法虽然可得到密度可控的聚酰亚胺泡沫材料,但是目前可制得的纯泡沫材料的压缩强度明显较低,而添加增强组分会大幅度提高泡沫的密度。此外,粉发泡法是通过粉末间的热传递效应进行发泡的,因此对制备结构均匀的特厚制件有一定的限制。对于热塑性聚酰亚胺泡沫材料,如何从制备工艺和分子结构设计出发,制备出轻质高抗压的聚酰亚胺泡沫材料,缩短生产周期,提高生产效率,是一个亟待解决的问题。

对热固性聚酰亚胺泡沫材料而言,以 PMI 泡沫材料为例,其常用单体甲基丙烯腈在我国虽有小批量生产,但成本高,因此应大力开发氨氧化法制备甲基丙烯腈技术,降低原材料成本;此外,应进一步提高其热变形温度。目前,虽然多家科研单位在研制 PMI 泡沫材料,有的样件已接近 Röhm 公司的水平,但各科研单位均是独立开发,因此最好开展合作,发挥各自优势,快速提高我国 PMI 泡沫材料的研制和生产水平,实现 PMI 泡沫材料产品的系列化和批量生产,并进行规模化应用。其他热固性聚酰亚胺泡沫材料也存在着类似问题。

参 考 文 献

[1] Hendrix W R. Forming a Foamed Polyimide Article:US3249561[P]. 1966-05-03.

[2] Amborski L E, Weisenberger W P. Cellular Polyimide Product: US3310506 [P]. 1967-03-21.

[3] Lavin E, Serlin I. Process for the Preparation of a Polyimide Foam: US3483144 [P]. 1969-12-09.

[4] Gagliani J, Usman A K. Methods of Preparing Polyimides and Polyimide Precursors: US4296208 [P]. 1981-10-20.

[5] Gagliani J, Lee R, Wilcoxson A L. Methods of Preparing Polyimides and Polyimide Precursors: US4305796 [P]. 1981-12-15.

[6] Gagliani J, Lee R, Wilcoxson A L. Methods of Preparing Polyimides and Artifacts Composed thereof: US4439381 [P]. 1984-03-27.

[7] Choi K Y, Lee J H, Lee S G, et al. Method of Preparing Polyimide Foam with Excellent Flexibility properties: US6057379[P]. 2000-05-02.

[8] Lee R, Village E G, ODonnell M D. Production of Polyimide Foam: US4900761 [P]. 1990-02-13.

[9] Takashi N, Takashi G. Method Forproducting Thermoplastic Polyimide Foam and Thermoplastic Polyimide Foam: JP2007077275[P]. 2007-03-29.

[10] Takashi N, Takashi G. Thermoplastic Polyimide-based Resin Foam and Method Forproducting the same[P]: JP2007291202[P]. 2007-11-08.

[11] Ezawa H, Nakskura T, Watanabe T, et al. Polyimide foam: US4978692[P]. 1990-12-18.

[12] Lee C W, Eugene H. Production of Foamed Polymer Structure: US4804504[P]. 1989-04-14.

[13] Weiser E S, News N, Clair T S, et al. Armatic Polyimide Foam: US6133330[P]. 2000-10-17.

[14] Yamaguchi H, Yamamoto S. Aromatic Polyimide Foam: US20020040068[P]. 2002-04-04.

[15] Vazquez J M, Cano R J, Jensen B J, etal. Polyimide Foams: WO2004072032[P]. 2004-08-26.

[16] Ozawa H, Yamanoto S. Aromatic Polyimide Foam: US6814910[P]. 2004-11-09.

[17] 朱宝库,楚晖娟,徐又一. 聚醚偶联前体过程制备聚酰亚胺泡沫的方法: 中国, 1528808A [P]. 2004-09-15.

[18] 詹茂盛,沈燕侠,王凯. 一种聚硅氧烷酰亚胺泡沫的成型工艺: 中国, 200710119168.4[P]. 2008-01-30.

[19] 詹茂盛,王凯,沈燕侠. 一种聚酰亚胺泡沫原位填充蜂窝复合材料: 中国, 200710120046.7 [P]. 2008-02-27.

[20] Weiser E S, News N, Clair T S, et al. Hollow Polyimide Microspheres: US5994418 [P]. 1999-11-30.

[21] Weiser E S, News N, Clair T S, et al. Hollow Polyimide Microspheres: US6084000 [P]. 2000-07-04.

[22] Weiser E S, News N, Clair T S, et al. Hollow Polyimide Microspheres: US6235803 [P]. 2001-05-22.

[23] Weiser E S, Johnson T F, St Clair T L, et al. Polyimide Foams for Aerospace Vehicles [J]. High Performance Polymer, 2000, 12(1): 1-12.

[24] Hou T H, Weiser E S, Siochi E J, et al. Processing Characteristics of TEEK Polyimide Foam

[J]. High Performance Polymers,2004,16(4):487-504.
- [25] Williams M,Melendez O,Palou J,et al. Characterization of Polyimide Foams after Exposure to Extreme Weathering Conditions[J]. Journal of Adhesion Science and Technology,2004,18(5):561-573.
- [26] Kuwabara A,Ozasa M,Shimokawa T,et al. Basic Mechanical Properties of Balloon-type TEEK-L Polyimide-foam and TEEK-L Filled Aramid-honeycomb Core Materials for Sandwich Structures[J]. Advanced Composite Materials,2005,14 (4):343-363.
- [27] Cano C I,Weiser E S,Kyu T,et al. Polyimide Foams from Powder:Experimental Analysis of Competitive Diffusion Phenomena[J]. Polymer,2005,46(22):9296-9303.
- [28] Cano C I. Polyimide Microstructures From Powdered Precursors:Phenomenological and Parametric Studies on Particle Inflation [D]. Akron:The University of Akron,2005.
- [29] 沈燕侠,潘丕昌,詹茂盛,等. 几种聚酰亚胺泡沫的热力学研究[J]. 宇航材料工艺,2007(6):109-113.
- [30] 龙永江,张广成,陈廷,等. 聚酰亚胺泡沫材料的合成路线及制备工艺[J]. 合成树脂及塑料,2007,24(6):68-73.
- [31] 王连才,郭宝华,曾心苗,等. 聚酰亚胺泡沫材料制备与性能研究[J].工程塑料应用,2008,36(3):6-8.
- [32] 刘俊英,黄培. 一种新型聚酰亚胺泡沫的制备与表征[J]. 宇航材料工艺,2008 (2):9-11.
- [33] 楚晖娟,朱宝库,徐又一. 聚酯铵盐粉末发泡制备聚酰亚胺泡沫材料的研究[J]. 广东化工,2008,37(4):410-413.
- [34] 沈燕侠,詹茂盛,王凯. 聚酰亚胺泡沫原位填充蜂窝复合材料压缩性能的研究[C]. 第十五届全国复合材料学术会议. 北京:国防工业出版社,2008:829-832.
- [35] 潘玲英,潘丕昌,沈燕侠,等. 增强聚酰亚胺泡沫发泡过程的可视化研究[C]. 第十五届全国复合材料学术会议. 北京:国防工业出版社,2008:188-192.
- [36] 李光珠,沈燕侠,詹茂盛. 芳香族聚酰亚胺泡沫的隔热性能研究[J]. 材料工程,2009(7):43-46.
- [37] Pan L Y,Shen Y X,Zhan M S,et al. Visualization Study of Foaming Process for Polyimide Foams and its Reinforced Foams[J]. Polymer Composites,2010,31(1):43-50.
- [38] Weiser E S. Sythesis and Characterization of Polyimide Residuum,Friable Balloons,Microspheres and Foams[D]. Williamsburg:The College of William and Mary ,2004.
- [39] Weiser E S,Grimsley B W. Polyimide Foams from Friable Balloons[C].47th International SAMPE Symposium,Long Beach,SAMPE,2002.
- [40] Kuwabara A,Ozasa M,Shimokawa T,et al. Basic Mechanical Properties of Balloon-Type TEEK-L Polyimide Foam and TEEK-L Filled Aramid-Honeycomb Core Materials for Sandwich Structures[J]. Advanced Composite Materials.,2005,14 (4):343-363.
- [41] Resewski C,Buchgraber W. Properties of New Polyimide Foams and Polyimide Foam Filled Honeycomb Composites[J]. Materialwissenschaft and Werkstofftech,2003,34(4):365-369.

[42] Hill F U, Schoenzart P U, Frank W P. Polyimide Foam Filled Structures: US5188879[P]. 1993-04-23.

[43] Wang Y S, Lee F, Baron K. Foam Filled Honeycomb and Methods for their Production: US5338594[P]. 1994-08-16.

[44] Riccitiello S R, Sawko P M, Estrella C A, et al. Catalysts for Polyimide Foams from Aromatic Isocyanates and Aromatic Dianhydrides: US4177333[P]. 1979-12-04.

[45] Barringer J R, Magnolia, Eugene H, et al. Method for Producting Polyimide Foam of Desired Density: US5077318[P]. 1991-12-31.

[46] Lee R, Rouge B. Polyimide Foam Precursor: US5122546[P]. 1992-06-16.

[47] Barringer J R, Magnolia, Eugene H, et al. Polyimide Foam of Desired Density: US5234966[P]. 1993-08-10.

[48] Cano C I, Kyu T, Pipes R B. Modeling Particle Inflation from Poly(amic acid) Powdered Precursors. Ⅰ. Preliminary Stages Leading to Bubble Growth[J]. Polymer Engineering and Science, 2007, 47(5): 560-571.

[49] Cano C I, Kyu T, Pipes R B. Modeling Particle Inflation from Poly(amic acid) Powdered Precursors. Ⅱ. Morphological Development During Bubble Growth[J]. Polymer Engineering and Science, 2007, 47(5): 572-581.

[50] Cano C I, Clark M L, Kyu T, et al. Modeling Particle Inflation from Poly(amic acid) Powdered precursors. Ⅲ. Experimental Determination of Kinetic Parameters[J]. Polymer Engineering and Science, 2008, 48(3): 617-626.

[51] 赵飞明,安思彤,穆晗. 聚甲基丙烯酰亚胺(PMI)泡沫研究现状[J]. 宇航材料工艺, 2008(1):1-9.

[52] 张翠,张广成,陈廷,等. AN/MAA/AM 三元共聚物的合成及性能研究[J]. 热固性树脂, 2006, 21(4): 9-14.

[53] Krieg M, Geyer W, Pip W, et al. Flame-resisitant Polymethacryimide Foams: US5698605[P]. 1997-12-16.

[54] Geyer W, Seibert H, Servaty S. Process for the Production of Polymethacrylimide Foam Materials: US5928459[P]. 1999-07-27.

[55] 曲春艳,马瑛剑,谢克磊,等. 聚甲基丙烯酰亚胺硬质泡沫材料[J]. 化学与黏合, 2008, 30(1): 43-47.

[56] Scherble J, Geyer W, Selbert H, et al. Thermostable Microporous Polymethacrylimide Foams: US20070077442[P]. 2007-04-25.

[57] 斯特恩 P,瑟比尔特 H,麦尔 L,等. 聚甲基丙烯酰亚胺泡沫材料的成型工艺: 中国, 1561361[P]. 2005-10-12.

[58] 虞子森. 船舶绝热保温材料的最新研究与开发[J]. 上海造船, 2005 (1):49-53.

[59] 虞子森,蔡正燕,石明伟. 船舶绝热保温材料的研究与开发[J]. 造船技术, 2004 (3): 39-43.

[60] 庞顺强. 聚酰亚胺泡沫材料在舰船上的应用[J]. 材料开发与应用, 2001, 16(3): 38-41.

[61] 周祖新,黄志雄,周祖福,等.论大型海洋船舶隔热材料的发展与应用[J].武汉交通科技大学学报,1998,22(3):314-317.

[62] 谢文峰,黄志雄.高强泡沫复合材料的研制[J].国外建材科技,2007,28(1):29-31.

[63] 黄志雄,梅启林,周祖福.增韧双马来酰亚胺泡沫体的研究[J].武汉理工大学学报,2001,23,(1):5-8.

[64] 白永平.复合材料用双马来酰亚胺基体树脂的改性研究[D].哈尔滨:哈尔滨工业大学.1995.

[65] Lee K W. Polyimide Foam Precursor and its Use in Reinforcing Open-Cell MaMterials:US4830883[P]. 1989-05-16.

[66] Tung C-Y M, Hamermesh C L. Ambient Cure Polyimide Foam:US4263410[P]. 1981-04-21.

[67] Loy W, Weinrotter K. Flame-retardant, High-temperature Resistant Foams of Polyimides:US5153234[P]. 1992-10-06.

[68] Vazquez J M, Cano R J, Jensen B J, et al. Polyimide Foams:US20060063848[P], 2006-03-23.

[69] 王连才,曾心苗,李淑凤,等.一种聚酰亚胺泡沫及其成型工艺:中国,200810227146.4[P]. 2008-11-25.

[70] 王连才,曾心苗,鲍矛,等.一种改性聚酰亚胺泡沫及其成型工艺:中国,200810227148.3[P]. 2008-11-25.

[71] Rosser R W, Calif S J, Claypool C J. Polyimide Foam for Thermal Insulation and Fire Protection:US3772216[P],1973-11-13.

[72] Farrissey W J, Rose J S, Carleton P S et al. Preparation of a Polyimide Foam[J]. Journal of Applied Polymer Science,1970,14(4):1093-1101.

[73] 胡安·瓦斯克斯,陈胜亮,马文光,等.一种连续制备无溶剂开孔与闭孔聚酰亚肢泡沫的方法:PCT/CN2014/078629[P],2014-05-28.

[74] Liu X Y, Zhan M S, Wang K. Thermal Properties of the Polyimide foam Prepared from Aromaticdianhydride and Isocyanate[J]. High Performance Polymers,2012,24(5):373-378.

[75] Liu X Y, Zhan M S, Wang K, et al. Preparation and Performance of a Novel Polyimide Foam[J]. Polymers for Advanved Technologies,2012,23(3):677-685.

[76] Liu X Y, Zhan M S, Shen Y X, et al. Effect of Tetraacid on the Properties of ODPA/4,4'-ODA Polyimide Foams[J]. Journal of Applied Polymer Science,2011,119(6):3253-3263.

[77] Shen Y X, Zhan M S, Wang K. Effects of Monomer Structures on the Foaming Processes and Thermal Properties of Polyimidefoams[J]. Polymers for Advanced Technologies, 2010, 21(10):704-709.

[78] Shen Y X, Zhan M S, Wang K, et al. The Pyrolysis Behaviors of Polyimide Foam Serived from 3,3',4,4'-Benzophenone Tetracarboxylic Dianhydride/4,4'-Oxydianiline[J]. Journal of Applied Polymer Science,2010,115(3):1680-1687.

[79] Oya N, Sekiya K, Babazono M. Carbonaceous Object and Method for Producing the Same, Par-

ticulate Carbonaceous Object:JP2009274939(A)[P]. 2009-11-26.

[80] Oya N,Sekiya K,Babazono M. Electrode for Electric Double Layer Capacitor,and Electric Double Capacitor:JP2009278022(A)[P]. 2009-11-26.

[81] 郭宝华. 一种聚酰亚胺泡沫材料及其制备方法:中国,201310725141.5[P],2013-12-25.

[82] 吴元,刘连河,赵一霞,等. 一种低密度聚酰亚胺泡沫及其生产工艺:中国,201510619523.9[P],2015-09-25.

[83] 細馬 敏徳,小沢 秀生,山本 茂,等. Melt-shaped Body of Polyimide Precursor and Process for Production of Polyimide Foam Using Same:WO2011111704(A1)[P]. 2013-06-27.

[84] Ikeuchi H,Yamamoto S,Hosoma T. Method for Producing Polyimide Foam:JP2016180077(A)[P]. 2016-10-13.

[85] Ikeuchi H,Yamamoto S,Hosoma T. Method for Producing Polyimide Foam:JP2017141355(A)[P]. 2017-08-17.

[86] 郭宝华,丁光敏,徐军. 一种聚酰亚胺泡沫材料及其制备方法:中国,201510644193.9[P],2015-10-08.

[87] 刘连河,张树华,莫立新,等. 一种新型模压聚酰亚胺泡沫材料及其制备方法:中国,201210582746.9[P],2012-12-28.

[88] Arai T,Yamaguchi H. Method for Production of Polyimide Foam,and Polyimide Foam:JP2009108242(A)[P]. 2009-05-21.

[89] Arai T,Yamaguchi H. New Polyimide Foam and Method for Producing the Same:JP2009108243(A)[P]. 2009-05-21.

[90] Zhai W,Feng W,Ling J,et al. Fabrication of Lightweight Microcellular Polyimide Foams with Three-dimensional Shape by CO_2 Foaming and Compression Molding[J]. Industrial & Engineering Chemistry Research 2012,51,12827-12834.

[91] Wang L,Hu A,Fan L,et al. Structures and Properties of Closed-Cell Polyimide Rigid Foams[J]. Journal of Applied Polymer Science,2013,130(5):3282-3292.

[92] 张广成,李建伟,范晓龙,等. 一种碳纤维粉增强聚酰亚胺泡沫材料的制备:中国,201510398367.8[P],2015-07-08.

[93] 邱雪鹏,郭海泉,高连勋,等. 纤维增强聚酰亚胺泡沫复合材料的制备方法:中国,201010560173.0[P],2010-11-25.

[94] 杨士勇,李姝姝,胡爱军,范琳. 蜂窝增强热固性硬质闭孔聚酰亚胺泡沫复合材料及其制备方法与应用:中国,201410160002.7[P],2014-04-21.

[95] Ezawa H,Nakakura T,Watanabe T,et al. Thermoplastic Polyimide Foam:JPH02255841(A)[P]. 1990-10-16.

[96] Nogami T,Gonda T. Method for Producing Thermoplastic Polyimide Foam and Thermoplastic Polyimide Foam:JP2007077275(A)[P]. 2007-03-29.

[97] 蒋卫民. 一种软质聚酰亚胺泡沫的生产方法:中国,201010034119.2[P],2010-01-15.

[98] 刘连河,孙谦,张树华,等. 一种聚醚胺改性异氰酸酯基聚酰亚胺泡沫体制备方法:中国,2011210094125.6[P],2012-03-24.

第3章 聚酰亚胺泡沫材料的发泡机理与成型工艺及实例

[99] 刘连河,张树华.一种填充功能填料的聚酰亚胺复合泡沫材料制备方法:中国, 201210403030.8[P],2012-10-22.

[100] 韩世辉,孙高辉,刘连河,等.一步法制备高阻燃性低密度聚酰亚胺泡沫的方法:中国, 201510016584.6[P],2015-01-13.

[101] 陈文慧,郭海泉,董志鑫,等.聚酰亚胺泡沫及其制备方法:中国,201310172349.9[P], 2013-05-10.

[102] 郑艳红,王连才,郭建梅,等.一种硬质聚酰亚胺泡沫结构材料及其制备方法:中国, 201010591827.6[P],2010-12-08.

[103] 韩世辉,孙高辉,王文鹏,等.制备具有规整三维尺寸聚酰亚胺泡沫的方法:中国, 201510789825.0[P],2015-11-17.

[104] 韩世辉,孙高辉,刘连河,等.蜂窝增强聚酰亚胺泡沫复合材料的制备方法:中国, 201510295577.4[P],2015-06-02.

第 4 章 聚酰亚胺泡沫材料的结构与性能

4.1 概 述

聚酰亚胺泡沫材料由聚酰亚胺树脂骨架和内部的孔洞组成,其物理和化学性能取决于多种因素,可用关系式(4.1)表示:

$$X = X(CP, CS, PM, GE, \rho, T, p, t \text{ 等}) \quad (4.1)$$

式中:X 为某一物理或化学性能;CP 为化学组成;CS 为泡孔结构;PM 为聚合物聚集态结构;GE 为发泡材料中气体的性质;ρ 为密度;T 为环境温度;p 为压力;t 为时间。聚酰亚胺泡沫材料的性能主要包括力学性能(压缩、拉伸、弯曲、剪切、冲击和回弹性能等)、热力学性能、燃烧性能、电性能、耐环境性能(吸水率、耐溶剂性能和耐辐射性能等),以及减振和吸声等性能。

聚酰亚胺泡沫材料的结构分为化学结构和物理结构。其中,物理结构主要包括聚集态结构(微观结构)和泡孔结构(宏观结构),泡孔结构主要包括密度、闭孔率、孔壁和泡孔尺寸及其分布等。本章首先简要介绍聚酰亚胺泡沫材料结构的表征方法和手段,然后重点讨论聚酰亚胺泡沫材料的结构对其力学性能和热力学性能的影响,并在此基础上总结聚酰亚胺泡沫材料存在的问题和发展方向。聚酰亚胺泡沫材料的其他性能将在后述章节中介绍。

4.2 聚酰亚胺泡沫材料的化学结构

一般来说,聚酰亚胺泡沫材料的化学结构主要由聚酰亚胺自身的分子结构和发泡剂的分子结构决定,具体可参见本书第 2 章。聚酰亚胺泡沫材料的化学结构可采用常规方法表征,如红外光谱分析、拉曼光谱分析和核磁共振波谱等。

与薄膜材料或模塑粉所用的表征方法类似,聚酰亚胺泡沫材料分子结构的表征尤其是酰亚胺化程度的表征多用红外光谱进行分析,可将聚酰亚胺泡沫材料粉碎后与 KBr 一起研磨、压片,然后进行红外光谱分析,或者将小块泡沫样品在金刚石池中压成规整的半透明薄层后进行红外光谱分析。

此外,可利用红外光谱和拉曼光谱的互补关系进一步确定聚酰亚胺泡沫材料的分子结构。与红外光谱相反,拉曼光谱测定样品的发射光谱,当单色激光照射在样品上时,分子的极化率发生变化,产生拉曼散射,检测器检测到的是拉曼散射光。偶极矩变化大的振动,拉曼峰弱;偶极矩变化小的振动,拉曼峰强;偶极矩没有变化的振动,拉曼峰最强。

NASA 通过对比聚酰亚胺泡沫材料的红外和拉曼光谱,确定了几种 TEEK 系列聚酰亚胺泡沫材料的主要官能团。图 4.1 所示为 TEEK 聚酰亚胺泡沫材料的红外光谱,图 4.2 所示为 TEEK 聚酰亚胺泡沫材料的拉曼光谱[1]。

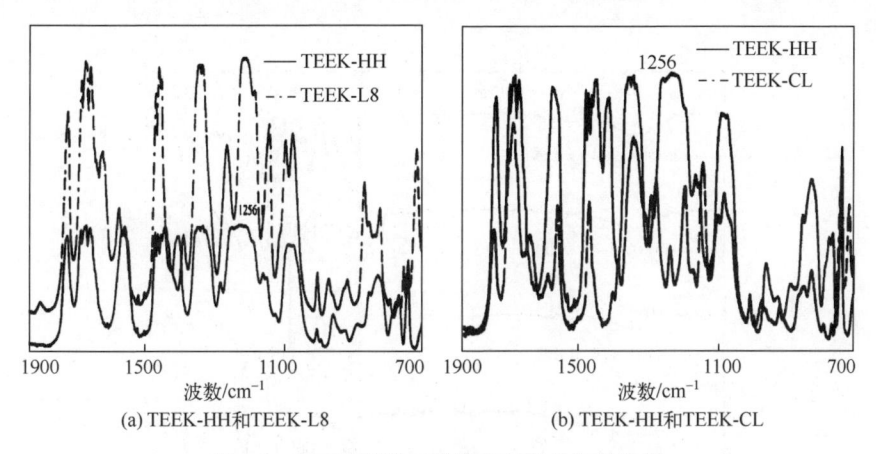

图 4.1 TEEK 聚酰亚胺泡沫材料的红外光谱

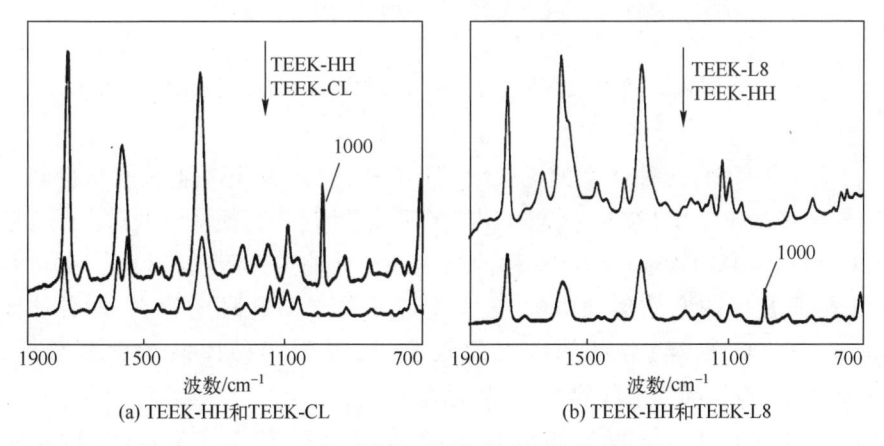

图 4.2 TEEK 聚酰亚胺泡沫材料的拉曼光谱

由图 4.1 中(a)和(b)可知,在红外光谱中,TEEK-HH(ODPA/3,4′-ODA)的苯环不如 TEEK-L8(BTDA/4,4′-ODA)和 TEEK-CL(BTDA/4,4′-DDSO$_2$)的容易鉴别,在 TEEK-L8 和 TEEK-HH 的红外光谱中可以看到醚键的吸收峰(约 1256cm^{-1}),而在 TEEK-CL 的红外光谱中观察不到该峰。

由图 4.2 中(a)和(b)可知,与 TEEK-L8 和 TEEK-CL 相比(指纹区),TEEK-HH 的苯环在拉曼光谱 1000cm^{-1}附近更容易鉴别。

图 4.3 所示为北京航空航天大学制备的 BTDA/4,4′-ODA、ODPA/4,4′-ODA、BTDA/3,4′-ODA 和 ODPA/3,4′-ODA 四种体系聚酰亚胺泡沫材料的 FTIR 图谱;图 4.4 所示为北京航空航天大学制备的 α-BPDA/4,4′-ODA、α-BPDA/m-PDA 和 α-BPDA/p-PDA 耐高温体系聚酰亚胺泡沫材料的 FTIR 图谱;图 4.5 所示为北京航空航天大学制备的不同处理温度时异氰酸酯基聚酰亚胺泡沫材料的 FTIR 图谱。

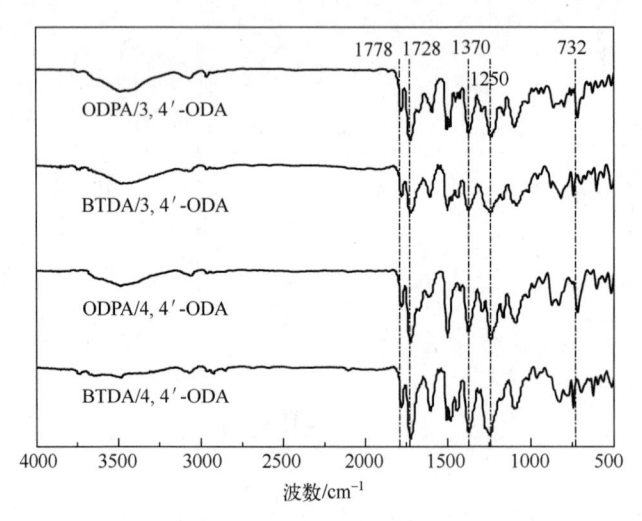

图 4.3 北航制四种体系聚酰亚胺泡沫材料的红外光谱

由图 4.3 可知:四种体系的 FTIR 区别不大,这四种聚酰亚胺泡沫材料均在 1778cm^{-1}、1728cm^{-1} 和 1370cm^{-1} 处有明显的吸收峰,这些特征峰分别对应酰亚胺环上的 C=O 不对称伸缩、C=O 对称伸缩、C—N 伸缩振动吸收,732cm^{-1} 处的特征峰对应酰亚胺环的弯曲振动吸收,表明泡沫中酰亚胺化环的存在;四种体系在 1250cm^{-1}(C—O 醚键)处的吸收峰比较明显,说明四种体系均含有醚键;在 1510cm^{-1} 处的吸收峰为苯环的 C—C 伸缩振动。

由图 4.4 可知,三种耐高温聚酰亚胺泡沫材料在 1776cm^{-1}、1717cm^{-1}、1368cm^{-1} 和 738cm^{-1} 处的特征峰比较明显,α-BPDA/4,4′-ODA 体系聚酰亚胺泡沫材料在 1250cm^{-1} 处醚键的吸收峰比较明显,而在 α-BPDA/m-PDA 和 α-BPDA/p-PDA 的红外光谱中则观察不到醚键的吸收峰。

由图 4.5 可知,后处理温度为 180℃、200℃、250℃和 300℃时,在 1780cm^{-1}、1728cm^{-1}、1370cm^{-1} 和 723cm^{-1} 处均出现了酰亚胺环的特征吸收峰,表明已经发生

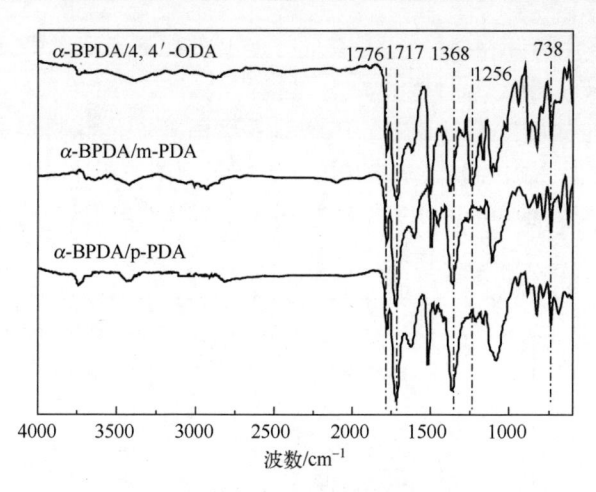

图4.4 α-BPDA体系聚酰亚胺泡沫材料的红外光谱

了酰亚胺化反应,在大分子链中存在酰亚胺环。随着后处理温度的升高,聚酰胺酸的特征峰(3450cm^{-1})逐渐消失,泡沫材料的酰亚胺化程度趋于完善。

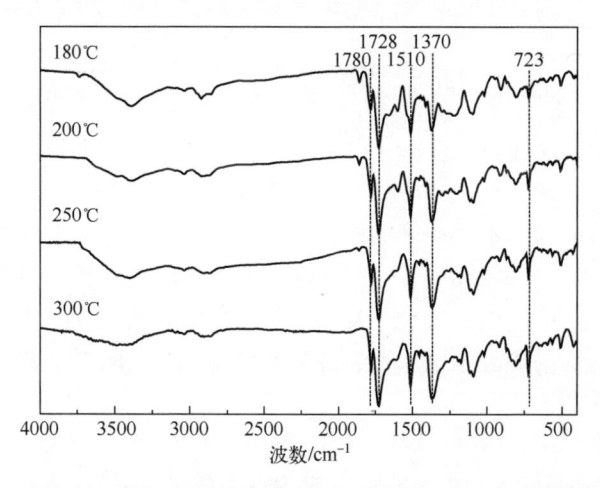

图4.5 北京航空航天大学制异氰酸酯基聚酰亚胺泡沫材料的红外光谱

4.3 聚酰亚胺泡沫材料的物理结构

4.3.1 聚酰亚胺泡沫材料的聚集态结构

可利用X射线衍射法(XRD)确定聚酰亚胺泡沫材料的结晶程度。X射线衍射是通过X射线照射测试物质,发生散射,散射波之间的干涉作用使得空间某个方向上的波始终保持互相叠加,于是在此方向上可观测到衍射线,采用该法可以确定聚酰亚胺泡沫材料的结晶性。

北京航空航天大学将 α-BPDA/PDA 体系聚酰亚胺泡沫材料前驱体粉末在不同温度处理后进行 XRD 测试,结果如图 4.6 所示。图 4.6 中 a、b、c 和 d 曲线分别表示未处理、95℃处理 30min、130℃处理 1h 和 300℃处理 1h 的前驱体粉末的 XRD 曲线。

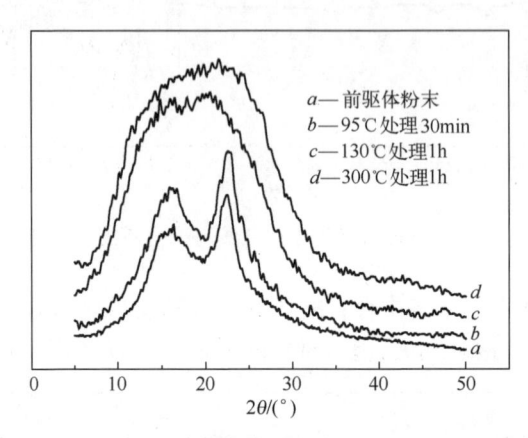

图 4.6 不同温度处理 α-BPDA/PDA 体系聚酰亚胺泡沫材料前驱体粉末的 XRD 图

由图 4.6 中 a 曲线可知,$2\theta=17°$ 和 $2\theta=22°$ 处分别出现晶体衍射峰,说明该聚酰亚胺泡沫材料前驱体粉末存在轻微结晶。这主要是因为采用酯化方法合成的聚酰亚胺泡沫材料前驱体粉末分子量较低,分子链活动性较好,易于规整排列形成晶体结构。由图 4.6 中 b 曲线可知,经 95℃处理 30min 的前驱体粉末的结晶形态基本完好。由图 4.6 中 c 和 d 曲线可知,经过 130℃和 300℃处理的粉末,其结晶形态逐渐消失。这说明随着温度升高,在热酰亚胺化过程中,前驱体粉末由微晶结构逐渐转变为非晶结构。

浙江大学[2]以 BTDA/4,4′-ODA/TAP(2,4,6-三氨基吡啶)共聚粉体发泡制备了聚酰亚胺泡沫材料,图 4.7 所示为 BTDA/4,4′-ODA 体系和 BTDA/4,4′-ODA/15%(质量)TAP 体系不同酰亚胺化温度所得聚酰亚胺泡沫材料的广角 X 射线衍射图。

由图 4.7 中(a)和(b)可知,BTDA/4,4′-ODA 与/BTDA/4,4′-ODA/15%(质量)TAP 体系的聚酰亚胺泡沫材料均为无定形态,加入 TAP 不影响聚酰亚胺泡沫材料的聚集态结构。

目前,几乎所有的聚酰亚胺泡沫材料的聚集态结构均为无定形态。

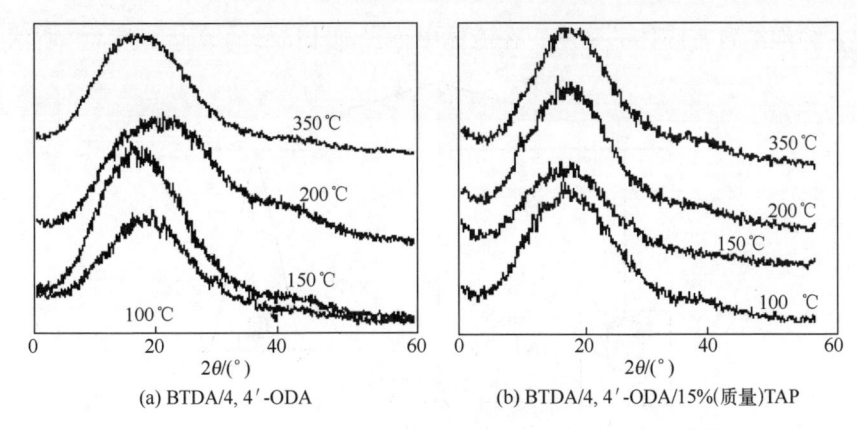

图 4.7 BTDA/4,4′-ODA 和 BTDA/4,4′-ODA/15%(质量) TAP 体系聚酰亚胺泡沫材料的 XRD 图

4.3.2 聚酰亚胺泡沫材料的泡孔结构

除了化学结构和聚集态结构外,聚酰亚胺泡沫材料的许多性能还显著依赖于其泡孔结构(如孔隙率、闭孔率、泡孔尺寸和尺寸分布、泡孔形状等)。

4.3.2.1 聚酰亚胺泡沫材料的闭孔率

泡沫材料的泡孔主要分为贯通孔、半通孔和闭合孔三种类型,一般通过测试泡沫的开孔率求得泡沫的闭孔率。

与其他多孔体一样,聚酰亚胺泡沫材料的闭孔率定义为闭孔孔隙体积占总孔隙体积的分数,可由式(4.2)表示:

$$\theta = (V_{闭}/V_{总}) \times 100\% = [V_{闭}/(V_{开} + V_{闭})] \times 100\% \quad (4.2)$$

式中:θ 为泡沫的闭孔率;$V_{开}$ 为泡沫开孔孔隙体积;$V_{闭}$ 为泡沫闭孔孔隙体积;$V_{总}$ 为泡沫总孔隙体积。

表征聚酰亚胺泡沫材料闭孔率的方法主要有浸泡介质法、真空浸渍法、压汞法和气体吸附法。

1. 浸泡介质法

浸泡介质法利用流体静力学原理:先在空气中称量试样质量 m_1,之后将试样浸泡于液体介质(ρ_1)中使其饱和,采用加热鼓入法或减压渗透法使介质充分填满泡沫试样的泡孔,称量孔隙中充满液体的泡沫试样质量 m_2,然后再将浸渍后的泡沫试样在溶液中称重,根据浮力确定试样的总体积 V,再利用式(4.3)求得试样的闭孔率 θ,即

$$\theta = \left[1 - \frac{(m_2 - m_1)\rho_s}{(\rho_s V - m_1)\rho_1}\right] \times 100\% \quad (4.3)$$

式中:ρ_s为泡沫致密固体的密度。在液体中称量泡沫试样的装置如图4.8所示[3]。

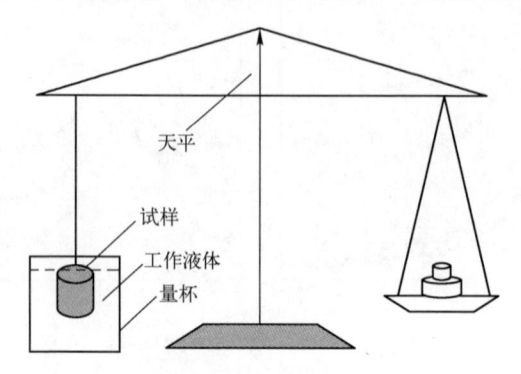

图4.8 液体中泡沫闭孔率测量装置

该方法应使用密度已知液体作为工作介质,并尽可能满足如下条件:
(1) 对试样不反应、不溶解;
(2) 对试样的浸润性好(以利于试样表面气体的排除);
(3) 黏度低、易流动;
(4) 表面张力小(以减少液中称量的影响);
(5) 在测量温度下的蒸气压低;
(6) 体膨胀系数小;
(7) 密度大。

常用的工作液体有纯水、煤油、苯甲醇、甲苯、四氯化碳、三溴乙烯和四溴乙炔等,该法适合闭孔率较低的聚酰亚胺泡沫材料。

2. 真空浸渍法

真空浸渍法[4]与上述"浸泡介质法"基本相同,主要差别在于试样浸渍介质时采取了真空渗入,所以也可视其为浸泡介质法的一个特例。其体积仍然是通过测量试样在已知密度液体介质中的浮力,经计算得到。

对开孔多孔体,为不使工作液体进入孔隙,可采取以下方式使开孔饱和或堵塞:
(1) 浸渍熔融石蜡、石蜡-泵油、无水乙醇-液体石蜡、油、二甲苯和苯甲醇等。
(2) 在试样的表面涂覆硅树脂汽油溶液、透明胶溶液、凡士林或其他聚合物膜。

测试步骤如下:先将清洗干净的试样在空气中称重,然后在真空状态下浸渍熔融石蜡、石蜡-泵油或油等液体介质,使全部开孔饱和后取出,除去试样表面的多余介质后,再次在空气中称重,然后在工作液中称重。

由于浸渍介质时不可能浸满所有的孔隙,尤其是细微孔穴和窄缝等,所以最后测出的闭孔率数值一般都有不同程度的增大。此外,在测试过程中要注意浸渍介质和工作液体不能与多孔试样发生溶解、溶入现象及其他化学反应,与浸泡介质法的注意事项相似。

3. 压汞法

压汞法[5]测定闭孔率的实质是将汞压入试样的开孔孔隙中,测出这部分汞的体积即为试样的开孔体积,通过开孔率计算闭孔率。具体操作:先将膨胀计置于充汞装置中,在真空条件下充汞,充完后称出膨胀计的质量。然后将充入的汞排出,装入多孔试样,再放入充汞装置中在同样的真空条件下充汞,称出带有试样的膨胀计质量(汞未压入多孔试样孔隙时的状态)。之后再将膨胀计置于加压系统中将汞压入开口孔隙内,直至试样达到汞饱和为止,算出汞压入的体积,则可得到泡沫试样的开孔率,进而计算出闭孔率,闭孔率为

$$\theta = 1 - \frac{(W+V_0 \cdot \rho_1)\rho_0}{(W+W_1-W_2) \cdot \rho_1} \quad (4.4)$$

式中:W 为样品质量;W_1 为汞和样品瓶总重;W_2 为压入汞后样品、汞和样品瓶的总质量;V_1 为压入汞的总体积;ρ_0 为汞的密度;ρ_1 为样品的密度。压汞仪如图4.9(a)所示。

(a) 压汞仪PoreMaster-60　　　　(b) Ultrafoam 1000

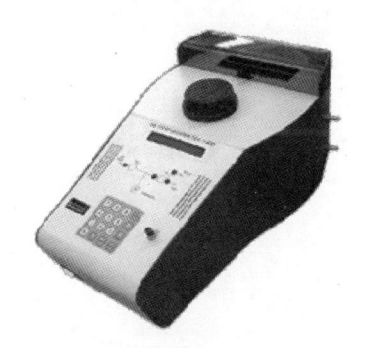

图4.9　泡沫材料压汞仪

4. 气体吸附法

根据 BET 法[6](由 Brunauer、Emmett 和 Teller 发明的一种比表面积检测的方法)测量泡沫材料的比表面积,该法测量的比表面积为总表面积,其中包括了气体分子可进入的所有开孔表面积。主要应用气体阿基米德原理(密度=质量/体积),利用小分子直径的惰性气体在一定条件下符合玻尔定律($PV=nRT$),精确测量被测泡沫材料的真实体积,从而得到材料的真密度、开孔率及闭孔率。ASTM D6226-1998 采用气体吸附法可对各种多孔固体的闭孔率及比表面积进行表征,其中美国康塔仪器公司采用该标准生产了 Ultrafoam 1000 闭孔率测试仪,如图4.9(b)所示。

NASA 以聚酰亚胺前驱体粉末和前驱体微球分别制备了不同密度的聚酰亚胺

泡沫材料,通过气体吸附法利用 Ultrofoam1000 对聚酰亚胺泡沫材料的闭孔率进行测试。

具体操作方法如下:先将聚酰亚胺泡沫材料称重,然后注入到位于直径 6mm 的 ID Pyrex U 型管中的硼硅酸玻璃塞间,在 200cm^3/min 的氦气流(He,99.998%)中,使用加热罩将样品在 150℃下预处理 10min,以除去其中吸附的水分。再在氮气中冷却至室温,以氦气(其中含 29.3% 的 N_2)吹过泡沫。将泡沫样品和密封的硼硅酸玻璃 U 形管浸在液氮中(-196℃),采集其热导检测器(Thermal Conductivity Detector,TCD)信号直到稳定状态,重复进行实验,可得聚酰亚胺泡沫材料试样的闭孔率。

结果表明,不同制备工艺和泡沫密度对聚酰亚胺泡沫材料试样的闭孔率影响较大,两种方法制备的聚酰亚胺泡沫材料的闭孔率明显不同,前驱体微球制备的聚酰亚胺泡沫材料闭孔率比前驱体粉末制备的泡沫材料要高,但泡沫压缩强度相对较低。图 4.10 比较了 TEEK-L 前驱体粉末、TEEK-H 前驱体粉末和 TEEK-H 前驱体微球制备聚酰亚胺泡沫材料的闭孔率[7]。表 4.1 和表 4.2 分别表示聚酰亚胺前驱体粉末和前驱体微球制备的聚酰亚胺泡沫材料的闭孔率与泡沫密度的关系,并与航天飞机外储箱用 PU 泡沫材料(SS-1171)进行了对比[8]。

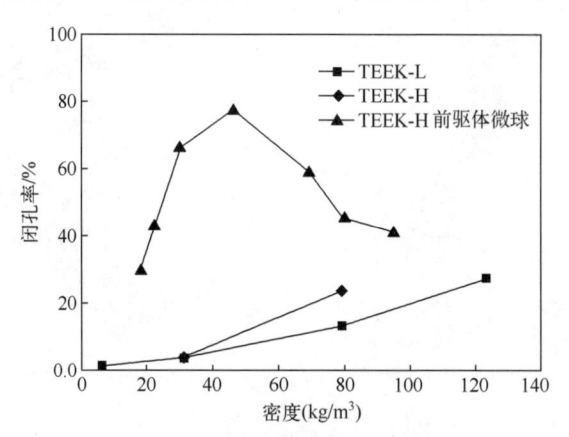

图 4.10　三种聚酰亚胺泡沫材料的闭孔率

表 4.1　由前驱体粉末制备的 TEEK-H 泡沫材料的密度和闭孔率

泡沫材料	密度/(kg/m^3)	闭孔率/%
TEEK-H 聚酰亚胺泡沫材料	8	2.5
	32	5.2
	80	14.2
	124	29
SS-1171 聚氨酯泡沫材料	—	92

表4.2 由前驱体微球制备的TEEK-H泡沫材料的密度和闭孔率

泡沫材料	密度/(kg/m³)	闭孔率/%
TEEK-H聚酰亚胺泡沫材料	20	32
	24	45
	32	67
	48	78
	70	60
	81	46
	96	42
SS-1171聚氨酯泡沫材料	—	92

由图4.10可知：三种聚酰亚胺泡沫材料的闭孔率区别较大，前驱体微球制备聚酰亚胺泡沫材料的闭孔率明显高于前驱体粉末制备的聚酰亚胺泡沫材料；当密度较高时，粉末制TEEK-H泡沫材料的闭孔率大于TEEK-L泡沫材料的闭孔率；两种前驱体粉末制聚酰亚胺泡沫材料的闭孔率随着密度增大而增大；前驱体微球制聚酰亚胺泡沫材料的闭孔率随着密度的增大先增大后减小。

由表4.1可知，前驱体粉末制备的TEEK-H聚酰亚胺泡沫材料的闭孔率随着密度的增加而增加。然而，TEEK-H泡沫材料最大的闭孔率仅为29.1%，远低于PU泡沫材料的闭孔率(92%)。这可能是由于充满模具的前驱体粉末的体积膨胀超过原有的10倍，故易形成贯通孔，从而导致其闭孔率比预期的低。因此，NASA采用前驱体微球制备聚酰亚胺泡沫材料，以提高泡沫材料的闭孔率。由表4.2可知，随着TEEK-L聚酰亚胺泡沫材料的密度从20kg/m³增加到48kg/m³，其闭孔率从32%增加到78%。究其原因，可能是前驱体微球二次膨胀程度有限，微球数量增多，密度增加，闭孔率升高。测试结果表明：聚酰亚胺泡沫材料密度为48kg/m³时，其闭孔率最大；当泡沫密度从48kg/m³进一步增加到96kg/m³时，闭孔率反而从78%降低到42%。这可能是因添加更多微球提高了聚酰亚胺泡沫材料密度，但同时导致部分微球碾碎，使其闭孔率降低。

1973年，Rosser等[9]利用多苯基多异氰酸酯与芳香二酐，在少量水的作用下经高温发泡制得闭孔率为85%~90%的聚酰亚胺泡沫材料，其火焰传播系数小于25。

4.3.2.2 聚酰亚胺泡沫材料的泡孔形态

泡孔形态主要包括泡孔的开、闭状态，孔径的大小和分布、孔壁厚度以及泡孔的几何形状等，一般可利用光学显微镜(如体视显微镜等)或电子显微镜直接观察较平整的泡沫断面获得。将不规则多面体构型的孔隙视为具有某一直径的球体，由断面上规定长度内的孔隙个数可计算出泡沫的平均孔径。直接观测法优点在于可直接观测到泡沫的断面与泡孔结构,但该法只适用于测量泡沫的某一局部或断面。

1. 热塑性聚酰亚胺泡沫材料

图 4.11(a)(b)(c)和(d)所示为密度分别为 30.1kg/m³、50.2kg/m³、75.4kg/m³ 和 95.1kg/m³ ODPA/3,4′-ODA 体系聚酰亚胺泡沫材料的 SEM 照片。

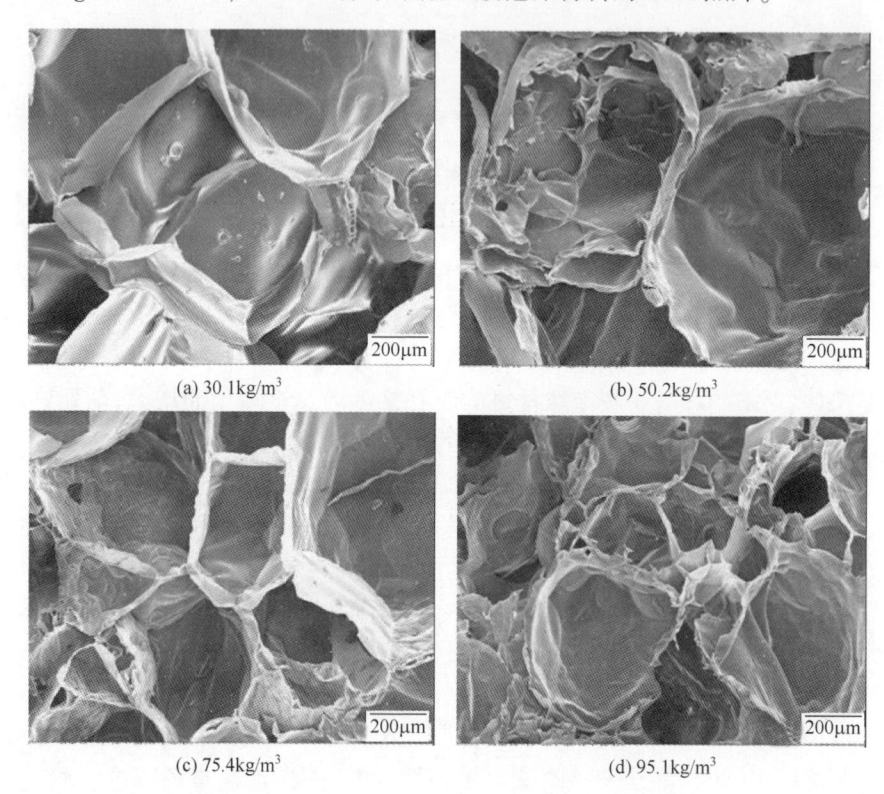

(a) 30.1kg/m³

(b) 50.2kg/m³

(c) 75.4kg/m³

(d) 95.1kg/m³

图 4.11 不同密度 ODPA/3,4′-ODA 聚酰亚胺泡沫材料的 SEM 照片

由图 4.11 可知,聚酰亚胺泡沫材料的泡孔间有共同孔壁相连,大部分呈闭孔结构。30.1kg/m³、50.2kg/m³、75.4kg/m³ 和 95.1kg/m³ 四种密度聚酰亚胺泡沫材料的泡孔平均孔径分别为 760μm、580μm、450μm 和 380μm。

图 4.12 所示为 α-BPDA 基耐高温聚酰亚胺泡沫材料泡孔结构的 SEM 照片。分析图 4.12 照片可知,三种泡沫材料的泡孔直径均在 300~800μm 之间,泡沫密度在 60~70kg/m³ 之间,大部分呈闭孔结构。

也有文献报道[10]将 BTDA 先酯化,然后加入等摩尔量的 4,4′-ODA,得到均相的聚酰亚胺前体 PEAS 溶液,除去溶剂甲醇得到 PEAS 前驱体粉末,将该粉末高温发泡、酰亚胺化得到的聚酰亚胺泡沫材料的泡孔结构如图 4.13 所示。

第4章 聚酰亚胺泡沫材料的结构与性能

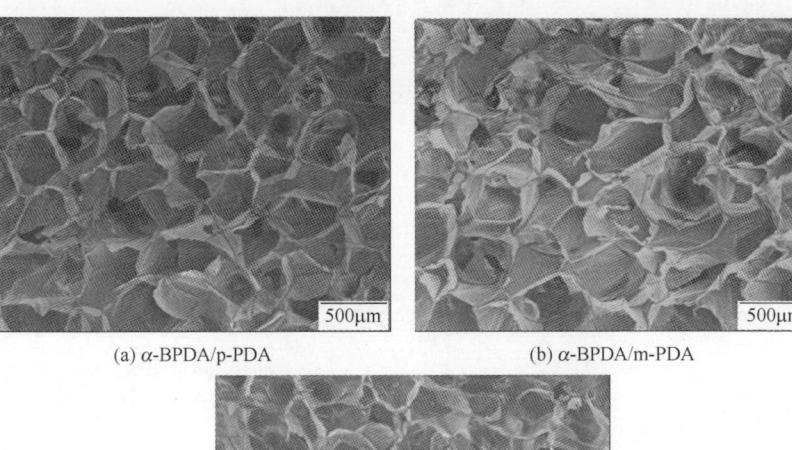

(a) α-BPDA/p-PDA

(b) α-BPDA/m-PDA

(c) α-BPDA/4,4′-ODA

图 4.12　α-BPDA 基聚酰亚胺泡沫材料泡孔结构的 SEM 照片

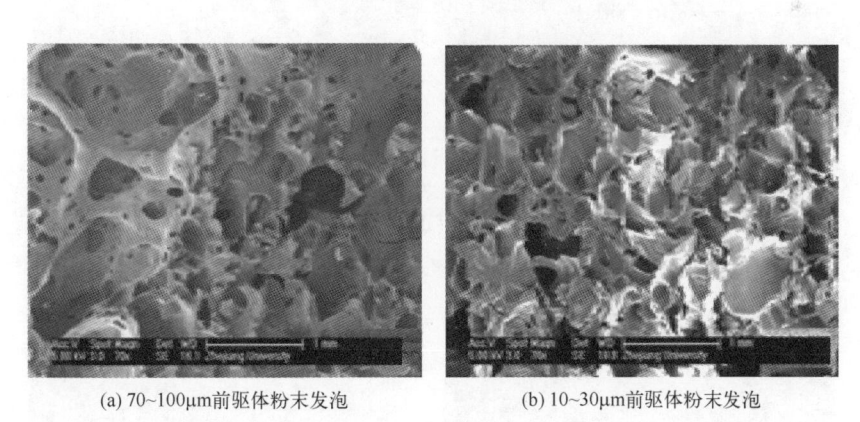

(a) 70~100μm 前驱体粉末发泡

(b) 10~30μm 前驱体粉末发泡

图 4.13　PEAS 前驱体粉末制备聚酰亚胺泡沫材料的泡孔结构[10]

2. 热固性聚酰亚胺泡沫材料

德国 RÖhm 公司生产的 PMI 泡沫材料是一种交联型、孔径分布均匀的 100%闭孔结构泡沫材料,具有卓越的结构稳定性和高机械强度。图 4.14 所示为 PMI 泡沫材料泡孔结构[11]。分析图 4.14 可知,该商品化 PMI 泡沫材料的泡孔分散比较均匀,呈闭孔结构,孔壁薄而均匀。

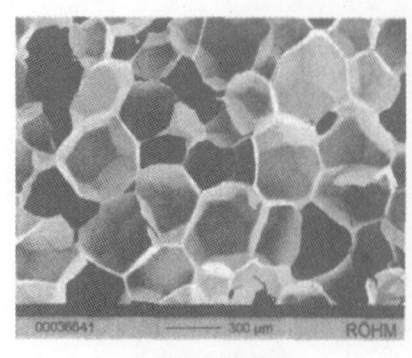

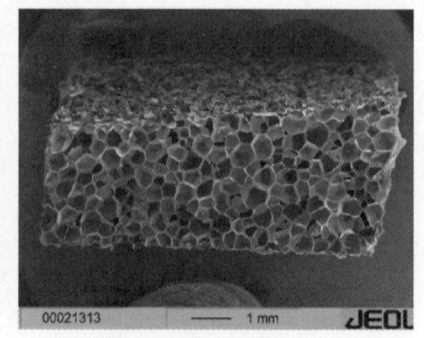

(a) PMI泡沫材料截面图　　　　　　(b) PMI泡沫材料整体图

图 4.14　PMI 泡沫材料的泡孔结构[11]

我国许多单位也对 PMI 泡沫材料进行了研究,图 4.15 所示为高密度 PMI 泡沫材料(110kg/m^3)的光学显微照片[12,13],该泡沫呈现一定的闭孔结构。

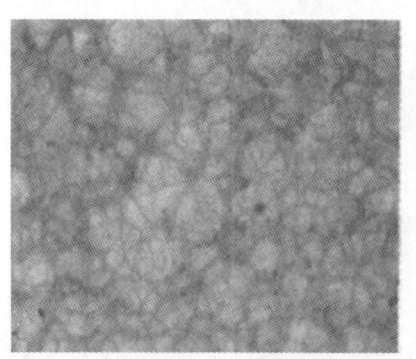

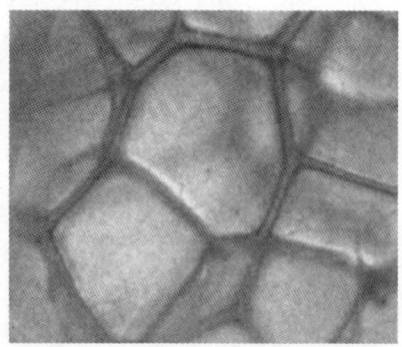

图 4.15　国内制 PMI 泡沫材料的光学显微照片[12,13]

有文献[14,15]报道采用 BTDA/4,4′-ODA/TAP 共聚合粉发泡法制备了聚酰亚胺泡沫材料,其泡孔结构如图 4.16 和图 4.17 所示。

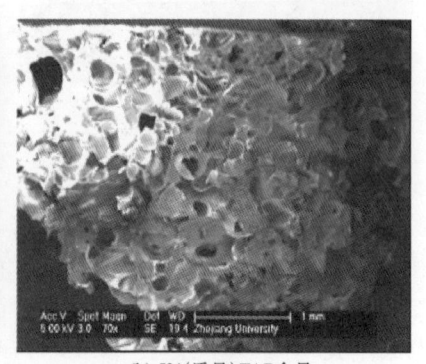

(a) 0%(质量)TAP含量　　　　　　(b) 5%(质量)TAP含量

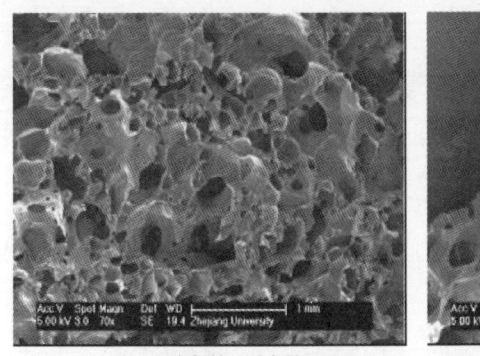

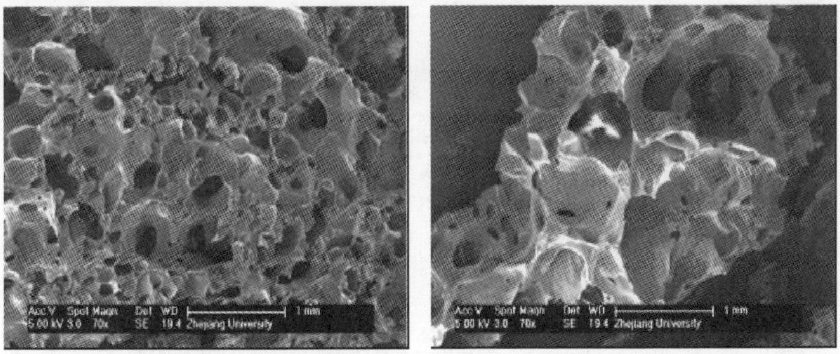

(c) 10%(质量)TAP含量　　　　　　(d) 15%(质量)TAP含量

图 4.16　聚酰亚胺泡沫材料扫描电镜照片(×70)

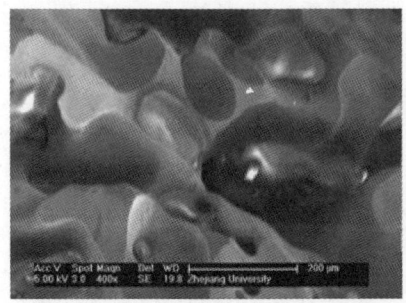

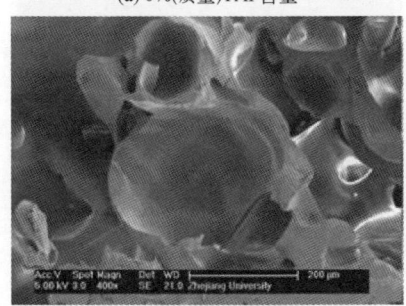

(a) 0%(质量)TAP含量　　　　　　(b) 5%(质量)TAP含量

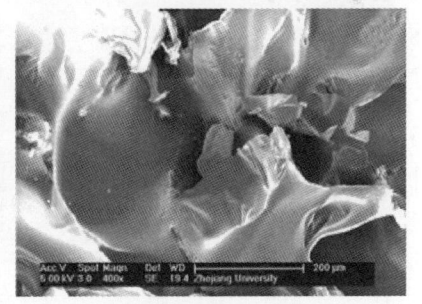

(c) 10%(质量)TAP含量　　　　　　(d) 15%(质量)TAP含量

图 4.17　聚酰亚胺泡沫材料扫描电镜照片(×400)[14,15]

由图 4.13(a)可知,该聚酰亚胺泡沫材料含有表层结构,接近表层处的密度较大,泡孔较小;由图 4.16 和图 4.17 可知,四种 TAP 含量的聚酰亚胺泡沫材料的泡孔平均孔径分别为 0.35mm、0.32mm、0.37mm 和 0.4mm。

另有文献报道[16]将 PAPI 与 BTDA 反应制备了密度为 300kg/m³ 的聚酰亚胺泡沫材料。该聚酰亚胺泡沫材料为开孔结构,如图 4.18 所示。北京航空航天大学考察了不同水含量对异氰酸酯基聚酰亚胺泡沫材料泡孔结构的影响,泡沫材料的

SEM 照片参见图 3.51。

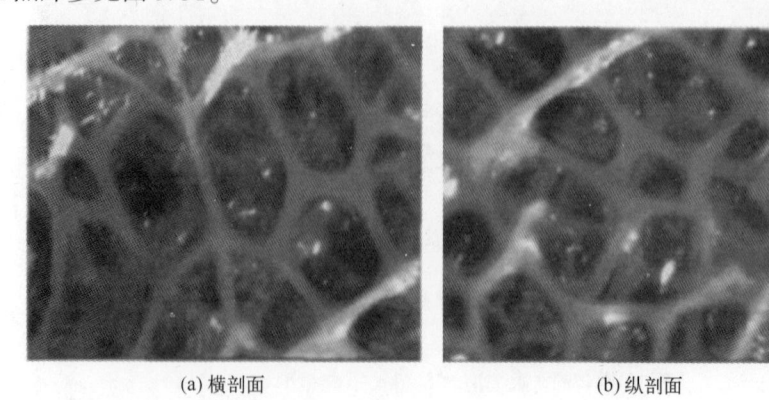

(a) 横剖面　　　　　　　　　　(b) 纵剖面

图 4.18　清华大学聚酰亚胺泡沫材料剖面电子显微照片(×40)

4.4　聚酰亚胺泡沫材料的力学性能

4.4.1　聚酰亚胺泡沫材料力学性能的表征

聚酰亚胺泡沫材料的力学性能主要包括拉伸、压缩、弯曲和剪切性能,其表征方法如表 4.3 所列。

表 4.3　聚酰亚胺泡沫材料力学性能表征方法

性能	国家标准	其他标准	试样要求	备　注
拉伸	GB 9641—88(硬质)或 GB/T 6344—1996(软质)	ASTM C297-61	国标规定试样为哑铃型泡沫样条;ASTM 规定为长方体(如 50mm×50mm×10mm)	拉伸实验需用胶黏剂将拉伸样条与支撑块黏结,要求胶黏剂的最大强度高于泡沫,保证泡沫失效发生在其内部而非界面处
压缩	GB/T 8813—88;GB/T 8813—2008	ASTM C365-03	长方体或圆柱形,基面面积在 25.0~230.0cm² 之间,厚度一般为(50±1)mm,至少为 10mm	试样不可由几片薄片叠合而成,不同厚度的试样测得的结果无可比性
弯曲	GB 8812—88(硬质)	ASTM C393-00 或 ASTM D790-99	国标规定的试样尺寸为 120mm×25mm×20mm,支座跨距(100±1)mm	压头圆弧半径(5±0.2)mm;施压速度(10±2)mm/min;用试样断裂或变形(20±0.2)mm 时的压力值(N)表示弯曲性能
剪切	GB/T 10007—88(硬质)	ASTM C393-00 或 ASTM D790-99	长方体(如 150mm×25mm×10mm)	与平面拉伸实验相似

第4章 聚酰亚胺泡沫材料的结构与性能

压缩性能采用 GB/T 8813—88"硬质泡沫材料压缩实验方法"表征,但由于 GB/T 8813—88 存在一定缺陷,自 2008 年 9 月 1 日起开始实施的新国标 GB/T 8813—2008"硬质泡沫 压缩性能的测定"增加了压缩弹性模量的测定方法和压缩试验速率要求等内容。

日本京都科技大学等单位参照 ASTM 标准对 TEEK 系列聚酰亚胺泡沫材料的平面拉伸、压缩和剪切性能进行了表征,所用仪器如图 4.19 所示[17,18],试样尺寸分别为 50mm×50mm×10mm、150mm×25mm×10mm 和 150mm×25mm×10mm,测试速率为 0.5mm/min。

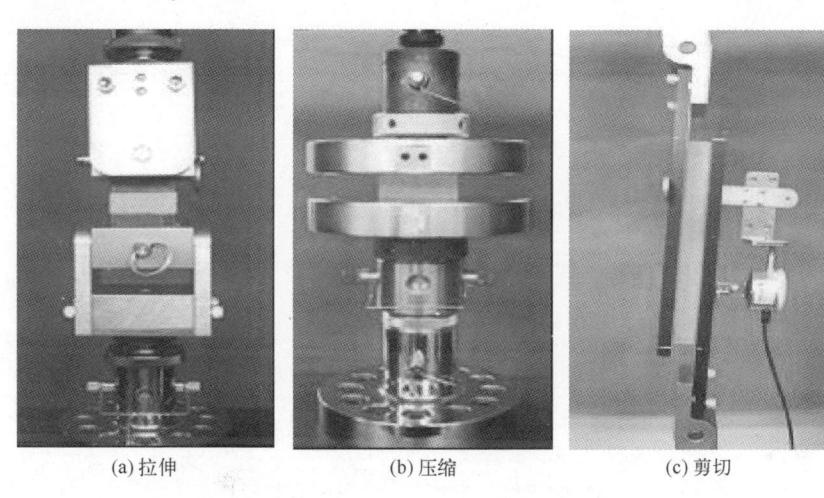

(a) 拉伸　　　　(b) 压缩　　　　(c) 剪切

图 4.19　聚酰亚胺泡沫材料力学性能测试装置

由表 4.3 可知,国标中关于泡沫材料力学性能测试的标准主要适用于刚性、半刚性的聚酰亚胺泡沫材料的测试,对软质泡沫材料还没有相应的标准。此外,弯曲性能包括三点弯曲和四点弯曲两种方式,泡沫材料四点弯曲测试装置如图 4.20 所示[19]。

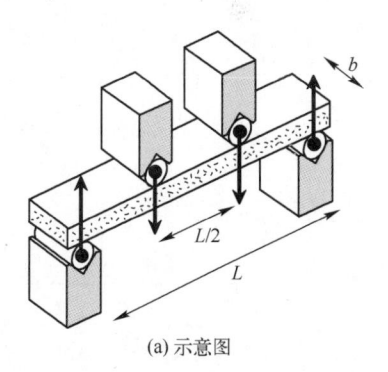

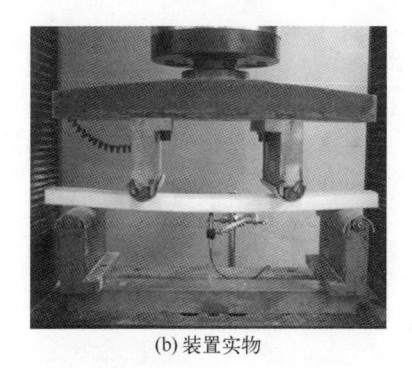

(a) 示意图　　　　(b) 装置实物

图 4.20　泡沫材料四点弯曲测试装置

4.4.2 典型热塑性聚酰亚胺泡沫材料的力学性能

聚酰亚胺泡沫材料的力学性能受其化学结构、密度、泡孔结构,以及测试温度等诸多因素影响。在大多数情况下,泡沫材料承受压载荷,因此,有必要讨论各个因素对泡沫材料压缩性能的影响。

4.4.2.1 TEEK 系列聚酰亚胺泡沫材料的力学性能

1. 化学结构的影响

TEEK 系列聚酰亚胺泡沫材料的化学结构和密度如表 4.4 所列。

表 4.4 TEEK 系列聚酰亚胺泡沫材料的化学结构

名 称	结 构	亚 类
TEEK-H (ODPA/3,4′-ODA)	(结构式)	-HH(82kg/m^3) -HL(32kg/m^3)
TEEK-L (BTDA/4,4′-ODA)	(结构式)	-L8(128kg/m^3) -LH(82kg/m^3) -LL(32kg/m^3) -L.5(8kg/m^3)
TEEK-C (BTDA/4,4′-DDSO$_2$)	(结构式)	-CL(32kg/m^3)

TEEK-LL 和 TEEK-HL 两种聚酰亚胺泡沫材料的压缩应力-应变曲线分别如图 4.21(a) 和(b) 所示[7],压缩强度和模量如图 4.22 所示[8]。

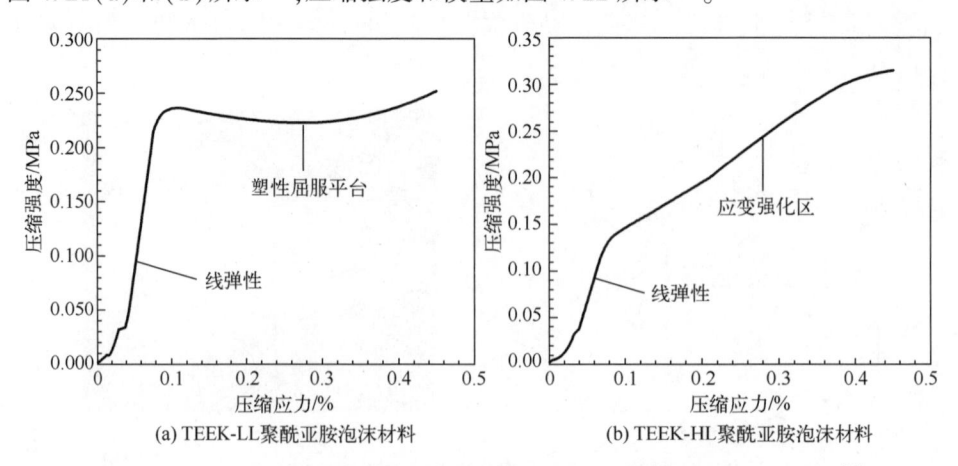

(a) TEEK-LL聚酰亚胺泡沫材料

(b) TEEK-HL聚酰亚胺泡沫材料

图 4.21 TEEK-LL 和 TEEK-HL 聚酰亚胺泡沫材料的压缩应力-应变曲线[7]

由图 4.21 可知,随着压缩应力的增大,两种不同化学结构的聚酰亚胺泡沫材料的密度均增大,压缩强度均增大,但两种泡沫材料的压缩应力-应变模式并不相同。其中 TEEK-LL 的压缩应力-应变为弹塑性形变,形成泡沫材料典型的三阶段特征:①线弹性段;②塑性屈服后的塑性平台段;③随着压缩应力的增加,塑性平台段向强化转变。而 TEEK-HL 表现出压缩强化模式,其表现为:①较短的应力-应变曲线的线弹性段;②无明显屈服平台段;③应变强化段。

由图 4.22 可知,相同密度下,TEEK-L 系列泡沫材料的压缩强度和模量均较高,TEEK-L 系列的模量比 TEEK-H 的高出约 50%。分析认为,这是 TEEK-L 系列的分子链刚性比 TEEK-H 系列的大所致。

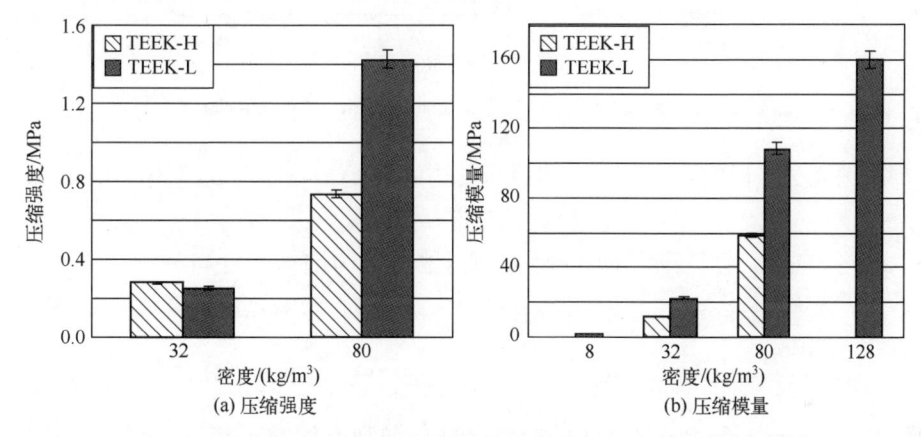

图 4.22 TEEK-H 和 TEEK-L 聚酰亚胺泡沫材料的室温压缩性能[8]

2. 密度的影响

利用前驱体微球法制备的 TEEK-H 系列聚酰亚胺泡沫材料的压缩强度和拉伸强度与密度的关系分别如图 4.23 和图 4.24 所示[20]。

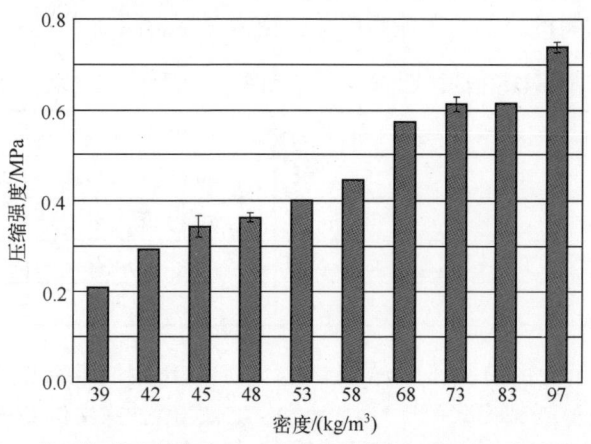

图 4.23 前驱体微球制备聚酰亚胺泡沫材料 50%压缩应变时的强度[20]

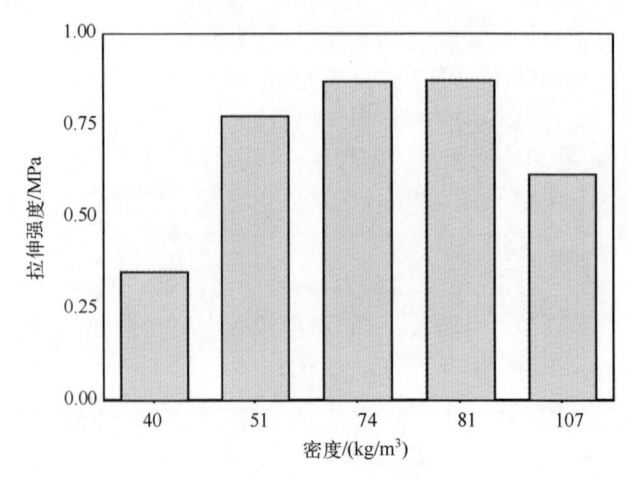

图 4.24　前驱体微球制备聚酰亚胺泡沫材料的拉伸强度[20]

由图 4.23 可知,聚酰亚胺泡沫材料的压缩强度 X_c 与密度 ρ 呈线性关系,即

$$X_c = -0.17 + 9.26\rho \tag{4.5}$$

这与 Gibson 等[21]得出的结论相矛盾,他们认为泡沫强度与密度呈三次方关系。当密度从 39kg/m³ 增加到 97kg/m³ 时,压缩形变 50% 的强度值从 0.21MPa 增加到 0.74MPa。

由图 4.24 可知:聚酰亚胺泡沫材料的拉伸强度随着密度的增加先增大,后减小。密度为 74kg/m³ 和 81kg/m³ 的泡沫材料拉伸强度最高,约为 0.88MPa;当密度大于 81 kg/m³ 时,聚酰亚胺泡沫材料的拉伸强度反而下降。

3. 泡沫聚集态的影响

表 4.5 对比了由前驱体粉末和微球分别制备的 TEEK-H 聚酰亚胺泡沫材料的压缩强度和拉伸强度。由表 4.5 可知,当泡沫材料密度相近时,前驱体粉末制备聚酰亚胺泡沫材料的拉伸和压缩强度均比由微球制备的高[20,22]。

表 4.5　TEEK-H 前驱体粉末和微球制备聚酰亚胺泡沫材料的压缩强度

前驱体	密度/(kg/m³)	闭孔率/%	压缩强度/MPa	拉伸强度/MPa
粉末	32	5	10%形变,0.19	0.28
	82	20	10%形变,0.84	1.2
微球	39	68	50%形变,0.21	0.35
	83	45	50%形变,0.61	0.88

图 4.25 所示为由前驱体微球制备的 TEEK-H 聚酰亚胺泡沫材料(密度为 107kg/m³)的拉伸断裂形貌[20]。由图 4.25 可知,用微球法制备的高闭孔率聚酰亚胺泡沫材料样件的中心密度较大,上下边缘密度较小,拉伸断裂发生在聚酰亚

图4.25 前驱体微球制备聚酰亚胺泡沫材料的平面拉伸断裂形貌[20]

胺泡沫材料密度变化的交界处。这表明，泡沫材料的聚集态对其力学性能有显著影响。

4. 使用温度的影响

使用温度对不同密度 TEEK-L 系列聚酰亚胺泡沫材料的压缩强度和拉伸强度的影响分别如图 4.26 和图 4.27 所示[23]。

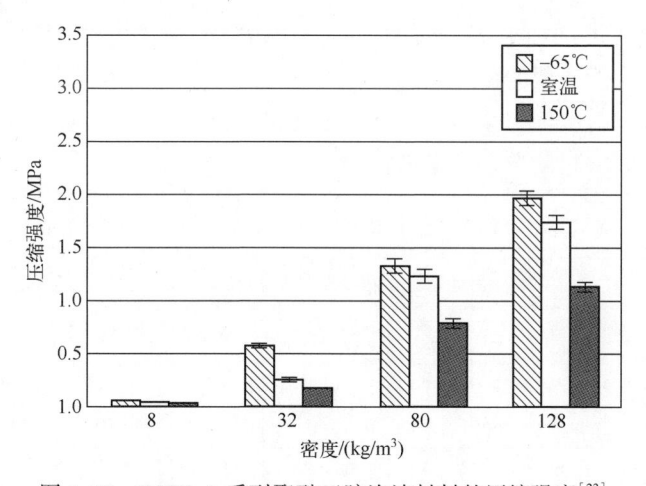

图4.26 TEEK-L 系列聚酰亚胺泡沫材料的压缩强度[23]

由图 4.26 可知，-65℃低温时聚酰亚胺泡沫材料的压缩强度最高，其次是室温（25℃）和150℃时。这是因为在低温下聚合物材料的分子运动减慢，刚性较高，高温时情况相反的缘故。在-65℃时，密度为 8kg/m³ 和 128kg/m³ 泡沫材料的压缩强度分别为 0.047MPa 和 1.96MPa；在150℃时，密度为 8kg/m³ 和 128kg/m³ 泡沫材料的压缩强度分别为 0.012MPa 和 1.12MPa。一般来讲，密度增加，泡沫材料能更多地保留室温时具有的强度。150℃下，密度为 128kg/m³ 时，泡沫保留了室温时强度的 70%；而

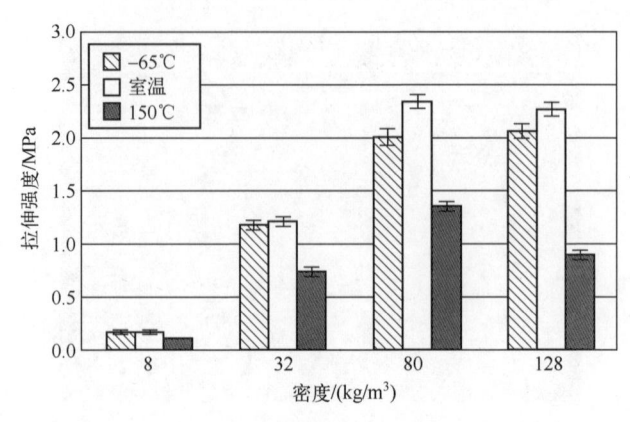

图 4.27 TEEK-L 系列聚酰亚胺泡沫材料的拉伸强度[23]

当密度降低到 8kg/m³ 时,泡沫材料能保留的强度降低到 30% 以下。

由图 4.27 可知,与压缩性能不同,TEEK-L 系列聚酰亚胺泡沫材料的室温拉伸强度最高,其次是低温拉伸强度,最后是高温拉伸强度。低温下 TEEK-L 系列泡沫的拉伸强度随着密度的增大而增大,室温与高温下泡沫材料拉伸强度随着密度的增大先增大后减小,高温尤其明显。

综上所述,影响 TEEK 系列聚酰亚胺泡沫材料力学性能的因素很多,各影响因素对不同力学性能参数的影响规律也不尽相同。因此,很难得出单一影响因素对聚酰亚胺泡沫材料整体力学性能的影响规律。表 4.6 归纳了目前已知的 TEEK 系列聚酰亚胺泡沫材料的典型力学性能。

表 4.6 TEEK 系列聚酰亚胺泡沫材料的力学性能

性能 种类	拉伸强度/MPa RT	拉伸强度/MPa 177℃	压缩强度①/MPa RT	压缩强度①/MPa 177℃	压缩模量/MPa RT	弯曲强度/MPa RT	剪切强度/MPa RT	剪切模量/MPa RT
TEEK-HH	1.2	0.81	0.84	0.31	6.13	0.275	0.87	21.2
TEEK-HL	0.28	0.16	0.19	0.06~0.10	3.89	0.048	0.2	4.3
TEEK-LL	0.26	0.09	0.30	0.06~0.09	11.0	0.17	—	—
TEEK-CL	0.09	0.05	0.098	—	0.7	—	—	—

① 压缩变形 10% 时的数值

4.4.2.2 其他热塑性聚酰亚胺泡沫材料的力学性能

NASA 授权的 Sordal 公司的 Rexfoam® 系列产品、Dupont 公司 SF 系列高密度聚酰亚胺泡沫材料和瑞士 Alcan Airex AG 公司的聚醚酰亚胺泡沫的力学性能如表 4.7 所列。

第4章 聚酰亚胺泡沫材料的结构与性能

表4.7 国外几种商品化热塑性聚酰亚胺泡沫材料的压缩性能

公 司	牌 号	密度/(kg/m³)	压缩强度/MPa
Sordal	Rexfoam 系列	128	压缩10%,0.65
		96	压缩10%,0.45
		48	压缩10%,0.19
Dupont	SF-0930	300	压缩10%,2.00
	SF-0940	500	压缩10%,2.54
Alcan	Airex-82.60	60	压缩10%,0.7
	Airex-82.80	80	压缩10%,1.1
	Airex-82.110	110	压缩10%,1.4

国内还没有商品化的热塑性聚酰亚胺泡沫材料产品,北京航空航天大学利用前驱体粉末发泡制备了七种不同体系、不同密度的聚酰亚胺泡沫材料,其部分力学性能如表4.8所列;典型的拉伸应力-应变曲线如图4.28所示;密度77kg/m³的ODPA/3,4′-ODA体系聚酰亚胺泡沫材料的拉伸断裂情况如图4.29所示。

表4.8 不同密度聚酰亚胺泡沫材料的力学性能

体 系	密度/(kg/m³)	10%压缩强度/MPa	拉伸强度/MPa	拉伸模量/MPa	断裂伸长率/%
ODPA/3,4′-ODA	51	0.1	0.5	9.3	5.9
	77	0.4	1.0	13.4	7.4
	103	0.5	1.5	19.4	7.9
	125	0.8	1.8	24.5	7.4
ODPA/4,4′-ODA	53	0.1	—	—	—
	77	0.2	—	—	—
	113	0.3	—	—	—
	135	0.8	—	—	—
BTDA/3,4′-ODA	53	0.1	—	—	—
	76	0.2	—	—	—
	101	0.3	—	—	—
	136	0.9	—	—	—
BTDA/4,4′-ODA	51	0.1	—	—	—
	78	0.3	—	—	—
	106	0.5	—	—	—

145

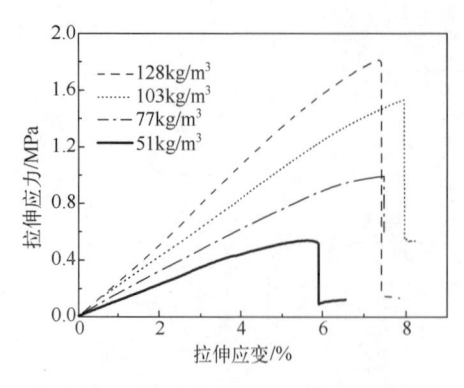

图 4.28 ODPA/3,4′-ODA 体系聚酰亚胺泡沫材料的拉伸应力-应变曲线

图 4.29 77kg/m³ 聚酰胺泡沫材料的拉伸断裂形貌

由表 4.8 可知,聚酰亚胺泡沫材料的压缩强度随着密度的增大而增大,不同体系聚酰亚胺泡沫材料的压缩强度有所区别,ODPA/3,4′-ODA 体系的压缩强度最高。由图 4.29 可知,泡沫边缘处的密度较大,因而拉伸断裂发生在聚酰亚胺泡沫材料密度变化的交界处,与 NASA 研制的密度为 107kg/m³ 聚酰亚胺泡沫材料的拉伸断裂形貌(图 4.25)相似。

4.4.3 典型热固性聚酰亚胺泡沫材料的力学性能

4.4.3.1 PMI 泡沫材料的力学性能

PMI 泡沫材料是一类刚性聚酰亚胺泡沫材料,其典型的压缩和拉伸应力-应变曲线分别如图 4.30 和图 4.31 所示[13]。

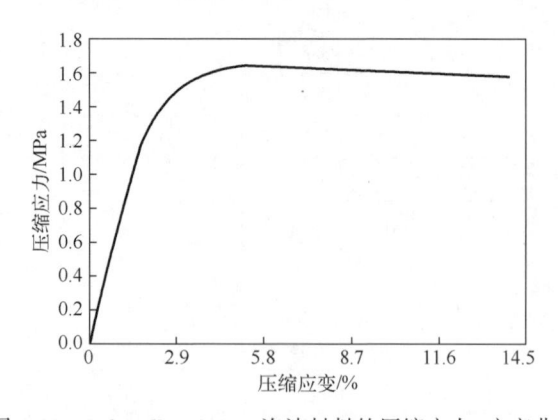

图 4.30 Rohacell 71S PMI 泡沫材料的压缩应力-应变曲线

PMI 泡沫材料与其他刚性泡沫类似,压缩应力随着应变的增大呈线弹性增大,达到屈服点后出现塑性平台;拉伸应力随着应变增加先迅速增大,后逐渐变缓直至

第4章 聚酰亚胺泡沫材料的结构与性能

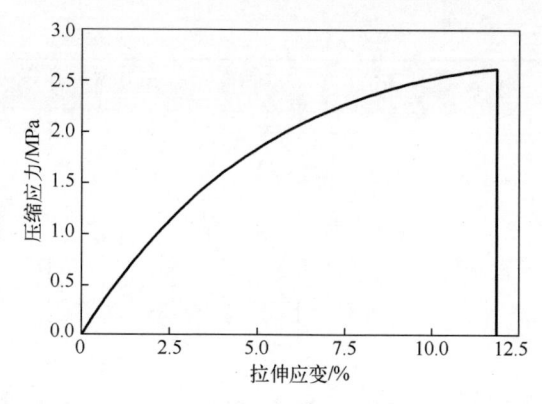

图4.31 Rohacell 71S PMI 泡沫材料的拉伸应力-应变曲线

断裂。赢利公司(Evonik)不同牌号 PMI 泡沫材料(Rohacell®泡沫)的力学性能如表4.9所列。

表4.9 Rohacell®泡沫材料的力学性能

型 号	固化温度/℃	固化压力/MPa	密度/(kg/m³)	10%压缩强度/MPa	拉伸强度/MPa	剪切强度/MPa
Rohacell-EC	180	0.7	75	1.6	2.1	1
			110	2.7	—	2
			150	5.2	4.8	3
			200	8.3	6.5	4
Rohacell-FX	130	0.2	52	0.4	0.8	0.4
			75	0.8	1.5	0.7
Rohacell-HF	130	0.35	32	0.4	1.0	0.4
			52	0.9	1.9	0.8
			75	1.5	2.8	1.3
Rohacell-IG	高压炉、真空袋、RTM、VARTM等方法成型		32	0.4	1.0	0.4
			52	0.9	1.9	0.8
			75	1.5	2.8	1.3
			110	3.0	3.5	2.4
Rohacell-LS	压制成型或注射成型		32	0.3	0.8	0.35
			52	0.75	1.6	0.75
			75	1.4	2.2	1.2
Rohacell-P	—	—	170	6.5	7.5	4.5
			190	7.8	8.5	5.5

(续)

型　号	固化温度 /℃	固化压力 /MPa	密度 /(kg/m³)	10%压缩强度 /MPa	拉伸强度 /MPa	剪切强度 /MPa
Rohacell-RIMA	180	0.7	52	0.8	1.6	0.8
			75	1.7	2.2	1.3
			110	3.6	3.7	2.4
Rohacell-RI	180	0.7	52	0.8	1.6	0.8
			75	1.7	2.2	1.3
			110	3.6	3.7	2.4
Rohacell-S	130	0.35	52	0.7	1.1	0.6
			75	1.5	1.9	1.2
			110	2.8	3.2	2.2
Rohacell-WF	180	0.7	52	0.8	1.6	0.8
			75	1.7	2.2	1.3
			110	3.6	3.7	2.4
			205	9.0	6.8	5.0
Rohacell-XT	190	0.7	75	1.7	2.2	1.4
			110	3.6	3.7	2.1
Rohacell-A	130	0.35	32	0.4	1.0	0.4
			52	0.9	1.9	0.8
			75	1.5	2.8	1.3
			110	3.0	3.5	2.4
Rohacell-RIST	高压炉或RTM成型		52	1.6	1.6	1.6
			75	2.2	2.2	2.2
			110	3.7	3.7	3.7

4.4.3.2　BMI泡沫材料的力学性能

BMI泡沫材料也是一种热固性聚酰亚胺类泡沫材料,相关研究较少。1994年,我国南京理工大学通过发泡原材料及发泡剂的选择,优化BMI泡沫材料的制备工艺,研制出长期使用温度达170℃的BMI泡沫材料。该泡沫阻燃自熄性好,氧指数达38%,压缩性能如表4.10所列。随着泡沫密度的增大,BMI泡沫材料的压缩强度也增大[24]。

武汉理工大学[25,26]制备了改性BMI泡沫材料,其密度为58kg/m³,吸水率为2.9%,平行发泡方向的压缩强度为0.33MPa,垂直发泡方向的压缩强度为0.23MPa,冲击强度为1.2kJ/m²,氧指数为31%。

表 4.10 BMI 泡沫材料压缩强度与密度

密度/(kg/m³)	压缩强度/MPa	
	平行发泡方向	垂直发泡方向
114	2.354	1.852
95.2	1.062	0.876
66.4	0.314	0.241

4.4.3.3 异氰酸酯基和其他热固性聚酰亚胺泡沫材料

Frosch 等[27]采用 PAPI 与 PMDA 在 4.7%(质量)的无机酸及糠醇(FA)溶液中反应,制备了聚酰亚胺泡沫材料。由于该反应为放热反应,不需加入发泡剂,由糠醇溶剂发泡,该专利主要考察了几种无机酸对泡沫性能的影响,如表 4.11 所列。加入不同无机酸,聚酰亚胺泡沫材料的性能不同,硫酸与磷酸的加入对力学性能影响相似;加入硫酸,聚酰亚胺泡沫材料的热分解温度最高,其次是盐酸、磷酸,多磷酸较差。

表 4.11 不同无机酸的加入对聚酰亚胺泡沫材料性能的影响

无机酸	泡沫密度/(kg/m³)	压缩强度/MPa		压缩模量/MPa	起始分解温度/℃
		10%	50%		
浓磷酸	8	0.026	0.049	0.14	325
50%硫酸	8	0.028	0.045	0.139	370
浓盐酸	8	0.023	0.035	0.109	340
多聚磷酸(83%P_2O_5)	10	0.022	0.044	0.104	250

美国 Inspec Foam 公司生产的 Solimide® 聚酰亚胺泡沫材料[23]的力学性能如表 4.12 所列。

表 4.12 Solimide® 聚酰亚胺泡沫材料的压缩性能

公司	牌号	密度/(kg/m³)	压缩强度/MPa
Inspec Foam	TA-301	6.4	压缩50%,0.0090
	AC-550	7.1	压缩25%,0.0048
	AC-530	5.7	压缩25%,0.0028
	HT-340	6.4	压缩25%,0.0048
	Densified HT	32	压缩20%,0.0221

有文献报道[10]采用 BTDA、4,4′-ODA 和 TAP 三种单体制备了热固性聚酰亚胺泡沫材料,其压缩强度和模量如表 4.13 所列。由表 4.13 可知,随着 TAP 含量的增大,泡沫材料的压缩强度和模量也增大。

表 4.13 TAP 含量对聚酰亚胺泡沫材料的力学性能的影响

性能	TAP 加入量/mol%			
	0	5	10	15
密度(kg/m^3)	150	140	140	120
压缩强度/MPa	0.91	1.12	1.28	1.44
压缩模量/MPa	10.76	13.24	15.07	17.62
拉伸强度/MPa	1.03	1.29	1.36	1.39
拉伸模量/MPa	5.49	9.23	12.12	13.41
断裂伸长率/%	18.85	13.97	11.22	10.36

4.5 聚酰亚胺泡沫材料的回弹性能

4.5.1 泡沫回弹性能的表征方法

泡沫材料回弹性能的表征可参照国家标准 GB/T 6670—1997 进行。该标准规定被测试样为长方体,上、下两表面应相互平行,试样不允许带有表皮,试样高度为 50mm,如试样不够厚,可将试样叠加测试,但不能使用黏合剂。典型泡沫材料回弹性能测试装置如图 4.32 所示。

将试样水平置于回弹仪的测试位置上,通过调节使钢球底部到泡沫材料表面的落下高度为 460 mm。在释放装置上固定钢球,然后使钢球自由落下。对每一个试样做 3 次回弹,取 3 次回弹中的最大值。每次回弹钢球应落在试样表面的同一位置上,并且两次回弹的时间间隔应控制在 20s 之内。如果钢球在回弹过程中碰到或弹出测量装置,所得数据无效,需重新补做。试验结果以 3 个试样的算术平均值表示,至少取 2 位有效数字,回弹率为

$$R = H/H_0 \times \% \quad (4.6)$$

式中:R 为回弹率(%);H 为钢球回弹高度(mm);H_0 为钢球落下高度(mm)。

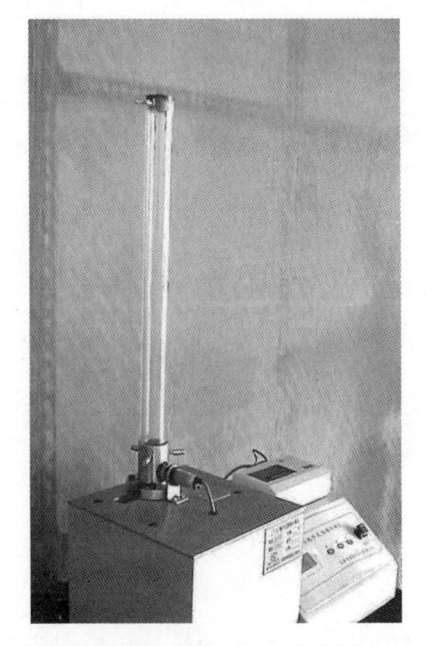

图 4.32 典型泡沫材料——性能测试装备

4.5.2 典型聚酰亚胺泡沫材料的回弹性能

北京航空航天大学以四酸代替部分二酐,与二胺反应制备了回弹率较高的柔弹性 ODPTA(3,3′,4,4′-二苯醚四酸)/ODPA(3,3′,4,4′-二苯醚四酸二酐)/4,4′-ODA 体系的聚酰亚胺泡沫材料,根据 GB/T 6670—1997 规定,采用落球式回弹仪对四种不同 ODPTA 含量的聚酰亚胺泡沫材料的回弹率进行测试,密度为 40kg/m³ 聚酰亚胺泡沫材料的回弹率如图 4.33 所示,图 4.34 所示为该泡沫材料进行回弹率测试时的钢球高度。研究表明,随着四酸含量的增大,聚酰亚胺泡沫材料的回弹率增大,最高可达 57%,说明四酸的加入可提高泡沫材料的柔弹性。

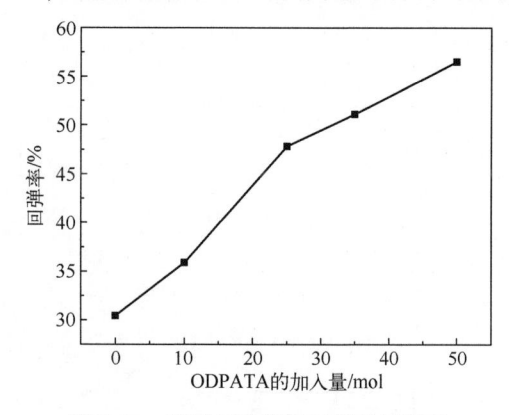

图 4.33　聚酰亚胺泡沫材料的回弹率

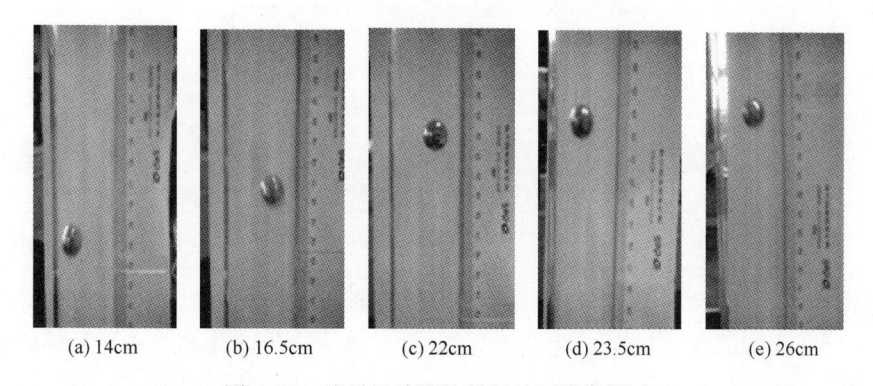

(a) 14cm　　(b) 16.5cm　　(c) 22cm　　(d) 23.5cm　　(e) 26cm

图 4.34　聚酰亚胺泡沫材料的回弹率测试

4.6　聚酰亚胺泡沫材料变形机制

泡沫材料根据孔结构可分为开孔泡沫和闭孔泡沫,不同泡沫结构的变形机制可用不同的力学模型表示。对于聚酰亚胺泡沫材料而言,有开孔率较高的

Solimide 泡沫,也有闭孔率接近 100% 的 PMI 泡沫材料,还有部分开孔的 TEEK 系列聚酰亚胺泡沫材料。与其他泡沫材料相类似,聚酰亚胺泡沫材料多数用于压缩承载,因此本节主要分析泡沫的压缩承载变形机制。

4.6.1　聚酰亚胺泡沫材料的压缩变形机制

开孔泡沫材料与闭孔泡沫材料的压缩机制有所不同,可从泡沫变形的三阶段特征分析:线弹性段、塑性段和密实段。

4.6.1.1　线弹性段

开孔和闭孔泡沫材料线弹性段的变形机制不同,泡沫材料线弹性段响应相关各种机制如图 4.35[28]所示。

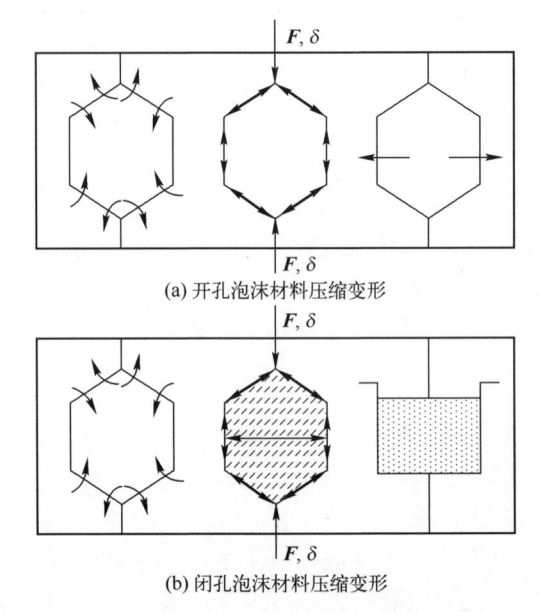

(a) 开孔泡沫材料压缩变形

(b) 闭孔泡沫材料压缩变形

图 4.35　泡沫材料压缩变形机制示意图[29]

以简单力学并由比例定律避开复杂几何因素分析两种孔隙的泡沫材料对载荷的响应,开孔泡沫材料的压缩变形机制为:孔壁弯曲+孔壁轴向变形+孔穴间空气流动;闭孔泡沫材料的压缩变形机制为:孔壁弯曲+棱收缩和膜延展+气泡内气体受压。也就是说,开孔泡沫材料在相对密度较低时的变形主要是通过孔壁弯曲,随着相对密度的增大,泡沫材料孔壁简单压缩的贡献变得更加显著。在闭孔泡沫材料中,孔穴棱边可弯曲、延伸或收缩,而形成孔面的膜则发生延展,增加了轴向孔壁刚性对弹性模量的贡献。

1. 开孔泡沫材料

开孔泡沫材料的变形机制取决于孔壁弯曲、孔壁轴向变形和孔穴中气体压力三者的协同影响。Gibson 把开孔泡沫材料模型化成棱长为 l 和棱的正方截面边长为 t 的立方体的交错排列,如图 4.36 所示[28]。

开孔泡沫材料发生变形和破坏的机制可通过立方体几何理论解释,当泡沫材料施加单向力时,每条孔棱传递一个作用力 F,如图 4.37 所示[28]。开孔泡沫材料在线弹性变形时,其棱柱产生弯曲,位移为 δ,应变为 ε,对应压缩应力为 σ。

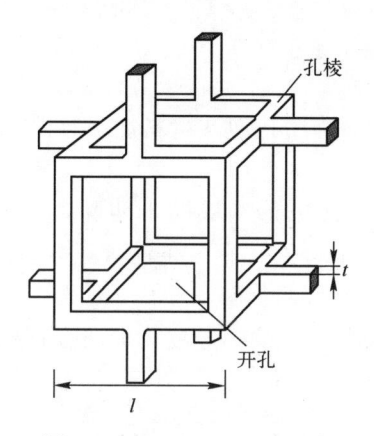

图 4.36 Gibson-Ashby 开孔泡沫材料模型[28]

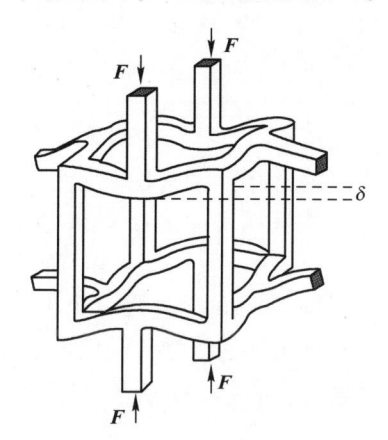

图 4.37 开孔泡沫材料线弹性变形的孔棱弯曲[28]

开孔泡沫材料的弹性模量 $E=\sigma/\varepsilon$,不考虑孔穴具体几何尺寸,则模量与密度的关系为

$$E/E_s = C_1(\rho/\rho_s)^2 \qquad (4.7)$$

式中:C_1 为几何比例常数,任何等轴孔穴形状均有此结果,唯一的差别在于常数 C_1;E_s 为梁的弹性模量;ρ 为泡沫材料密度;ρ_s 为实体材料密度。

另外,北京航空航天大学通过 Voronoi 随机模型模拟了低密度开孔弹性泡沫材料的大变形压缩行为,结果如图 4.38 和图 4.39 所示[29]。

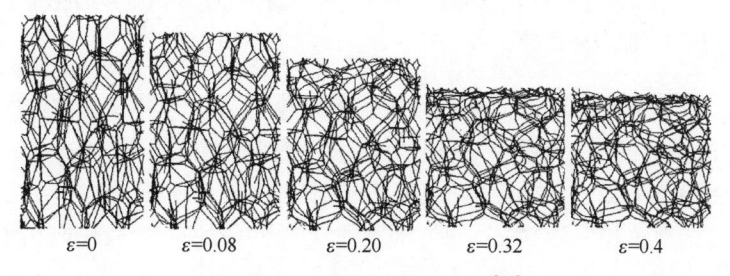

$\varepsilon=0$　　$\varepsilon=0.08$　　$\varepsilon=0.20$　　$\varepsilon=0.32$　　$\varepsilon=0.4$

图 4.38 垂直胞体伸长方向[29]

2. 闭孔泡沫材料

闭孔泡沫材料变形较为复杂,闭孔泡沫材料的变形机制取决于孔壁弯曲、孔壁

153

ε=0　　　ε=0.1　　　ε=0.25　　　ε=0.4　　　ε=0.5

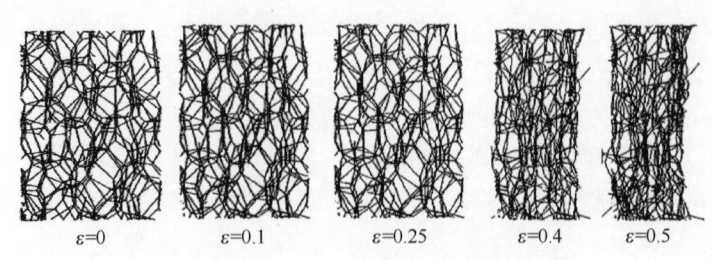

图 4.39 平行胞体伸长方向[29]

收缩和膜面延展以及孔穴中气体压力的影响。当闭孔泡沫材料加载时,孔棱弯曲引起孔面延展,如图 4.35(b) 所示。

闭孔泡沫材料可由八个正六角形和六个正方形组成的十四面体结构模型(Kelvin 模型)表示[30],如图 4.40 所示。每个单位泡孔有三条通过正方形形心的面对称轴,另有四条通过连接六个正方形筋条的线对称轴。

Gibson 把闭孔泡沫材料模型化成孔棱长为 l、孔棱的厚度为 t_e、孔面厚度为 t_f 的立方体模型,如图 4.41 所示[28]。

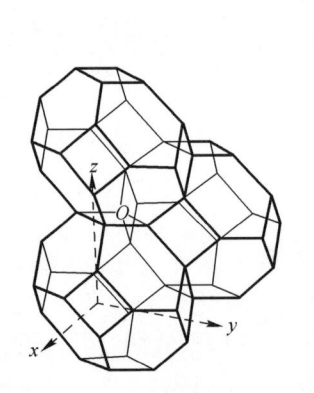

图 4.40 Kelvin 模型中三个十四面体以平面相堆叠[28]

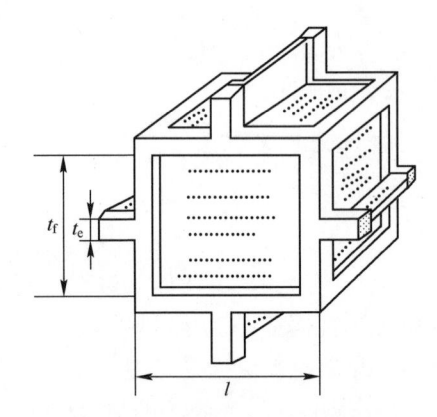

图 4.41 Gibson-Ashby 闭孔泡沫材料模型[28]

Gibson 模型将各向同性的闭孔发泡材料抽象地表征为具有立方结构孔隙单元的集合体。这些孔隙单元是由 12 根相同的孔隙棱柱(梁,孔棱)构成的立方格子,其中每根棱均由正交于其中点的棱柱(支架,链接棱)相连接。这些立方构架的孔隙单元通过这种棱相互连接在一起,加上每个面四条棱间的泡孔面(泡孔壁),构成了闭孔泡沫体。

Gibson 和 Ashby 结合上述模型和推导,提出了闭孔泡沫材料弹性模量与泡沫结构间的关系[28]为

$$E_s/E_m = C_1 \Phi^2 \cdot (\rho_s/\rho_m)^2 + C_2(1-\Phi) \cdot (\rho_s/\rho_m) \tag{4.8}$$

式中：E 为弹性模量；ρ 为密度；脚标 s、m 分别为泡沫材料样品以及构成泡沫材料样品的基体材料；C_1，C_2 为比例常数，由泡沫材料材料几何因素决定；Φ 为拟合常数，是 Gibson 和 Ashby 模型定义的泡沫材料中棱柱所占分数。

4.6.1.2 塑性段和密实段

泡沫材料压缩的线弹性段仅限于小应变，一般小于 5%或更小，泡沫材料压缩形变在载荷超过线弹性区时会发生弹性屈服、塑性屈服、坍塌或密实。

1. 开孔泡沫材料

泡沫材料中泡孔的弹性坍塌与蜂窝类似，由孔壁的弹性屈曲造成。当弹性体泡沫材料受到压缩载荷时，孔壁首先出现弯曲，接着产生屈曲[28]，如图 4.42 所示。长度为 L、弹性模量为 E_s 的孔棱发生屈曲时的应力 σ_{el} 与密度的关系为

$$\sigma_{el}/E_s = C_2(\rho/\rho_s)^2 \quad (4.9)$$

式中：C_2 为比例常数。

当作用力 F 产生的力矩大于孔棱的纯塑性力矩时，就会发生塑性坍塌，如图 4.42 所示。孔棱发生塑性坍塌，产生塑性铰，通过力矩计算可得到塑性坍塌强度 σ_{pl} 与密度的关系为

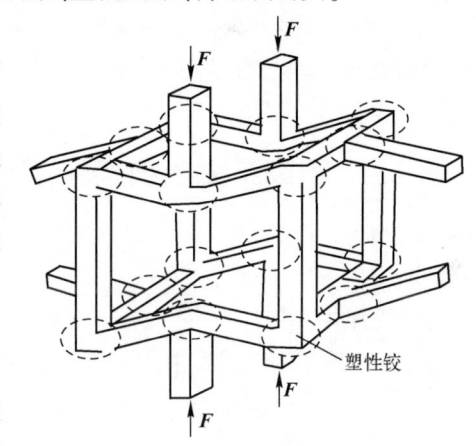

图 4.42 开孔泡沫材料的塑性铰

$$\sigma_{pl}/\sigma_{ys} = C_3(\rho/\rho_s)^{3/2} \quad (4.10)$$

式中：σ_{ys} 为泡沫材料孔壁的屈服强度；C_3 为比例常数。

在相对密度 $(\rho/\rho_s)>0.3$ 时，不存在上述意义的梁（孔棱）弯曲，孔壁呈短粗型，以致轴向屈服先于弯曲，应将泡沫材料看作存在孔洞的固体而非泡沫体结构；此外，相对密度极低时，在塑性坍塌之前可能发生弹性坍塌，其大应变行为可由塑性变形决定。

2. 闭孔泡沫材料

当闭孔泡沫材料发生弹性坍塌时，孔穴中的气体受到压缩，产生回复力，这可能会使闭孔泡沫材料的次屈服曲线没有像开孔泡沫材料那样平坦的平台段，而是呈斜率越来越大的上升。这种现象也有可能是膜应力所致，但气体压缩的作用可能更大[31]。图 4.43 所示为孔穴坍塌破坏时闭孔泡沫材料的孔面塑性延展。

闭孔孔穴具有孔面膜层，塑性坍塌

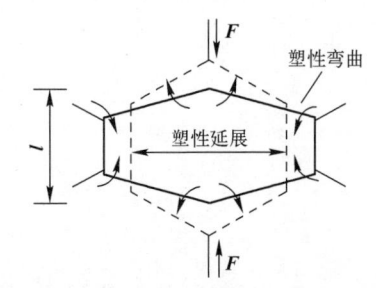

图 4.43 闭孔泡沫材料的孔面塑性延展[31]

引起孔膜沿着压缩方向起皱,由于膜比较薄,因此压皱时所需的力较小,但与该方向构成直角处的膜则产生延展,膜延展所需的塑性功对泡沫材料的屈服强度影响重大。通过计算变形功对此估测,并建立该功与孔壁弯曲和延展过程中塑性耗散的关系,即

$$\sigma_{pl}/\sigma_{ys} = C_4(\Phi\rho/\rho_s)^{3/2} + C_4'(1-\Phi)(\rho/\rho_s) \tag{4.11}$$

式中:C_4 与 C_4' 包含所有常数。

在大压缩应变条件下,无论开孔还是闭孔泡沫材料,其泡孔中相对的孔壁压缩到一起,孔壁自身也受到压缩,此时压缩应力-应变曲线陡然上升,出现密实化的阶段。

4.6.2 聚酰亚胺泡沫材料的拉伸变形机制

通常情况下,压缩形变引起泡沫材料逐渐压损破坏,而拉伸形变引起泡沫材料快速脆性断裂[28]。

1. 线弹性变形

泡沫材料在拉伸过程中的小应变线弹性变形与压缩过程相似,开孔泡沫材料的弹性模量由孔棱弯曲决定;闭孔泡沫材料的模量则由孔棱弯曲、孔面延展和闭合气体压力等协同作用决定。

2. 非线弹性变形

在大于几个百分点的拉应变条件下,弹性体泡沫材料的刚度提高。在拉伸时不可能出现压缩时产生的非线弹性屈曲行为。拉伸的非线弹性变形机制在于:最初与拉伸轴有夹角的孔棱会沿着该轴旋转,作用于该轴上的弯矩减小,如图 4.44 所示。开始阶段,弹性响应是由孔棱弯曲决定的,但随着孔壁的旋转,刚性增大,延伸逐渐成为主要变形。

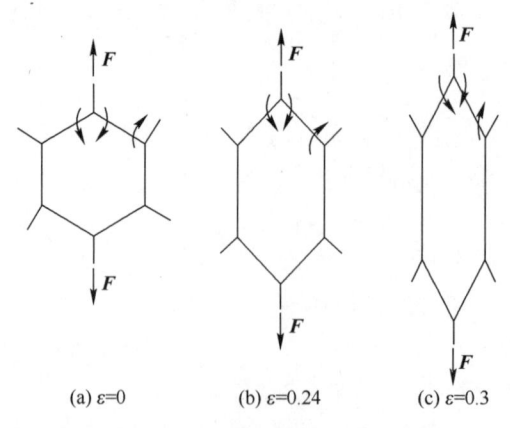

(a) ε=0　　(b) ε=0.24　　(c) ε=0.3

图 4.44　拉伸承载过程中的孔棱排列[28]

3. 塑性坍塌变形

在拉伸过程中,泡沫材料的塑性屈服机理与压缩机理相同,其应力状态如图4.44所示,但其次屈服行为不同于压缩,孔壁旋转可保持弯矩恒定甚至略有增大。拉伸时孔壁的旋转使弯矩减小,在应变大于1/3后,孔壁形变方向与拉伸轴一致,应变的进一步增大来自于孔壁自身的塑性形变。

4. 脆性断裂

泡沫材料拉伸过程的脆性断裂与压缩过程截然不同,压缩时泡沫材料逐渐压损,而拉伸时泡沫材料通过单个裂纹扩展而破坏。脆性泡沫材料从开始拉伸到断裂,均呈线弹性,因此脆性泡沫材料拉伸破坏可用线弹性断裂力学表示。

4.7 聚酰亚胺泡沫材料的耐热性能

与其他泡沫材料相比,聚酰亚胺泡沫材料因其耐热性优异,已广泛用于航空航天和航海等领域,表4.14比较了几种泡沫材料的最高使用温度、临界状态及烟密度。

聚氨酯、聚苯乙烯和聚乙烯等聚合物泡沫材料易燃烧、发烟量大、耐热性差,使其在实际应用中特别是在建筑方面的应用受到极大限制,而酚醛树脂泡沫材料的性能相对较好,但其耐高温性能远不及聚酰亚胺泡沫材料。

表4.14 几种泡沫材料的耐热性能

树脂基体	烟密度 有焰	烟密度 无焰	最高长期使用温度/℃	临界状态
酚醛树脂	5	14	150	190℃尺寸变化小于3%
聚氨酯	439	117	120	130℃收缩
聚苯乙烯	660	372	70	70℃收缩
聚乙烯	150	470	100	140℃收缩
聚氯乙稀	35	50	60	80℃收缩
聚酰亚胺	<5	<5	200~400	230℃以上收缩
聚醚酰亚胺	—	—	160	160℃以上收缩
聚甲基丙烯酰亚胺	—	—	140~240	

聚酰亚胺泡沫材料的耐热性主要由其分子结构决定,泡孔结构对聚酰亚胺泡沫材料的影响较小。聚酰亚胺泡沫材料的耐热性一般可由玻璃化温度(T_g)和热分解温度(T_d)表征,工业中常用泡沫材料的热变形温度确定泡沫材料的最高使用温度。

玻璃化温度可利用动态热机械分析(DMTA)、差示扫描量热法(DSC)等测试手段表征;热分解性能可通过热失重(TG)分析表征。应指出:采用DMTA和DSC测试聚酰亚胺泡沫材料的玻璃化温度在数值上不尽相等。因此,在标出玻璃化温度时,应注明测定的方法和条件。

4.7.1 聚酰亚胺泡沫材料的DMTA测试

动态热机械分析,也称动态力学分析,是研究聚合物结构和性能的重要手段,它能得到聚合物的储能模量(E')、损耗模量(E'')和损耗因子($\tan\delta$)等信息。

聚酰亚胺泡沫材料的DMTA测试通常采用弯曲模式或压缩模式。弯曲模式适合刚性或半刚性的聚酰亚胺泡沫材料的测试,压缩模式适合各种聚酰亚胺泡沫材料的测试。

NASA[32]通过DMTA考察了不同频率(1~100rad/s)和升温速率为3℃/min条件下,TEEK聚酰亚胺泡沫材料(300℃后处理)的损耗因子$\tan\delta$与T的关系,如图4.45所示。由图4.45可知,不同频率下聚酰亚胺泡沫材料的$\tan\delta$对温度的响应不同,频率越高,其$\tan\delta$峰值所对应的T_g越大。

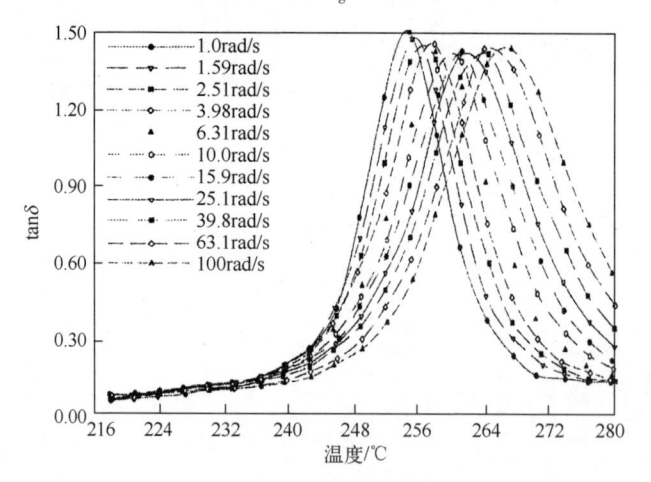

图4.45 TEEK系列聚酰亚胺泡沫材料的$\tan\delta$-T曲线[32]

北京航空航天大学对四种体系的聚酰亚胺泡沫材料进行了DMTA测试,其升温速率为5℃/min,测试模式为压缩模式,测试频率为1Hz[33,34],测试结果如图4.46所示和表4.15所列。由图4.46和表4.15可知,不同分子结构的聚酰亚胺泡沫材料的T_g不同,单体刚性越强(4,4'-ODA>3,4'-ODA;BTDA>ODPA),其T_g越高,BTDA/4,4'-ODA的T_g可达300℃,且二胺单体对聚酰亚胺泡沫材料T_g的影响比二酐单体大。

表 4.15 北航制聚酰亚胺泡沫材料的 T_g（DMTA 测试结果）

体　系	密度/(kg/m³)	T_g/℃
ODPA/3,4′-ODA	106	245
BTDA/3,4′-ODA	105	257
ODPA/4,4′-ODA	106	280
BTDA/4,4′-ODA	107	300

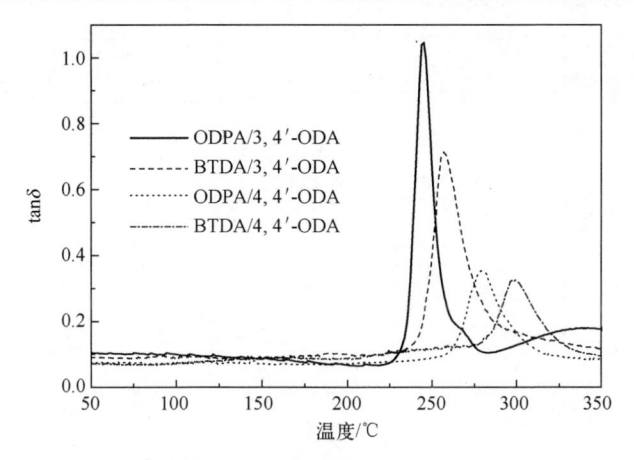

图 4.46 北京航空航天大学制聚酰亚胺泡沫材料的 tanδ-T 曲线

4.7.2 聚酰亚胺泡沫材料的 DSC 测试

DSC 测定玻璃化温度就是基于高聚物在玻璃化温度转变时，热容增加这一性质，在 DSC 曲线上，表现为在通过玻璃化温度时，基线向吸热方向移动，把玻璃化转变前和转变后的基线延长，两线间的垂直距离称为阶差（△J），在 1/2△J 处可以找到一点，沿该点的切线与前基线延长线的相交点温度为 T_g。

Hou 等[32] 以 20℃/min 的升温速率加热 TEEK 泡沫试样到 350℃，并在该温度维持 10min，然后冷却至 25℃，再以 20℃/min 的升温速率加热 TEEK 泡沫试样到 350℃，由第二条曲线吸热峰的转折点得到 T_g。表 4.16 表示不同 TEEK 聚酰亚胺泡沫材料的 T_g 值。

表 4.16 TEEK 聚酰亚胺泡沫材料的 T_g

泡沫	TEEK-HL	TEEK-HH	TEEK-LL	TEEK-LH	TEEK-L8	TEEK-CL
T_g/℃	237	237	281	278	283	321

分析表 4.16 可知：以 DSC 测试方法可得到与 DMTA 相类似的结果，不同分子结构的聚酰亚胺泡沫材料其 T_g 不同，单体刚性越强，其 T_g 越高；二胺单体对聚酰亚胺泡沫材料 T_g 的影响比二酐单体大，C 系列>L 系列>H 系列；相同分子结构，不同

密度的聚酰亚胺泡沫材料其T_g差异较小。

北京航空航天大学对四种体系的聚酰亚胺泡沫材料进行了DSC测试,升温速率为20℃/min,测试环境为N_2气氛[35],测试结果如图4.47所示和表4.17所列。由图4.47和表4.17可知,不同分子结构的聚酰亚胺泡沫材料的T_g不同,单体刚性越强(4,4′-ODA>3,4′-ODA;BTDA>ODPA),其T_g越高,且二胺单体对聚酰亚胺泡沫材料T_g的影响比二酐单体大。

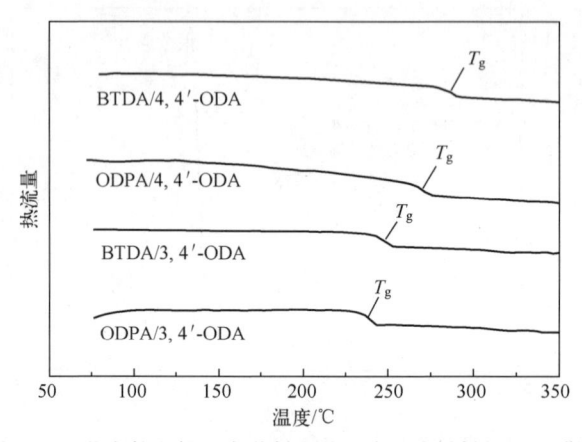

图4.47 北京航空航天大学制聚酰亚胺泡沫材料的DSC曲线

表4.17 北京航空航天大学制聚酰亚胺泡沫材料的T_g(DSC测试结果)

体系	密度/(kg/m³)	T_g/℃
ODPA/3,4′-ODA	106	237
BTDA/3,4′-ODA	105	248
ODPA/4,4′-ODA	106	266
BTDA/4,4′-ODA	107	285

比较DMTA(图4.46)和DSC(图4.47)测试结果可知,DMTA测试聚酰亚胺泡沫材料的T_g比DSC更灵敏,峰值更明显,这是由于聚酰亚胺泡沫材料的热容量变化较小,因而DSC测试得到T_g灵敏度较差。另外,DMTA测试得到的T_g普遍比DSC结果偏高,这可能是由于两种测试手段物理机制不同,DSC表征试样热容量随温度的变化,而DMTA的损耗曲线($\tan\delta$-T)反应样品动态模量与温度的关系,动态模量的滞后效应导致了DMTA损耗曲线测得的T_g高于DSC测试结果。但由于对泡沫进行DMTA的测试需要裁剪试样,试样的切割对测试结果有所影响,因此根据实际情况可选择不同的测试方法。

4.7.3 聚酰亚胺泡沫材料的TG测试

热失重分析是指在程序温度下,测量物质的质量与温度关系的技术。热重分

第4章 聚酰亚胺泡沫材料的结构与性能

析仪需要一台热天平连续、自动记录试样质量随温度变化的曲线。另外,对 TG 进行微分可得到 DTG(dm/dT)曲线。与 TG 曲线相比,从 DTG 曲线更容易看出质量的变化情况。从 DTG 曲线上易获得变化速率最大的温度(T_{max}),DTG 曲线下的面积与质量变化成正比,DTG 曲线上任何一点的高度都代表在该温度时的质量变化速率。

图 4.48 所示为 ODPA/4,4'-ODA、BTDA/3,4'-ODA、ODPA/4,4'-ODA 和 BTDA/4,4'-ODA 四种聚酰亚胺泡沫材料体系在氮气环境、升温速率 20℃/min 条件下的 TG/DTG 曲线。表 4.18 所列为四种聚酰亚胺泡沫材料在不同阶段的热失重性能[35]。

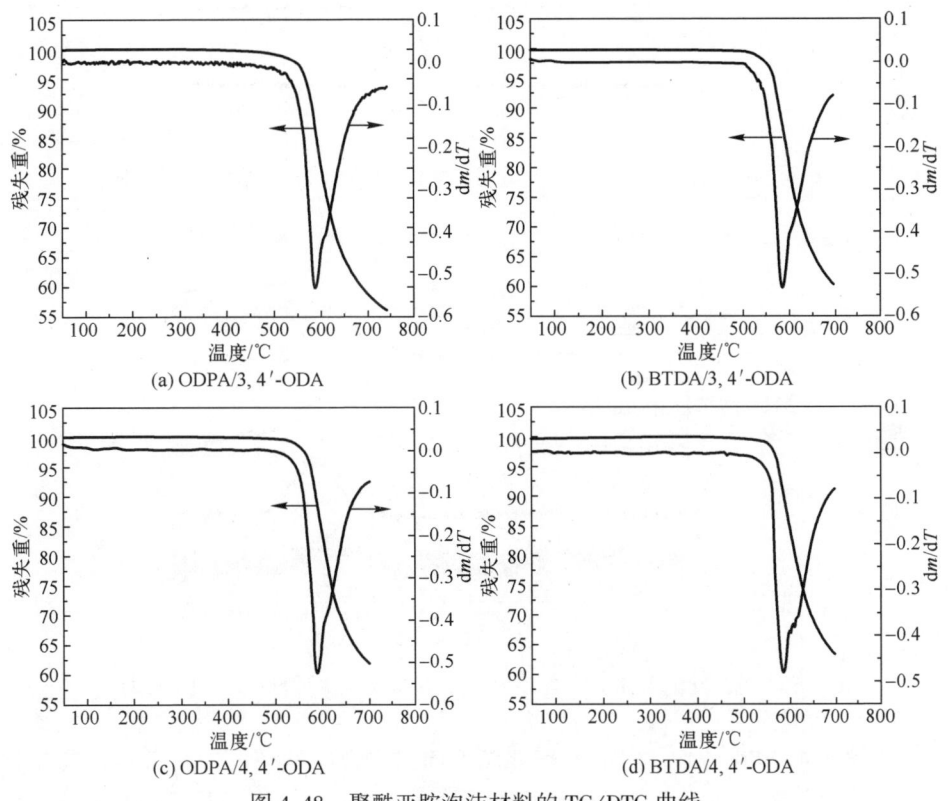

图 4.48 聚酰亚胺泡沫材料的 TG/DTG 曲线

表 4.18 四种聚酰亚胺泡沫材料在不同阶段的热失重性能

聚酰亚胺泡沫材料体系	$T_{5\%}$/℃	T_{max}/℃	T_{max}时失重/%
ODPA/3,4'-ODA	554	587	13
BTDA/3,4'-ODA	565	587	13
ODPA/4,4'-ODA	568	588	12
BTDA/4,4'-ODA	570	589	10

此外，采用 TG 与其他分析方法（如红外或拉曼光谱）联用可以确定聚酰亚胺泡沫材料热失重释放气体的主要成分[36]。图 4.49 和图 4.50 分别表示聚酰亚胺泡沫材料在空气和氮气环境下、升温速率为 10℃/min 时的 TG-FTIR 曲线[35]。

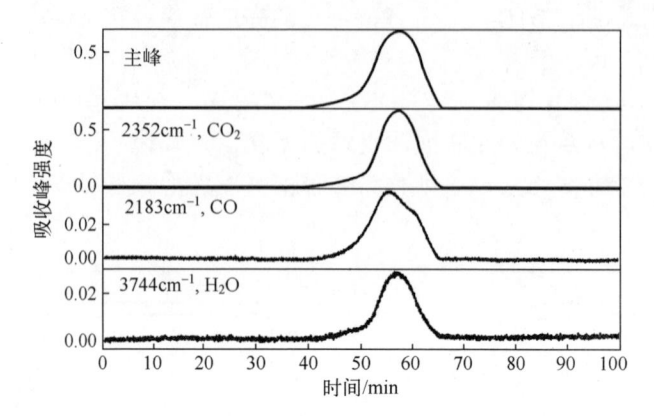

图 4.49 空气环境下 BTDA/4,4′-ODA 聚酰亚胺泡沫材料的 TG-FTIR 曲线

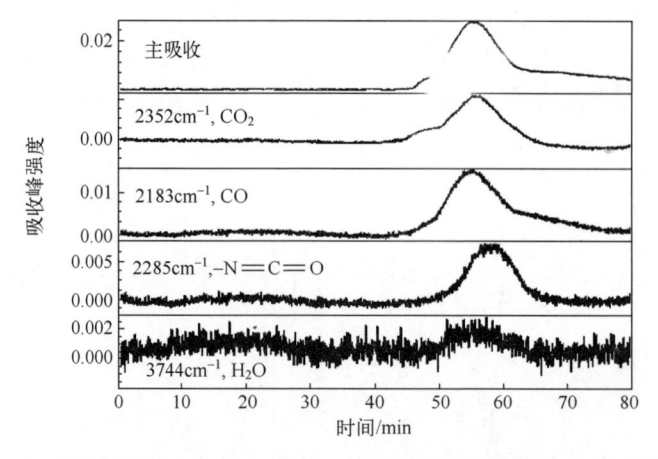

图 4.50 氮气环境下 BTDA/4,4′-ODA 聚酰亚胺泡沫材料的 TG-FTIR 曲线

由图 4.49 和图 4.50 可知，聚酰亚胺泡沫材料在空气环境中的分解产物主要吸收峰比氮气环境中对应分解产物的吸收峰强。说明空气环境比氮气环境下热分解产物浓度大，分解残留成分少。波数 2183cm^{-1}、2352cm^{-1}、3744cm^{-1} 和 2285cm^{-1} 分别对应 CO、CO_2、H_2O 和 —N=C=O 的吸收。

通过红外光谱进一步分析表明，氮气环境中的主要分解产物除了 CO、CO_2 和 H_2O 外，还存在一些有机小分子如 —N=C=O、甲烷（CH_4）和 —NH_2NH_2。空气环境下不同分解温度时分解产物的红外吸收光谱如图 4.51 所示；氮气环境下不同分解温度时分解产物的红外吸收光谱如图 4.52 所示[35]。

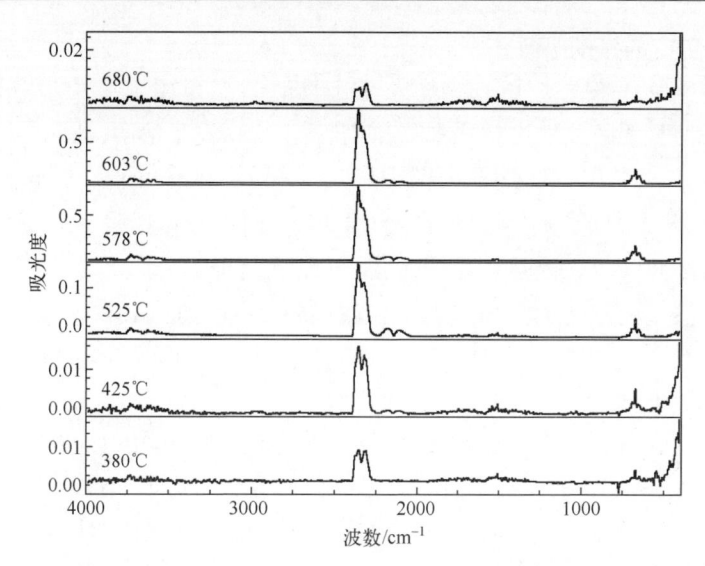

图4.51 空气环境下BTDA/4,4′-ODA聚酰亚胺泡沫材料的FTIR叠合曲线

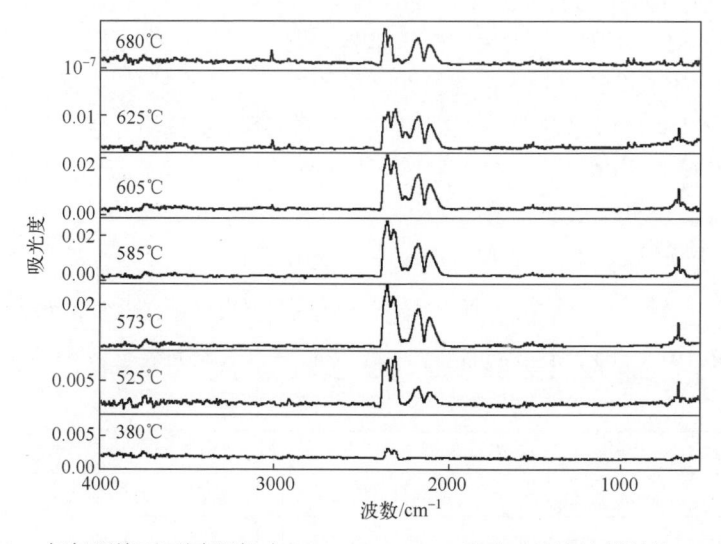

图4.52 氮气环境下不同温度时BTDA/4,4′-ODA聚酰亚胺泡沫材料的FTIR曲线

由图4.51可知,在空气环境中红外光谱只检测到CO_2($2352cm^{-1}$和$667cm^{-1}$)、CO($2183cm^{-1}$和$2120cm^{-1}$)和H_2O($3744cm^{-1}$和$1600cm^{-1}$左右的宽峰)的特征峰,未出现残留发泡剂和助剂的特征峰。

由图4.52可知,在氮气中除了检测到CO_2、CO和H_2O的特征峰外,还有一些有机小分子的吸收峰,$2285cm^{-1}$位置的吸收峰表示—N=C=O的不对称伸缩振动峰,$3000cm^{-1}$位置的吸收峰表示CH_4的振动吸收,$1000cm^{-1}$位置的吸收峰

163

表示—NH_2NH_2 的振动吸收。

无论在氮气环境还是空气环境下,酰亚胺环都是聚酰亚胺中最薄弱的单元。水分的存在使酰亚胺环发生开环水解,而水解产物易发生热解,从而断链生成 CO、CO_2 和 H_2O。同时,酰亚胺环在高温下也发生裂解,并放出 CO,形成异氰酸酯结构,该结构的两个分子发生聚合可脱去 CO_2[37]。而水分可以是样品带来或存在样品中的少量酰胺酸单元因热环化产生,也可以是由于热分解产生[38-40]。Bruck[40] 认为空气中较多的水会大大加速聚酰亚胺的热解和增加 CO_2 在气体热解产物中的含量,因此,空气环境下热分解产物 CO_2 浓度大于 CO,而氮气环境下热分解产物 CO 的浓度大于 CO_2。

分析图 4.51 可知,除了酰亚胺环的断裂和水解外,空气中的氧可以夺取芳环上的氢形成水,所产生的游离基可以为另一个氧分子攻击形成过氧化游离基,氧气的存在起到对初级分解产物进行进一步氧化生成小分子气体的作用,过氧化物可分解成 CO、CO_2 和 H_2O。

分析图 4.52 可知,除了酰亚胺环的断裂和水解外,BTDA/4,4′-ODA 体系中的酮基在高温下会热解脱羰基,形成联苯结构。分解气体产物可能还存在一些双原子分子,如聚酰亚胺酰亚胺环中的氮元素可能以氮气的形式放出,苯环中的氢元素可能一部分以氢气形式放出。CH_4、H_2 和 N_2 的释放温度分别在 580℃、600℃ 和 800℃ 左右。氮气环境下分解的产物除了气相物质外,还有部分固体残留物可能为炭化产物[8,9],也可能形成碳泡沫[20]。

表 4.19 所列为 BTDA/4,4′-ODA 体系聚酰亚胺泡沫材料在空气和氮气下热分解产物的 T_i、(分解气体开始释放的温度)T_{max} 和 T_f(分解气体结束释放的温度)。

表 4.19　BTDA/4,4′-ODA 体系聚酰亚胺泡沫材料在空气和氮气下热分解产物的 T_i、T_{max} 和 T_f

| 气体分解产物 || T_i/℃ || T_{max}/℃ || T_f/℃ ||
空气	氮气	空气	氮气	空气	氮气	空气	氮气
CO	CO	451	460	578	573	672	—
CO_2	CO_2	436	445	603	585	655	728
H_2O	H_2O	452	—	592	—	676	—
—	—N=C=O	—	500	—	625	—	725
—	CH_4	—	580	—	—	—	—

在空气中以 50℃/min 的升温速率从室温将 TEEK 聚酰亚胺泡沫材料加热至 800℃,以及在 204℃ 氮气环境下维持 1h,分别测试质量损失,数据如表 4.20 所列[7,22]。

表 4.20 TEEK 聚酰亚胺泡沫材料的热失重性能

性质	测试方法	TEEK-HL	TEEK-HH	TEEK-LL	TEEK-LH	TEEK-L8	TEEK-CL
密度/(kg/m^3)	ASTM D-3574(A)	32	80	32	80	128	32
空气热稳定性/℃	10%质量损失	267	518	516	520	522	528
	50%质量损失	522	524	524	524	525	535
	100%质量损失	578	580	561	627	630	630
氮气热稳定性/%	204℃下的质量损失	0.6	1.07	0.0	0.0	0.0	0.5

由表 4.20 可知:TEEK-LL、TEEK-LH 和 TEEK-L8 三种聚酰亚胺泡沫材料在 204℃、氮气环境下均有极好的热稳定性;TEEK-HL、TEEK-HH 和 TEEK-CL 质量损失分别为 0.6%、1.07%和 0.5%。数据表明在 50%的质量损失下,TEEK-CL 系列有着与其他泡沫相当的热稳定性。这说明聚酰亚胺泡沫材料的分子结构刚性越好,其热稳定性越优异,比较空气热环境质量损失可知,热稳定性依次为 C 系列>L 系列>H 系列。

4.8 聚酰亚胺泡沫材料的燃烧性能

测试燃烧性能的方法较多,包括氧指数、辉光电线点燃、垂直燃烧、辐射加热,以及锥形量热等。

4.8.1 聚酰亚胺泡沫材料的氧指数

极限氧指数(LOI)的定义为:在规定实验条件下,被测样品刚好能够维持燃烧的最低氧浓度,即在燃烧的实验环境气体-氮氧混合气体中氧的最低体积分数。一般,LOI 低于 20.8%(空气中氧气的体积含量)的材料为易燃材料。

极限氧指数法评价泡沫燃烧性能的结果重现性好,可定量(能以数字结果评价燃烧性能),实验在氧指数仪上进行,测试简便,试验成本低廉,可参照 GB/T 2406—93 或 ASTM D2863-00 进行。

国标规定泡沫试样为长 80~150mm、厚度与宽度分别为 10mm。

具体操作:将试样垂直固定在燃烧筒中,使氧、氮混合气流由下向上流过,点燃试样顶端,将试样曝露于其上方的火焰中。如果在起始浓度下没有点燃,则提高氧气浓度直至点燃,同时记时和观察试样燃烧长度,与所规定的判据相比较。在不同的氧浓度中试验一组试样,测定聚酰亚胺泡沫材料刚好维持平稳燃烧时的最低氧浓度,用混合气中氧含量的体积百分数表示。

表 4.21 所列为不同组分 PAPI/BTDA 体系聚酰亚胺泡沫材料的 LOI[41]。由表 4.21 可知,LOI 均大于 24.5%,最高 LOI 可达 34.5%。

表 4.21　聚酰亚胺泡沫材料的材料组分对 LOI 的影响

PAPI/%(质量)	BTDA/%(质量)	FA/%(质量)	PA/%(质量)	辛酸锡/%(质量)	PA/PAPI	LOI/%
41.5	20.4	31.7	6.34	0	15.3	24.5
41.3	20.3	31.6	6.31	0.5	15.3	29.0
41.0	20.2	31.4	6.28	1.0	15.3	30.5
40.3	19.8	30.8	6.16	2.9	15.3	27.5
37.7	18.5	28.8	14.52	0.5	38.5	26.0
37.5	18.4	28.6	14.45	1.0	38.5	27.0
39.9	19.6	30.4	9.11	1.0	22.8	31.5
40.3	19.8	30.7	9.20	0	22.8	34.5

表 4.22 比较了 TEEK 系列聚酰亚胺泡沫材料的 LOI[8]。由表 4.22 可知，所有 TEEK 聚酰亚胺泡沫材料的 LOI 均大于或等于 42%。在密度相同时，不同分子结构的 TEEK-L(BTDA/4,4′-ODA)系列与 TEEK-H(ODPA/3,4′-ODA)相比，单体刚性越强，LOI 越高。对于相同分子结构的聚酰亚胺泡沫材料，高密度的 H 系列比低密度的 L 系列 LOI 大，但 TEEK-CL 系列聚酰亚胺泡沫材料不符合此规律。

表 4.22　TEEK 系列聚酰亚胺泡沫材料的 LOI

性能	TEEK-HL	TEEK-HH	TEEK-LL	TEEK-LH	TEEK-L8	TEEK-CL
密度/(kg/m^3)	32	80	32	80	128	32
LOI/%	42	49	49	51	51	46

北京航空航天大学自制聚酰亚胺泡沫材料的极限氧指数测试结果如图 4.53 所示。结果表明，聚酰亚胺泡沫材料密度相近时，化学结构对聚酰亚胺泡沫材料体系的极限氧指数影响较大，泡沫体系极限氧指数大小顺序为：ODPA/3,4′-ODA<ODPA/4,4′-ODA<BTDA/3,4′-ODA<BTDA/4,4′-ODA。二酐、二胺的刚性越强，聚酰亚胺泡沫材料的极限氧指数越大，说明泡沫燃烧的需氧量越大，越难燃烧，二酐对聚酰亚胺泡沫材料氧指数的影响大于二胺；同时，密度越大，极限氧指数越大，

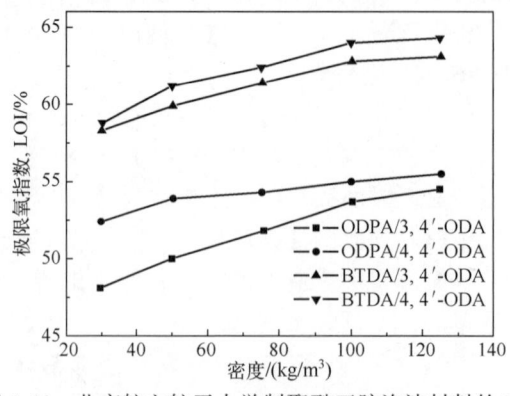

图 4.53　北京航空航天大学制聚酰亚胺泡沫材料的 LOI

且随着密度的增大,极限氧指数的差异越来越小,最后趋于相同,这是由于聚酰亚胺泡沫材料密度越小,同体积下基体树脂越少,比表面积增大,与燃烧气体接触越多,因而极限氧指数越小。

4.8.2 聚酰亚胺泡沫材料的辉光电线点燃性能

辉光电线点燃测试是指将金属丝(如镍丝)缠绕在试片上,使规定电流从中通过得到不同温度的热源,用该热源将试样点燃,按照规定燃烧时间,将材料难燃性分级。ASTM D6194 规定操作为:将样品固定在支架上,用电线点燃不同温度火焰热源对材料进行烧蚀,烧蚀时间为30s,观察烧蚀程度并测试。试样为片材,试样厚度为0.25~6.4mm,辉光电线点燃测试装置如图4.54所示。根据ASTM D6194比较不同聚酰亚胺泡沫材料的辉光电线点燃性能,采用960℃下燃烧的热源测量聚酰亚胺泡沫材料的点火行为。TEEK系列聚酰亚胺泡沫材料的辉光电线点燃测试结果如表4.23所列[42]。

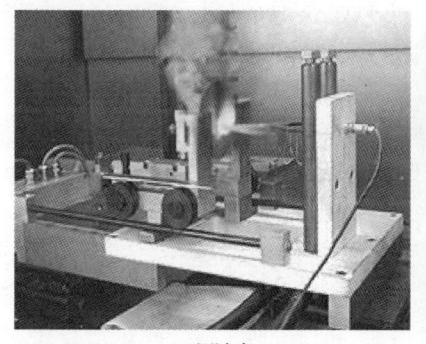

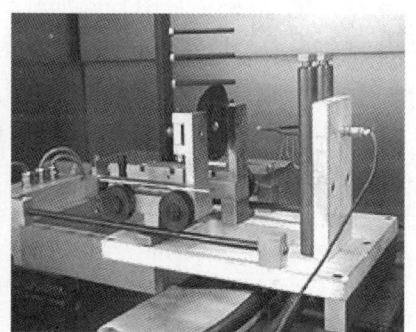

(a) 测试中　　　　　　　　(b) 测试后

图 4.54　辉光电线点燃测试装置

表 4.23　TEEK 聚酰亚胺泡沫材料的辉光电线点燃结果

性能	TEEK-HL	TEEK-HH	TEEK-LL	TEEK-LH	TEEK-L8	TEEK-CL
密度/(kg/m³)	32	80	32	80	128	32
烧蚀深度	最大	小于HL	小于HH	小于LL	最小,小于LH	与HH相当

由表4.23可知,在六种TEEK聚酰亚胺泡沫材料试样中,TEEK-HL烧蚀深度最大,TEEK-L8烧蚀深度较小。该结论与氧指数测试结果相符。因此,一般地,单体刚性越强、密度越大,耐烧蚀性能越好,但TEEK-CL不符合此规律。

4.8.3 聚酰亚胺泡沫材料的水平/垂直燃烧性能

水平/垂直燃烧性能能够反映材料的点火行为,可依照国标 GB/T 2408—1996

进行测试。燃烧形式可分为有焰燃烧(afterflame)和无焰燃烧(afterglow)两种。有焰燃烧是指在规定的实验条件下,移开点火源后,材料火焰持续地燃烧;无焰燃烧是指在规定的实验条件下,移开点火源后,当有焰燃烧终止或无火焰产生时,材料保持辉光的燃烧。因此,该实验需说明燃烧形式。

国标 GB/T 2408—1996 适用于固体材料和表观密度不低于 250kg/m³ 的泡沫材料,而不适用于接触火焰后没有点燃就强烈收缩的材料测定,聚酰亚胺泡沫材料是一种点燃后收缩不大的材料,因此可按该国标测试。

GB/T 2408—1996 测试要求:实验在通风柜或通风橱中进行,通风柜/厨的容积不小于 0.5m³,应便于观察且不影响燃烧过程中试样周围空气的正常热循环。为安全和方便起见,该柜(橱)应密闭且装有排风系统,以除去燃烧时产生的有毒烟气,但在实验过程中应把排风系统关闭,实验完毕再立即启动排烟。一般,试样长(125±5)mm,宽(13.0±0.3)mm,厚(3.0±0.2)mm。非标测试时,可采用其他厚度,但最大厚度不应超过 13mm,并应在实验报告中注明。具体操作:水平或垂直地夹住试样一端,对试样自由端施加规定的气体火焰,通过测量泡沫的燃烧速度(水平法)或有焰燃烧及无焰燃烧时间(垂直法)等评价试样的燃烧性能。

NASA 自定垂直燃烧标准 NASA-STD-600 主要测试材料的抗烟性和阻燃性,试样尺寸为 0.051m×0.305m×0.025m,垂直固定于点火器的上方。点火器点燃后,在 1093℃ 下燃烧(25+5)s。整个实验中的试样燃烧长度必须小于 0.152m。肉眼直接观察实验中产生的烟量[42]。

表 4.24 所列为三种不同 TEEK 试样垂直燃烧的实验结果。由表 4.24 可知:TEEK-HH、TEEK-HL 和 TEEK-LL 垂直燃烧性能较好,TEEK-HL 泡沫的燃烧长度最大,为 0.015m,但明显小于最低要求 0.152m;三种泡沫在测试过程中都不产生烟雾;在密度相同时,TEEK-LL 的阻燃性能比 TEEK-HL 优异;在密度不同时,高密度的 TEEK-HH 泡沫阻燃性能更优异。图 4.55 所示为垂直燃烧测试后 TEEK 聚酰亚胺泡沫材料试样[1]。

表 4.24 TEEK 泡沫材料的垂直燃烧性能

性　　质	测试方法	TEEK-HH	TEEK-HL	TEEK-LL
密度/(kg/m³)	ASTM D-3574(A)	80	32	32
垂直燃烧	燃烧时间	25s	25s	25s
	燃烧长度	0m	0.015m	0m
	滴油	无	无	无
发烟量	可视化观察	无	无	无

浙江大学测试了 BTDA/4,4′-ODA/TAP 共聚聚酰亚胺泡沫材料的阻燃性能,如表 4.25 所列[10]。该泡沫也表现出良好的阻燃性能,只有加入 15%(质量)的 TAP 阻燃性能稍差,分析认为,可能是吡啶环的分解所致。

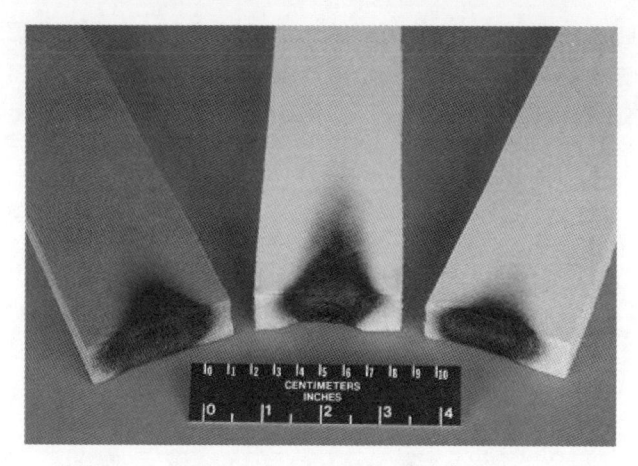

图 4.55 TEEK-LL、TEEK-HL 和 TEEK-HH(从左到右)泡沫材料垂直燃烧后的试样[8]

表 4.25 BTDA/4,4′-ODA/TAP 共聚聚酰亚胺泡沫材料阻燃性能

性　　能	TAP 加入量/%,mol			
	0	5	10	15
燃烧长度/mm	0	0	0	0.05
有无滴落	无	无	无	无
自燃时间/s	0	0	0	0
有无烟产生	很少	很少	很少	很少

4.8.4 聚酰亚胺泡沫材料的辐射加热板测试

垂直燃烧和水平燃烧并不适合密度较小的聚酰亚胺泡沫材料的阻燃性能的表征,对低密度聚酰亚胺泡沫材料的表面燃烧性可依据 ASTM E162—98 进行辐射加热板测试。这种方法测试的是极限燃烧能量和热量释放速率,能得到火焰传播(火焰沿表面燃烧的速率)或加热板系数。

辐射加热板测试测量原理是将热电偶放在试样上方用于测量热量释放速率,测试泡沫燃烧端的形变作为泡沫收缩率。

NASA 对 150mm×450mm 的聚酰亚胺泡沫材料片进行了测试。测试方法为:将试样置于倾斜 30°的实验支架上,点燃面板附近的聚酰亚胺泡沫材料,火焰前端沿面板向下燃烧,图 4.56 为辐射加热板测试示意图[8]。

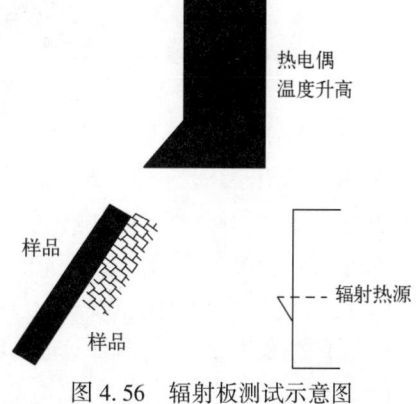

图 4.56 辐射板测试示意图

因聚酰亚胺中含有酰亚胺环，在链断裂的同时可发生交联，并伴随大量的碳化。辐射加热板测试数据[8]表明，PEI 泡沫曝露于辐射板火焰中会熔融，而 TEEK 聚酰亚胺泡沫材料具有极好的抗火焰性，收缩率也很小。图 4.57 所示为不同类型 TEEK 泡沫的收缩率。

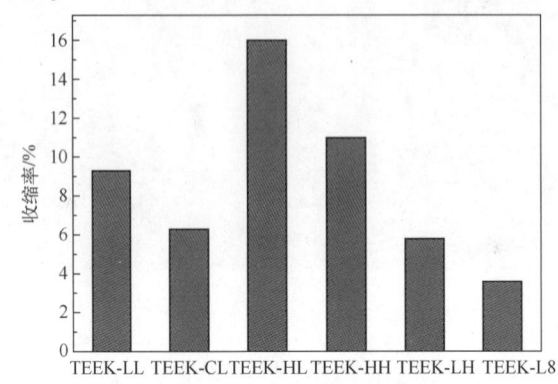

图 4.57 TEEK 聚酰亚胺泡沫材料辐射加热板法测试的收缩率

由图 4.57 可知：相同密度（32kg/m³）的聚酰亚胺泡沫材料，因分子结构不同，收缩率不等，即 TEEK-HL>TEEK-LL>TEEK-CL，TEEK-HH>TEEK-LH，与分子链刚性的差异相符；若化学结构相同，则高密度比低密度的聚酰亚胺泡沫材料收缩小，即 TEEK-HL>TEEK-HH，TEEK-LL>TEEK-LH，但 TEEK-L8 不符合这一规律，可以从表面积加以解释。

图 4.58(a)(b)和(c)分别为 TEEK-HL、TEEK-HH 和 TEEK-LL 聚酰亚胺泡沫材料辐射加热板测试过的试样形貌。

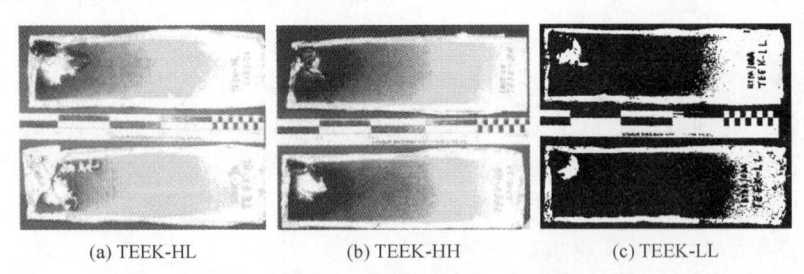

(a) TEEK-HL　　　　(b) TEEK-HH　　　　(c) TEEK-LL

图 4.58 辐射加热板两次循环测试后 TEEK 聚酰亚胺泡沫材料

辐射加热板测试说明 TEEK 系列聚酰亚胺泡沫材料均有优良的耐火性，图 4.59 所示为泡沫表面积对辐射加热测试收缩率的影响[7]。

辐射加热板测试表明，聚酰亚胺泡沫材料的比表面积直接影响聚酰亚胺泡沫材料的收缩率，比表面积越大，收缩率越大；而聚酰亚胺泡沫材料的比表面积与泡沫材料的分子结构和密度有关，相同密度的 TEEK-H 与 TEEK-L 系列相比，TEEK-H 系列的比表面积大于 TEEK-L 系列，可能与 TEEK-H 泡孔结构的均匀性有关。

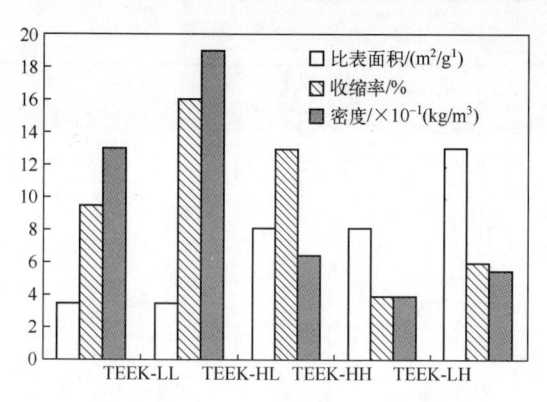

图 4.59　TEEK 聚酰亚胺泡沫材料收缩率与比表面积及密度的关系[7]

4.8.5　聚酰亚胺泡沫材料的锥形量热测试

锥形量热计法可测量聚酰亚胺泡沫材料燃烧过程中的耗氧量,以表征放热量,也可得到点火后最初 1min、3min、5min 内的最大放热速率和平均放热速率。燃烧性能可用锥形量热计,分析点火时间(Time ig)、最大放热速率(PHRR)、平均放热速率(ave. HRR)、总放热量(THR)、指定燃烧面积的发烟量(SEA)、一氧化碳量(CO)、平均质量损失率(MLR)、初始质量及最终质量等表示。测试可依照 ASTM E1354—2002 进行。

试样尺寸为 100mm×100mm×25mm。聚合物泡沫实验所用热流量一般为 35kW/m^2。由于聚酰亚胺泡沫材料具有极好的阻燃性,所以所需的热流量较大,一般建议,聚酰亚胺泡沫材料在三种热流量下测试[43]:35kW/m^2、50kW/m^2 和 75kW/m^2。由于 PEI 泡沫的阻燃性较差,因此建议选用流量为 25kW/m^2。表 4.26 所列为 TEEK、Solimide[8] 和 PEI 三种聚酰亚胺泡沫材料的锥形量热法测试结果。

表 4.26　锥形量热数据[8,43]

样条	热流量/(kW/m^2)	时间/s	PHRR/(kW/m^2)	平均HRR/(kW/m^2)	THR/(MJ/m^2)	平均SEA/(m^2/kg)	平均CO/(kg/kg)	平均MLR/(g/(s·m^2))	起始质量/g	最后质量/g
TEEK-HL	35	—	11.5	3.10	2.30	530	0.31	0.35	9.2	7.5
	50	89.8	54.7	21	12.9	169	0.38	1.86	13.4	0.0
	75	13.8	154	28.9	22.5	160	0.13	1.22	14.1	4.7
TEEK-HH	35	—	7.93	3.27	2.43	618	0.07	0.32	19.8	18.8
	50	55.0	50.5	24.8	37	261	0.19	1.18	24.6	6.7
	75	12.6	79.7	35.1	49.1	72.9	0.02	1.39	23.7	4.3
TEEK-LL	35	—	17.3	1.43	5.25	32.9	0.00	3.80	9.4	7.2
	50	32.6	39.9	25.2	22.7	126	0.28	1.05	13.6	4.5
	75	8.8	53.4	26.3	21.2	117	0.03	1.12	13.6	4.7

(续)

样条	热流量 /(kW/m²)	时间 /s	PHRR /(kW/m²)	平均 HRR /(kW/m²)	THR /(MJ/m²)	平均 SEA /(m²/kg)	平均 CO /(kg/kg)	平均 MLR /(g/(s·m²))	起始质量 /g	最后质量 /g
TEEK-LH	50	43.8	30.7	20.3	43.0	334	0.34	0.96	25.6	4.8
	75	17.5	43.7	25.4	53.9	6.14	0.14	1.07	26.0	3.8
TEEK-L8	50	37.3	36.2	26.1	54.2	2.06	0.27	1.12	26.0	6.4
	75	15.5	58.3	30.1	68.3	33.5	0.15	1.75	29.8	4.3
TEEK-CL	35	—	5.93	1.80	1.26	226	0.00	0.25	34.2	7.4
	50	133	26.2	17.9	15.4	55.8	0.28	0.92	8.1	4.9
	75	9.6	68.6	27	19	149	0.03	1.28	12.1	4.0
Solimide	50	4.5	34.9	13.7	2.9	10.4	0.41	0.78	—	—
PEI	25 熔融	—	3.7	0.94	0.21	24.9	0.00	1.5		

表 4.26 表明:TEEK 聚酰亚胺泡沫材料在热流量为 35kW/m² 时不能点燃,在 50kW/m² 和 75kW/m² 时不完全燃烧,而同样条件下的 PEI 泡沫材料则发生熔融现象。

在热流量为 50kW/m² 时,TEEK-CL 点燃所需时间最长为 133s,其次是 TEEK-H 系列的泡沫材料。但当热流量为 75kW/m² 时,所有测试材料点燃所需时间相似;Solimide 泡沫材料的点燃时间较短;所有试样的平均热量释放速率数据相似,只有 TEEK-CL 和 Solimide 泡沫材料在 50kW/m² 热流量下的数值略低;各种类型聚酰亚胺泡沫材料的质量损失数据(MLR)相似。

比较各种聚酰亚胺泡沫材料的 PHRR 值,不同密度或不同结构泡沫材料没有显著的规律性。①相同密度的 TEEK-HL、TEEK-LL 和 TEEK-CL 泡沫材料在热流量为 75kW/m² 时,TEEK-HL 的 PHRR 值最大,为 154kW/m²,TEEK-CL 的 PHRR 为 69kW/m²,TEEK-LL 的 PHRR 值最小,为 54kW/m²。这表明化学组成影响泡沫材料的燃烧性质,但无规律性。②在 75kW/m² 时,随着泡沫材料密度从 32kg/m³ 增至 80kg/m³,TEEK-H 和 TEEK-L 系列泡沫材料的 PHRR 值也降低;在热流量为 55kW/m² 时,TEEK-H 系列泡沫材料的 PHRR 值随着密度的增大而降低,而 TEEK-L 系列泡沫材料的 PHRR 值则与密度无直接相关性。

图 4.60 和图 4.61 所示为不同聚酰亚胺泡沫材料的比表面积及 PHRR 值[8]。比较图 4.60 和图 4.61 可知,在热流量为 75kW/m² 和 50kW/m² 时,比表面积与 PHRR 的变化趋势相似,只有图 4.54 中的 TEEK-LL 和图 4.55 中的 TEEK-HH 发生了偏离。因此,聚酰亚胺泡沫材料的比表面积对其锥形量热测试结果的影响较大。

由不同前驱体制备的聚酰亚胺泡沫材料的性能不同,表 4.27 比较了两种不同前驱体制得聚酰亚胺泡沫材料的 PHRR 与 THR 值[7]。与前驱体粉末制备的聚酰亚胺泡沫材料相比,前驱体微球制备的聚酰亚胺泡沫材料的 PHRR 值较低,而 THR 值较大。这可能是因为前驱体微球制备的泡沫的闭孔率较大,比表面积较小的缘故。

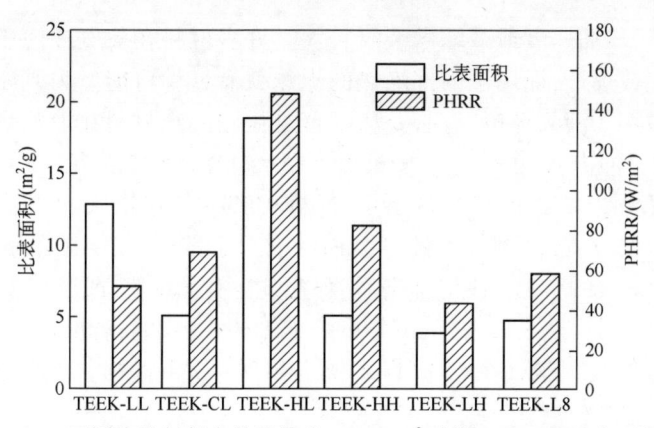

图4.60 不同泡沫材料在热流量为75kW/m²时的PHRR和比表面积[8]

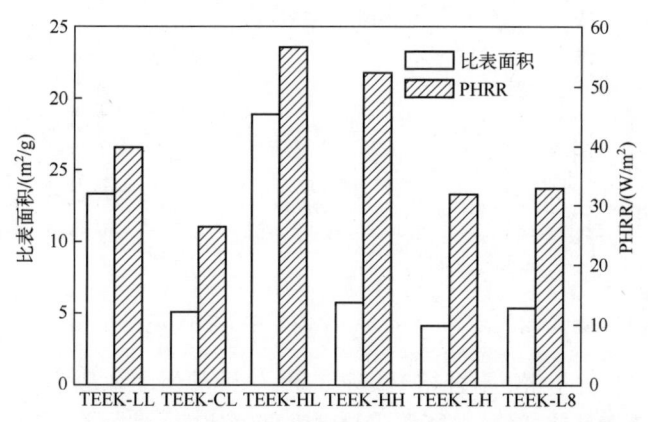

图4.61 不同泡沫材料在热流量为50kW/m²时的PHRR和比表面积[8]

表4.27 由前驱体粉末和前驱体微球制聚酰亚胺泡沫材料的PHRR和THR值

体系	热流量/(kW/m²)	PHRR/(kW/m²)	THR/(MJ/m²)
由前驱体粉末制备的 TEEK-HL	35	11.5	2.3
	50	54.7	12.9
	75	154	22.5
由前驱体微球制备的 TEEK-HL	50	24	30
	75	65	34

4.9 聚酰亚胺泡沫材料的其他性能

4.9.1 聚酰亚胺泡沫材料的LOX力学冲击性能

聚酰亚胺泡沫材料作为一种耐高低温的保温隔热材料,可用于飞行器外部隔热舱,降低热量传播速度或减缓微裂纹长大。许多材料在氧气环境中受力学冲击时会发生燃烧或爆炸,而用于内部隔热的泡沫就有这种可能。为判断聚酰亚胺泡沫材料能否应用于液氧环境,有必要测试聚酰亚胺泡沫材料在液氧环境下受力学冲击(LOX 力学冲击)时的响应。测试可参照 ASTM D2512 进行。

实验装置如图 4.62 和图 4.63 所示[8],将 9.07kg 的重物从 1.17m 的高处落下,撞击在直径为 12.7mm 的圆柱形锤钉(striker pin)上,锤钉固定在样品盘上,其中样品盘置于充满液氧的小铝杯中。冲击后,观察试样有无反应,或者有无出现闪光、声响或炭化现象。对一个试样进行 20 次 1.17m 高的冲击实验,若没有发生上述响应现象则说明试样合格。其次,在 60 次测试中,若出现一次上述响应现象,也认为合格。

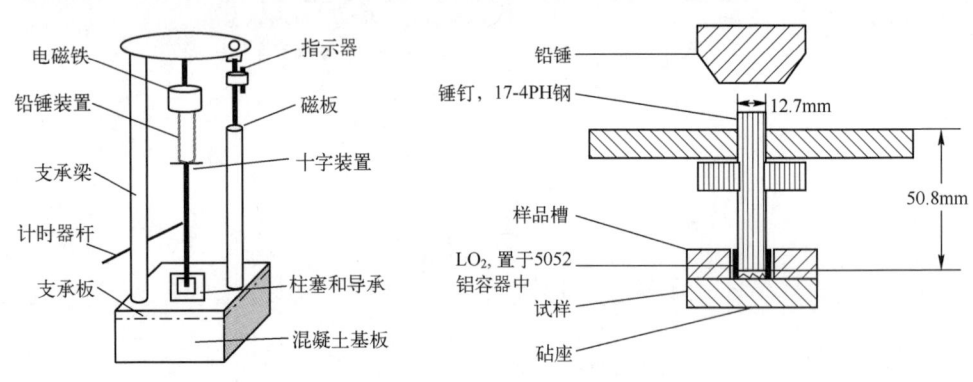

图 4.62　LOX 机械冲击测试台[8]　　图 4.63　LOX 机械冲击测试试样支件[8]

这种测试只有"合格/不合格"两种结果,失败的概率比较小。但这种测试由于要求严格,而无具体数值,只能用于材料性能的比较。

NASA 对聚酰亚胺泡沫材料在氧气环境下的耐冲击性能进行了测试,结果如表 4.28 所列[8]。

表 4.28　LOX 力学冲击数据

样　条	响应次数	观察现象
TEEK-HL	1	火花/声音/炭化
TEEK-HH 第一次测试	2	炭化
TEEK-HH 第二次测试	1	炭化
TEEK-LL 第一次测试	0	无
TEEK-LL 第二次测试	1	火花/炭化
TEEK-CL	0	无

分析表 4.28 可知:TEEK-LL 和 TEEK-CL 表现最好,在第一轮测试中都没有响应,TEEK-LL 在第二轮测试中也只有一次响应;TEEK-HL 和 TEEK-HH 较差,失败的概率较大。可降低高度,减小冲击能,对这些泡沫材料进行进一步测试,直至每种样品在某一最大能量下通过测试。测试结果表明,这些泡沫可用作返回式

运载火箭的内部隔热构件,但对于实际应用操作还需进行更多测试。

4.9.2 聚酰亚胺泡沫材料的单轴拉伸性能

聚酰亚胺泡沫材料具有良好的高、低温隔热性能,因此被用作飞行器低温液氢(LH_2)、液氧(LOX)储箱保温隔热材料,图4.64所示为低温储箱在航天飞行器上的位置。为研究低温储箱隔热聚酰亚胺泡沫材料的热-力学性能,NASA[8]以300mm×600mm聚酰亚胺泡沫材料平板试样的单轴拉伸测试来模拟低温储箱隔热材料的热-机械负荷,平板试样由于弯曲半径很大,可近似为舱壁,因此实验以平板试样进行测试,图4.65所示为单轴拉伸测试装置。该装置可测试预定温度范围内热循环条件下的单轴拉伸性能,最低测试温度可为−253℃,最高温度可达372℃。

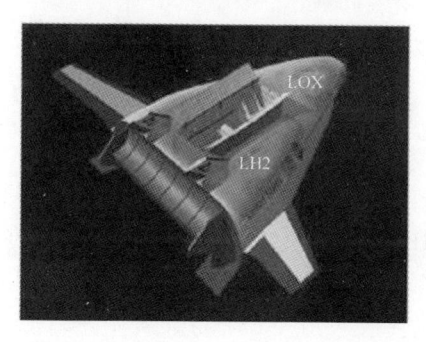

图4.64 低温储箱在航天飞行器上的位置[8]

单轴拉伸测试的具体操作方法为:如图4.65(a)所示,将试样置于支架上,试样的一侧紧贴低温室,试样的另一侧紧贴对流加热室,其中拉伸载荷、低温及高温室的测试周期独立控制,典型周期为30~50min。

(a) 测试装置示意图　　(b) 聚酰亚胺泡沫材料试样装配图

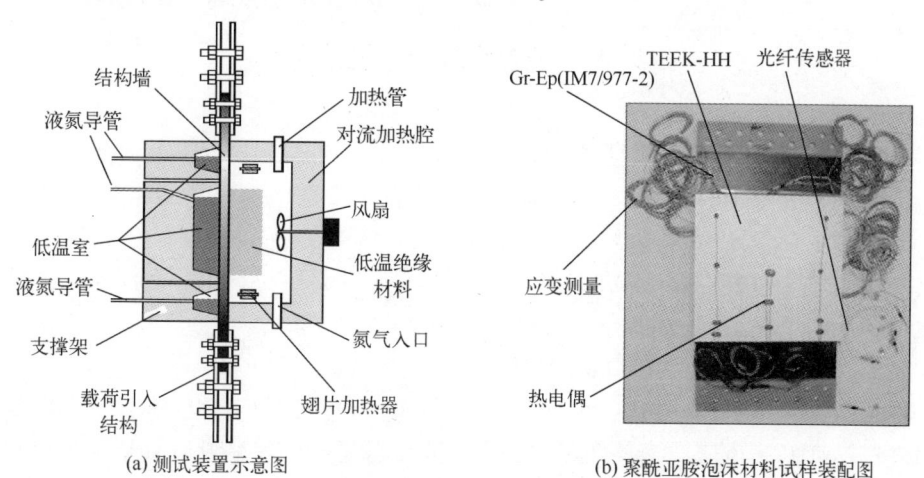

图4.65 聚酰亚胺泡沫材料单轴拉伸测试装置[8]

图 4.66 表示 LH₂ 储箱壁板的热-机械循环载荷的实例,展示了一段时间内高低温室的温度变化和拉伸载荷变化的复杂性。

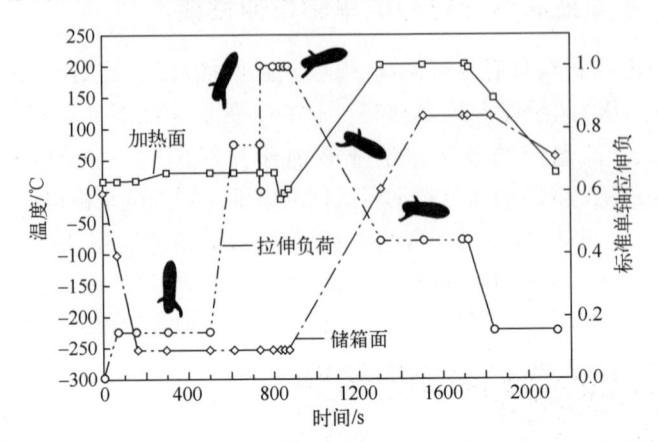

图 4.66　单轴拉伸测试下低温液氢舱内试样的典型热-机械循环[8]

此外,将测试试样进行装配后进行单轴拉伸测试,可模拟环境应力对储箱的作用,如图 4.65(b)所示,将 TEEK-HH 试样在室温下用环氧胶黏剂黏在 IM1977-2Gr-Ep($\pm 45°_2$,$90°_2$,$0°_{1.5}$)ₛ测试面板上,配套设施包括玻璃纤维光学传感器、应变传感器和热电偶,最后将装配好的试件放入图 4.65(a)装置中进行测试。例如,TEEK-HH 装配试样在低温部分的温度低于 -253℃,不同高温 177℃、207℃下分别经历 50 个热-机械循环周期后,经 177℃高温循环的聚酰亚胺泡沫材料试样没有降解的迹象,只是试样上表面轻微地变黑,而 207℃高温循环的聚酰亚胺泡沫材料试样变黑,上表面鼓起,说明高温时有气体放出。

4.10　拟解决的关键问题

1) 提高聚酰亚胺泡沫材料的压缩强度

除了 PMI 与 PEI 泡沫材料外,现有的其他聚酰亚胺泡沫材料的压缩强度相对较低,因此:首先,需开展聚酰亚胺泡沫材料分子结构设计,以提高聚酰亚胺泡沫材料的压缩强度;其次,通过添加微粒子或纤维等无机刚性材料提高泡沫压缩强度,也可将泡沫填充于蜂窝提高泡沫的压缩强度(见第 5 章)。

2) 提高聚酰亚胺泡沫材料的耐热性

目前,聚酰亚胺泡沫材料的 T_g 已经达到 430℃,但已经产业化的聚酰亚胺泡沫材料产品远低于该值,T_g 多数小于 320℃。因此需要通过聚酰亚胺分子结构设计,选择合适的制备方法或成型工艺,进一步提高聚酰亚胺泡沫材料产品的 T_g。

第4章 聚酰亚胺泡沫材料的结构与性能

3) 综合评价聚酰亚胺泡沫材料结构与性能

聚酰亚胺泡沫材料是一种耐高低温性能优异的特种泡沫材料,其性能不仅与分子结构有关,还与树脂的物理性能及泡沫的泡孔结构有关,各种因素的综合作用使聚酰亚胺泡沫材料的性能不同,因而需要深入研究聚酰亚胺泡沫材料的结构与性能间的关系。

4) 降低成本

聚酰亚胺泡沫材料合成单体,尤其是二酐单体价格高,因此降低单体成本成为目前需要解决的问题之一。降低成本的另一种方法是降低聚酰亚胺泡沫材料的密度,但在降低密度的同时,会影响泡沫材料的性能。因此,低成本、高性能聚酰亚胺泡沫材料技术将成为研究热点之一。

参 考 文 献

[1] Bodden-Williams M K. A Study of the Properties of High Temperature Polyimide Foams[D]. Melbourne:The Department of Chemistry at Florida Institute of Technology,2003.

[2] 楚晖娟,朱宝库,徐又一. 聚酰亚胺泡沫材料的制备与性能[J]. 塑料科技,2008,36(3): 56-60.

[3] 曹立宏,马颖. 多孔锌合金孔隙率及通孔率的测定方法研究[J]. 甘肃科技,2006,22(5): 110-112.

[4] 刘培生,马晓明. 多孔材料检测方法[M]. 北京:冶金工业出版社,2006.

[5] 陈隶恕. 用汞压法分析多孔体的结构[J]. 粉末冶金技术,1987,5(4):215-220.

[6] 杨通在,罗顺忠,许云书. 氮吸附法表征多孔材料的孔结构[J]. 炭素,2006(1):17-22.

[7] Williams K,Weiser E S,Fesmire1 J E,et al. Effects of Cell Structure and Density on the Properties of High Performance Polyimide Foams[J]. Polymers for Advanced Technology,2005,16: 167-174.

[8] Weiser E S. Synthesis and Characterization of Polyimide Residuum, Friable Balloons, Microspheres and Foams[D]. Williamsburg:The College of William and Mary,2004.

[9] Rosser R W. Polyimide Foam for Thermal Insulation and Fire Protection:US3772216[P]. 1973-11-13.

[10] 楚晖娟,朱宝库,徐又一. 聚酯铵盐粉末发泡制备聚酰亚胺泡沫材料的研究[J]. 广东化工,2007,34(176):14-17.

[11] 孙春方,李文晓,薛元德,等. 高速列车用PMI泡沫力学性能研究[J]. 玻璃钢/复合材料,2006(4):13-16.

[12] 陈一民,何斌. 聚甲基丙烯酰亚胺(PMI)泡沫制备及结构表征[J]. 化工新型材料,2007,35(2):32-34.

[13] 陈一民,何斌. 聚甲基丙烯酰亚胺的制备研究[J]. 国防科技大学学报,2008(2):39-42.

[14] Chu H J,Zhu B K,Xu Y Y. Polyimide Foams with Ultralow Dielectric Constants[J]. Journal of

Applied Polymer Science,2006,102(2):1734-1740.
[15] Chu H J,Zhu B K,Xu Y Y. Preparation and Dielectric Properties of Polyimide Foams Containing Crosslinked Structures[J]. Polymers for Advanced Technologies,2006,17(5):366-371.
[16] 王连才,郭宝华,曾心苗,等. 聚酰亚胺泡沫材料制备与性能研究[J]. 工程塑料应用,2008,36(3):6-8.
[17] Kuwabara A,Ozasa M,Shimokawa T,et al. Basic Mechanical Properties of TEEK Polyimide-Foam and TEEK-filled Aramid Honeycomb Core-materials for Sandwich Structures[J]. Society of Materials Science,Japan,2005,54(1):97-103.
[18] Kuwabara A,Ozasa M,Shimokawa T,et al. Basic Mechanical Properties of Balloon-type TEEK-L polyimide-foam and TEEK-L Filled Aramid-honeycomb Core Materials for Sandwich Structures[J]. Advanced Composite Materials,2005,14(4):343-363.
[19] Lascoup B,Aboura Z,Khellil K,et al. On the Mechanical Effect of Stitch Addition in Sandwich Panel[J]. Composites Science and Technology,2006,66:1385-1398.
[20] Weiser E S,Grimsley B W. Polyimide Foams from Friable Balloons[C]. 47th International SAMPE Symposium,Long Beach,SAMPE,2002.
[21] Gibson L J,Ashby M F. Cellular Solids-structures and Properties[M],2nd Edition,New York,Cambridge University Press,1997.
[22] Williamsa M K,Holland D B,Melendez O,et al. Aromatic Polyimide Foams:Factors that Lead to High Fire Performance[J]. Polymer Degradation and Stability,2005,88(1):20-27.
[23] Veazie D R,Wright M O. Polyimide Foam Development and Characterization for Lightweight Integrated Structures[C]. Structures,Structural Dynamics and Materials Conference,45th AIAA/ASME/ASCE/AHS/ASC. Palm Springs,California,2004.
[24] 车剑飞,肖迎红,吉德祥. 改性双马来酰亚胺的发泡研究[J]. 现代塑料加工应用,1994(6):36-40.
[25] 谢文峰,黄志雄. 高强泡沫复合材料的研制[J]. 国外建材科技,2007,28(1):29-31.
[26] 黄志雄,梅启林,周祖福. 增韧双马来酰亚胺泡沫体的研究[J]. 武汉理工大学学报,2001,23(4):5-8.
[27] Frosch R A,Sawko P M,Riccitiello S R,et al. Ambient Cure Polyimide Foams Prepared from Aromatic Polyisocyanates,Aromatic Polycarboxylic Compounds,Furfuryl Alcohol,and a Strong Inorganic Acid:US4184021[P]. 1980-01-15.
[28] Gibson L J,Ashby M F. 多孔固体结构与性能[M]. 刘培生译,中国:清华大学出版社,2003:159-161.
[29] 卢子兴,陈鑫,张家雷. 各向异性弹性开孔泡沫压缩行为的数值模拟[J]. 北京航空航天大学学报,2008,34(5):564-568.
[30] 刘浩,韩常玉,董丽松. 闭孔泡沫材料结构与性能研究进展[J]. 高分子通报,2008(3):29-42.
[31] Liu J,Yu S,Zhu X,et al. The Compressive Properties of Closed-cell Zn-22Al Foams[J]. Materials Letters,2008,62:683-685.

[32] Hou T, Weiser E S, Siochi E J, et al. Processing characteristics of TEEK Polyimide Foam [J]. High Performance Polymers, 2004, 16:487-504.

[33] 沈燕侠,潘丕昌,詹茂盛,等. 几种聚酰亚胺泡沫的热力学研究[J]. 宇航材料工艺, 2007 (6):109-113.

[34] Shen Y X, Zhan, M S, Wang K. Effects of Monomer Structures on the Foaming Processes and Thermal Properties of Polyimide Foams [J]. Polymers for Advanced Technologies, 2010, 21 (10):704-709.

[35] Shen Y X, Zhan, M S, Wang K, et al. The Pyrolysis Behaviors of Polyimide Foam Derived from 3,3′,4,4′-benzophenone Tetracarboxylic Dianhydride/4,4′-Oxydianiline [J]. Journal of Applied Polymer Science, 2010, 115(3):1680-1687.

[36] 丁孟贤. 聚酰亚胺-化学、结构与性能的关系及材料[M]. 北京:科学出版社, 2006:189.

[37] Cella J A. Degradation and Stability of Polyimides [J]. Polymer Degradation and Stability, 1992, 36:99-110.

[38] Santhana K G, Veeramani S. Effect of Methyl Group Substitution in the Diamine and Copolymer Composition on Thermal Degradation of Copolyimides Based on 2,2-Bis(3,4-Dicarboxyphenyl) Hexafluoropropane Dianhydride [J]. Polymer Degradation and Stability, 2003, 81:225-232.

[39] Milena M C, Babic D, Dzunuzovic E, et al. Thermal, Oxidative and Radiation Stability of Polyimides. Part Ⅳ:Polyimides Based on N-[4-Benzoyl-2-(2,5-Dihydropyrrol-l-yl)-Pheyl]-Acetamide and Defferent Diamines [J]. Polymer Degradation and Stability, 2007, 92:1730-1736.

[40] Bruck S D. Thermal Degradation of an Aromatic Polypyromellitimide in Air and Vacuum Ⅱ-the effect of Impurities and the Nature of Degradation Products [J]. Polymer, 6(1):49-61.

[41] Tung C M, Hamermesh C L. Ambient Cure Polyimide Foam:US4263410[P]. 1981-04-21.

[42] Weiser E S, Johnson T F, St. Clair T L, et al. Polyimide Foams for Aerospace Vehicles [J]. High Performance Polymer, 2000, 12:1-12.

[43] Hshieh F Y, Hirsch D B, Beeson H D. Ignition and Combustion of Low-Density Polyimide Foam [J]. Fire and Materials, 2003, 27:119-130.

第5章 增强聚酰亚胺泡沫材料

5.1 概　　述

在聚酰亚胺泡沫材料系列中,PMI 泡沫材料的压缩强度最高[1],其他聚酰亚胺泡沫材料的压缩强度均较低[2,3],因此只有 PMI 泡沫材料可作为环氧树脂基纤维夹层复合材料成型支撑体。而制备泡沫/树脂基复合材料必须采用相应的耐热耐压支撑体。提高聚酰亚胺泡沫材料压缩强度的方法主要分为提高聚酰亚胺分子链刚性、控制泡孔结构和添加增强体三个方面。其中,利用增强体增强聚酰亚胺泡沫材料的方法[4]最为简单有效,目前其应用也最为广泛。增强体的种类主要有纤维、微粒子和蜂窝等。

增强后的聚酰亚胺泡沫材料,不但强度增加,热变形温度和阻燃等性能也有所提高,从而满足航空航天、武器、舰船、汽车等领域对高温泡沫材料的要求。增强聚酰亚胺泡沫材料主要用于航天飞机有隔热要求的次结构件。

本章主要介绍微粒子、纤维、蜂窝三种增强体增强聚酰亚胺泡沫材料的制备方法、性能以及界面成分,并提出拟解决的关键问题和研究方向。

5.2 微粒子增强聚酰亚胺泡沫材料

微粒子增强聚酰亚胺泡沫材料的制备方法主要有四种:①在制备聚酰亚胺泡沫材料的前驱体溶液中加入微粒子,直接发泡或成粉后固化成型;②在制备聚酰亚胺泡沫材料的前驱体粉末中加入微粒子,分散混合、发泡、固化成型;③在开孔率较高的聚酰亚胺泡沫材料中通过凝胶溶液浸渍加入微粒子,固化成型;④在原位聚合过程中生成纳米无机微粒子增强聚酰亚胺泡沫材料等。

5.2.1 在聚酰亚胺前驱体溶液中加入微粒子

早在1982年,John Gagliani 等[5]在聚酰亚胺泡沫材料中添加玻璃微珠,制备出高密度的聚酰亚胺泡沫材料结构材料。为使聚酰亚胺泡沫材料复合材料可用于一些对耐水解性有一定要求的领域,研究者在前驱体溶液中加入玻璃微珠混合物的同时,加入帝人化学公司 L-170 交联剂,以进一步提高泡沫复合材料的耐水解性。表 5.1 和表 5.2 分别列出玻璃微珠增强聚酰亚胺泡沫材料复合材料的钉着力(screw withdrawal)和吸水率。钉着力是指钉子对材料产生最大的引拔强度(将钉子拔出来的力量)。

表 5.1　玻璃微珠增强聚酰亚胺泡沫材料的钉着力[5]

项　目	密度/(kg/m^3)	钉着力/N
实测	256	872
指标	256	668

表 5.2　玻璃微珠增强聚酰亚胺泡沫材料的吸水率[5]

玻璃微珠加入量/%(质量)	L-170 交联剂加入量/%(质量)	吸水率/%
35	—	37.4
30	10	34.1
30	15	31.0
25	20	19.4

由表 5.1 和表 5.2 可知,玻璃微珠增强聚酰亚胺泡沫材料的钉着力比预期的高,且加入 L-170 交联剂能明显降低聚酰亚胺泡沫材料的吸水率,交联剂含量越大,吸水率越低。

2007 年,北京航空航天大学[6]将空心玻璃微珠和多壁碳纳米管(MWCNT)分别加入到聚酰亚胺前驱体溶液中,经一系列处理后,制备了空心玻璃微珠和 MWCNT 增强的聚酰亚胺泡沫材料,图 5.1(a)和(b)分别表示氮气环境下空心玻璃微珠和 MWCNT 增强聚酰亚胺泡沫材料的热失重曲线。

(a) 空心玻璃微珠增强聚酰亚胺泡沫材料　　(b) MWCNT增强聚酰亚胺泡沫材料

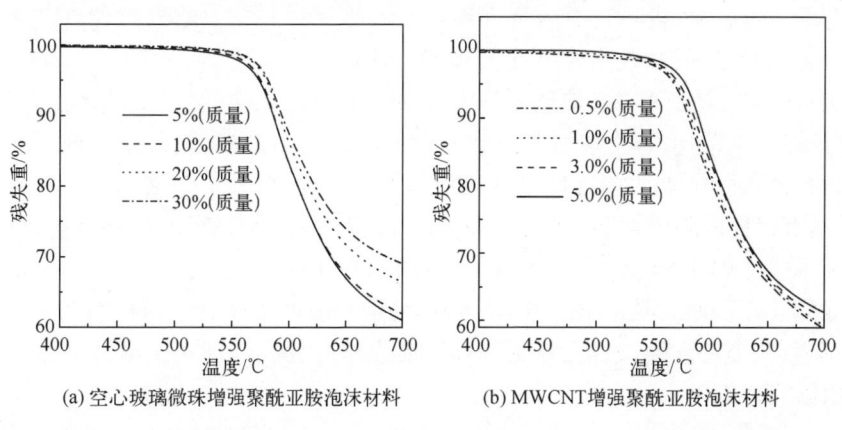

图 5.1　空心玻璃微珠、MWCNT 增强聚酰亚胺泡沫材料的热失重曲线[6]

由图 5.1 可知,加入空心玻璃微珠和 MWCNT 均能提高聚酰亚胺泡沫材料的热稳定性,微粒子含量越大,其热失重越少,特别是当温度超过 500℃时,微粒子含量越大,其作用越明显;MWCNT 由于其添加量较少,因此对聚酰亚胺泡沫材料的热失重行为的影响不如空心玻璃微珠显著。表面处理、未处理空心玻璃微珠和 MWCNT 微粒子增强聚酰亚胺泡沫材料的压缩强度与 T_g,如表 5.3 所列。

表 5.3 微粒子增强聚酰亚胺泡沫材料的压缩强度与 T_g

微粒子	加入量/%(质量)	泡沫材料密度/(kg/m³)	压缩强度/MPa	T_g/℃
空心玻璃微珠表面偶联处理	0	51	0.10	245
	5	77	0.28	248
	10	102	0.41	250
	20	126	0.46	250
	30	154	0.73	251
空心玻璃微珠表面未处理	5	82	0.25	—
	10	108	0.33	—
	20	138	0.55	—
	30	165	0.48	—
MWCNT	0.5	51	0.17	248
	1.0	81	0.34	250
	3.0	111	0.40	248
	5.0	139	0.65	247

由表 5.3 可知:空心玻璃微珠和 MWCNT 的添加量越大,泡沫材料的压缩强度越大,但其密度也越大;经表面偶联处理的空心玻璃微珠对泡沫材料压缩强度的影响更显著,说明表面处理可有效提高聚酰亚胺泡沫材料与空心玻璃微珠的界面强度。此外,微粒子的加入对聚酰亚胺泡沫材料的 T_g 影响较小。

表面处理、未处理空心玻璃微珠和 MWCNT 微粒子增强聚酰亚胺泡沫材料的 LOI 与微粒子添加量的关系如图 5.2 所示。由图 5.2 可知:随着空心玻璃微珠和 MWCNT 含量的增加,聚酰亚胺泡沫材料的 LOI 增大;各种增强泡沫的 LOI 均大于 50%,具有优异的阻燃性能;加入 MWCNT 可大大提高聚酰亚胺泡沫材料的 LOI,添加 5%(质量)MWCNT,聚酰亚胺泡沫材料的 LOI 由 50%提高到 55%;当空心玻璃微珠含量小于 30%(质量)时,表面处理后的空心玻璃微珠对泡沫材料的 LOI 的提高更显著;当空心玻璃微珠含量为 30%(质量)时,表面处理对聚酰亚胺泡沫材料 LOI 的影响并不大。

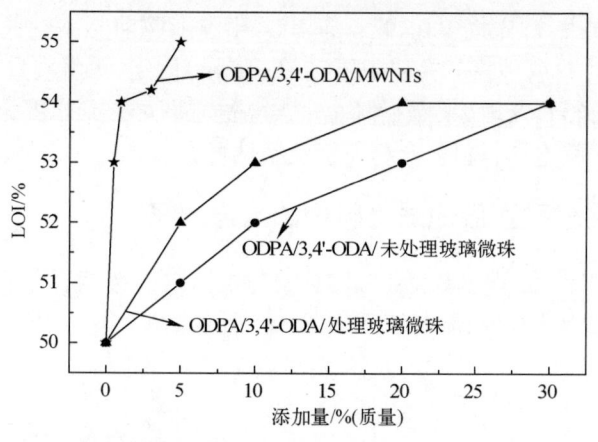

图5.2 玻璃微珠、MWCNT增强聚酰亚胺泡沫材料的LOI

5.2.2 在聚酰亚胺前驱体粉末中加入微粒子

1989—1990年，Hill[7-9]开发了一种利用聚酰亚胺前驱体粉末与片状多孔无机粒子混合物制备聚酰亚胺泡沫材料隔热制件的方法，制备装置和制得的制件如图5.3所示。

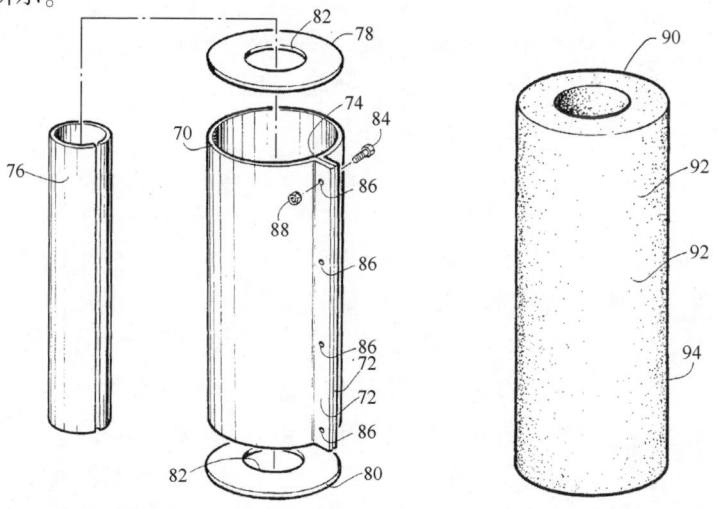

(a) 微粒子增强聚酰亚胺泡沫材料制备装置　　(b) 微粒子增强聚酰亚胺泡沫材料制件

图5.3 微粒子增强聚酰亚胺泡沫材料制备装置及泡沫制件

70—楔合外套筒；72—外套筒轮箍；74—楔合口；76—内置金属套筒；78—上盖板；80—下盖板；
82—连接内置套筒的开孔；84—螺钉；86—螺孔；88—螺母；90—微粒子增强聚酰亚胺泡沫材料；
92—微粒子部分；94—聚酰亚胺泡沫材料部分。

在图5.3(a)中，编号70~88表示微粒子增强聚酰亚胺泡沫材料制备装置的各个部件；在图5.3(b)中，编号90~94表示微粒子增强聚酰亚胺泡沫材料管状制件。

具体操作方法:首先将400g蛭石与400g聚酰亚胺前驱体粉末均匀混合;然后将其装入图5.3(a)所示模具夹层中压实,并用螺钉固定,再将模具在190.6℃加热30min发泡,在260℃处理2h;最后降至室温,脱模,即可得到密度为144kg/m³的微粒子增强聚酰亚胺泡沫材料复合材料管状制件。

5.2.3 在聚酰亚胺泡沫材料中加入微粒子

1990年,Hill[10]将开孔聚酰亚胺泡沫材料浸入含有无机微细粒子的溶液中制备增强聚酰亚胺泡沫材料,制备流程如图5.4所示。

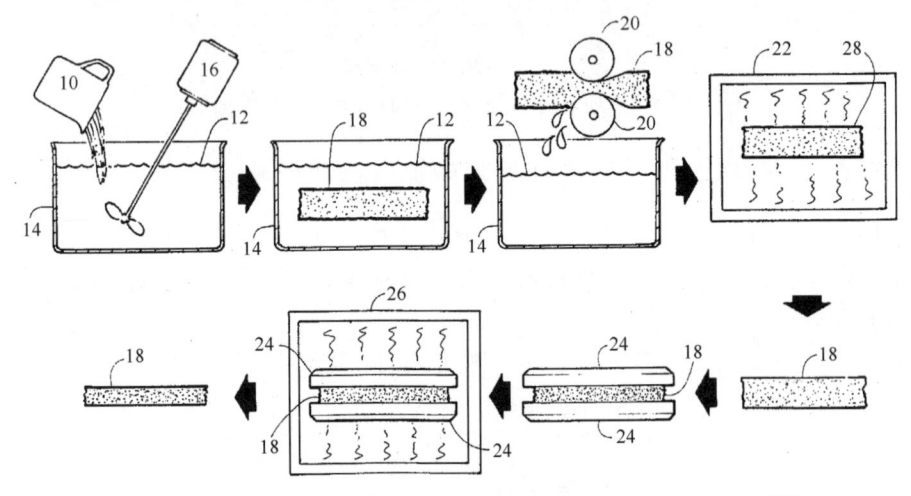

图5.4 非金属无机微粒子填充开孔聚酰亚胺泡沫材料制备流程[10]

具体操作方法:首先将无机微细粒子从容器10中倒入装有液体12的容器中,液体12可以是水或其他溶剂;然后用搅拌器16搅成均一溶液,将开孔聚酰亚胺泡沫材料18浸入液体12中,直至所有孔隙都充满溶液,观察发现气泡不再从泡沫材料中逸出即认为已充满;最后将泡沫材料通过滚筒20压出部分溶液以控制微粒子的加入量,将填充后的聚酰亚胺泡沫材料置于加热炉22中烘干,得到微粒子增强的聚酰亚胺泡沫材料,为了增大泡沫密度,提高泡沫强度,又将上述泡沫材料放入压板24中加压,再置于加热炉26中,高温压制稠化,冷却后即得微粒子增强聚酰亚胺泡沫材料。

该方法的优点在于后处理过程不仅将微粒子压入泡沫材料中,提高了泡沫材料的强度和阻燃性,而且通过改变压板形状,可制备具有不同形状的聚酰亚胺泡沫材料。另外,在压板24中可加入胶黏剂和纤维板,压制得到聚酰亚胺泡沫材料夹层材料。

微粒子的加入不仅可以提高聚酰亚胺泡沫材料的强度,而且能降低复合材料成本,德国已将空心玻璃微珠增强聚酰亚胺泡沫材料用作长 12.5m、重 55kg 帆船的船舵材料[11]。

5.2.4 纳米微粒子原位增强聚酰亚胺泡沫材料

在合成聚酰亚胺时,原位生成纳米 SiO_2 或加入含硅的封端剂,对提高聚酰亚胺材料的性能有一定作用[12,13]。2008 年,北京航空航天大学[14]利用纳米 SiO_2 微粒子原位生成技术,研制出纳米微粒子增强聚酰亚胺泡沫材料,聚酰亚胺基体可以是均聚物,也可以是共聚物。结果表明,该法不仅能提高聚酰亚胺泡沫材料的压缩强度,而且能有效改善聚酰亚胺泡沫材料的耐热性。

具体操作方法:首先将一种或一种以上的芳香二酐与一种或一种以上的芳香二胺按一定比例合成聚酰胺酸溶液;然后加入含硅封端剂、聚硅氧烷前驱体及泡沫稳定剂,再加热除去小分子挥发物,得到聚酰亚胺的前驱体粉末;最后将粉末填入模具,高温发泡可制得柔弹性、刚性或半刚性的聚酰亚胺泡沫材料。图 5.5 所示为不同含量的纳米 SiO_2 增强 ODPA/3,4′-ODA 聚酰亚胺泡沫材料复合材料(密度约为 $128kg/m^3$)的压缩应力-应变曲线。

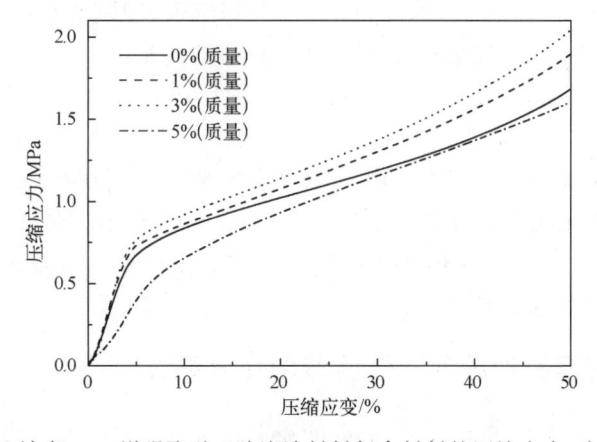

图 5.5 纳米 SiO_2 增强聚酰亚胺泡沫材料复合材料的压缩应力-应变曲线

由图 5.5 可知:纳米 SiO_2 含量由 0 增加到 3.0%(质量)时,聚酰亚胺泡沫材料的压缩强度由 0.84MPa 增加到 0.92MPa,增加约 10%;但是当纳米 SiO_2 的含量为 5%(质量)时,泡沫材料的压缩强度反而下降,与未增强泡沫材料相比,降低约 20%,这可能是由于高含量的纳米 SiO_2 降低了泡沫前驱体的发泡性能,泡沫材料中泡孔间的黏结性能较差,从而导致泡沫材料的压缩性能下降。

表 5.4 列出纳米 SiO_2 原位分散增强聚酰亚胺泡沫材料的密度与 T_g。结果表明,纳米 SiO_2 原位分散增强聚酰亚胺泡沫材料的 T_g 明显高于纯聚酰亚胺泡沫材料。

表 5.4　纳米 SiO_2 增强聚酰亚胺泡沫材料的密度与 T_g [14]

树脂基体	氨基封端剂含量 /mol%	纳米 SiO_2 含量 /mol%	泡沫材料密度 /(kg/m³)	T_g/℃
ODPA/4,4'-ODA	0.00	0.00	80	280
	0.08	0.14	80	295
	0.08	0.14	111	295
	0.10	0.42	93	305
ODPA/3,4'-ODA	0.00	0.00	80	245
	0.04	0.07	81	260
ODPA/PMDA/4,4'-ODA (90mol%/10mol%/100mol%)	0.04	0.07	85	318

5.3　纤维增强聚酰亚胺泡沫材料

一般地,纤维增强泡沫材料制备方法是将纤维均匀分散于泡沫前驱体或反应体系中,发泡后纤维便均匀分布于泡壁上,起到增强、增刚和提高耐热性的作用。界面越好,纤维越长,增强效果越理想,泡沫材料的性能越好。

纤维增强聚酰亚胺泡沫材料的制备方法主要分为三种:①在聚酰亚胺前驱体溶液中加入纤维,构成糊状物发泡成型;②在聚酰亚胺前驱体粉末中加入纤维,混合均匀后发泡成型;③将粉末状的聚酰亚胺前驱体均匀沉积在纤维毡(长纤维、短纤维)中,发泡固化或多层叠加、压制成型。与添加微粒子增强体(粉体)不同,添加纤维增强体的关键在于不但要使纤维在聚酰亚胺基体中均匀分散,还要尽量避免混合过程中造成的纤维损伤。

5.3.1　在聚酰亚胺前驱体溶液中加入纤维

北京航空航天大学将长度为 6mm 的短切玻璃纤维直接加入前驱体溶液中,利用粉发泡法制得玻璃纤维增强聚酰亚胺泡沫材料复合材料。图 5.6 所示为不同含量玻璃纤维增强 ODPA/3,4'-ODA 泡沫材料(密度约为 95kg/m³)的压缩应力-应变曲线。表 5.5 给出了不同含量的玻璃纤维增强 ODPA/3,4'-ODA 泡沫材料的压缩强度。

由图 5.6 可知,添加 1%~5%(质量)的玻璃纤维均可提高聚酰亚胺泡沫材料的压缩性能,添加 3%(质量)和 5%(质量)的玻璃纤维增强聚酰亚胺泡沫材料的压缩应力-应变曲线相近。由表 5.5 可知:玻璃纤维含量从 0% 增加到 3%(质量),聚酰亚胺泡沫材料的压缩强度从 0.45MPa 提高到 0.64MPa,增加约 42%;5%(质量)和 3%(质量)的玻璃纤维增强聚酰亚胺泡沫材料复合材料的压缩强度相同。

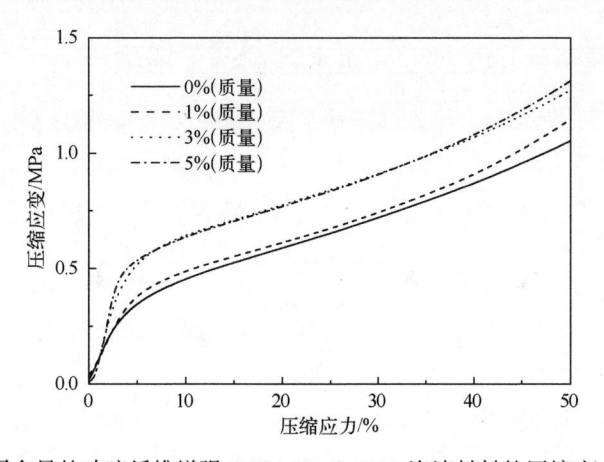

图 5.6 不同含量的玻璃纤维增强 ODPA/3,4′-ODA 泡沫材料的压缩应力-应变曲线

表 5.5 玻璃纤维增强聚酰亚胺泡沫材料的压缩性能

泡 沫 基 体	玻璃纤维含量/%(质量)	表观密度/(kg/m³)	压缩强度/MPa
ODPA/3,4′-ODA 体系	0	95.3	0.45
	1	95.1	0.49
	3	95.3	0.64
	5	95.4	0.64

5.3.2 在聚酰亚胺前驱体粉末中加入纤维

1984 年,Gagliani 等[15]将玻璃纤维、玻璃微球及其他一些添加剂与预聚体粉末在球磨机或者高速搅拌机中混合,并采用微波发泡技术对混合物进行发泡。表 5.6 给出了含 AS-2(表面活性剂,3%(质量))和磨碎纤维(20%(质量))的聚酰亚胺泡沫材料(单体摩尔比:二苯甲酮四羧酸二酯:2,6-二氨基嘧啶:对苯二胺 = 1.0:0.3:0.7)的性能。

表 5.6 含 3%(质量)的 AS-2 和 20%(质量)的磨碎纤维的
聚酰亚胺泡沫材料性能[15]

性　能	单　位	ASTM 测试方法	目　标	实　测
密度	kg/m³	D-1564	9.6	9.6
断裂强度	N/m	CCC-T-191	175.1	893.0
氧指数	%	D-2865	40	42
振动	1hr 30Hz,振幅 5cm	—	无损伤	无

由表 5.6 可知,实测增强聚酰亚胺泡沫材料的密度与目标密度相同时,增强泡沫材料的断裂强度、LOI 及振动测试均达到或超出预期目标。

5.3.3 在纤维毡上沉积聚酰亚胺前驱体粉末

1999年,Yudin等[16]采用在纤维毡上喷涂聚酰亚胺前驱体粉末H-complex的方法,制备了短纤维增强聚酰亚胺泡沫材料复合材料。制备过程主要分为两步。

第一步:制备前驱体粉末H-complex。①将BTDA在甲醇中回流3~4h酯化,得到二酸二酯(BTDE);②冷却后,加入二胺单体(MDA),搅拌至全溶,在溶解过程中升温至50℃,保持5~10min;冷却至室温,加入第二种二胺单体(1,3-二氨基联苯胺,DAB),搅拌至全溶,在溶解过程中升温至65℃,保持5min;③冷却后20℃旋蒸除去多余的甲醇,将固体粉碎得到前驱体粉末H-complex。

第二步:制备纤维毡增强聚酰亚胺泡沫材料。利用静电沉积法将H-complex粉末沉积到纤维毡上,例如,将质量比5:1的粉末与毡先置于辊压机中,在120~140℃下压延混合2~3s,得到均匀的纤维毡/聚酰亚胺前驱体粉末混合材料;将混合材料置于模具中不加压,在(210±10)℃下处理1~2h、250℃后固化5~6h;或者将混合材料在模具中加压,可得到高密度的纤维毡增强聚酰亚胺泡沫材料。典型的制备流程如图5.7所示。

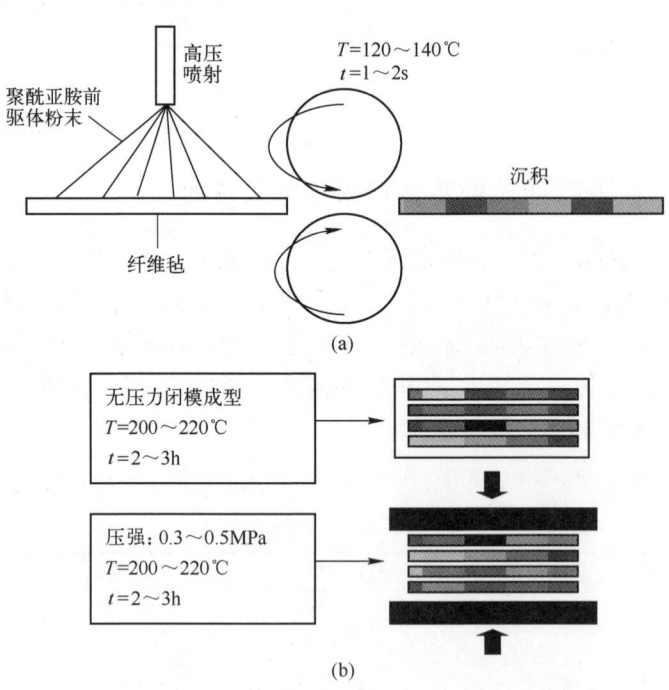

图5.7 纤维毡增强聚酰亚胺泡沫材料的制备流程[16]

由第一步的H-complex前驱体粉末制备的聚酰亚胺泡沫材料的性能如表5.7所列。第二步中的纤维毡增强聚酰亚胺泡沫材料所用纤维毡的性能如表5.8所列。

表 5.7　H-complex 前驱体制备聚酰亚胺泡沫材料的性能[16]

性　能	测　试　值
密度/(kg/m³)	9~25
压缩模量/MPa	0.02~1.5
拉伸强度/MPa	0.05~0.15
拉伸断裂伸长率/%	25~90
LOI/%	45~53
空气中 400~600℃降解产物/%(质量)	H_2O, 5.5;CO,13.1;CO_2,19.6
T_g/℃	250
N_2 环境起始失重温度/℃	500

表 5.8　三种纤维毡的性能[16]

纤维毡类型	分子结构	密度/(kg/m³)	平均厚度/mm
Carbon	—	0.055	2.5
Aramid T		45	3
Oxalon		70	5

表 5.9 表示 H-complex 前驱体粉末分别沉积到多种纤维毡上,经压制、高温发泡、固化制得纤维毡增强聚酰亚胺泡沫材料复合材料的物理和力学性能。由表 5.9 可知,纤维毡提高了聚酰亚胺泡沫材料的强度,但同时增大了泡沫材料的密度。

表 5.9　纤维毡增强聚酰亚胺泡沫材料复合材料的性能[16]

纤维毡	层数	密度/(kg/m³)	纤维/%(质量)	树脂/%(质量)	气泡/%(质量)	弯曲强度/MPa	压缩模量/MPa
无	0	9-25	0	—	—		0.02~1.5
Carbon	7	500	5	31	64	24±3	210
Arimid T	8,加压	1100	38	39	23	125±11	—
Arimid T	8	450	7	25	68	31±5	150
Arimid T	4	280	6	14	80	9.4±0.2	12
Oxalon	4	410	8	21	71	20±2	140

2001 年,Yudin 等[17]选择不同分子结构的聚酰亚胺前驱体粉末沉积 Arimide T 纤维毡,制得纤维毡增强聚酰亚胺泡沫材料复合材料。表 5.10 列出二胺单体种类对 Arimide T 纤维毡增强聚酰亚胺泡沫材料的物理性能、力学性能和耐热性的影响。

由表 5.10 可知:聚酰亚胺泡沫材料树脂体系不同,其复合材料力学性能和 T_g 不同,二胺单体的刚性越强(DAB>MDA),聚酰亚胺泡沫材料复合材料的 T_g 越高;

共聚物聚酰亚胺泡沫材料复合材料的弯曲强度、弯曲模量及压缩模量比均聚物聚酰亚胺泡沫材料复合材料高。

表 5.10 Arimid T 纤维毡增强不同体系聚酰亚胺泡沫材料复合材料的性能[17]

聚酰亚胺泡沫材料树脂体系	密度/(kg/m^3)	弯曲强度/MPa	弯曲模量/MPa	压缩模量/MPa	T_g/℃
BTDA/MDA	550	30	120	160	260
BTDA/DAB	500	15	50	100	290
BTDA/MDA/DAB	500	35	130	190	280

图 5.8 所示为 Arimid T 纤维毡增强聚酰亚胺泡沫材料的断面形貌。由图 5.8 可知,在纤维毡增强 BTDA/DAB 体系聚酰亚胺泡沫材料复合材料中(图 5.8(a)),纤维与树脂的黏结效果较差,纤维上包覆聚酰亚胺树脂较少;而共聚聚酰亚胺泡沫复合材料中(图 5.8(b)~(d))树脂与纤维的界面结合程度较好,聚酰亚胺树脂能更好地包覆纤维。

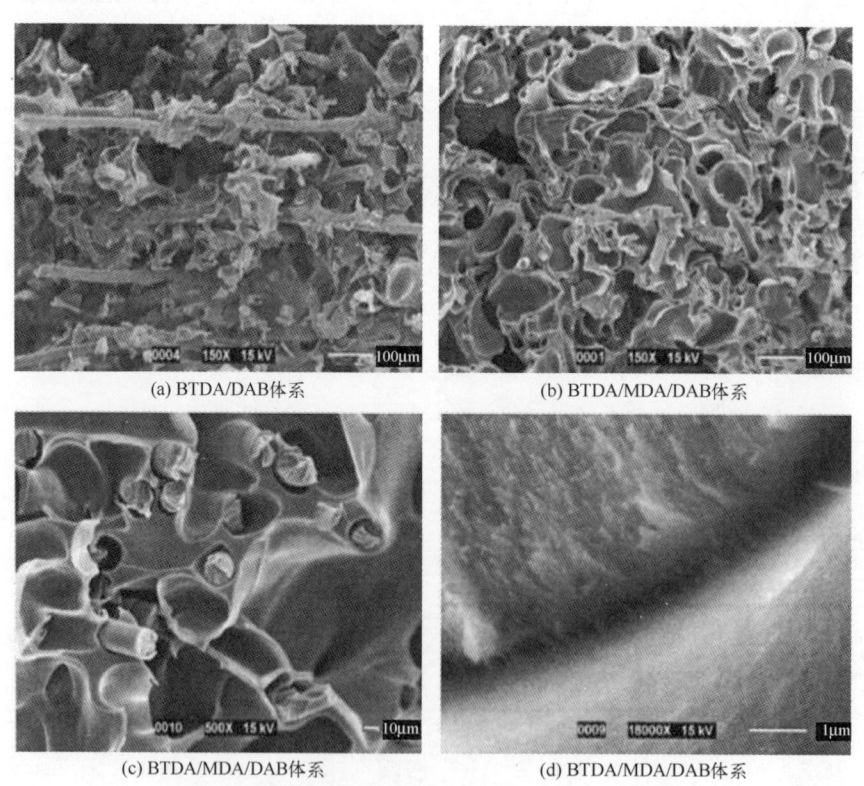

(a) BTDA/DAB体系

(b) BTDA/MDA/DAB体系

(c) BTDA/MDA/DAB体系

(d) BTDA/MDA/DAB体系

图 5.8 纤维毡增强聚酰亚胺泡沫材料的 SEM 图[17]

另外,日本宇部兴产股份有限公司[18]在申请号 2013-525758 的发明专利中公开了一种尼龙 66 丝网增强和阻燃聚酰亚胺泡沫材料制备方法:首先,制备由氯磺化聚乙烯、氧化镁、氢氧化铝、颜料、钛氧化物、甲苯、氯化石蜡、二硫化四甲基秋兰姆组成的氯磺化聚乙烯混合物液体,并涂覆在硅脱模纸的脱模面一侧,经150℃、5min加热制得脱模纸;其次,在该脱模纸上面敷上T_g为360℃、厚2mm的聚酰亚胺泡沫,加压的同时,加热150℃、30min,剥离掉脱模纸,制得表面层合了氯磺化聚乙烯混合物的聚酰亚胺泡沫;最后,在上述聚酰亚胺泡沫上层合尼龙66丝网,再在其上涂覆层合含有氯磺化聚乙烯混合物液体硅脱模纸,压的同时,加热150℃、30min,剥离掉脱模纸,制得表面层合了氯磺化聚乙烯混合物尼龙66丝网增强的聚酰亚胺泡沫。另外:首先在硅脱模纸一侧制得层合氯磺化聚乙烯混合物,再在其上面层合尼龙66丝网;然后在该尼龙66丝网上面层合厚2mm的聚酰亚胺泡沫,压的同时,加热150℃、30min,剥离掉脱模纸,制得三层复合材料。研究表明,三层复合材料的LOI为49。类似样品如图5.9所示。

图5.9 尼龙66丝网增强和阻燃聚酰亚胺泡沫

综上所述,无论微粒子增强聚酰亚胺泡沫材料还是纤维毡增强聚酰亚胺泡沫材料,在提高聚酰亚胺泡沫材料强度和耐热性的同时,都增加了泡沫材料的密度,使得这些增强聚酰亚胺泡沫材料在低密度方面的应用受到一定限制。

5.4 蜂窝增强聚酰亚胺泡沫材料

利用蜂窝增强聚酰亚胺泡沫材料的优点:蜂窝的加入可大大提高聚酰亚胺泡沫材料的强度;聚酰亚胺泡沫材料填充蜂窝不仅可提高蜂窝材料的压缩持久性,提高其隔热效果,而且能有效地防止水对蜂窝芯的侵入,同时聚酰亚胺泡沫材料的填入还能增加蜂窝材料与面板或器件的黏结面积,从而有效地提高复合材料的力学性能和耐热性。

目前,国内关于聚酰亚胺泡沫材料填充蜂窝复合材料的研究未见报道,国外NASA和Sordal公司有蜂窝增强聚酰亚胺泡沫材料复合材料样件的报道。

蜂窝增强聚酰亚胺泡沫材料复合材料的制备方法:先将聚酰亚胺泡沫材料的前驱体(预成型薄层或泡沫、粉末、微球等材料)填入蜂窝中,再经过后处理得到蜂窝增强聚酰亚胺泡沫材料复合材料。

5.4.1 蜂窝材料简介

蜂窝材料也是一种多孔材料,具有高强度、低密度的特点。国内外已商品化的蜂窝很多,可分为金属蜂窝和非金属蜂窝两大类。金属蜂窝通常用0.02~0.08mm

厚的铝合金箔制造,最常用的厚度是 0.03mm、0.04mm、0.05mm 和 0.06mm。非金属蜂窝常用的材料有纸、高分子材料和陶瓷等。目前,各国在地面、机载雷达罩方面多用芳纶纸蜂窝夹层材料。纸蜂窝质轻、强度大、刚度高,具有缓冲、保温、隔热、隔声的优异性能,但纸蜂窝最大的缺点是不耐高温。

无论是铝蜂窝还是纸蜂窝[19-21],均是采用高分子胶黏剂,如改性酚醛或改性环氧树脂,蜂窝的抗压性、耐热性、耐溶剂性、耐候性等均受到胶黏剂的限制。聚酰亚胺胶黏剂是一种耐高低温、耐溶剂的高性能胶黏剂,利用聚酰亚胺胶黏剂有望提高蜂窝的耐热性、耐溶剂性和力学性能。

1900 年,日本 Kazuhiko Mitsui 等[21-23]利用胶接工艺制备出耐高温聚酰亚胺蜂窝材料,其成型工艺主要步骤包括布卷、在布上涂胶、用压床胶接、拉伸、浸胶黏剂、热处理、切成毛坯等,聚酰亚胺蜂窝与 Nomex 蜂窝、铝蜂窝的性能对比如表 5.11 所列。

表 5.11 几种蜂窝性能对比

样 品	密度/(kg/m^3)	压缩强度/MPa	长期使用最高温度/℃
Nomex 蜂窝	42	1.6	180
	56	3.4	
聚酰亚胺蜂窝	29	0.27	300
	42	0.52	
	66	1.39	
铝蜂窝	31	0.66	180
	41	1.07	
	68	2.5	

由表 5.11 可知,在蜂窝密度相近时,Nomex 蜂窝压缩强度最高,铝蜂窝压缩强度居中,聚酰亚胺蜂窝压缩强度最低。但上述蜂窝中,聚酰亚胺蜂窝耐热性最突出,如能进一步增加强度,有望在很多情况下代替传统蜂窝材料。因此,用纤维增强聚酰亚胺制备耐高温、高强度的蜂窝芯材是蜂窝材料最主要的研究方向之一。

5.4.2 聚酰亚胺前驱体填充蜂窝

1990 年,Ferro 等[24]介绍了一种先将蜂窝插入聚酰亚胺前驱体,再固化制得蜂窝增强聚酰亚胺泡沫材料复合材料的方法。这种聚酰亚胺前驱体是一种脆性泡沫材料,Ferro 等主要讨论了后固化工艺对聚酰亚胺泡沫材料的 T_g 及拉伸性能的影响,提出了适合蜂窝增强泡沫的后固化工艺。例如,将 132℃下处理 4h 后的聚酰亚胺前驱体泡沫压入酚醛浸渍的蜂窝后,再在 274℃后处理 40~45min,冷却即得蜂窝增强聚酰亚胺泡沫材料复合材料。

1993 年,Hill 等[25]介绍了蜂窝插入聚酰亚胺前驱体中制得蜂窝增强聚酰亚胺泡沫材料复合材料的方法,并在 Ferro 的基础上,对蜂窝进行了表面处理。图 5.10

第5章 增强聚酰亚胺泡沫材料

所示为该蜂窝增强聚酰亚胺泡沫材料夹层复合材料的截面形貌。该方法采用的蜂窝可以是铝蜂窝、Nomex 蜂窝或纤维蜂窝等孔壁刚性及耐温性较好的蜂窝。

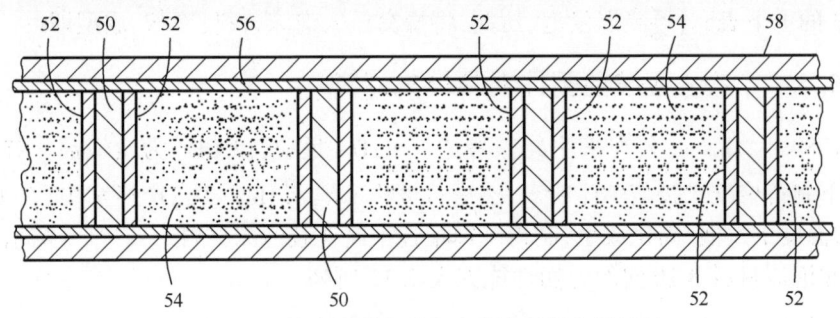

图 5.10 蜂窝增强聚酰亚胺泡沫材料夹层材料

50—蜂窝孔壁;52—蜂窝孔壁涂胶黏剂;54—聚酰亚胺泡沫材料;56—夹层板涂胶黏剂;58—夹层板。

该方法的操作步骤:首先,将聚酰亚胺前驱体在模具中发泡成型(190℃左右),制得聚酰亚胺前驱体;然后,在该聚酰亚胺前驱体中插入浸渍的高强度蜂窝,并固化成型(350℃左右),即得蜂窝增强聚酰亚胺泡沫材料复合材料;最后,将涂有胶黏剂的夹层板与蜂窝增强聚酰亚胺泡沫材料复合材料一起压制、再固化,制得蜂窝增强聚酰亚胺泡沫材料夹层复合材料。该蜂窝采用聚酰胺酸稀释溶液浸渍,提高了聚酰亚胺泡沫材料与蜂窝的界面结合性能。

1994 年,Hexcel 公司[26]提出一种蜂窝增强聚氰酸酯(polycyanurate)泡沫的制备方法,该方法同时适合蜂窝增强 PMI 泡沫材料,图 5.11 所示为该方法制备的蜂窝增强 PMI 泡沫材料复合材料结构。

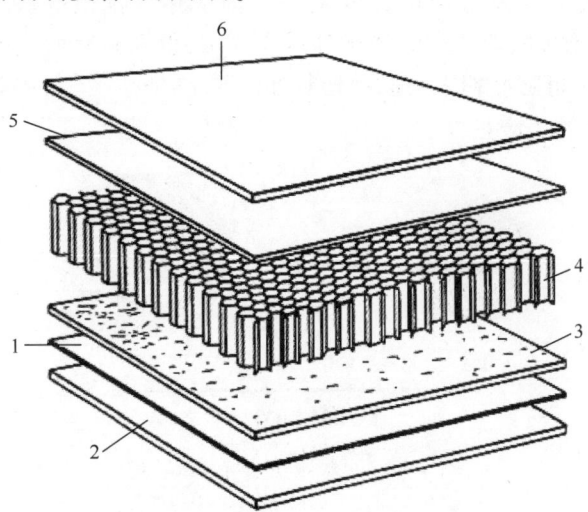

图 5.11 前驱体片法制备蜂窝增强 PMI 泡沫材料

1—下夹层布;2—下多孔盖板;3—可发泡 PMI 前驱体片;4—蜂窝材料;5—上夹层布;6—上多孔盖板。

具体方法:首先,制得泡沫材料的前驱体薄片,经层叠后置于夹层布42上;然后,将蜂窝材料置于PMI前驱体片46上,而多孔盖板52、44分别置于上下夹层布50、42的上下表面,再高温发泡、压制,将蜂窝压入泡沫材料,冷却、成型即可。

5.4.3 聚酰亚胺前驱体粉末填充蜂窝

1989年,Hexcel公司采用异氰酸酯与BTDA反应,以CO_2为发泡剂。首先在66℃下制备聚酰亚胺前驱体粉末;然后将该粉末填入Hexcel自产蜂窝中,在121~232℃温度下发泡、固化成型,制得蜂窝增强聚酰亚胺泡沫材料[27]。该蜂窝增强聚酰亚胺泡沫材料W方向的剪切性能如表5.12所列。

表5.12 蜂窝及蜂窝增强泡沫材料的剪切性能

材 料	密度/(kg/m³)	W方向的剪切强度/MPa	W方向的剪切模量/MPa
蜂窝	131	2.2	115
蜂窝增强泡沫1	195	2.6	116
蜂窝增强泡沫2	227	3.1	138

注:W方向如图5.14所示

由表5.12可知,蜂窝增强聚酰亚胺泡沫材料的剪切强度明显提高,剪切模量也有所提高,但复合材料的密度也增大。

5.4.4 聚酰亚胺前驱体微球填充蜂窝

以聚酰亚胺前驱体微球填充蜂窝是目前应用广泛的一种方法。2003年,NASA利用可发泡聚酰亚胺前驱体微球填充蜂窝,得到蜂窝增强聚酰亚胺泡沫材料复合材料[28]。可膨胀粉末与微球形貌如图5.12所示[29,30],得到的微球为前驱体粉末平均尺寸的2倍左右。

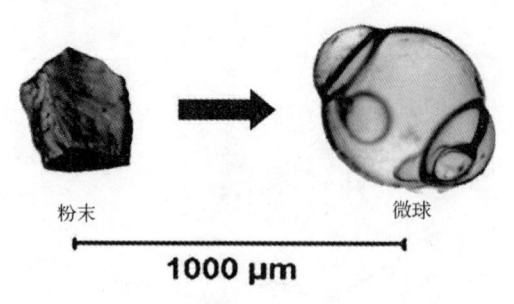

图5.12 可膨胀粉末与微球形貌

该方法制备的前驱体微球是一种可膨胀的脆性小球,该微球可直接固化制备聚酰亚胺泡沫材料。将前驱体微球填充到Korex蜂窝中,在氮气下高温发泡、固化、冷却得到 Korex 蜂窝增强聚酰亚胺泡沫材料复合材料。NASA 研制的蜂窝增强聚酰亚胺泡沫材料制件如图 5.13 所示[31]。

图 5.13　NASA 研制的蜂窝增强聚酰亚胺泡沫材料复合材料

2005 年,日本 Akitsu Kuwabara 等[32,33]制备了 Aramid 蜂窝增强 TEEK-L 系列聚酰亚胺泡沫材料复合材料,图 5.14 所示为聚酰亚胺前驱体微球填充 Aramid 蜂窝的表面形貌。

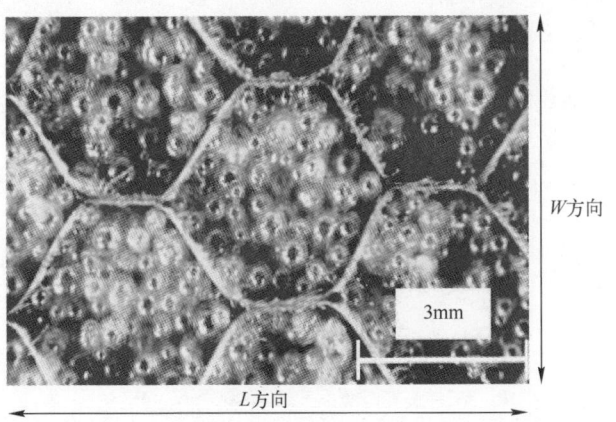

图 5.14　日本研制的前驱体微球填充 Aramid 蜂窝表面形貌

2007 年,北京航空航天大学通过聚酰亚胺前驱体微球原位填充蜂窝,制备了蜂窝增强聚酰亚胺泡沫材料复合材料,并提出一种功能填料分散改性的聚酰亚胺泡沫材料原位填充蜂窝复合材料[34]的方法,通过填充不同功能的粒子与不同规格和不同材质的蜂窝配合,提高聚酰亚胺泡沫材料填充蜂窝复合材料的力学性能,并赋予材料更优异的吸波、阻燃、导电和减振等功能。图 5.15 所示为聚酰亚胺前驱体微球结构。

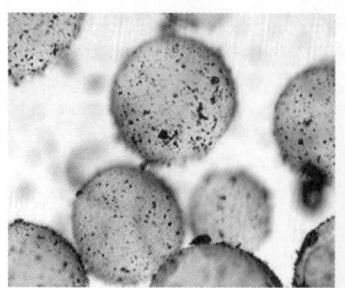

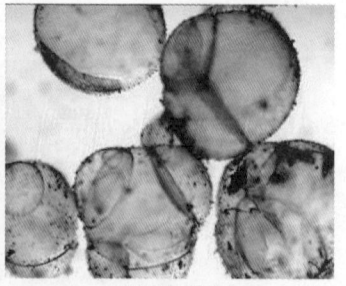

(a) 单层结构　　　　　　　　　　(b) 多层结构
图 5.15　北京航空航天大学制聚酰亚胺前驱体微球

采用不同升温速率和不同尺寸的前驱体粉末可得到不同结构的微球。升温速率低时,所得微球多为单层结构[35-37],如图 5.15(a)所示;升温速率高时,所得微球多为多层结构,如图 5.15(b)所示。根据不同要求,可用不同结构的前驱体微球填充蜂窝。图 5.16 所示为几种蜂窝增强聚酰亚胺泡沫材料复合材料[38]。

(a) 铝蜂窝增强聚酰亚胺泡沫材料　　　　(b) 芳纶蜂窝增强聚酰亚胺泡沫材料

(c) 玻璃纤维蜂窝增强聚酰亚胺泡沫材料

图 5.16　北京航空航天大学制蜂窝增强聚酰亚胺泡沫材料复合材料

5.4.4.1　压缩性能

NASA 将前驱体微球分别添加到 Nomex 蜂窝和 Korex 蜂窝中,制得 Nomex 蜂窝和 Korex 蜂窝分别增强的聚酰亚胺泡沫材料复合材料,其压缩性能如表 5.13 所列[39]。由表 5.13 可知:蜂窝增强聚酰亚胺泡沫复合材料可明显提高泡沫材料的压缩强度,Nomex 蜂窝增强泡沫复合材料(密度为 89kg/m³)50%形变时的压缩应力约为纯聚酰亚胺泡沫材料(密度为97kg/m³)的3.4倍,Korex蜂窝增强泡沫复合材料(密度为78kg/m³)50%形变时的压缩应力约为纯聚酰亚胺泡沫材料(密度为97kg/m³)的5.3倍;有间隙的Nomex蜂窝(蜂窝四周留出1.59mm的间隙未填充泡沫)增强聚酰亚胺泡沫材料复合材料的压缩强度和模量比完全填充体系(无间隙)低约10%。

表5.13 NASA制蜂窝增强聚酰亚胺泡沫材料及其复合材料的压缩性能

试 样	密度/(kg/m³)	50%形变时压缩应力/MPa	标准偏差	压缩模量/MPa	标准偏差
微球法制备TEEK-H	97	0.74	—	—	—
Nomex蜂窝	48	2.068	—	137.9	—
有间隙的Nomex蜂窝增强聚酰亚胺泡沫材料复合材料	—	2.286	0.054	166.0	0.0012
Nomex蜂窝增强聚酰亚胺泡沫材料复合材料	89	2.494	0.117	175.3	0.0032
Korex蜂窝	48	2.400	—	—	—
Korex蜂窝增强聚酰亚胺泡沫材料复合材料	78	3.900	—	—	—

2005年,日本Akitsu Kuwabara等比较了多种聚酰亚胺泡沫材料、蜂窝和聚酰亚胺泡沫材料填充蜂窝复合材料的压缩性能,结果如图5.17~图5.20所示和表5.14~表5.16[32,33]所列。

Airex R82.60(PEI泡沫材料)、Rohacell WF51(PMI泡沫材料)和TEEK-L三种聚酰亚胺泡沫材料的压缩应力-应变曲线,如图5.17所示。由该压缩应力-应变曲线可知,Airex82.60、Rohacell WF51泡沫材料的压缩平台较TEEK-L更明显,有明显的压缩屈服点,TEEK-L聚酰亚胺泡沫材料的压缩平台有压缩硬化趋势。

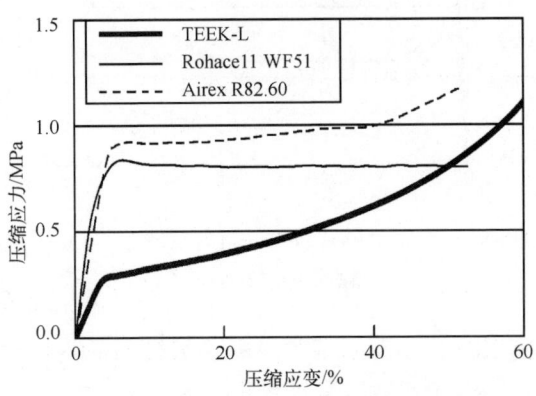

图5.17 Airex R82.60、Rohacell WF51与TEEK-L的压缩应力-应变曲线[32,33]

表5.14比较了Airex R82.60、Rohacell WF51、TEEK-L聚酰亚胺泡沫材料与Aramid蜂窝材料的压缩强度和压缩模量。三种聚酰亚胺泡沫材料相比,Airex R82.60和Rohacell WF51泡沫材料具有优异的压缩性能,但耐热性较差,TEEK-L

聚酰亚胺泡沫材料压缩性能较差,但该泡沫材料具有优异的耐热性。蜂窝作为一种低密度多孔材料,具有优异的压缩强度,Aramid 蜂窝材料(49kg/m³)的压缩强度达 2.0MPa。因此,采用轻质高强度蜂窝材料提高聚酰亚胺泡沫材料的压缩性能成为增强聚酰亚胺泡沫材料的主要方法之一。

表 5.14　Airex R82.60、Rohacell WF51 与 TEEK-L 聚酰亚胺泡沫材料、Aramid 蜂窝的压缩性能

性　　能	TEEK-L	Airex R82.60	Rohacell WF51	Aramid 蜂窝
热变形温度/℃	310	160	180	—
密度/(kg/m³)	75	69	57	49
压缩强度/MPa	0.33	0.89	0.82	2.0
压缩模量/MPa	8.1	20	27	101

TEEK-L 泡沫材料、Aramid 蜂窝和 Aramid 蜂窝增强 TEEK-L 聚酰亚胺泡沫材料(AHC 表示 Aramid 蜂窝;TEEK+AHC 表示 Aramid 蜂窝增强 TEEK-L 聚酰亚胺泡沫材料)的压缩应力-应变曲线,如图 5.18 所示。表 5.15 比较了上述三种材料的压缩强度与模量。由图 5.18 和表 5.15 可知:蜂窝增强聚酰亚胺泡沫材料的压缩性能明显比单一蜂窝和单一泡沫的高,其压缩强度与压缩模量都大大提高;但因加入蜂窝,泡沫整体材料的密度有所增加。

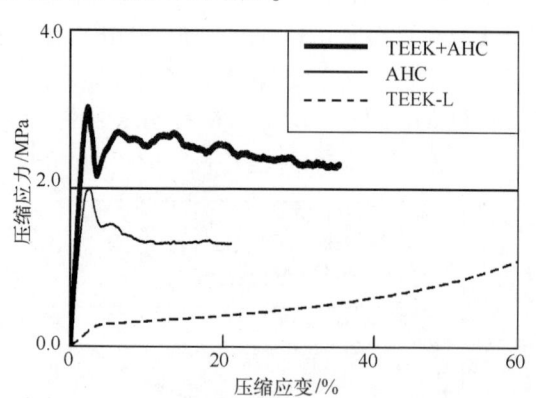

图 5.18　TEEK-L、Aramid 蜂窝和 Aramid 蜂窝增强 TEEK-L 泡沫材料的压缩应力-应变曲线[32,33]

表 5.15　TEEK-L、Aramid 蜂窝及蜂窝增强 TEEK-L 泡沫材料的压缩强度和压缩模量

试　样	密度/(kg/m³)	压缩强度/MPa	压缩模量/MPa
TEEK-L	75	0.33	8.1
蜂窝	49	2.0	101
Aramid 蜂窝增强 TEEK-L	95	2.9	150

第5章 增强聚酰亚胺泡沫材料

Aramid 蜂窝增强 TEEK-L 聚酰亚胺泡沫材料复合材料与 Airex R82.110、Rohacell WF110 泡沫材料的压缩应力-应变曲线如图 5.19 所示,表 5.16 比较了上述材料的压缩强度和压缩模量。

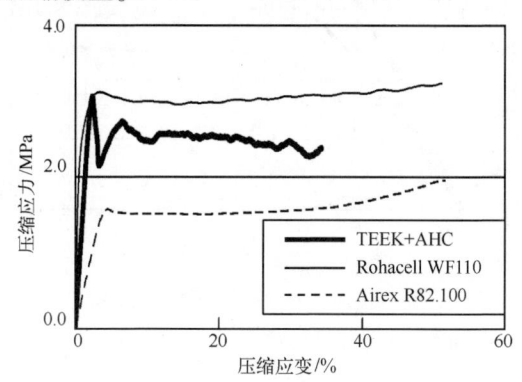

图 5.19 Airex R82.110、Rohacell WF110 泡沫材料和 Aramid 蜂窝增强 TEEK-L 泡沫复合材料的压缩应力-应变曲线[31,32]

表 5.16 Airex R82.110、Rohacell WF110 泡沫材料和 Aramid 蜂窝增强 TEEK-L 泡沫复合材料的压缩强度和压缩模量

性　能	TEEK+AHC	Airex R82.110	Rohacell WF110
密度/(kg/m^3)	95	97	130
压缩强度/MPa	2.9	1.6	3.1
压缩模量/MPa	150	43	150

由图 5.19 和表 5.16 可知：Aramid 蜂窝增强 TEEK-L 泡沫复合材料的压缩行为与 Airex R82.110、Rohacell 泡沫材料的压缩行为不同,复合材料在达到压缩屈服点后,由于蜂窝的坍塌变形压缩应力迅速减小；纯泡沫材料在达到压缩屈服点后,压缩应力基本保持不变(平台段)；Aramid 蜂窝增强 TEEK-L 泡沫复合材料的压缩强度和压缩模量接近甚至超过相近密度的 Airex R82.110、Rohacell WF110 泡沫材料。

图 5.20 所示为 Aramid 蜂窝、TEEK-L 泡沫材料、Aramid 蜂窝增强 TEEK-L 聚酰亚胺泡沫复合材料及 Aramid 蜂窝与 TEEK-L 聚酰亚胺泡沫材料叠加的压缩应力-应变曲线。由图 5.20 可知,Aramid 蜂窝增强聚酰亚胺泡沫材料的压缩应力高于 Aramid 蜂窝和 TEEK-L 聚酰亚胺泡沫材料压缩应力的简单叠加,二者具有良好的增强协同作用。

2008 年,北京航空航天大学[38]以前驱体微球填充蜂窝材料,制备了玻璃纤维蜂窝增强聚酰亚胺泡沫复合材料,并研究了蜂窝规格(蜂窝壁厚 d 为 0.12mm,蜂窝网格边长 l 分别为 10mm、8mm 和 6mm)对其压缩性能的影响。图 5.21 中(a)(b) 和(c)分别表示 ODPA/3,4′-ODA 聚酰亚胺泡沫材料、玻璃纤维蜂窝材料和玻璃纤维蜂窝增强聚酰亚胺泡沫材料的压缩应力-应变曲线。

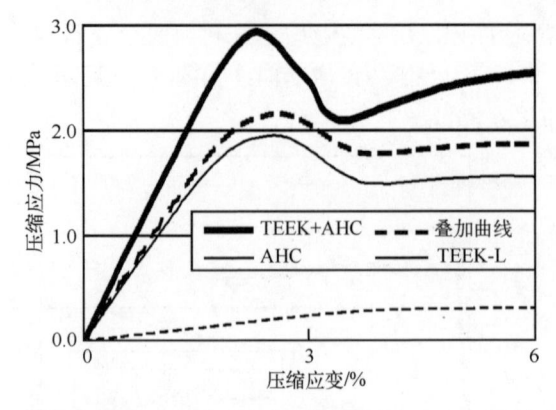

图 5.20　Aramid 蜂窝、TEEK-L 泡沫、Aramid 蜂窝增强 TEEK-L 泡沫和 Aramid 蜂窝与 TEEK-L 聚酰亚胺泡沫材料叠加的压缩应力-应变曲线[31,32]

(a) ODPA/3,4'-ODA

(b) 玻璃纤维蜂窝

(c) 玻璃纤维蜂窝增强密度为99kg/m³的聚酰亚胺泡沫材料

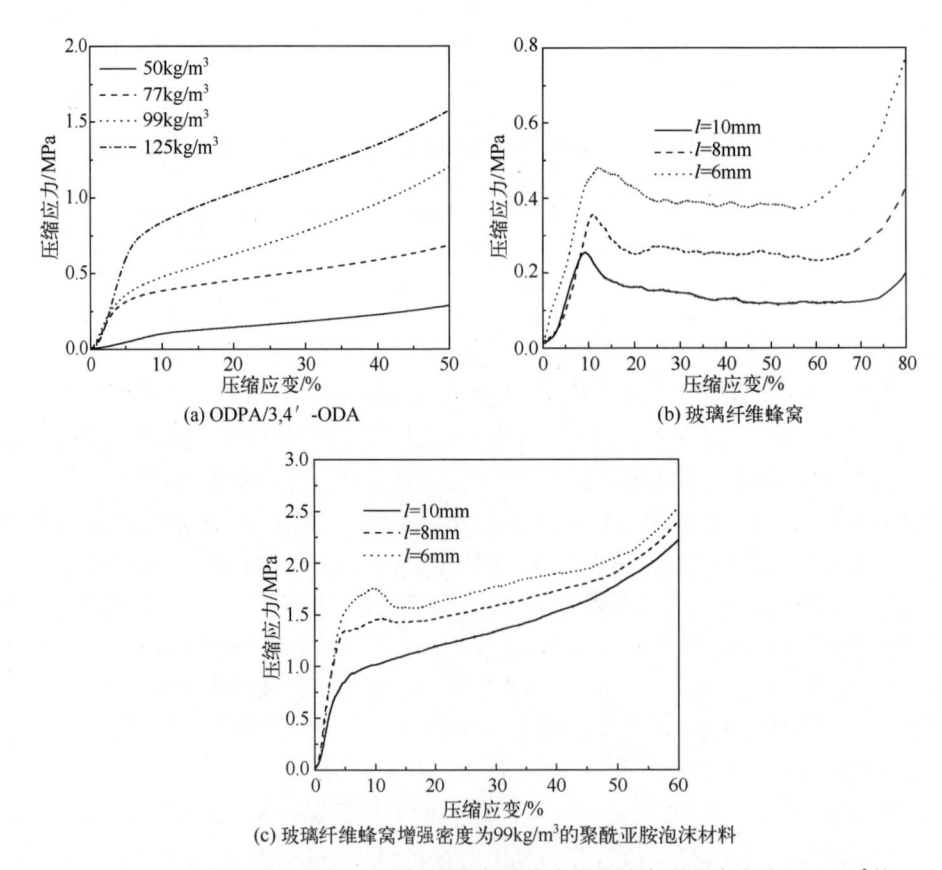

图 5.21　聚酰亚胺泡沫材料、玻璃纤维蜂窝及玻璃纤维蜂窝增强密度为 99kg/m³ 的聚酰亚胺泡沫材料复合材料的压缩应力-应变曲线

第5章 增强聚酰亚胺泡沫材料

由图 5.21 可知,玻璃纤维蜂窝增强聚酰亚胺泡沫复合材料的压缩强度比单一聚酰亚胺泡沫材料和玻璃纤维蜂窝材料的压缩强度都高。

比较图 5.21(a)和(b)可知:聚酰亚胺泡沫材料的压缩行为与玻璃纤维蜂窝的明显不同,聚酰亚胺泡沫材料的压缩达到屈服后,其应力增大得较为缓慢;玻璃纤维蜂窝材料的压缩达到屈服后由于蜂窝的坍塌而导致应力迅速减小,然后趋于平稳。

由图 5.21(c)可知:随着玻璃纤维蜂窝网格边长的减小,玻璃纤维蜂窝增强聚酰亚胺泡沫材料复合材料的压缩强度逐渐增大;当玻璃纤维蜂窝网格边长较大时,聚酰亚胺泡沫材料压缩特性较明显,聚酰亚胺泡沫材料的存在能够在一定程度上减缓玻璃纤维蜂窝的坍塌变形,因而压缩曲线上几乎没有出现蜂窝材料坍塌引起的应力减小现象;当玻璃纤维蜂窝网格边长逐渐减小时,玻璃纤维蜂窝增强聚酰亚胺泡沫材料复合材料的压缩屈服特性趋向于玻璃纤维蜂窝材料的特性,达到压缩屈服后应力迅速减小,这是由于蜂窝材料的坍塌所致;当应力继续增大时,压缩行为趋向于聚酰亚胺泡沫材料的压缩特性。

表 5.17 列出聚酰亚胺泡沫材料、玻璃纤维蜂窝材料及玻璃纤维蜂窝增强聚酰亚胺泡沫复合材料的压缩性能。

表 5.17 聚酰亚胺泡沫材料、玻璃纤维蜂窝和玻璃纤维蜂窝增强聚酰亚胺泡沫材料复合材料的压缩性能

材 料	密度/(kg/m³)	压缩强度/MPa 10%压缩强度	压缩屈服强度
聚酰亚胺泡沫材料	50	0.10	—
	77	0.38	—
	99	0.48	—
	125	0.84	—
玻璃纤维蜂窝材料	29	0.25	0.26
	40	0.33	0.35
	53	0.45	0.48
玻璃纤维增强聚酰亚胺泡沫材料	128	1.02	—
	139	1.45	—
	152	1.75	1.76

由表 5.17 可知:蜂窝增强聚酰亚胺泡沫材料可明显改善聚酰亚胺泡沫材料与蜂窝的压缩强度,但同时复合材料密度也随之增大;当两者密度为 125kg/m³ 左右时,蜂窝增强聚酰亚胺泡沫材料复合材料的压缩强度比单一聚酰亚胺泡沫材料的约高 1 倍。

5.4.4.2 平面拉伸性能

2005年,Akitsu Kuwabara 等[32,33]比较了 Airex R82.60、Rohacell WF51、TEEK-L 三种聚酰亚胺泡沫材料和 Aramid 蜂窝材料的拉伸性能。其中,TEEK-L 聚酰亚胺泡沫材料和 Aramid 蜂窝材料的平面拉伸应力-应变曲线,如图 5.22 所示。

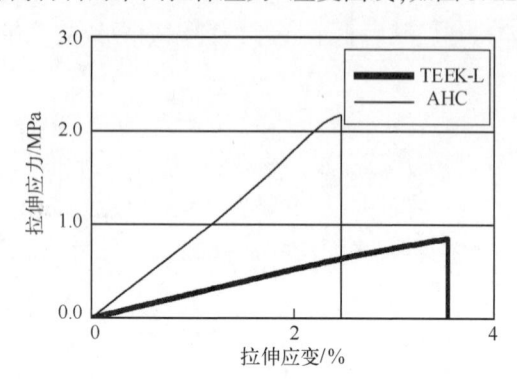

图 5.22 Aramid 蜂窝和 TEEK-L 泡沫的拉伸应力-应变曲线[32,33]

由图 5.22 可知,Aramid 蜂窝材料的拉伸应力明显高于 TEEK 泡沫材料,但断裂伸长率较低。

TEEK-L、Airex R82.60 和 Rohacell WF51 三种聚酰亚胺泡沫材料及 Aramid 蜂窝材料的拉伸强度和拉伸模量如表 5.18 所列。

比较表 5.18 中 TEEK-L、Airex R82.60 和 Rohacell WF51 三种聚酰亚胺泡沫材料的拉伸强度和拉伸模量可见:TEEK-L 泡沫材料的拉伸强度与拉伸模量最低,Airex 的拉伸强度最高,Rohacell 的拉伸模量最高;三种聚酰亚胺泡沫材料的拉伸强度和拉伸模量均低于 Aramid 蜂窝材料。

表 5.18 TEEK-L、Airex R82.60、Rohacell WF51 泡沫材料及 Aramid 蜂窝材料的拉伸强度和拉伸模量

性　能	TEEK-L	Airex R82.60	Rohacell WF51	Aramid 蜂窝
密度/(kg/m^3)	76	60	52	49
拉伸强度/MPa	0.85	1.7	1.6	2.1
拉伸模量/MPa	27	45	75	91

5.4.4.3 剪切性能

NASA 比较了 Korex 蜂窝和 Korex 蜂窝增强聚酰亚胺泡沫复合材料的 L 方向(纵向)的剪切强度和 W 方向(横向)的剪切强度,如表 5.19 所列[39]。表可见,蜂窝增强聚酰亚胺泡沫材料复合材料的 L 方向剪切强度和 W 方向的剪切强度均比单一蜂窝材料的剪切强度高,L 方向的剪切强度均比 W 方向的剪切强度高。

第5章 增强聚酰亚胺泡沫材料

表5.19 Korex蜂窝增强聚酰亚胺泡沫复合材料的剪切性能

材　　料	密度/(kg/m³)	L方向的剪切强度/MPa	W方向的剪切强度/MPa
Korex蜂窝	48	1.8	1.0
Korex蜂窝增强聚酰亚胺泡沫材料	78	2.6	1.7

Akitsu Kuwabara等比较了TEEK-L、Airex R82.60、Rohacell WF51、Airex R82.110和Rohacell WF110五种聚酰亚胺泡沫材料,以及Aramid蜂窝和Aramid蜂窝增强TEEK-L聚酰亚胺泡沫复合材料的剪切性能,如图5.23~图5.28所示和表5.20~表5.21[32,33]所列。

Airex R82.60、Rohacell WF51和TEEK-L三种聚酰亚胺泡沫材料的剪切应力-应变曲线如图5.23所示。

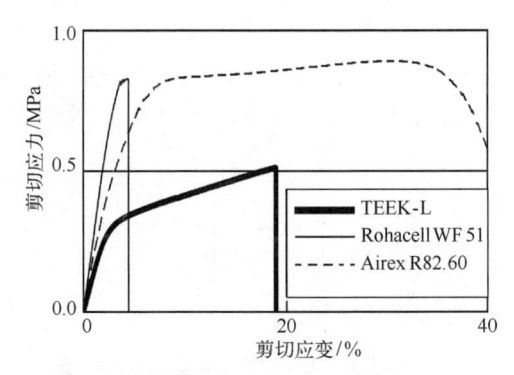

图5.23 Airex R82.60、Rohacell WF51和TEEK-L泡沫的剪切应力-应变曲线[32,33]

由图5.23可知,Airex R82.60和TEEK-L聚酰亚胺泡沫材料剪切应力随着应变的增大存在一个屈服平台,TEEK泡沫材料的平台段应力随着应变有增大趋势,而Rohacell WF51聚酰亚胺泡沫材料在较小的剪切应变下发生剪切断裂。

三种聚酰亚胺泡沫材料及Aramid蜂窝的剪切强度和剪切模量如表5.20所列。其中:Aramid蜂窝材料的L方向的剪切强度和剪切模量高于三种聚酰亚胺泡沫材料,W方向的剪切强度和剪切模量相对L方向稍低;TEEK-L聚酰亚胺泡沫材料的剪切强度和剪切模量最低。

表5.20 TEEK-L、Airex、Rohacell泡沫和Aramid蜂窝的剪切强度和剪切模量[32,33]

性　　能	TEEK-L	Airex R82.60	Rohacell WF51	Aramid蜂窝 L方向	Aramid蜂窝 W方向
密度/(kg/m³)	77	67	54	56	52
剪切强度/MPa	0.47	0.88	0.78	1.3±0.09	41±2.6
剪切模量/MPa	12	18	25	0.67±0.048	23±2.3

TEEK-L 泡沫、Aramid 蜂窝(AHC Ⅰ 和 AHC Ⅱ 表示两个测试试样)和 Aramid 蜂窝增强 TEEK-L 聚酰亚胺泡沫材料在 L 方向和 W 方向的剪切应力-应变曲线分别如图 5.24 和图 5.25 所示[32,33]。

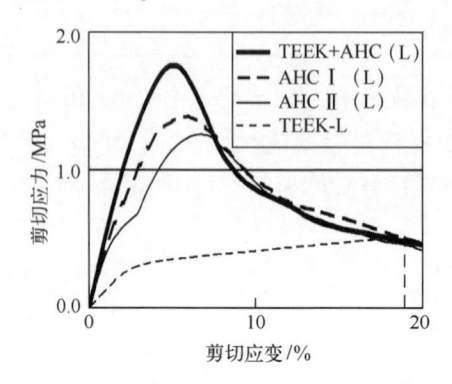

图 5.24　TEEK-L、Aramid 蜂窝(Ⅰ 和 Ⅱ)和 Aramid 蜂窝增强 TEEK-L 泡沫复合材料在 L 方向的剪切应力-应变曲线[32,33]

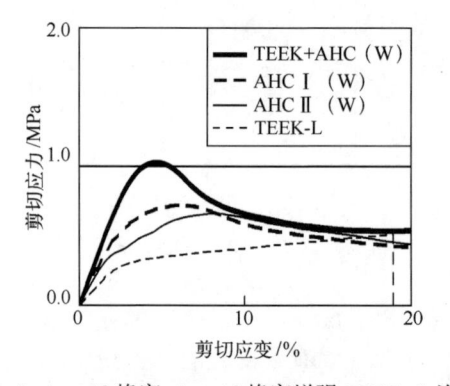

图 5.25　TEEK-L、Aramid 蜂窝、Aramid 蜂窝增强 TEEK-L 泡沫复合材料在 W 方向的剪切应力-应变曲线[32,33]

由图 5.24 和图 5.25 可知：与单一聚酰亚胺泡沫材料和蜂窝材料相比，蜂窝增强 TEEK-L 聚酰亚胺泡沫材料复合材料的剪切强度在 L 方向和 W 方向上都有明显提高；Aramid 蜂窝的应力-应变曲线形状有两种类型，AHC Ⅰ 的压缩曲线在达到最大应力前为一条光滑抛物线，AHC Ⅱ 的压缩曲线在达到最大应力前有一个应力转折点，此时蜂窝侧壁在厚度方向的中心区域发生变形；蜂窝增强 TEEK-L 聚酰亚胺泡沫材料复合材料的剪切曲线比较光滑，与 AHC Ⅰ 相类似，材料达到屈服后应力迅速下降，与 TEEK-L 的屈服平台明显不同。

表 5.21 归纳了 TEEK-L 聚酰亚胺泡沫材料、Aramid 蜂窝材料和 Aramid 蜂窝增强 TEEK-L 聚酰亚胺泡沫复合材料的剪切强度及剪切模量。

第5章 增强聚酰亚胺泡沫材料

由表 5.21 可知，Aramid 蜂窝增强 TEEK-L 聚酰亚胺泡沫复合材料的剪切强度和剪切模量比单一蜂窝材料及聚酰亚胺泡沫材料高，但复合材料的密度增大。

表 5.21 TEEK-L 泡沫材料、Aramid 蜂窝材料和 Aramid 蜂窝
增强 TEEK-L 泡沫复合材料的剪切强度及剪切模量

样　品	密度/(kg/m^3)	剪切强度/MPa	剪切模量/MPa
TEEK-L	77	0.47	12
Aramid 蜂窝	56	L 方向，1.3±0.09	L 方向，41±2.6
	52	W 方向，0.67±0.048	W 方向，23±2.3
Aramid 蜂窝增强 TEEK-L	94	1.8	52

密度相近的 Rohacell WF110、Airex R110 两种聚酰亚胺泡沫材料和 Aramid 蜂窝增强 TEEK-L 泡沫复合材料的剪切应力-应变曲线如图 5.26 所示。

由图 5.26 可知：Aramid 蜂窝增强 TEEK-L 聚酰亚胺泡沫复合材料 L 方向的剪切强度和 Rohacell WF110 泡沫材料的剪切强度相当，比 Airex R110 泡沫材料的高；由于蜂窝本身 W 方向的剪切强度较低，因而复合材料在 W 方向的剪切强度较差，比 Rohacell WF110 和 Airex R110 聚酰亚胺泡沫材料均低。

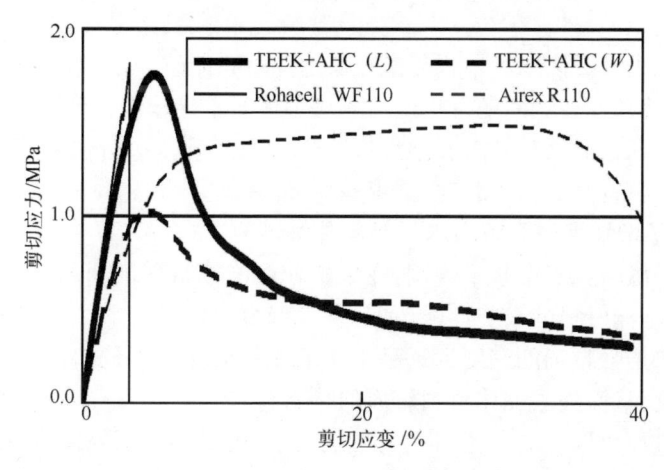

图 5.26 Rohacell WF110、Airex R110 泡沫材料和 Aramid 增强 TEEK-L 泡沫
复合材料的剪切应力-应变曲线[32,33]

图 5.27 和图 5.28 分别表示 Aramid 蜂窝材料、TEEK-L 聚酰亚胺泡沫材料、Aramid 蜂窝增强 TEEK-L 聚酰亚胺泡沫复合材料、Aramid 蜂窝与 TEEK-L 聚酰亚胺泡沫材料二者叠加在 L 方向和 W 方向的剪切应力-应变曲线[32,33]。

由图 5.27 和图 5.28 可知，Aramid 蜂窝增强 TEEK-L 聚酰亚胺泡沫复合材料的剪切行为并非 Aramid 蜂窝材料和 TEEK-L 聚酰亚胺泡沫材料对应剪切行为的

简单叠加,其剪切强度高于简单叠加,这说明二者具有良好的协同作用。

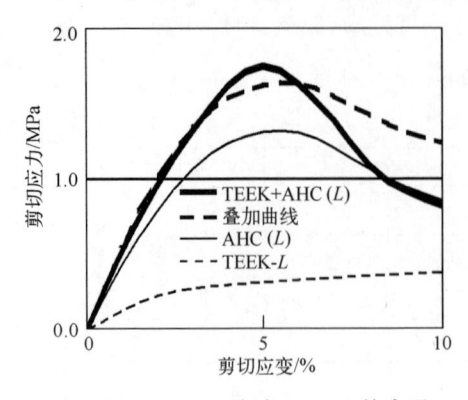

图 5.27 TEEK-L 泡沫、Aramid 蜂窝及二者的叠加和 Aramid 蜂窝增强泡沫复合材料在 L 方向的剪切应力-应变曲线[32,33]

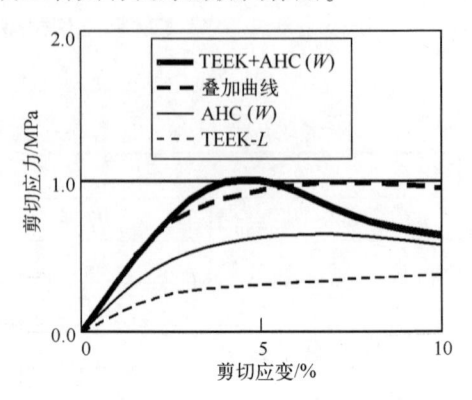

图 5.28 TEEK-L 泡沫、Aramid 蜂窝及二者的叠加和 Aramid 蜂窝增强泡沫复合材料在 W 方向的剪切应力-应变曲线[32,33]

5.5 拟解决的关键问题

采用微粒子、纤维、蜂窝增强聚酰亚胺泡沫材料能改善泡沫材料的力学性能和热性能,但仍然存在一些问题,例如,加入增强体通常导致泡沫密度增大,微粒子和纤维在泡沫中的分散困难并对发泡程度产生负面影响,蜂窝材料用胶黏剂的耐热性能较低,泡沫与蜂窝的界面结合强度较低等。

1. 微粒子增强聚酰亚胺泡沫材料复合材料

(1) 如果增强粒子形状不规则,在聚酰亚胺泡沫材料的树脂体系中会产生应力集中,导致泡沫材料的某些性能(如拉伸、弯曲)降低;

(2) 如果增强粒子的密度远远高于聚酰亚胺泡沫材料的密度,会增加增强泡沫材料的密度,从而失去泡沫材料轻质的特点;

(3) 通过原位聚合的方法引入纳米微粒子,可提高聚酰亚胺泡沫材料的强度与耐热性,但会降低聚酰亚胺的发泡能力;

(4) 微粒子尺寸、分散性、加入量以及微粒子形状对聚酰亚胺的发泡和泡沫性能将产生影响,但作用原理需进一步研究。

2. 纤维增强聚酰亚胺泡沫材料复合材料

(1) 加入纤维可能造成聚酰亚胺发泡程度、气泡核分布的改变,给发泡过程造成困难;

(2) 如何对纤维进行适当的表面处理,提高纤维与聚酰亚胺泡沫材料的界面结合强度;

（3）加入纤维使泡沫材料成为多相体系，纤维的长度和性能及其与聚酰亚胺间的界面情况等都会影响泡沫复合材料最终的性能，也为材料的设计增加了难度；

（4）纤维的加入量、长度、分散性等对泡沫材料的性能影响较大，纤维增强聚酰亚胺泡沫复合材料的原理有待于进一步研究。

3. 蜂窝增强聚酰亚胺泡沫材料复合材料

（1）由于聚酰亚胺泡沫材料的成型温度较高，因而需要耐温性高的蜂窝材料与之匹配，如何研制高温高强的蜂窝材料也将成为将来的研究方向之一；

（2）蜂窝材料与聚酰亚胺泡沫材料的界面结合能力有待于进一步改善；

（3）蜂窝增强聚酰亚胺泡沫复合材料的原理有待于进一步研究。

此外，在蜂窝增强聚酰亚胺泡沫材料的基础上，再填充特定的微粒子，不但能进一步提高泡沫材料的压缩强度，还可赋予复合材料一定的功能，如导电、吸波等。对这种复合增强体系的研究还有待开展。

参 考 文 献

[1] 周景隆,李文晓,薛鹏. 微孔结构对 PMI 泡沫准静态压缩性能的影响[J]. 2017,31(10)：147-151.

[2] High-Performance Polyimide Insulation Technology[EB],[2018-06-20]. https://technology.nasa.gov/patent/LAR-TOPS-8.

[3] Resewski C,Buchgraber W. Properties of New Polyimide Foams and Polyimide Foam Filled Honeycomb Composites[J]. Materialwissenschaft und Werkstofftechnik,2003,34(4):365-369.

[4] 刘铁民,张广成,陈挺,等. 泡沫材料高性能化研究进展[J]. 工程塑料应用,2006,34(1)：61-65.

[5] Gagliani J,Lee R. Structural Materials and Components:US4353998[P]. 1982-10-12.

[6] 沈燕侠,潘丕昌,詹茂盛,等. 几种聚酰亚胺泡沫的热力学研究[J]. 宇航材料工艺,2007(6):109-113.

[7] Hill F U. Method of Making Porous Inorganic Particle Filled Polyimide Foam Insulation Products:US4865784[P]. 1989-12-12.

[8] Hill F U. Method of Making Porous Inorganic Particle Filled Polyimide Foam Insulaion Products:US 4978690[P]. 1990-12-18.

[9] Hill F U. Method of Making Porous Inorganic Particle Filled Polyimide Foam Insulation Products:US 4923907[P]. 1990-05-08.

[10] Hill F U. Method of Improving Foam Fire Resistance Through the Introduction of Inorganic Particles thereinto:US 4962132[P]. 1990-10-09.

[11] 新型填充材料——空心玻璃微珠[EB]. 中国粉体技术网,[2015-11-16]. http://www.cnpowdertech.com/2015/kejifazhan_1116/15462.html.

[12] Tsai M-H, Whang W T. Dynamic Mechanical Properties of Polyimide/Poly (silsesquioxane)-Like Hybrid Films[J]. Journal of Applied Polymer Science, 2001, 81: 2500-2516.

[13] Lee R, Okay D W. Ferro G A. Polyimide Foam from Mixture of Silicon Containing Diamine and Different Aromatic Diamine: US4535099[P]. 1985-08-13.

[14] 詹茂盛, 沈燕侠, 王凯. 一种聚硅氧烷酰亚胺泡沫的制备方法: 中国, 200710119168.4[P]. 2008-01-30.

[15] Gagliani J, Lee R, Wilcoxson A L. Methods of Preparing Polyimides and Artifacts Composed Thereof: US4439381[P]. 1984-03-27.

[16] Yudin V E, Otaigbe J U. Processing and Properties of New High-temperature, Lightweight Composites Based on Foam Polyimide Binder[J]. Polymer Composites, 1999, 20(3): 337-345.

[17] Otaigbe J U, Yudin V E. Influence of Chemical Structure of Polyimide Prepolymer on Rheo-mechanical Properties of Polyimide Foam Composites[J]. Polymer Composite, 2001, 55(1): 155-164.

[18] 細馬敏徳, 山本茂. Laminate and Thermal-insulation Material Using Same: JPWO2013015370(A1)[P]. 2015-02-23.

[19] 黄晓斌, 叶玉刚, 郑爱萍. 铝蜂窝的性能特点及其加工方法[J]. 机械管理开发, 2005(3): 39-40.

[20] 康姆, 巴伦. 蜂窝结构及其制造方法: 中国, 1252755A[P]. 1999-10-21.

[21] Kazuhiko M, Kazuo K, Keiichirou K. Honeycomb Structure of Aromatic Polyimide: , US4921744[P]. 1990-05-01.

[22] Kazuhiko M, Kazuo K, Keiichirou K. Honeycomb Structure of Aromatic Polyimide: US4921745[P]. 1990-05-01.

[23] Toshio O, Noriomi O. Mechanical Properties of Honeycomb Prepared From Aromatic Polyimide film[J]. Journal of Applied Polymer Science, 1993, 48(10): 1739-1748.

[24] Ferro G A, Estates H. Polyimide Foam Precursor and its Use in Reinforcing Open-cell Materials: US4964936[P]. 1990-10-23.

[25] Hill U F, Schoenzar F P, Frank P W, et al. Polyimide Foam Filled Structures: US5188879[P]. 1993-02-23.

[26] Wang Y, Lee F, Kuo C, et al. Foam Filled Honeycomb and Methods for their Production: US5338594[P]. 1994-08-16.

[27] Lee K L. Polyimide Foam Precursor and its Use in Reinforcing Open-cell Materials: US4830883[P]. 1989-05-16.

[28] Resewski C, Buchgraber W. Properties of New Polyimide Foams and Polyimide Foam Filled honeycomb Composites[J]. Foams, 2003, 34: 365-369.

[29] Cano C I, Weiserb E S, Kyu T, et al. Polyimide Foams from Powder: Experimental Analysis of Competitive Diffusion Phenomena[J]. Polymer, 2005, 46: 9296-9303.

[30] Cano C I. Polyimide Microstructure from Powdered Precursors: Phenomenological and Para-

metric Studies on Particle Inflation [D]. Akron:The Graduate Faculty of the University of Akron,2005.

[31] Weiser E S,Grimsley B W. Polyimide Foams from Friable Balloons[C].47th International SAMPE Symposium,Long Beach,California,2002-5-12.

[32] Kuwabara A,Ozasa M,Shimokawa T,et al. Basic Mechanical Properties of TEEK Pelyimide-Foam and TEEK-filled Aramid Honeycomb Core-materials for Sandwich Structures[J]. Society of Materials Science,Japan,2005,54(1):97-103.

[33] Kuwabara A,Ozasa M,Shimokawa T,et al. Basic Mechanical Properties of Balloon-type TEEK-L Polyimide-foam and TEEK-L Filled Aramid-honeycomb Core Materials for Sandwich Structures [J]. Advanced Composite Materials,2005,14(4):343-363.

[34] 詹茂盛,王凯,沈燕侠. 一种聚酰亚胺泡沫原位填充蜂窝复合材料:中国,200710120046.7[P]. 2008-02-27.

[35] Pan L Y,Shen Y X,Zhan M S,et al. Visualization Study of Foaming Process for Polyimide Foams and its Reinforced Foams[J]. Polymer composites,2010,31(1):43-50.

[36] 潘玲英,潘丕昌,沈燕侠,等. 增强聚酰亚胺泡沫发泡过程的可视化研究[C]. 第十五届全国复合材料学术会议. 北京:国防工业出版社,2008:188-192.

[37] Shen Y X,Zhan,M S,Wang K. Effects of Monomer Structures on the Foaming Processes and Thermal Properties of Polyimide Foams [J]. Polymers for Advanced Technologies,2010,21(10):704-709.

[38] 沈燕侠,詹茂盛,王凯. 聚酰亚胺泡沫原位填充蜂窝复合材料压缩性能的研究[C]. 第十五届全国复合材料学术会议. 北京:国防工业出版社,2008:829-832.

[39] Weiser E S. Synthesis and Characterization of Polyimide Residuum, Friable Balloons, Microspheres and Foams[D]. Williamsburg,TheCollege of William and Mary,2004.

第6章 耐更高温聚酰亚胺泡沫材料

6.1 概 述

随着高新技术的高速进步,未来航天飞行器、航空、汽车、舰船和微电子等领域期待比表6.1所列聚苯乙烯、聚乙烯、聚氨酯泡沫以及上述各章聚酰亚胺泡沫材料具有更高耐热性的聚酰亚胺泡沫材料问世。

表6.1 几种聚合物泡沫的性能

树脂基体	烟密度 有焰	烟密度 无焰	最高长期使用温度/℃	临界状态
酚醛树脂	5	14	150	190℃下的尺寸变化小于3%
聚氨酯	439	117	120	130℃下收缩
聚苯乙烯	660	372	70	70℃下收缩
聚乙烯	150	470	100	140℃下收缩
聚氯乙稀	35	50	60	80℃下收缩

日本Hideke Ozawa等[1,2]以α-BPDA为原料,首先将二酐单体在乙醇或甲醇中回流酯化,形成相应的单酯或二酯,将得到的混合物与对苯二胺及4,4′-二氨基二苯醚及少量1,3′-双(3-氨丙基)四甲基硅氧烷反应得到聚酰亚胺泡沫前驱体溶液;然后加热除去溶剂,研磨得到前驱体粉末,利用微波加热发泡,最终制得玻璃化温度为370~405℃、密度为13.5~900kg/m³的聚酰亚胺泡沫材料。虽然上述方法成功制得耐更高温的聚酰亚胺泡沫材料,但是所用微波加热方法发泡使得制得的聚酰亚胺泡沫产生明显的皮芯结构,需要切除皮层,造成原材料浪费,发生较多边角料,而且制备工艺重复性差,即相同制备条件下经常得到不同的制品。

北京航空航天大学开展了耐高聚酰亚胺泡沫材料的探索研究,结果表明:玻璃微珠和碳纳米管的加入可使聚酰亚胺泡沫的T_g提高5~6℃,使聚酰亚胺泡沫热失重5%的温度提高70~100℃[3];采用原位聚合法制得纳米SiO_2微粒子填充聚酰亚胺泡沫,其T_g提高15~25℃,使聚酰亚胺泡沫T_g高350℃[4]。此外,开展了非添加型即本征型更高T_g的聚酰亚胺泡沫材料探索研究,以下章节介绍其结果。

6.2 更高 T_g 的 α-BPDA 基聚酰亚胺泡沫材料

北京航空航天大学[5-8]选用 α-BPDA 和对苯二胺(p-PDA)两种刚性结构单体,采用酯化法制得聚酰亚胺泡沫前驱体粉末,并用不同工艺条件和配方设计制备了一系列耐高温聚酰亚胺泡沫,确定出制备耐高温聚酰亚胺泡沫的最优工艺温度及配方设计,为耐高温聚酰亚胺泡沫的深入研究提供理论和实验依据。

6.2.1 酰亚胺化温度对 α-BPDA 基聚酰亚胺泡沫性能的影响

1. 泡沫制备

首先,将 α-BPDA 在甲醇中加热回流,酯化成相应的二酸二酯(α-BPDE);然后,将对苯二胺(p-PDA)加到冷至室温的 α-BPDE 甲醇溶液中,再在溶液中加入适量表面活性剂,室温搅拌 8h 后得到前驱体溶液,经烘干研磨过筛得 α-BPDA/p-PDA 前驱体粉末;最后,称取一定量前驱体粉末填入模具,并置于远红外烘箱中,在 140℃下预发泡 20min,再升温至预设的酰亚胺化温度后保温 1h,完成酰亚胺化转变,制得 α-BPDA/p-PDA 聚酰亚胺泡沫。其中,酰亚胺化温度分别为 330℃、360℃、390℃和 420℃,试样编号分别为 PIF-330、PIF-360、PIF-390 和 PIF-420。

聚酰亚胺泡沫合成反应路线如图 6.1 所示。由前驱体粉末酰亚胺化释放气体的浓度分析可知 CH_3OH 的含量要远高于 H_2O 的含量,因此推测酰亚胺化反应主要按照路线 2 进行,这说明酯化法制得的前驱体主要以聚酰胺酯结构存在。

2. 泡沫结构

图 6.2 所示为四个酰亚胺化温度制得的聚酰亚胺泡沫泡孔结构的 SEM 照片。由图 6.2 可知,四个泡沫的泡孔结构较均匀,泡孔尺寸为 300~800μm,主要呈闭孔结构,四个酰亚胺化温度对聚酰亚胺泡沫泡孔结构影响较小。

3. 动态热力学性能

图 6.3(a)和(b)分别表示四个酰亚胺化温度制得聚酰亚胺泡沫的储能模量 E' 和损耗因子 tanδ 随温度 T 的变化曲线。以图 6.3(b) tanδ-T 曲线上峰值对应温度即定义 T_g,结果如表 6.2 所列。

由图 6.3(a)可知:聚酰亚胺泡沫的储能模量 E' 随着酰亚胺化温度的提高而增加;PIF-330、PIF-360 和 PIF-390 的 E'-T 曲线在接近 T_g 之前,均呈上升趋势。分析认为,这是受 DMTA 实验过程高温影响进一步增强和完善酰亚胺化程度所致,甚至因高温作用,导致部分交联发生,从而使储能模量呈上升趋势。图 6.3(b)表明:当酰亚胺化温度从 330℃升至 420℃时,相应聚酰亚胺泡沫的 T_g 从 399℃增加到 450℃以上;并且 tanδ 的峰值逐渐降低,说明聚酰亚胺泡沫的热塑性降低。

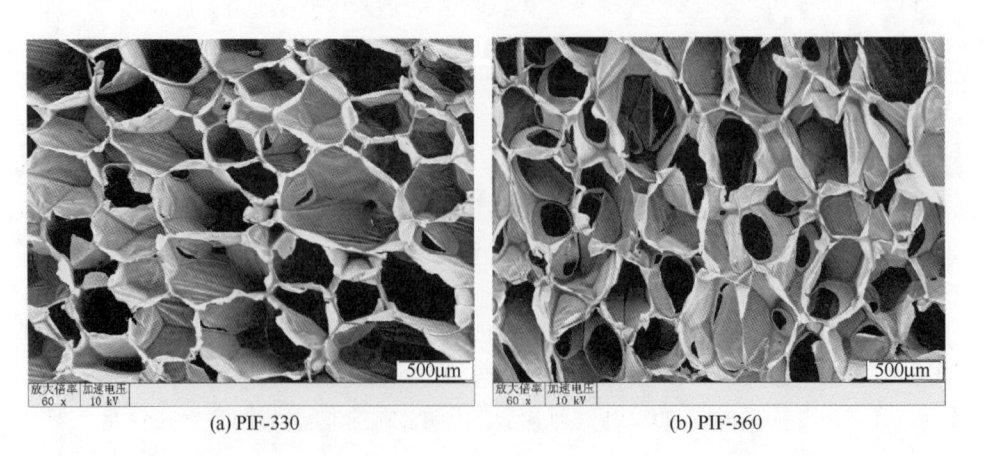

图 6.1 α-BPDA/*p*-PDA 聚酰亚胺泡沫的合成路线

(a) PIF-330

(b) PIF-360

(c) PIF-390　　　　　　　　　　(d) PIF-420

图 6.2　不同酰亚胺化温度制得 α-BPDA/p-PDA 聚酰亚胺泡沫泡孔结构的 SEM 照片

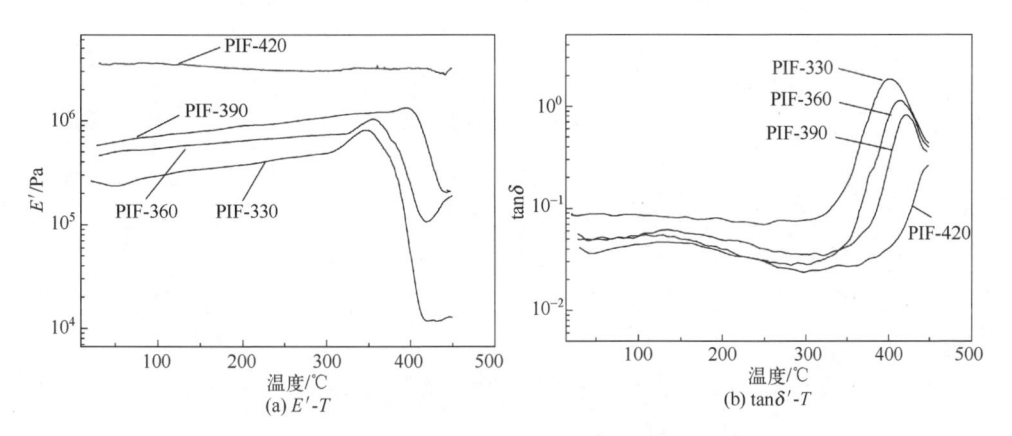

(a) E'-T　　　　　　　　　　(b) $\tan\delta'$-T

图 6.3　不同酰亚胺化温度制得 α-BPDA/p-PDA 聚酰亚胺泡沫的热力学性能

4. 热失重性能

图 6.4 所示为不同酰亚胺化温度制得聚酰亚胺泡沫的 TGA 曲线,其特征数据如表 6.2 所列。

表 6.2　不同酰亚胺化温度制得 α-BPDA/p-PDA 聚酰亚胺泡沫的热性能

试　样	T_g/℃	T_d^5/℃	T_d^{10}/℃	R_{700}/%
PIF-330	399.1	589.4	613.3	63.8
PIF-360	410.5	591.5	615.2	64.9
PIF-390	420.6	600.6	620.8	66.1
PIF-420	>450	602.1	621.7	66.5

注:T_g 为玻璃化温度,取 $\tan\delta$-T 曲线中的峰值温度;T_d^5 为 5%(质量)热失重温度;T_d^{10} 10%(质量)热失重温度;R_{700} 为 700℃的残余质量分数

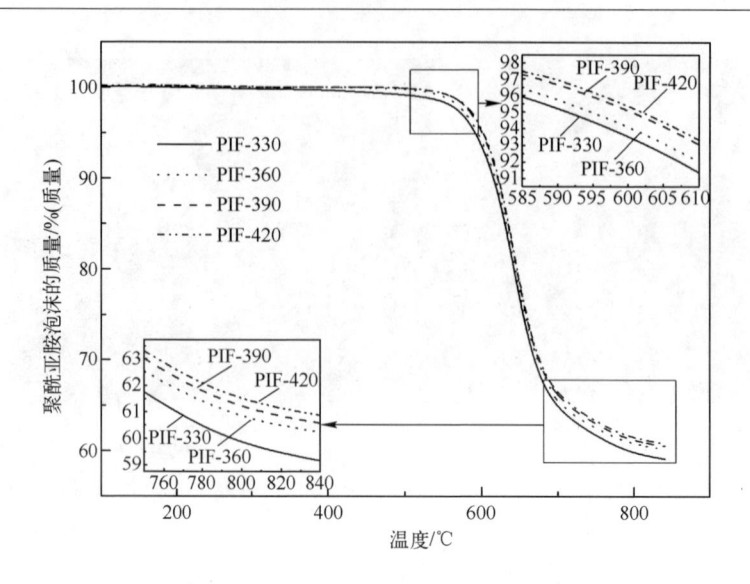

图6.4 不同酰亚胺化温度制得 α-BPDA/p-PDA 聚酰亚胺泡沫的 TGA 曲线

分析图6.4和表6.2可知:随着酰亚胺化温度的增加,泡沫热失重5%和10%时的温度均增加;700℃和800℃时的残余质量分数受酰亚胺化温度影响不大,分别达到64%和60%以上。该结果表明,酰亚胺化温度对聚酰亚胺泡沫热失重性能的影响较小,不同酰亚胺化温度制得的聚酰亚胺泡沫均表现出良好的高温稳定性。

通过上述泡沫的物理和化学性能综合分析,认为360℃的酰亚胺化温度基本满足泡沫酰亚胺化要求,综合性能较好。

6.2.2 催化剂 2-乙基-4-甲基咪唑对 α-BPDA 基聚酰亚胺泡沫性能的影响

1. 泡沫制备

选用2-乙基-4-甲基咪唑作催化剂,以提高 α-BPDA 的酯化速率和聚酰亚胺泡沫的制备效率。之所以采用2-乙基-4-甲基咪唑,因为它是一种叔胺分子化合物,分子结构中含有两个活性氮原子,如图6.5所示。

图6.5 2-乙基-4-甲基咪唑的结构式

α-BPDA 发生酯化时,2-乙基-4-甲基咪唑上的叔氮原子与 α-BPDA 的二酸二酯形成一种稳定的盐,使其在低温溶液中的反应物更为稳定,在达到最佳发泡温度和熔体黏度之前,可有效抑制聚酰亚胺前驱体的链增长和酰亚胺化反应的进行[9]。此外,2-乙基-4-甲基咪唑中仲胺上的活泼氢会与二酸二酯上的羧基反应脱水生成二咪唑衍生物[10]。由于2-乙基-4-甲基咪唑和二酸

第6章 耐更高温聚酰亚胺泡沫材料

二酯反应,消耗了溶液中的二酸二酯,从而降低了溶液中二酸二酯的浓度,促使酯化反应不断地朝着生成二酸二酯的方向进行,因此有效提高了 α-BPDA 的酯化效率。α-BPDA 二酸二酯的溶液中加入 2-乙基-4-甲基咪唑后的化学反应过程如图 6.6 所示。

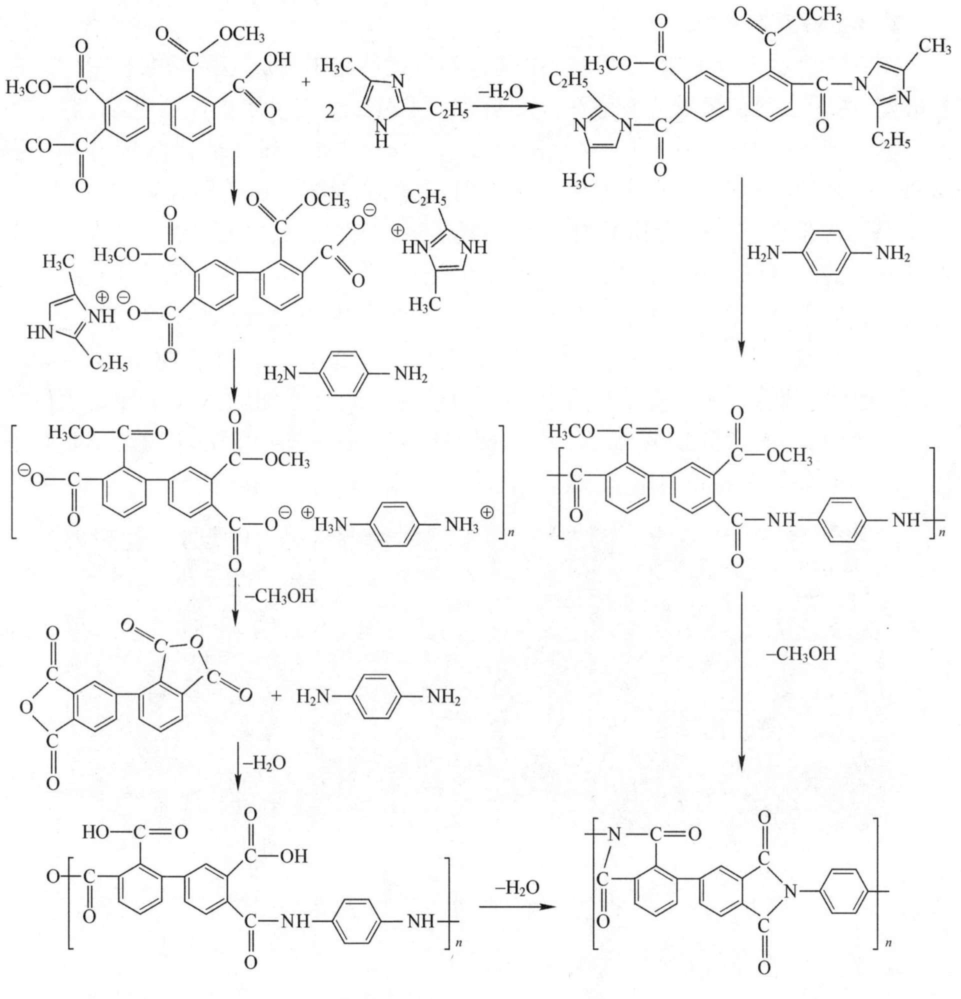

图 6.6 α-BPDA 二酸二酯的溶液中加入 2-乙基-4-甲基咪唑后的化学反应过程

表 6.3 表示泡沫制备条件和酯化时间。为排除其他组分的影响,在合成聚酰亚胺泡沫前驱体时未采用表面活性剂。

表 6.3 2-乙基-4-甲基咪唑对聚酰亚胺泡沫的合成及形貌的影响

试样编号	2-乙基-4-甲基咪唑含量/%(质量)	酰亚胺化温度/℃	酯化时间/min
PIF-0	0	360	50
PIF-1.5	1.5	360	15

2. 泡沫结构

图 6.7 所示为有无 2-乙基-4-甲基咪唑催化的聚酰亚胺泡沫的泡孔结构。由图可知,由于在制备聚酰亚胺泡沫前驱体的过程中,没有添加表面活性剂,制得的聚酰亚胺泡沫的泡孔不均匀。对比有无 2-乙基-4-甲基咪唑催化的聚酰亚胺泡沫照片可知,有 2-乙基-4-甲基咪唑催化时,其聚酰亚胺泡沫的泡孔较无 2-乙基-4-甲基咪唑催化泡沫的泡孔均匀,且平均泡孔尺寸较大。这是因为 2-乙基-4-甲基咪唑上的叔氮原子会与酯化生成的 α-BPDA 二酸二酯形成一种稳定的盐,从而使其在较低温度溶液中反应更为稳定。在达到最佳发泡温度和熔体黏度之前,可有效抑制聚酰亚胺前驱体的链增长和酰亚胺化反应进行[11],因此发泡时聚合物分子的分子量较低,熔体黏度较小,发泡阻力较低,故最终泡沫的泡孔尺寸较大。实验结果表明,加入少量 2-乙基-4-甲基咪唑可显著提高 α-BPDA 的酯化速率,酯化时间由原来的 50min 缩短至 15min,酯化效率提高 70%。

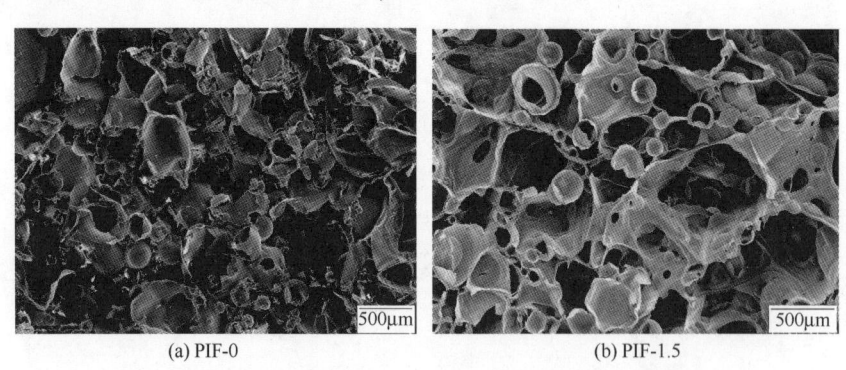

(a) PIF-0   (b) PIF-1.5

图 6.7 2-乙基-4-甲基咪唑对聚酰亚胺泡沫泡孔结构的影响

3. 动态热力学性能

图 6.8 所示为有无 2-乙基-4-甲基咪唑催化的聚酰亚胺泡沫的损耗因子 tanδ 随温度 T 变化的曲线,取 tanδ-T 曲线峰值对应温度为 T_g。

由图 6.8 可知,2-乙基-4-甲基咪唑催化制得聚酰亚胺泡沫的 T_g 比无 2-乙基-4-甲基咪唑催化的聚酰亚胺泡沫的低,前者 T_g 为 400.2℃,后者为 410.5℃。综合性能研究表明,加入 2-乙基-4-甲基咪唑对聚酰亚胺泡沫和反应过程基本没有影响,T_g 的差异是由于小分子 2-乙基-4-甲基咪唑在聚酰亚胺体系中起增塑剂作用,或增加了聚酰亚胺分子链柔性,提高聚酰亚胺分子链流动性,故泡沫的 T_g 稍有

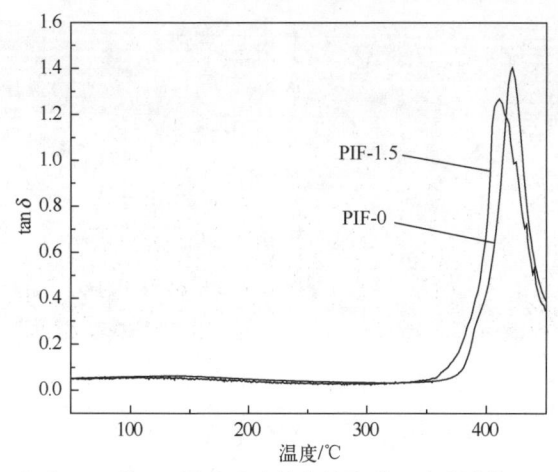

图6.8 有无2-乙基-4-甲基咪唑催化的聚酰亚胺泡沫的 $\tan\delta$-T 曲线

降低。此外,高温酰亚胺化使残存在聚酰亚胺泡沫中的2-乙基-4-甲基咪唑分子发生挥发和氧化,使泡沫颜色发暗,影响制品的表观形貌。

6.2.3 表面活性剂对 α-BPDA 基聚酰亚胺泡沫性能的影响

为改善图6.7所示泡沫泡孔不均匀问题,在聚酰亚胺泡沫前驱体合成过程中加入0、0.5%(质量)、1.0%(质量)、1.5%(质量)和2.5%(质量)的表面活性剂,按上述相同制备方法,制得聚酰亚胺泡沫,如图6.9所示和表6.4所列。实验结果表明,添加表面活性剂的聚酰亚胺泡沫泡孔尺寸较均匀,并赋予柔弹性。

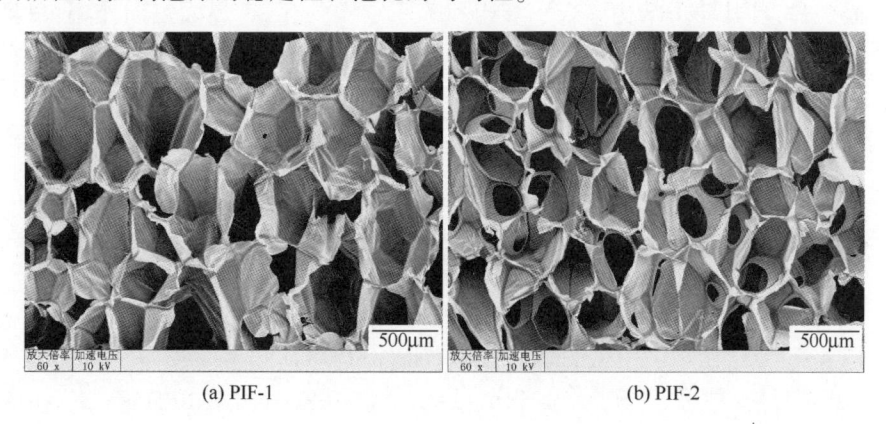

表6.5总结了不同表面活性剂含量聚酰亚胺泡沫的 T_g。由表6.5可知,随着表面活性剂含量的增加,聚酰亚胺泡沫的 T_g 稍有降低。这是因为表面活性剂起增塑作用的缘故。上述分析表明:添加1%(质量)表面活性剂的PIF-2泡沫泡孔均匀性好, T_g 仅降低4℃。因此,在后续的聚酰亚胺泡沫制备中,选用添加1%(质量)表面活性剂控制泡沫的稳定性和泡孔的均匀性。

(a) PIF-1　　　　　　　　(b) PIF-2

(c) PIF-3　　　　　　　　　　　　(d) PIF-4

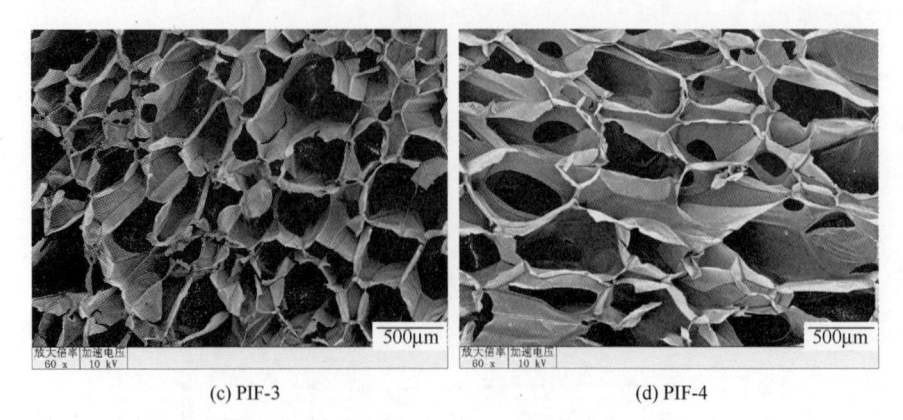

图 6.9　不同表面活性剂含量聚酰亚胺泡沫泡孔结构的 SEM 照片

表 6.4　表面活性剂含量对聚酰亚胺泡沫性能的影响

试样编号	表面活性剂含量/%(质量)	酰亚胺化温度/℃	试样描述
PIF-0	0	360	泡孔不均匀,局部有大孔,泡沫较硬
PIF-1	0.5	360	泡孔较为均匀,泡沫具有一定的柔弹性
PIF-2	1	360	泡孔均匀,泡沫具有一定的柔弹性
PIF-3	1.5	360	泡孔较为均匀,泡沫具有一定的柔弹性
PIF-4	2.5	360	泡孔较为均匀,泡沫具有一定的柔弹性

表 6.5　不同表面活性剂含量聚酰亚胺泡沫的 T_g

试　样	PIF-0	PIF-1	PIF-2	PIF-3	PIF-4
T_g/℃	410.5	408.3	406.7	402.3	401.4

文献[12,13]认为表面活性剂主要体现三个作用:①乳化作用,降低原料体系的表面张力,且其分子结构中亲水结构和疏水结构并存,有界面定向作用,可把泡沫合成过程中亲水性和疏水性相差大的原料乳化成均匀体系改善原料组分的混溶性;②成核作用,促进发泡初期气泡核的形成及稳定作用,调节泡孔结构、泡孔直径及其分布;③稳定作用,提高已膨胀泡沫材料原料体系的稳定性及流动性,使泡沫材料制品密度分布均匀。

6.2.4　二胺结构对 α-BPDA 基耐高温聚酰亚胺泡沫性能的影响

1. 泡沫制备

以 α-BPDA 为二酐单体,分别与对苯二胺(p-PDA)、间苯二胺(m-PDA)和 4,4′-ODA 单体反应,制得 α-BPDA/p-PDA、α-BPDA/m-PDA 和 α-BPDA/4,4′-ODA 聚

酰亚胺泡沫材料。制备过程如下：先将α-BPDA在甲醇中加热、回流和酯化，得到相应的α-BPDE；按配比将二胺加入冷却至室温的α-BPDE甲醇溶液中，同时加入1%（质量）的表面活性剂，室温搅拌8h后得到聚酰亚胺泡沫前驱体溶液，经烘干研磨过筛得到泡沫前驱体粉末；称取一定量前驱体粉末填入模具，并置于远红外烘箱中，在140℃恒温预发泡20min，然后升温至360℃，恒温1h进行泡沫成型和酰亚胺化，制得不同分子结构的聚酰亚胺泡沫。试样编号和化学结构如表6.6所列。

表6.6 不同分子结构聚酰亚胺泡沫的试样编号及化学结构

泡沫编号	主要组成	化学结构
(a)	α-BPDA/p-PDA	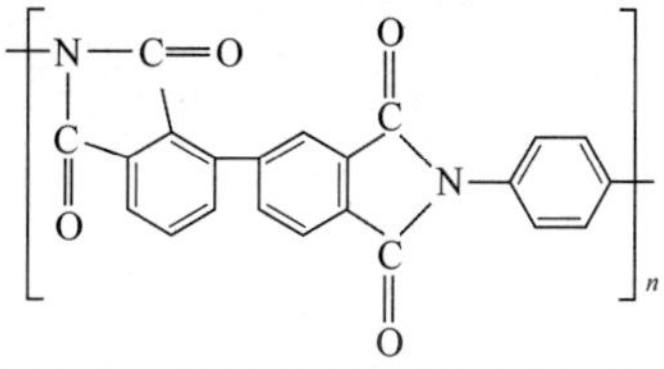
(b)	α-BPDA/m-PDA	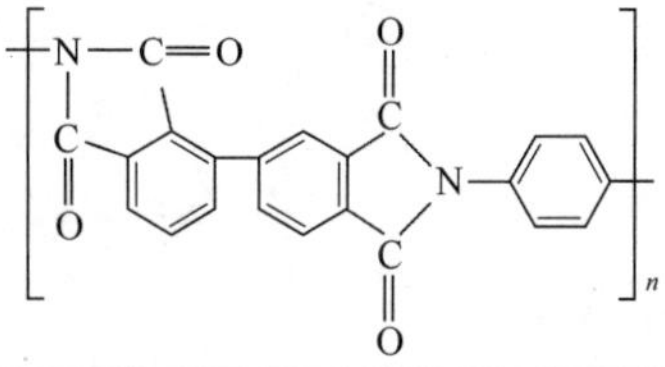
(c)	α-BPDA/4,4′-ODA	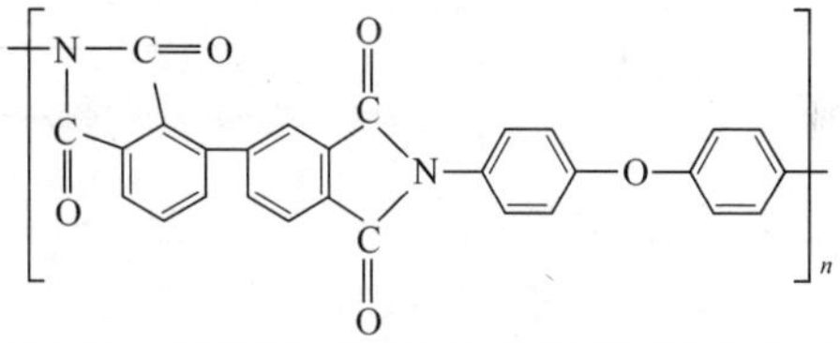

2. 泡孔结构

三种二胺的α-BPDA基聚酰亚胺泡沫的泡孔结构如图6.10所示。

由图6.10可知：三种聚酰亚胺泡沫的泡孔尺寸并不随着二胺单体的刚性增加而减小，与之相反，在三种泡沫中，图6.10(c)所示的α-BPDA/4,4′-ODA泡沫泡孔尺寸最小；图6.10(a)所示的α-BPDA/p-PDA和图6.10(b)所示的α-BPDA/m-PDA泡沫泡孔尺寸随着二胺单体的刚性变化不明显。分析认为二胺分子链刚性对聚酰亚胺泡沫泡孔尺寸的影响可能存在一个临界点，即当二胺分子链刚性增大到一定程度后，其流动性变差，在发泡之前，挥发分从基体中扩散的量较少，不足以影响最终泡孔的尺寸。

3. 玻璃化温度

图6.11所示为三种二胺的α-BPDA/p-PDA、α-BPDA/m-PDA和α-BPDA/4,4′-ODA泡沫的损耗因子tanδ随温度T的变化曲线。tanδ-T曲线上的峰值即认

(a) α-BPDA/p-PDA　　(b) α-BPDA/m-PDA　　(c) α-BPDA/4,4′-ODA

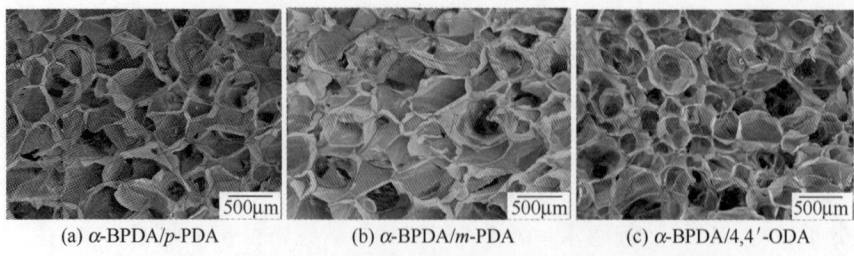

图 6.10　不同分子结构聚酰亚胺泡沫泡孔结构的 SEM 照片

为的 T_g 如表 6.7 所列。由图 6.11 可知，随着二胺单体刚性的增加，聚酰亚胺泡沫的 T_g 从 356℃增加到 410℃，增幅达 54℃。

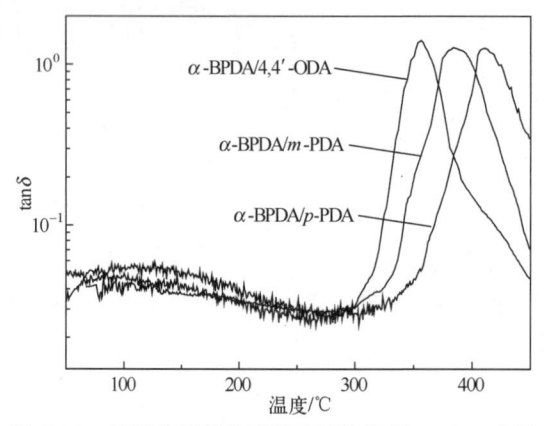

图 6.11　不同分子结构聚酰亚胺泡沫的 tanδ-T 曲线

4. 热失重性能

图 6.12 和表 6.7 表示三种二胺的 α-BPDA/p-PDA、α-BPDA/m-PDA 和 α-BPDA/4,4′-ODA 泡沫的 TGA 曲线和特征数据。

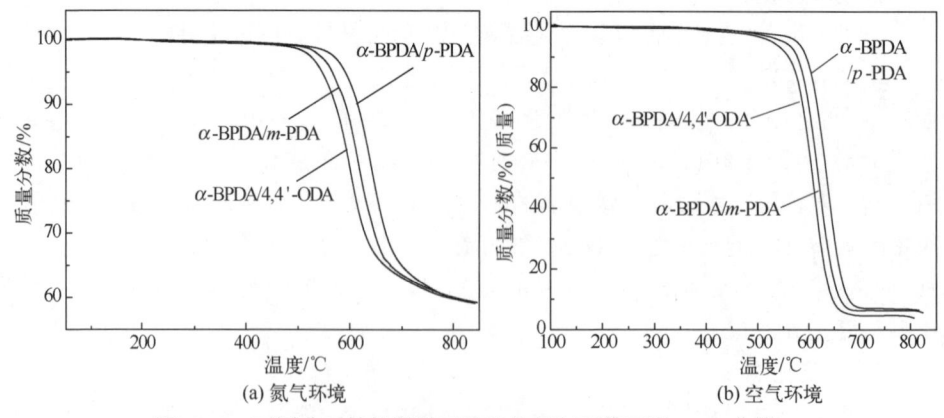

(a) 氮气环境　　(b) 空气环境

图 6.12　不同分子结构聚酰亚胺泡沫氮气环境下的 TGA 曲线

第6章 耐更高温聚酰亚胺泡沫材料

表6.7 三种二胺的 α-BPDA 基聚酰亚胺泡沫的热性能

试样编号	主要组成	$T_g/℃$	$T_d^5/℃$ 氮气	$T_d^5/℃$ 空气	$T_d^{10}/℃$ 氮气	$T_d^{10}/℃$ 空气	$R_{700}/\%$ 氮气	$R_{700}/\%$ 空气
(a)	α-BPDA/p-PDA	410	591	575	615	594	65	5
(b)	α-BPDA/m-PDA	383	563	553	589	578	63	6
(c)	α-BPDA/4,4′-ODA	356	547	529	572	561	63	7

注: T_d^5 为热失重5%(质量)时的温度; T_d^{10} 为热失重10%(质量)时的温度; R_{700} 为700℃的残余质量分数。

分析可知,泡沫的热失重温度稳定性从高到低依次是(a)>(b)>(c),氮气环境下耐热温度和700℃下残量均高于空气环境,且随着二胺单体分子结构的刚性增加,聚酰亚胺泡沫5%(质量)和10%(质量)的热失重温度均提高40℃以上,700℃残余质量分数受二胺单体分子结构的刚性影响不大。

6.3 纳米蒙脱土填充固相发泡法耐高温聚酰亚胺泡沫材料

6.3.1 纳米蒙脱土填充 α-BPDA 二酐聚酰亚胺泡沫材料

首先将 α-BPDA 在甲醇中加热回流酯化,得到相应的 α-BPDE;其次按配比将一定量的 p-PDA 或 m-PDA 二胺加入冷却至室温的 α-BPDE 甲醇溶液中,同时加入1%(质量)的表面活性剂,室温搅拌8h后得到前驱体溶液,经烘干过筛得到所需前驱体粉末;然后按表6.8所列配比,分别称取纳米蒙脱土(MMT)加入聚酰亚胺泡沫前驱体粉末中,经高速万能粉碎机高速搅拌1min,得到MMT填充分散聚酰亚胺泡沫前驱体粉末;最后称取一定量的前驱体粉末,填入模具中,置于远红外烘箱中,140℃恒温20min预发泡,再升温至360℃,恒温1h成型和酰亚胺化,制得纳米MMT填充分散 α-BPDA/p-PDA 聚酰亚胺泡沫材料(记为PIF1)和纳米MMT填充分散 α-BPDA/m-PDA 聚酰亚胺泡沫材料(记为PIF2),泡沫试样编号如表6.8所列。

表6.8 MMT填充分散聚酰亚胺泡沫材料的试样编号

MMT含量/%(质量)		0	1	3	5	7
试样编号	α-BPDA/p-PDA	PIF1-0	PIF1-1	PIF1-2	PIF1-3	PIF1-4
	α-BPDA/m-PDA	PIF2-0	PIF2-1	PIF2-2	PIF2-3	PIF2-4

6.3.2 纳米蒙脱土填充 α-BPDA/p-PDA 聚酰亚胺泡沫材料的结构与性能

1. 泡孔结构

图6.13所示为不同含量MMT填充分散PIF1泡沫的泡孔结构SEM照片。由

图 6.13 可知,随着 MMT 含量的增加,由于 MMT 的成核作用,MMT 填充分散 PIF1 泡沫的泡孔尺寸减小。分析认为,MMT 特殊的纳米结构及其大的比表面积使 MMT 纳米粒子、聚酰亚胺基体和气体之间的接触面增大,因此可显著改善泡沫的成核率,从而使得泡孔密度增加,泡孔尺寸减小[14]。

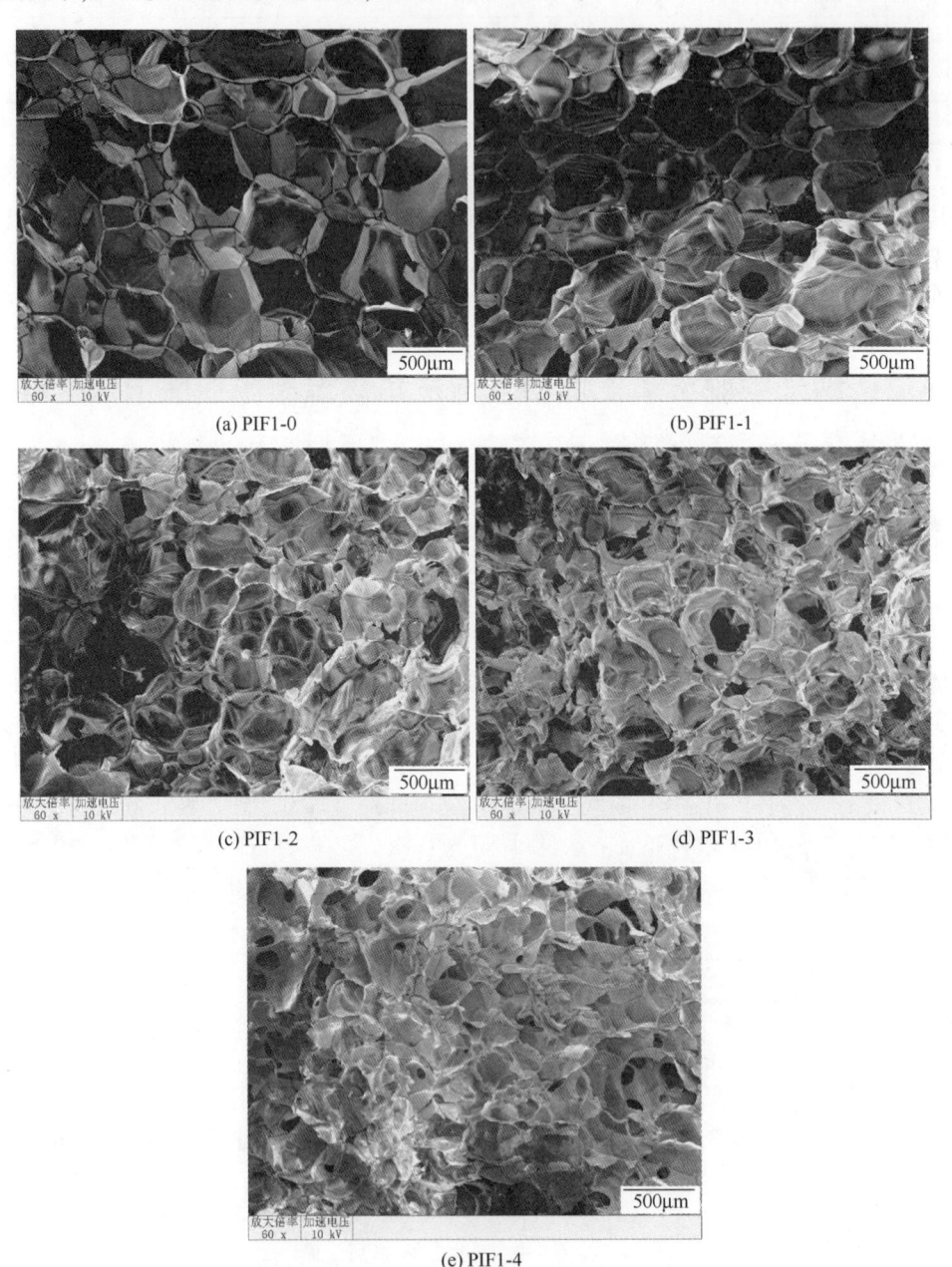

(a) PIF1-0

(b) PIF1-1

(c) PIF1-2

(d) PIF1-3

(e) PIF1-4

图 6.13　不同含量 MMT 填充分散 PIF1 泡沫的泡孔结构 SEM 照片

2. 动态热力学性能

图 6.14(a)和(b)分别表示不同含量 MMT 填充分散 PIF1 泡沫的储能模量 E' 和损耗因子 $\tan\delta$ 随温度的变化曲线。取 $\tan\delta-T$ 曲线中，$\tan\delta$ 峰值对应温度为不同含量 MMT 填充分散 PIF1 泡沫的玻璃化温度，结果如表 6.9 所列。从图 6.14(a)可知，随着 MMT 含量的增加，不同含 MMT 填充分散 PIF1 泡沫的 E' 先增加后降低，当 MMT 含量为 5%(质量)时，E' 最大。这可能是由于当 MMT 含量少于 5%(质量)时，MMT 在聚酰亚胺基体中有效剥离或形成插层结构，均匀分散在基体中，其与聚酰亚胺基体间形成了较强的界面相互作用，使得 E' 上升；当 MMT 含量增加到 7%(质量)时，MMT 出现了部分团聚，使得 MMT 和聚酰亚胺之间的界面相互作用减弱，故 E' 下降。由图 6.14(b)和表 6.9 可知，当 MMT 含量由 0 增加到 7%(质量)时，MMT 填充分散 PIF1 泡沫的 T_g 由 410.5℃ 增加到 436.1℃，增幅达到 26℃。这是因为，在不同含量 MMT 填充分散 PIF1 泡沫中，形成了 MMT 插层或剥离结构，使得 MMT 片层间的聚酰亚胺链段运动受限，从而导致泡沫的 T_g 明显增加。

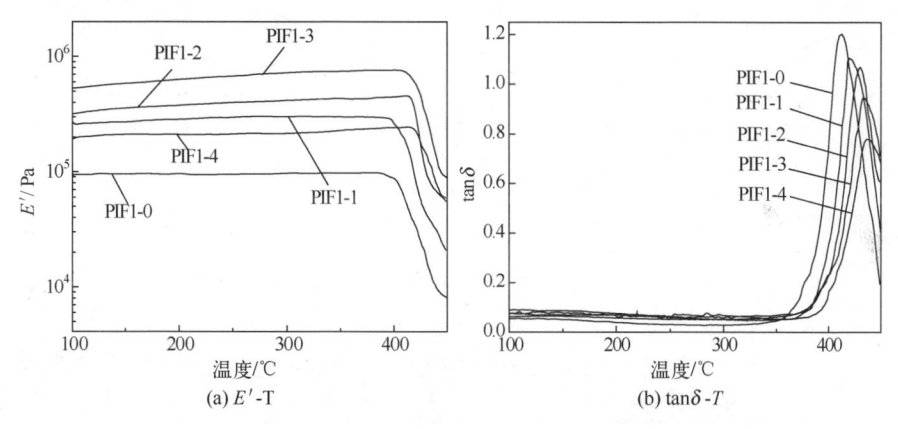

(a) $E'-T$

(b) $\tan\delta-T$

图 6.14 不同含量 MMT 填充分散 PIF1 泡沫的 DMTA 曲线

表 6.9 不同含量 MMT 填充分散 PIF1 泡沫的热性能

试 样	MMT 含量/%(质量)	T_g/℃	T_d^5/℃	T_d^{10}/℃	R_{700}/%	R_{800}/%
PIF1-0	0	410.5	591.5	615.2	64.9	59.9
PIF1-1	1	420.3	592.7	618.0	64.8	60.5
PIF1-2	3	430.0	597.2	622.4	67.5	61.6
PIF1-3	5	433.8	600.8	632.4	72.1	65.6
PIF1-4	7	436.1	603.8	637.3	73.3	65.4

3. 热失重性能

图 6.15 所示为不同含量 MMT 填充分散 PIF1 泡沫的热失重曲线,其典型数据如表 6.9 所列。由表 6.9 可知,随着 MMT 含量的增加,泡沫的 5%(质量)热失重温度、10%(质量)热失重温度和 700℃的残余质量分数均呈增加趋势。这是因为,MMT 的层状结构,可有效阻止 MMT 填充分散 PIF1 泡沫热降解过程中所产生的小分子的逸出,同时减缓氧气向泡沫内部的扩散速度,降低氧化降解速率,从而提高泡沫的热稳定性[15,16]。

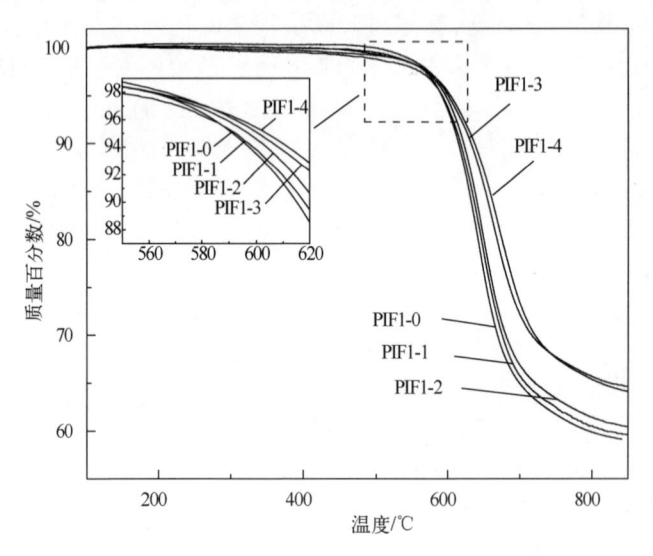

图 6.15　不同含量 MMT 填充分散 PIF1 泡沫的 TGA 曲线

6.3.3　纳米蒙脱土填充 α-BPDA/m-PDA 聚酰亚胺泡沫材料的结构与性能

1. 泡孔结构

图 6.16 所示为不同含量 MMT 填充分散 PIF2 泡沫泡孔结构的 SEM 照片。

由图 6.16 可知,随着 MMT 含量的增加,由于 MMT 的成核作用,MMT 填充分散 PIF2 泡沫的泡孔尺寸减小。MMT 特殊的纳米结构及其大的比表面积可使 MMT 纳米粒子、聚酰亚胺基体和气体之间的接触面增大,因此可显著改善泡沫的成核率,从而使得泡孔密度增加,泡孔尺寸减小。

2. 动态热力学性能

图 6.17(a)和(b)分别表示不同含量 MMT 填充分散 PIF2 泡沫的储能模量 E' 和损耗因子 tanδ 随温度的变化曲线。同样取 tanδ-T 曲线中,tanδ 峰值对应温度为泡沫的玻璃化温度,结果如表 6.10 所列。

(a) PIF2-0

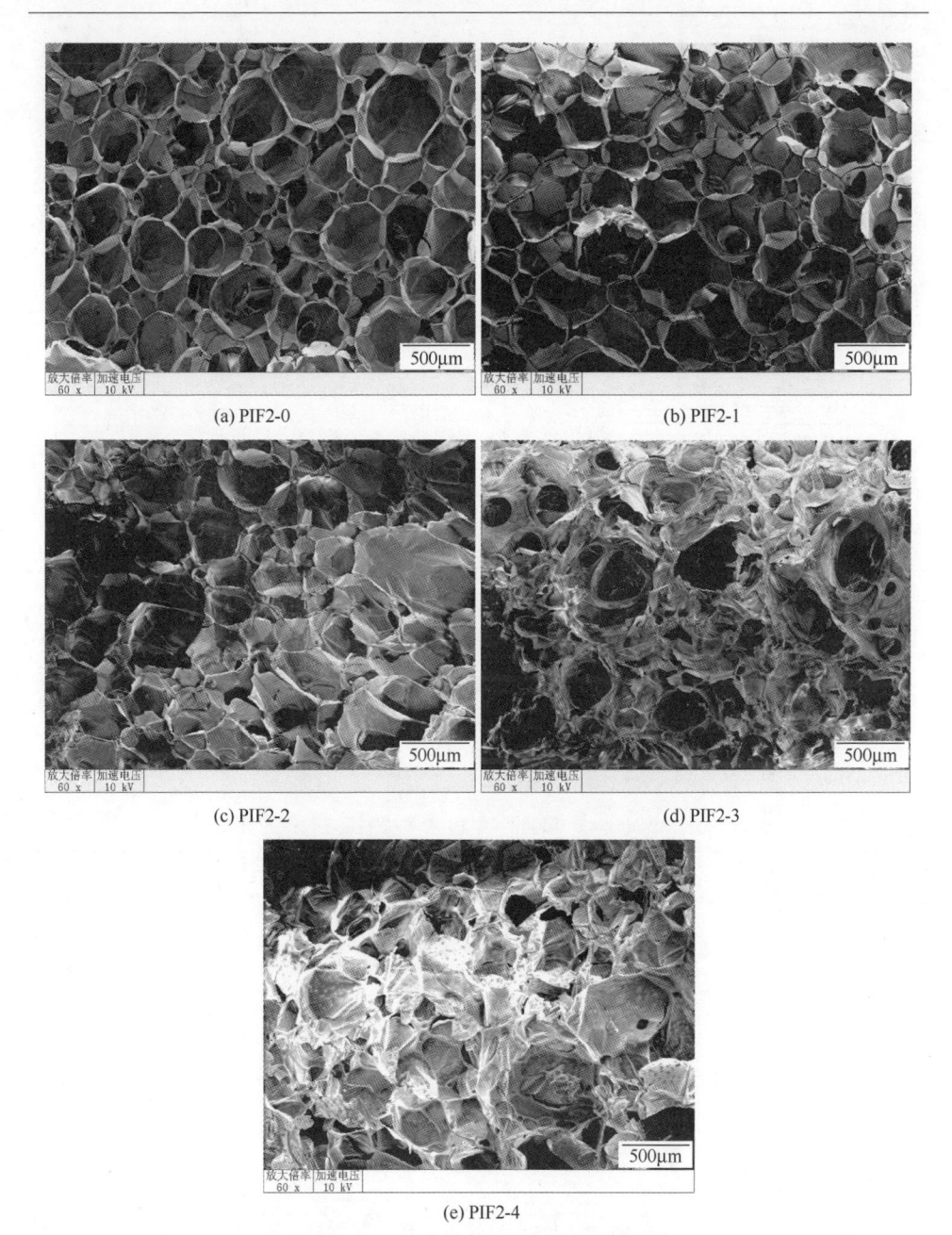

(b) PIF2-1

(c) PIF2-2

(d) PIF2-3

(e) PIF2-4

图 6.16 不同含量 MMT 填充分散 PIF2 泡沫泡孔结构的 SEM 照片

由图 6.17(a)可知,随着 MMT 含量的增加,不同含量 MMT 填充分散 PIF2 泡沫的 E' 先增加后降低,当 MMT 含量为 5%(质量)时,E' 最大。这可能是由于当 MMT 含量少于 5%(质量)时,MMT 在聚酰亚胺基体中有效剥离或形成插层结构,均匀分散在基体中,其与聚酰亚胺基体间形成了较强的界面相互作用,使得 E' 上升;当 MMT 含量增加到 7%(质量)时,MMT 出现了部分团聚,使得 MMT 和聚酰亚胺之间的界面相互作用减弱,故 E' 下降。由图 6.17(b) 和表 6.10 可知,当 MMT 含量由 0 增加到 7%(质量)时,不同含量 MMT 填充分散 PIF2 泡沫的 T_g 由 382.6℃增加到 395.9℃,增幅达到 13℃。这是因为,在 MMT 填充分散 PIF2 泡沫中,形成了 MMT 插层或剥离结构,使得 MMT 片层间的聚酰亚胺链段运动受限,从而导致纳米泡沫的 T_g 明显增加。

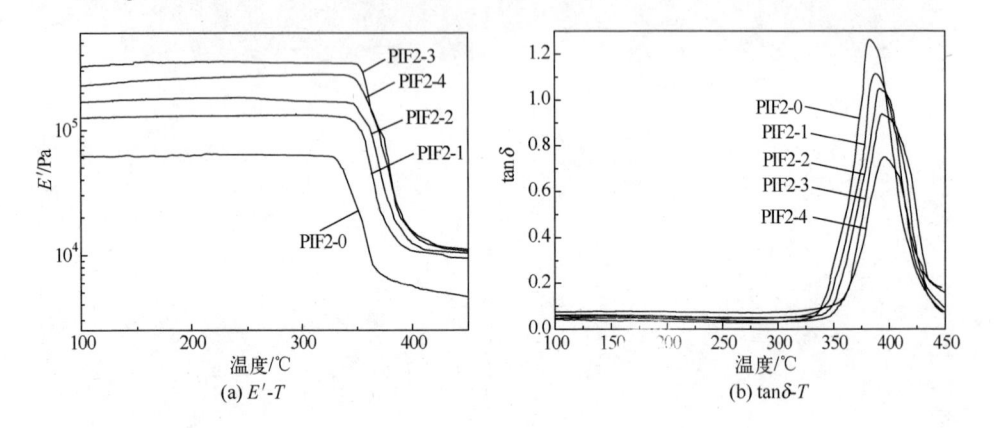

图 6.17 不同含量 MMT 填充分散 PIF2 泡沫 DMTA 曲线

表 6.10 不同含量 MMT 填充分散 PIF2 泡沫的热性能

试 样	MMT 含量/%(质量)	T_g/℃	T_d^5/℃	T_d^{10}/℃	R_{700}/%	R_{800}/%
PIF2-0	0	382.6	563.4	589.1	63.5	59.9
PIF2-1	1	388.3	562.7	595.8	66.7	62.4
PIF2-2	3	391.6	565.6	599.2	68.8	64.8
PIF2-3	5	393.7	566.8	601.7	68.8	64.8
PIF2-4	7	395.9	579.4	605.2	68.2	64.4

3. 热失重性能

图 6.18 所示为不同含量 MMT 填充分散 PIF2 泡沫的热失重曲线,其典型数据如表 6.10 所列。由表 6.10 可知,随着 MMT 含量的增加,MMT 填充分散 PIF2 泡沫的 5%(质量)热失重温度、10%(质量)热失重温度均呈增加趋势,且 700℃的残余质量分数也基本呈增加趋势。

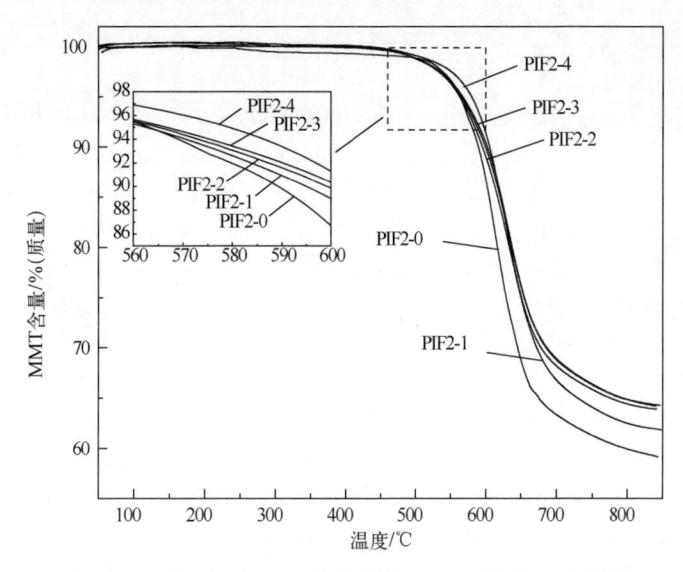

图 6.18　不同含量 MMT 填充分散 PIF2 泡沫的 TGA 曲线

6.4　拟解决的关键问题

耐更高温的聚酰亚胺泡沫材料研究资料少,合适分子量的聚酰亚胺树脂和泡沫制品制备难度较大,需要先研发适合耐更高温聚酰亚胺泡沫材料制备用发泡且快速升温速率的理想发泡装备技术。

参 考 文 献

[1]　Ozawa H,Yamamoto S. Aromatic Polyimide Foam:us20030065044[P]. 2003-4-3.
[2]　Yamaguchl H,Yamamoto S. Aromatic Polyimide Foam:us20020040068[P]. 2002-4-4.
[3]　沈燕侠,潘丕昌,詹茂盛,等. 几种热塑性聚酰亚胺泡沫热力学性能[J]. 宇航材料工艺,2007,37(6):109-112.
[4]　詹茂盛,沈燕侠,王凯. 一种聚硅氧烷酰亚胺泡沫的制备方法:200710119168[P]. 2008-01-30.
[5]　Pan Lingying,Shen Yanxia,Zhan Maosheng,et al. Visualization Study of Foaming Process for Polyimide Foams and its Reinforced Foams[J]. Polymer Composites,2010,31(1):43-50.
[6]　Pan Lingying,Zhan Maosheng,Wang Kai. Preparation and Characterization of High-temperature Resistant Polyimide Foams[J]. Polymer Engineering and Science,2010,50(6):1261-1267.
[7]　Pan Lingying,Zhan Maosheng,Wang Kai. High-temperature Resistant Polyimide/Montmorillonite Nanocomposite Foams by Solid Blending[J]. Polymer Engineering and Science,2011,51(7):1397-1403.

[8] 詹茂盛,潘玲英,王凯. 一种新型耐高温聚酰亚胺泡沫及其制备方法:101402795[P].[2011-06-08].

[9] Weiser E S. Sythesis and Characterization of Polyimide Residuum, Friable Balloons, Microspheres and Foams[D]. Wiuiamsburg: The College of William and Mary, 2004.

[10] 丁孟贤,何天白. 聚酰亚胺新型材料[M]. 北京:科学出版社,1998.

[11] Cano C I, Clark M L, Kyu T, et al. Modeling Particle Inflation from Poly(amic acid) Powdered Precursors. Ⅲ. Experimental Determination of Kinetic Parameters[J]. Polymer Engineering and Science, 2008, 48(3):617-626.

[12] 朱吕民,刘益军. 聚氨酯泡沫[M]. 北京:化学工业出版社,2005.

[13] 赵国玺,朱埗瑶. 表面活性剂作用原理[M]. 北京:中国轻工业出版社,2005.

[14] Cao X, Lee L J, Widya T, et al. Polyurethane/clay Nanocomposites Foams: Processing, Structure and Properties [J]. Polymer, 2005, 46(3):775-783.

[15] Park J S, Chang J H. Colorless Polyimide Nanocomposite Films with Pristine Clay: Thermal Behavior, Mechanical Property, Morphology, and Optical Transparency [J]. Polymer Engineering and Science, 2009, 49(7):1357-1365.

[16] Gintert M J, Jana S C, Miller S G. A Novel Strategy for Nanoclay Exfoliation in Thermoset Polyimide Nanocomposite Systems[J]. Polymer, 2007, 48(14):4166-4173.

第7章 电磁屏蔽聚酰亚胺泡沫材料

7.1 概 述

随着互联网、大数据、信息通信和导航等海陆空天信电子产品的普及,电磁屏蔽十分重要,质量小、易加工、聚合物电磁屏蔽材料得到广泛应用,表7.1列出了聚合物泡沫电磁屏蔽材料的性能。

表7.1 微粒子杂化聚合物泡沫电磁屏蔽材料

材 料	粒子含量	频率/GHz	屏蔽效能/dB	比效能/(dB·cm³/g)
MWCNT/PMMA 泡沫[1]	2%(体积)	15~20	20	—
MWCNT/PCL 泡沫[2]	2%(体积)	8~12	60~80	193~258
MWCNT/纤维素气凝胶[3]	0.45%/(体积)	8.2~12.4	18.7~22.5	219
CF/PP 泡沫[4]	10%(体积)	8~12	25	34
不锈钢纤维/聚砜[5]	20%(体积)	8~12	42	
不锈钢织物/PU 泡沫[6]	一层	0.01~10	115~87	
不锈钢纤维/PP 泡沫[7]	1.1%(体积)	8~12	48	75
石墨烯/PEI 泡沫[8]	10%(体积)	8~12	9~12	44
氧化石墨烯/PI 泡沫[9]	16%(体积)	8~12	17~21	75
Ag-氧化石墨烯/聚苯胺[10]	5%(体积)	1~5	29.33	—
氧化石墨烯@Fe₃O₄/PEI 泡沫[11]	10%(体积)	8~12	14~18	42

由表7.1可知,采用碳纳米管(MWCNT)、碳纤维(CF)、不锈钢纤维、石墨烯、Ag-氧化石墨烯、Fe_3O_4 包覆石墨烯为导电介质制得的聚合物电磁屏蔽材料具有良好的电磁屏蔽效能,其中,耐高温的PI泡沫高频段的电磁屏蔽效能已达17~21dB,但所用氧化石墨烯导电介质的粒子含量为16%(质量),若用体积含量表示则更大。此外,文献[9,11]采用二维石墨烯粒子和非溶剂诱导相分离法制备了一种电磁屏蔽PEI泡沫,该文献指出石墨烯主要分布在泡壁处,通过石墨烯与PEI界面间自由电荷发生极化,使体系介电常数和损耗增加,电磁波在这些界面处发生多重反

射且被吸收,因此电磁屏蔽机理主要为吸收损耗,石墨烯含量为10%(质量)时,8~12GHz频段内PEI泡沫的电磁屏蔽效能为9~12dB[8];当石墨烯表面引入磁性纳米Fe_3O_4粒子后,提高了石墨烯在PEI中的分散性,改善了PEI泡沫的电磁屏蔽性能,当氧化石墨烯@Fe_3O_4含量为10%(质量)时,8~12GHz频段内PEI泡沫的屏蔽效能为14~18dB[11]。

表7.1反映了电磁屏蔽泡沫材料现阶段的研究进展,由于公开资料少,因此,广泛深入地研究耐高温、低密度聚合物泡沫电磁屏蔽塑料是十分重要的。

7.2 电磁屏蔽理论

7.2.1 电磁屏蔽基本原理

电磁屏蔽(EMI)是限制从材料一侧空间向另一侧空间传递的电磁能量,用屏蔽效能(Shielding Effectiveness, SE)表示。屏蔽效能定义为空间某点上未用屏蔽材料时的电场强度E_1(或磁场强度H_1或功率P_1)与用屏蔽材料后该点的电场强度E_2(或磁场强度H_2或功率P_2)的比值的对数,即

$$SE_{Total} = 20\lg\frac{E_1}{E_2} = 20\lg\frac{H_1}{H_2} = 20\lg\frac{P_1}{P_2} \tag{7.1}$$

根据Schelkunoff屏蔽理论,电磁波传播到屏蔽材料表面时,通常有三种损耗机理:①入射表面的反射损耗;②不反射而进入屏蔽材料的吸收损耗;③在屏蔽材料内部的多次损耗。电磁波通过屏蔽材料的总屏蔽效能为

$$SE_{Total} = SE_R + SE_A + SE_M \tag{7.2}$$

式中:SE_{Total}为电磁屏蔽总效能(dB);SE_R为反射损耗(dB);SE_A为吸收损耗(dB);SE_M为内部多次反射效能(dB)。

吸收损耗SE_A主要是由电偶极子或磁偶极子与电磁场相互作用而产生的热损耗引起,由电磁场理论推导可得

$$SE_A = 20\lg \mathrm{e}^{d/\delta} = 8.68 d/\delta \tag{7.3}$$

式中:δ为材料趋肤深度,$\delta = 1/\sqrt{\pi\mu\sigma f}$(m);$\sigma$为屏蔽材料板的电导率(S/m);$\mu$为材料磁导率(H/m);$\mu = \mu_0\mu_r$($\mu_0$为空气的磁导率为$4\pi 10^{-7}$H/m,一般金属的相对磁导率$\mu_r \approx 1$);$f$为电磁波的频率(Hz);$d$为屏蔽材料板的厚度(m)。因此,吸收损耗[13]为

$$SE_A = 8.68 d/\delta = 1.736 \times 10^{-2.5} \pi d \sqrt{f\sigma} \tag{7.4}$$

由式(7.4)可知,材料吸收损耗SE_A正比于材料厚度d,且随着频率、电导率的增加而增加。

反射损耗 SE_R 是由屏蔽波阻抗 η 和自由空间中平面波阻抗 η_0 在接触面引起的,由电磁场理论可得反射损耗[14]:

$$SE_R = 20\lg\frac{(\eta_0+\eta)^2}{4\eta_0\eta} \quad (7.5)$$

式中:η 为屏蔽波阻抗 $\eta = \sqrt{2\pi f\mu/\sigma}$ (Ω);η_0 为自由空间平面波阻抗,$\eta_0 = 120\Pi = 377(\Omega)$。因此,反射损耗[14]求为

$$SE_R = 20\lg\frac{\eta_0}{4\eta} = 20\lg\frac{377\sqrt{\sigma}}{\sqrt[4]{2\pi f 4\pi 10^{-7}}} = 106 + 10\lg\frac{\sigma}{f} \quad (7.6)$$

式(7.6)表明:反射损耗 SE_R 仅与材料特性有关,与材料几何尺寸(如厚度)无关,反射损耗 SE_R 随着频率上升而降低,随着电导率增加而增加。

多次反射效能 SE_M 是电磁波在两个界面处产生多次反射引起,故在屏蔽理论中应考虑多次反射效能,根据电磁场理论,多次反射效能[12]为:

$$SE_M = 20\lg\left|1-e^{-2\gamma d}\cdot\frac{(\eta_0-\eta)^2}{(\eta_0+\eta)^2}\right| = 20\lg\left|1-e^{-2(1+j)}\cdot\frac{d}{\delta}\right| \quad (7.7)$$

由式(7.7)可知:多次反射效能 SE_M 主要取决于屏蔽层厚度和趋肤深度,当屏蔽层足够厚时,多次反射效应可忽略;当屏蔽层比较薄时,屏蔽层多次反射效应需要考虑。一般情况下,在屏蔽层比较薄时,屏蔽层界面处的反射效应和屏蔽层中的多次反射效应在屏蔽效率中占主导作用,而吸收效应几乎不起作用。在屏蔽层较厚时,界面的反射效能无变化,多次反射效应变得无足轻重,因此吸收损耗占主导地位,尤其在高频段,由于吸收损耗有很强的吸收效果,有较高的屏蔽效率。

7.2.2 电磁屏蔽理论分析

为进一步分析屏蔽材料的反射损耗 SE_R、吸收损耗 SE_A 和总屏蔽效能 SE_{Total} 在不同电导率下随频率的变化规律,明确电磁屏蔽机理,假设屏蔽材料的厚度 $d = 5mm$ 时,根据式(7.3)~式(7.6)求得不同电导率、不同频率下屏蔽材料的反射损耗 SE_R、吸收损耗 SE_A 和总屏蔽效能 SE_{Total},其结果分别如图 7.1(a)(b)和(c)所示。由图 7.1(a)可知:随着频率增加,所有导电材料的反射损耗 SE_R 呈下降趋势,下降趋势比较缓慢;在同一频率下,电导率每增加一个数量级,反射损耗 SE_R 约下降 10dB。由图 7.2(b)和(c)可知:随着频率的增加,所有材料的吸收损耗 SE_A 和总屏蔽效能 SE_{Total} 均逐渐增加;当电导率大于 10^2S/m 时,增加趋势明显,远大于反射损耗 SE_R 随频率的降低值;当电导率大于 10^6S/m 时,吸收损耗 SE_A 和总屏蔽效能 SE_{Total} 随频率增加呈急剧增加现象。

比较图 7.1(a)(b)和(c)可知:当材料厚度为毫米级时,电导率为 $10^2 \sim 10^7$S/m 的材料总屏蔽效能 SE_{Total} 随频率变化趋势与吸收损耗 SE_A 相同,且屏蔽值接近。这

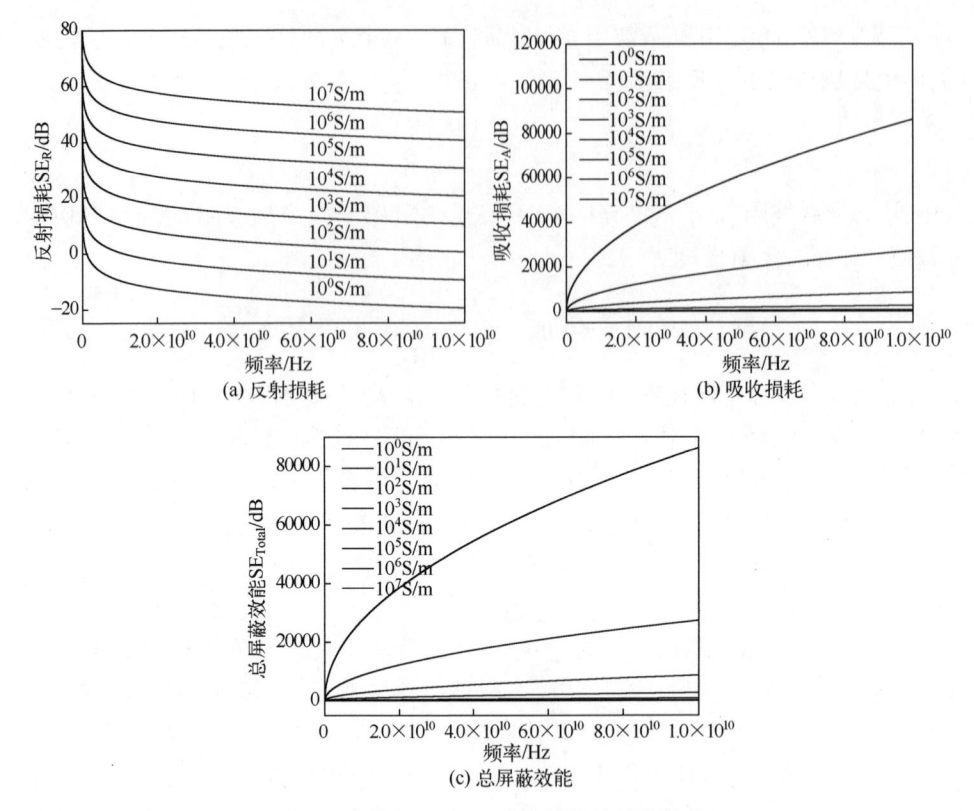

图 7.1 厚度 $d=5\text{mm}$ 屏蔽材料的屏蔽效能

表明,该电导率范围内的屏蔽机理以吸收损耗为主;当电导率低于 10^2S/m 时,屏蔽机理则由反射损耗 SE_R 和吸收损耗 SE_A 共同决定,导电性越低,反射损耗 SE_R 在总屏蔽效能 SE_{Total} 中的贡献越大。

当屏蔽材料很薄,如厚度 $d=5\mu\text{m}$ 时,根据式(7.3)~式(7.6)求得不同电导率、不同频率下屏蔽材料的吸收损耗 SE_A 与总屏蔽效能 SE_{Total},其结果如图 7.2(a)和(b)所示。因为式(7.5)表明屏蔽材料的反射损耗与厚度无关,所以厚度 $d=5\mu\text{m}$ 与厚度 $d=5\text{mm}$ 试样的反射损耗 SE_R 变化趋势相同,仍为图 7.1(a)所示;材料的吸收损耗 SE_A 逐渐增加,当电导率大于 10^6S/m 时,增加趋势较明显,但其增加幅度远低于厚度 $d=5\text{mm}$ 试样的效能;厚度 $d=5\mu\text{m}$ 材料的吸收损耗 SE_A 随电导率的增加缓慢,只有当电导率大于 10^6S/m 时,吸收损耗 SE_A 才明显增加,但增加幅度仍小于厚度 $d=5\text{mm}$ 试样的效能。由此可见,相比于毫米级厚试样,微米级厚试样吸收损耗 SE_A 随频率和电导率的变化敏感度降低。

对比图 7.1 和图 7.2 可知,在 30~1500MHz 频率范围内,微米级试样在电导率为 10^0~10^7S/m 时,材料总屏蔽效能 SE_{Total} 随频率的变化趋势与反射损耗相同,且

第7章　电磁屏蔽聚酰亚胺泡沫材料

屏蔽值接近。这表明,在低频,薄片材料的屏蔽机理以反射损耗 SE_R 为主。

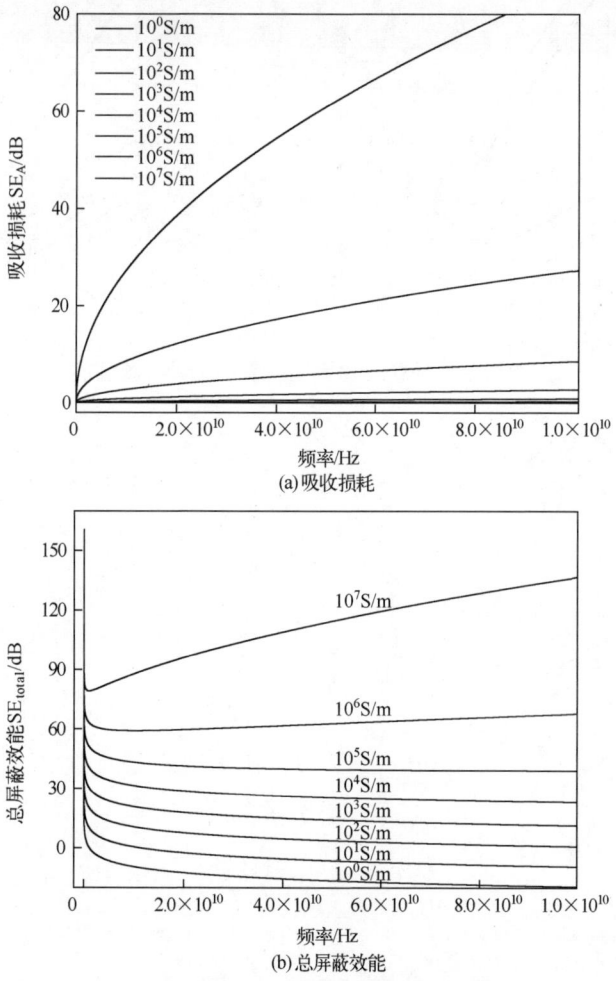

图 7.2　厚度 $d=5\mu m$ 屏蔽材料的屏蔽效能

进一步考察材料屏蔽性能与厚度间的关系,假设屏蔽材料的电导率为 1S/m、10^3S/m 和 10^5S/m,则计算得到与厚度无关的反射损耗如表 7.2 所列,以及吸收损耗 SE_A 和总屏蔽效能 SE_{Total} 随厚度的变化关系如图 7.3~图 7.5 所示。

表 7.2　屏蔽材料的电导率为 1S/m、10^3S/m 和 10^5S/m 的反射损耗

电导率/(S/m)		1	10^3	10^5
反射损耗 SE_R/dB	10^3 Hz	61	90.51	110.51
	10^6 Hz	30.1	60.51	80.51
	10^9 Hz	0.31	30.51	50.51

(a) 吸收损耗　　　　　　　　　　　　　(b) 总屏蔽效能

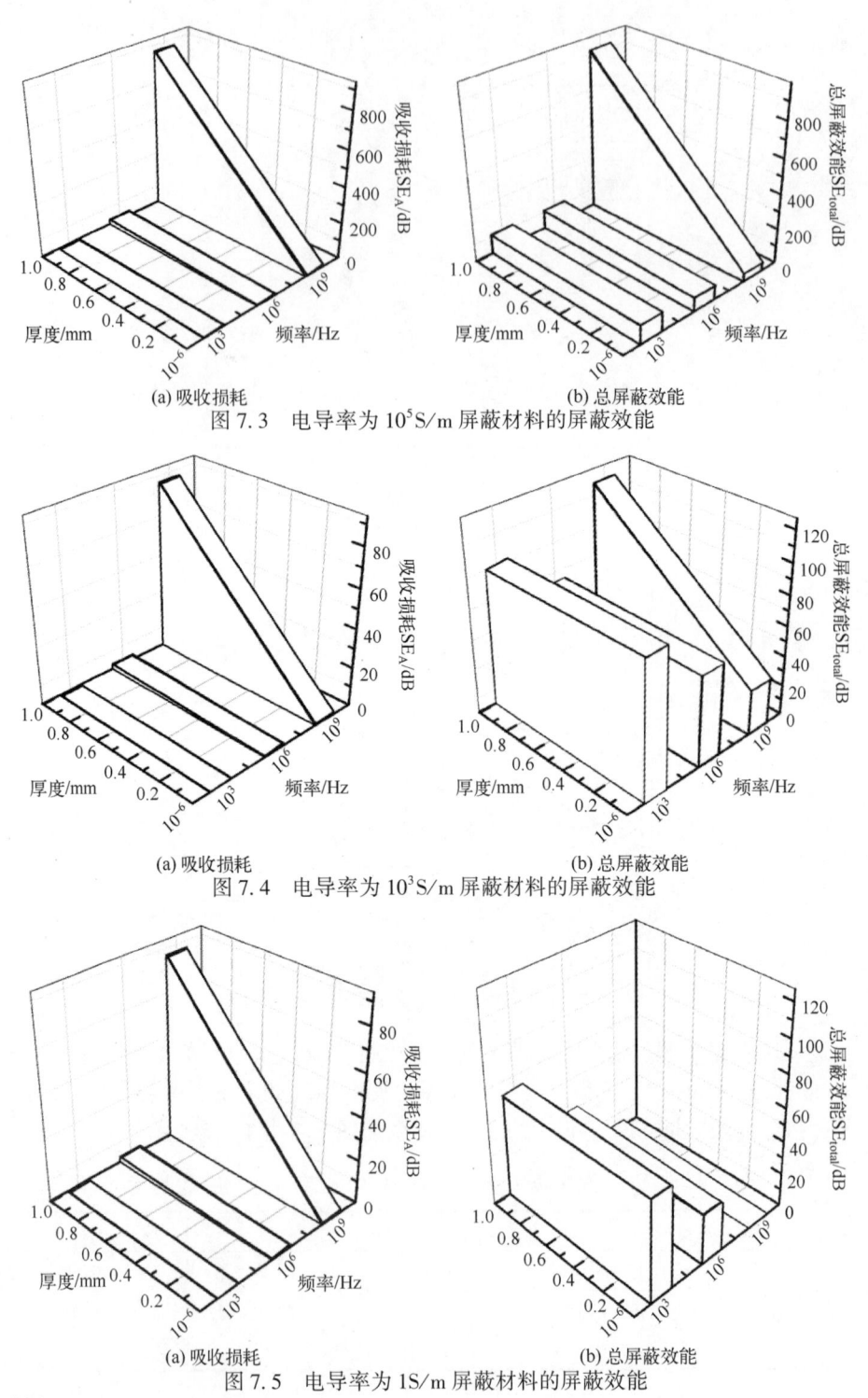

图 7.3　电导率为 10^5 S/m 屏蔽材料的屏蔽效能

(a) 吸收损耗　　　　　　　　　　　　　(b) 总屏蔽效能

图 7.4　电导率为 10^3 S/m 屏蔽材料的屏蔽效能

(a) 吸收损耗　　　　　　　　　　　　　(b) 总屏蔽效能

图 7.5　电导率为 1S/m 屏蔽材料的屏蔽效能

比较图7.3、图7.4和图7.5可知：在10^9Hz高频时，吸收损耗SE_A随试样厚度增加而增加，随电导率降低而降低，在10^6Hz和10^3Hz低频下几乎不变；总屏蔽效能SE_{total}随试样厚度增加而降低，电导率为10^5S/m、10^3S/m和1S/m的材料在10^9Hz高频下的吸收损耗SE_A和总屏蔽损耗SE_{Total}随材料厚度增加而增加，在10^3~10^7Hz频段却变化缓慢；电导率较低的屏蔽材料在高频和低频下吸收损耗SE_A与总屏蔽效能SE_{Total}随材料厚度增加缓慢。可见，导电性能好的材料在高频下电磁屏蔽性能与厚度关系密切，材料的导电性是影响电磁屏蔽效能的主要因素，对此，较高导电网络结构的构建是重要的。

7.3 电磁屏蔽聚酰亚胺泡沫材料的结构与性能

聚酰亚胺泡沫材料是一种分子主链含酰亚胺环、结构中包含微观/宏观尺度开孔、闭孔或开孔/闭孔组合结构的软质或硬质三维多孔材料，若赋予泡孔壁导电性能，则可得到质量小、耐高温电磁屏蔽材料。为此，北京航空航天大学[15-17]对银纳米线、银纳米球、银纳米片和$Ag-Fe_3O_4$核壳纳米线分别杂化聚酰亚胺泡沫的电磁屏蔽性能进行了较深入的研究。

7.3.1 银纳米线杂化聚酰亚胺泡沫板的电磁屏蔽效能

7.3.1.1 银纳米线在泡沫板中的分散结构

图7.6所示为银纳米线的FESEM照片。

图7.7所示为图7.6(a)所示银纳米线的3,3-4,4′-二苯酮四羧酸二酐/多苯基多亚甲基多异氰酸酯体系聚酰亚胺泡沫板泡孔的FESEM照片。图7.8所示为图7.6所示四种不同长径比银纳米线(含量均为4.5%(质量))分别杂化聚酰亚胺泡沫板泡孔的FESEM照片。

(a) 平均直径90nm，长径比79　　(b) 平均直径156nm，长径比47

(c) 平均直径225nm，长径比34　　　　　　(d) 平均直径285nm，长径比25

图 7.6　银纳米线的 FESEM 照片

(a) PIF-0，AgNWs含量为0　　　　　　(b) PIF-3，AgNWs含量为1.3%(质量)

(c) PIF-5，AgNWs含量为2.1%(质量)　　　　　　(d) PIF-8，AgNWs含量为2.7%(质量)

(e) PIF-10，AgNWs含量为3.4%(质量)　　　　　　(f) PIF-13，AgNWs含量为4.5%(质量)

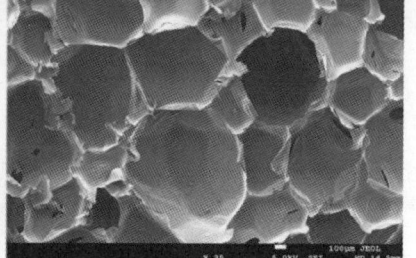

(g) PIF-15，AgNWs含量为5.5%(质量)　　(h) PIF-20，AgNWs含量为7.8%(质量)

图 7.7　不同含量银纳米线杂化聚酰亚胺泡沫板泡孔结构的 FESEM 照片

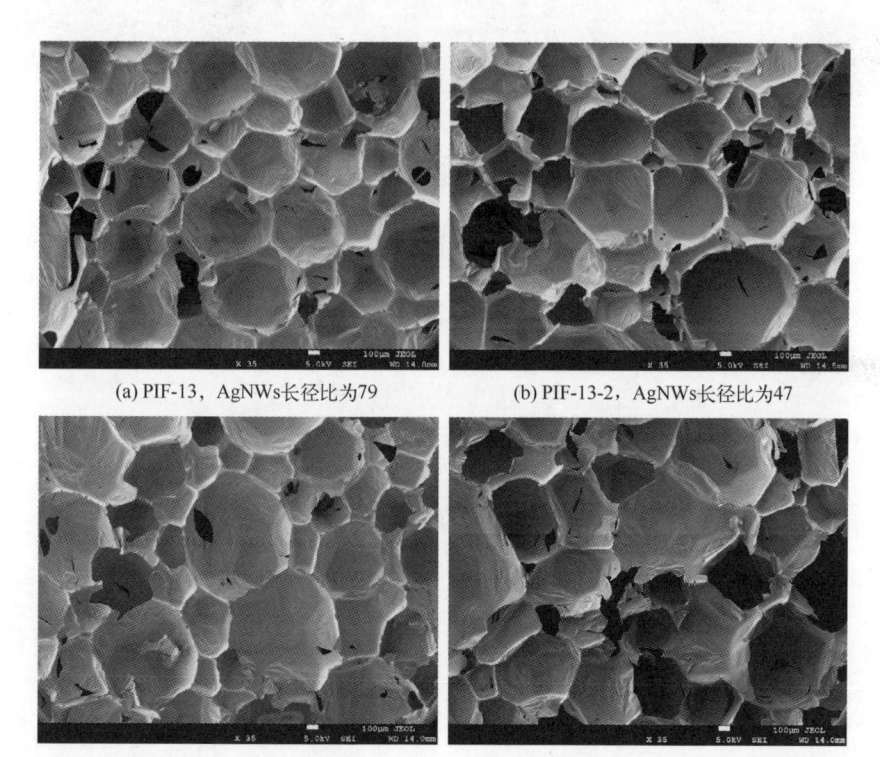

(a) PIF-13，AgNWs长径比为79　　(b) PIF-13-2，AgNWs长径比为47

(c) PIF-13-3，AgNWs长径比为34　　(d) PIF-13-4，AgNWs长径比为25

图 7.8　不同长径比银纳米线杂化聚酰亚胺泡沫板泡孔结构的 FESEM 照片

由图 7.7 和图 7.8 可知：泡孔结构较均匀，泡孔平均直径为 330～500μm，含量较大的银纳米线杂化泡沫的泡孔稍大；泡孔开孔率为 87%～94%，银纳米线含量较大的泡沫泡孔稍小，银纳米线长径比的影响不明显。

为进一步研究银纳米线在泡沫中的分布情况，以图 7.7 中（d）PIF-8、（f）

PIF-13和(h)PIF-20泡沫为例,对其表面进行化学刻蚀和显微镜观察,结果如图7.9和图7.10所示。图7.9(a)和(b)分别为试样PIF-13泡沫板泡孔结构及其银纳米线在孔壁内分散情况的FESEM照片。分析可知,银纳米线均匀致密地分散在泡孔的泡壁上,彼此之间搭接并形成网络结构,说明这种银纳米线杂化聚酰亚胺泡沫板有望具有优良的电磁屏蔽性能。

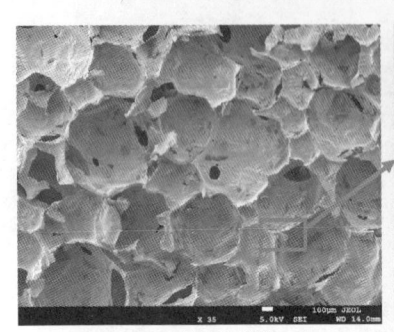

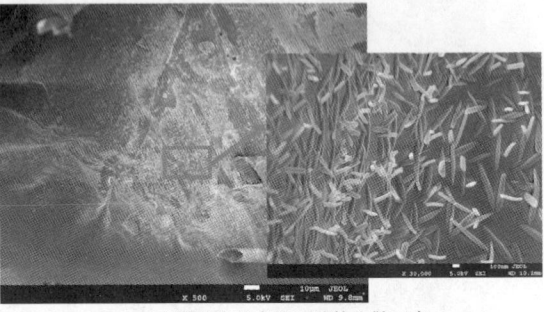

(a) 泡沫泡孔结构　　　　　　(b) 银纳米线在泡孔壁的分散形态

图7.9　PIF-13泡沫刻蚀后的泡孔结构和银纳米线分散形态

图7.10所示为图7.7(d)PIF-8、(f)PIF-13和(h)PIF-20聚酰亚胺泡沫中银纳米线的分散形态FESEM照片。其中,图7.10(a)(b)和(c)的局部放大图是图7.10(a')(b')和(c')。分析图7.10可知,随着银纳米含量的增加,银纳米线分散由稀疏趋向致密,泡孔壁棱处银纳米线相互搭接点增多,可以预想这种银纳米线杂化聚酰亚胺泡沫将是一种较理想的电磁屏蔽材料。

图7.11是基于上述分析提出的银纳米线在泡沫中分散和分布示意图。聚酰亚胺泡沫三维泡孔壁结构为银纳米线提供了分散和分布骨架,形成了互联、互通的导电网络,这将对改善泡沫板电磁屏蔽性能起到显著作用。

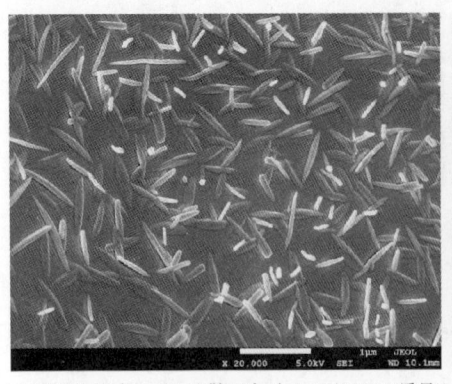

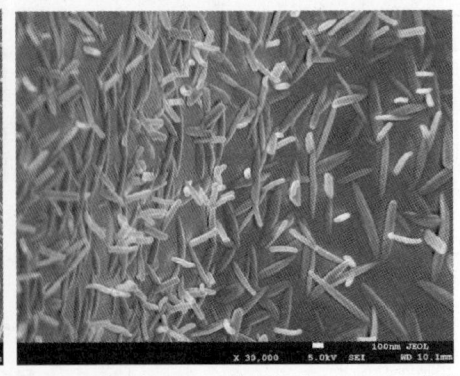

(a) PIF-8泡沫中AgNW分散形态(含AgNW 2.7%(质量))　(b) PIF-13泡沫中AgNW分散形态((含AgNW 4.5%(质量))

第 7 章　电磁屏蔽聚酰亚胺泡沫材料

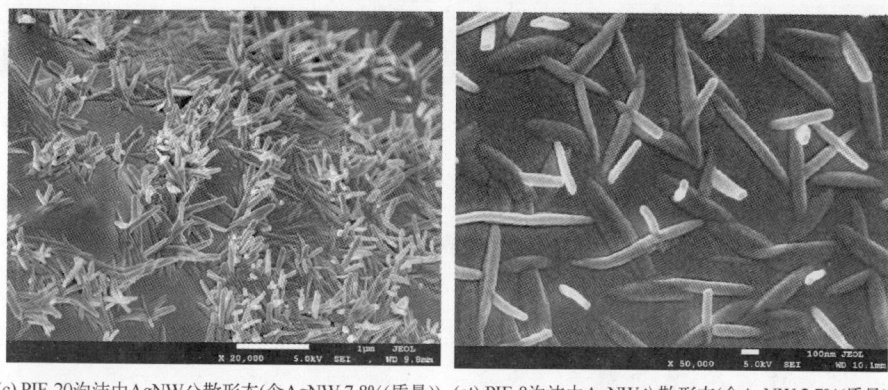

(c) PIF-20泡沫中AgNW分散形态(含AgNW 7.8%(质量))　(a′) PIF-8泡沫中AgNW分散形态(含AgNW 2.7%(质量))

(b′) PIF-13泡沫中AgNW分散形态((含AgNW 4.5%(质量))　(c′) PIF-20泡沫中AgNW分散形态(含AgNW 7.8%(质量))

图 7.10　不同含量银纳米线杂化聚酰亚胺泡沫板中银纳米线分散形态

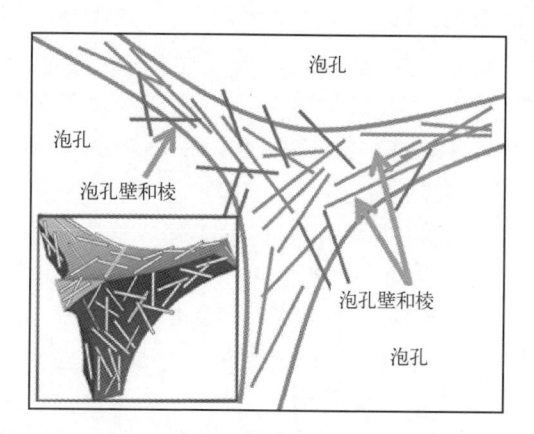

图 7.11　银纳米线在聚酰亚胺泡沫板中的分布形态

图 7.12 所示为银纳米线的含量和长径比对聚酰亚胺泡沫体积电导率的影响。由图 7.12(a)可知,纯聚酰亚胺泡沫板具有电绝缘性能,其电导率约为 1.3×10^{-14} S/m。添

加银纳米线的聚酰亚胺泡沫电导率明显增加。例如：当银纳米线含 4.5%(质量)时，泡沫的电导率迅速增加到 $5.4×10^{-8}$ S/m，这种导电性能的急剧变化表明银纳米线在泡沫板中形成了导电逾渗网络；继续增加银纳米线至 7.8%(质量)，泡沫的电导率增加不明显。

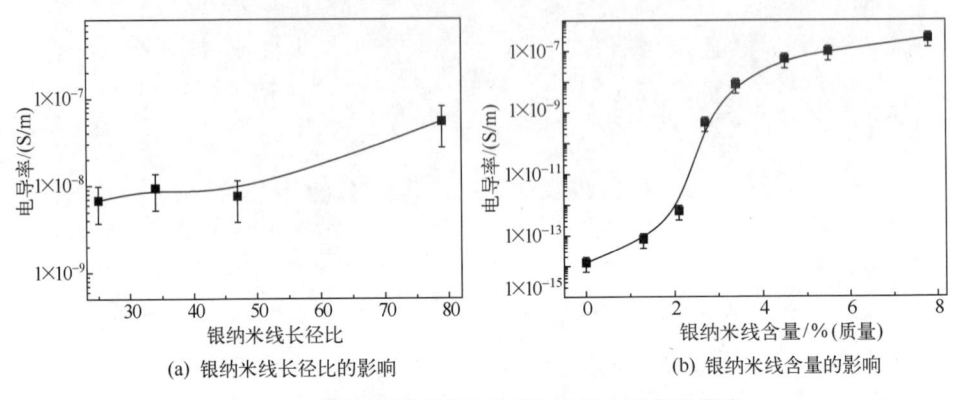

(a) 银纳米线长径比的影响

(b) 银纳米线含量的影响

图 7.12 银纳米线对聚酰亚胺泡沫板电导率的影响

由图 7.12(b)可知，随着银纳米线长径比的增加，泡沫板的电导率由 $6.8×10^{-9}$S/m 增至 $5.4×10^{-8}$S/m，这表明银纳米线的含量在 4.5%(质量)时，低长径比银纳米线在泡沫板中已形成导电网络，增加银纳米线长径比只增加导电网络连接点数量，对电导率的影响较小。

此外，将图 7.6(a)所示银纳米线浓度 5mg/mL 的聚酰胺酸分散液喷涂在厚 5mm 的 PIF-13 泡沫板表面，其中，单面喷涂银纳米线的泡沫板记为 PIF-13-S(喷涂材料中的银纳米线含量为 12.5%(质量))，正、反面分别喷涂银纳米线的泡沫板记为 PIF-13-D(喷涂材料中的银纳米线含量为 20.5%(质量))，对纯聚酰亚胺泡沫试样 PIF-13、银杂化泡沫刻蚀试样 PIF-13-E(银纳米线质量分数为 4.5%(质量))、银杂化泡沫喷涂试样 PIF-13-S 和 PIF-13-D 测试表面电阻。结果表明：除了试样 PIF-13 表面电阻大到不能显示外，PIF-13-E、PIF-13-S 和 PIF-13-D 的表面电阻分别为 1042Ω/sq、9.3Ω/sq 和 10.3Ω/sq。这表明银纳米线表面包覆的聚酰亚胺树脂刻蚀后，测试传感器如实地接触到银纳米线导电网络，因此电导率得到提高；泡沫表面喷涂一定浓度银纳米线后，表面电阻进一步降低。这表明泡沫表面喷涂的银纳米线构建了致密导电网络，会更有效地屏蔽电磁波。

7.3.1.2 电磁屏蔽性能

按 ASTM D4935—2010 标准，采用 DN 1015A 远场屏蔽效能测试装置在 30MHz~1.5GHz 内测试直径 115mm、厚度 5mm 圆片的电磁屏蔽性能；采用 Agilent E5071C 型网络矢量分析仪在 8.2~12.4GHz 内测试 22.5mm×10mm×5mm 试样的电磁屏蔽性能。

第7章 电磁屏蔽聚酰亚胺泡沫材料

图7.13所示为银纳米线杂化聚酰亚胺泡沫板在30MHz~1.5GHz(图7.13(a))和8.2~12.4GHz(图7.13(b))频段的电磁屏蔽效能;图7.14所示为银纳米线杂化聚酰亚胺泡沫板的屏蔽效能和比屏蔽效能随银纳米线含量的变化关系。

由图7.13(a)可知:所有聚酰亚胺泡的电磁屏蔽效能随电磁的增加而降低的趋势相同,30~800MHz频段降低迅速,之后,直至1.5GHz频段内几乎不变;随着银纳米线含量的增加,聚酰亚胺泡泡沫的电磁屏蔽效能提高,在800~1500MHz的最大屏蔽效能约为10dB;在8.2~12.4GHz频段的最大屏蔽效能约为15dB,几乎不受电磁波频率的影响,只与银纳米线含量有关,如图7.13(b)所示。分析认为:低频下试样的屏蔽机理以反射损耗为主,高频下试样的屏蔽机理由反射损耗和吸收损耗共同作用,这与式(7.4)和式(7.6)理论分析结果一致。

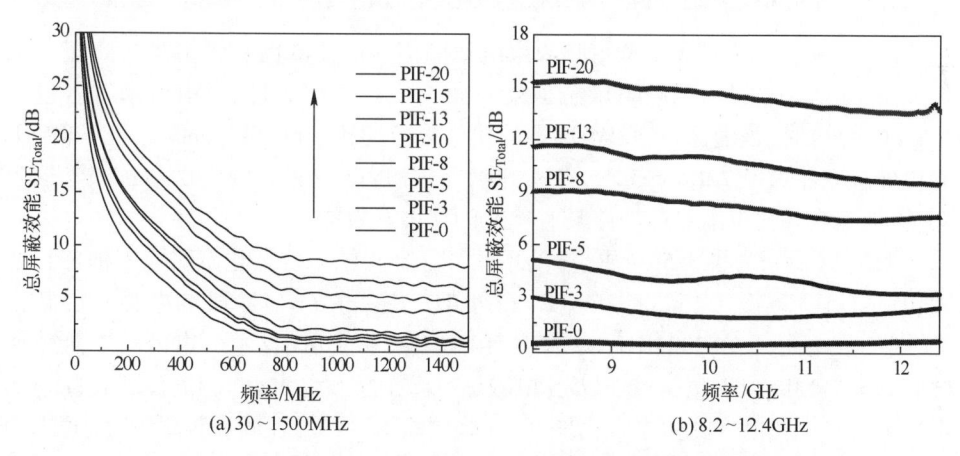

(a) 30~1500MHz

(b) 8.2~12.4GHz

图7.13 不同含量银纳米线杂化聚酰亚胺泡沫板的电磁屏蔽效能

图7.14(a)(c)进一步显示聚酰亚胺泡泡沫的电磁屏蔽性能随银纳米线含量增加的趋势,最大屏蔽效能约20dB。

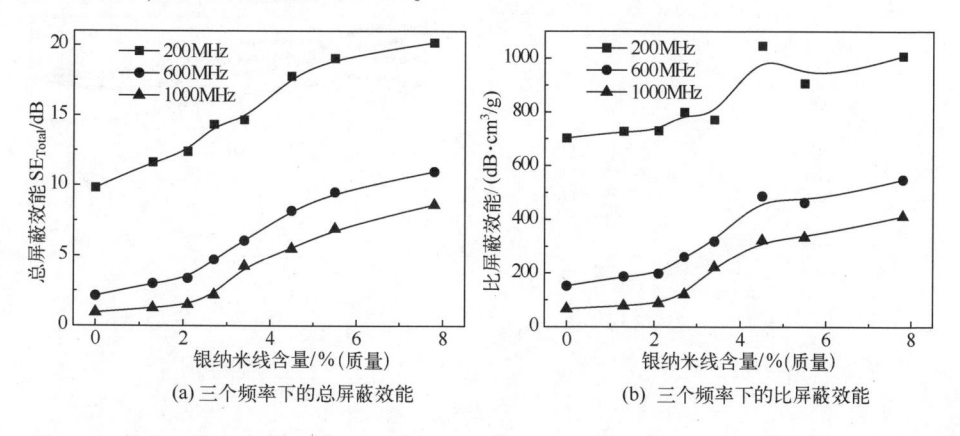

(a) 三个频率下的总屏蔽效能

(b) 三个频率下的比屏蔽效能

(c) 9.6GHz 下的总屏蔽效能和比屏蔽效能

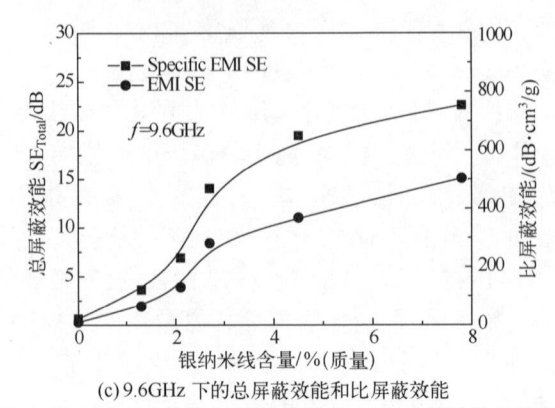

图 7.14 银纳米线杂化聚酰亚胺泡沫板总屏蔽效能和比屏蔽效能与银纳米线含量的关系

图 7.14(b)和(c)表示特定频段聚酰亚胺泡沫的比效能随银纳米线含量的变化关系,其增长趋势与电磁总屏蔽效能一致。值得关注的是:当银纳米线含量为 7.8%(质量)时,该泡沫在 200MHz 下的比屏蔽效能达 1008dB·cm³/g,在 600MHz 的比屏蔽效能为 557dB·cm³/g,在 9.6GHz 的比屏蔽效能为 768dB·cm³/g。这表明,银纳米线杂化聚酰亚胺泡沫具有优良的比屏蔽效能。

图 7.15 所示为含 4.5%(质量)的不同长径比银纳米线杂化聚酰亚胺泡沫板在 30MHz~1.5GHz(图 7.15(a))和 8.2~12.4GHz(图 7.15(b))频段的电磁总屏蔽性能;图 7.16 所示为在 200MHz、600MHz、1000MHz 和 9.6GHz 下的电磁总屏蔽效能(图 7.16(a))和(图 7.16(c)),以及比电磁总屏蔽效能(图 7.16(b))和(图 7.16(c))随银纳米线长径比的变化关系。由图 7.15 和图 7.16 可知,在同一频率下,随着银纳米线长径比的增加,电磁总屏蔽效能增加幅度较小。这表明银纳米线含量均为 4.5%(质量)时,长径比为 27 的银纳米线已形成了较致密的导电网络,更大长径比的作用不显现。

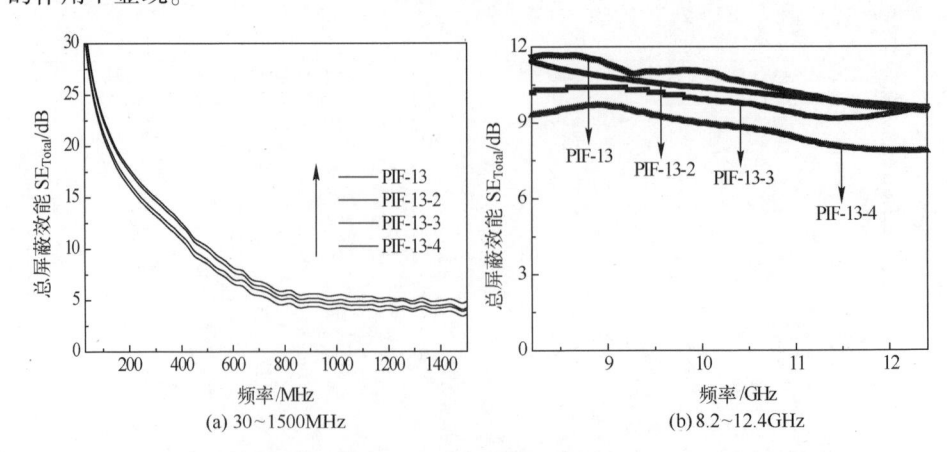

图 7.15 不同长径比银纳米线杂化聚酰亚胺泡沫板的电磁总屏蔽效能

(a) 三个频率下的总屏蔽效能

(b) 三个频率下的比屏蔽效能

(c) 9.6GHz 下的总屏蔽效能和比屏蔽效能

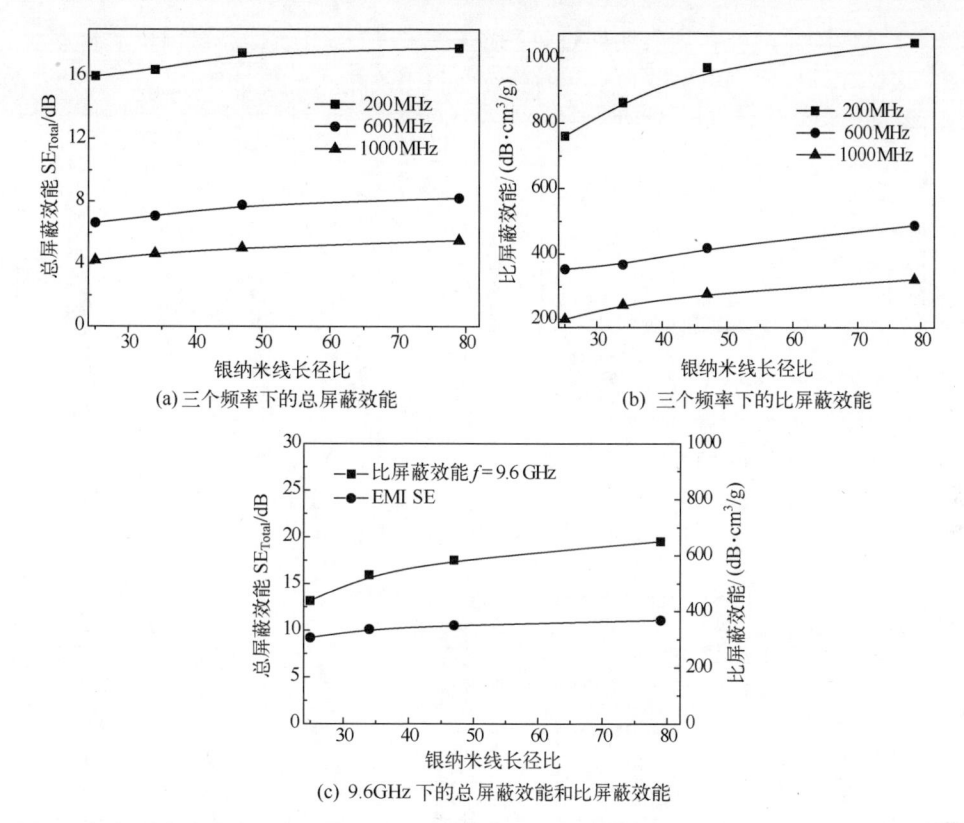

图 7.16 银纳米线杂化聚酰亚胺泡沫板总屏蔽效能和比屏蔽效能与银纳米线长径比间的关系

图 7.17 所示为不同含量银纳米线杂化的聚酰亚胺泡沫在 8.2~12.4GHz 频段的反射损耗 SE_R 和吸收损耗 SE_A。由图 7.17(a)可知,随着银纳米线含量的增加,反射损耗和吸收损耗均表现为增加趋势,且吸收损耗增长幅度较大,但随电磁频率的变化不大。由图 7.17(b)可知,所有试样的吸收损耗均大于反射损耗,吸收损耗对总屏蔽效能 SE_{total} 的贡献远大于反射损耗。

图 7.18 所示为不同长径比银纳米线杂化的聚酰亚胺泡沫板在 8.2~12.4GHz 频段的反射损耗和吸收损耗。由图 7.18(a)可知,随着银纳米线含量的增加,反射损耗和吸收损耗均表现为增加趋势,且吸收损耗增长幅度较大,但随电磁频率的变化不大。由图 7.18(b)可知,试样 PIF-13、PIF-13-2、PIF-13-3、PIF-13-4 的吸收损耗均大于其反射损耗,与图 7.17 基本一致。

图 7.19 所示为泡沫试样表面经刻蚀或喷涂银纳米线前后的电磁总屏蔽效能。由图 7.19 可知:与未刻蚀 PIF-13 泡沫相比,表面刻蚀的泡沫 PIF-13-E 的电磁屏蔽效能得到一定提高,最大屏蔽效能超过 30dB;单面喷涂银纳米线的试样 PIF-13-S 的电磁总屏蔽效能得到显著提高,双面喷涂银纳米线的试样 PIF-13-D 的屏蔽效

能优于单面喷涂试样。这表明通过沉积或喷涂方法可有效提高材料电磁屏蔽性能。表7.3列出典型电磁波频率下的总效能和比效能。

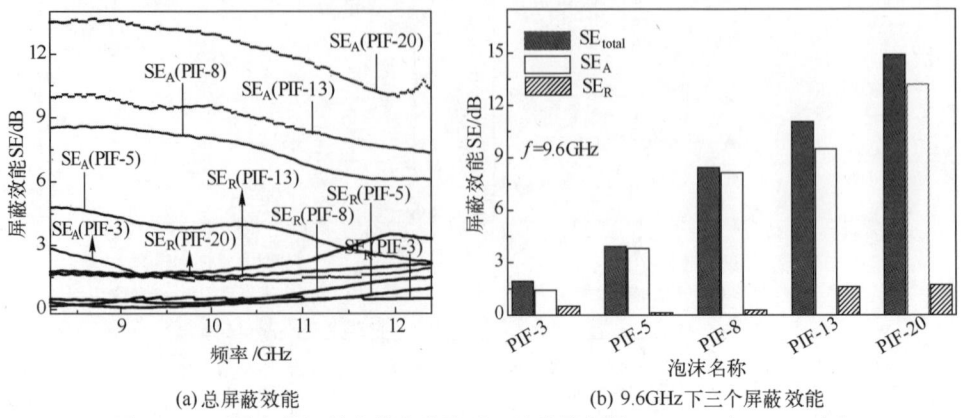

图7.17 不同含量银纳米线杂化聚酰亚胺泡沫板的SE_A、SE_R与SE_{total}对比

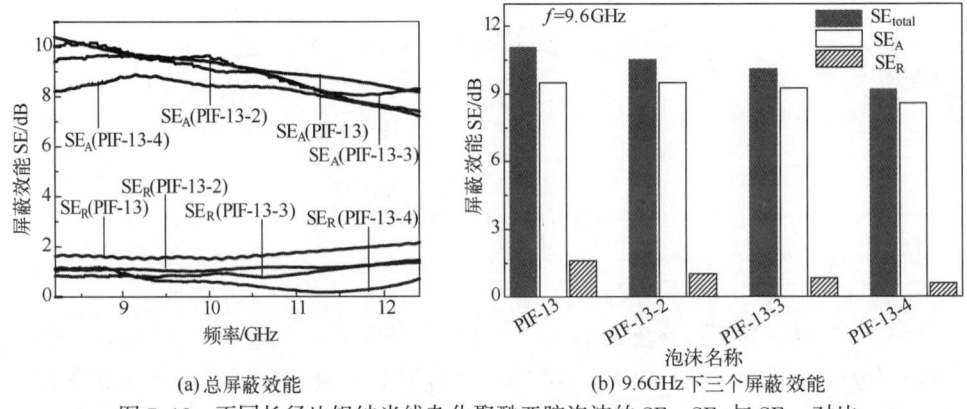

(a) 总屏蔽效能

(b) 9.6GHz下三个屏蔽效能

图7.18 不同长径比银纳米线杂化聚酰亚胺泡沫的SE_A、SE_R与SE_{total}对比

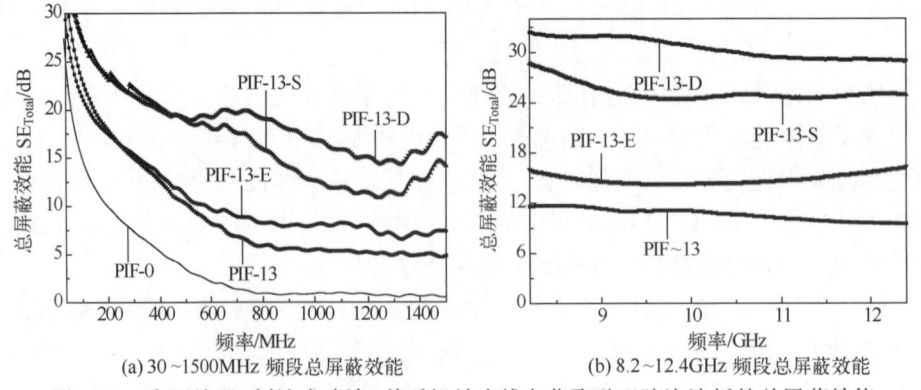

(a) 总屏蔽效能

(b) 9.6GHz下三个屏蔽效能

图7.19 表面处理(刻蚀或喷涂)前后银纳米线杂化聚酰亚胺泡沫板的总屏蔽效能

(a) 30~1500MHz频段总屏蔽效能

(b) 8.2~12.4GHz频段总屏蔽效能

第7章 电磁屏蔽聚酰亚胺泡沫材料

表7.3 表面处理的银纳米线杂化聚酰亚胺泡沫板的总屏蔽效能和比屏蔽效能

试样		PIF-0	PIF-13	PIF-13-E	PIF-13-S	PIF-13-D
电磁总屏蔽效能 SE_{total}/dB	200MHz	9	18	18	23	23.5
	600MHz	2	8.2	10	18	19.3
	1000MHz	1	5.4	8	12.6	17
	9600MHz	0.2	11.5	14.5	24	32
比屏蔽效能 /(dB·cm³/g)	200MHz	642	1058	1125	1210	1068
	600MHz	142	487	586	957	856
	1000MHz	71	318	471	663	772
	9600MHz	14	676	870	1263	1454

图7.19和表7.3表明,最高比屏蔽效能分别为:在200MHz下为1210dB·cm³/g的PIF-13-S(12.5%(质量)的AgNW),在600MHz下为957dB·cm³/g(PIF-13-S),在800~1500MHz下为772dB·cm³/g的PIF-13-D(20.5%(质量)的AgNWs),在9600MHz下为1454dB·cm³/g的PIF-13-D效能,总屏蔽效能和比屏蔽效能从大到小的顺序为:双面喷涂>单面喷涂>表面刻蚀>单纯杂化>纯泡沫。这些数据高于文献报道中同频率下的数据,例如,在8.2~12.4GHz内,添加16%(质量)氧化石墨烯的聚酰亚胺泡沫的比屏蔽效能仅为75dB·cm³/g[9]。进一步分析表明:表面刻蚀或喷涂能改善泡沫导电网络的通路或网路的致密性,可提高电磁屏蔽。

图7.20所示为银纳米线杂化聚酰亚胺泡沫表面刻蚀、喷涂前后的反射损耗、吸收损耗和总屏蔽效能。由图7.20可知,经表面处理,试样的反射损耗和吸收损耗有所增加。当频率为9.6GHz时,与总屏蔽效能相比,试样PIF-13-E、PIF-13-S和PIF-13-D的吸收损耗分别占87.6%、90.5%和92.1%。这表明表面处理后试样的屏蔽机理仍然以吸收损耗为主。

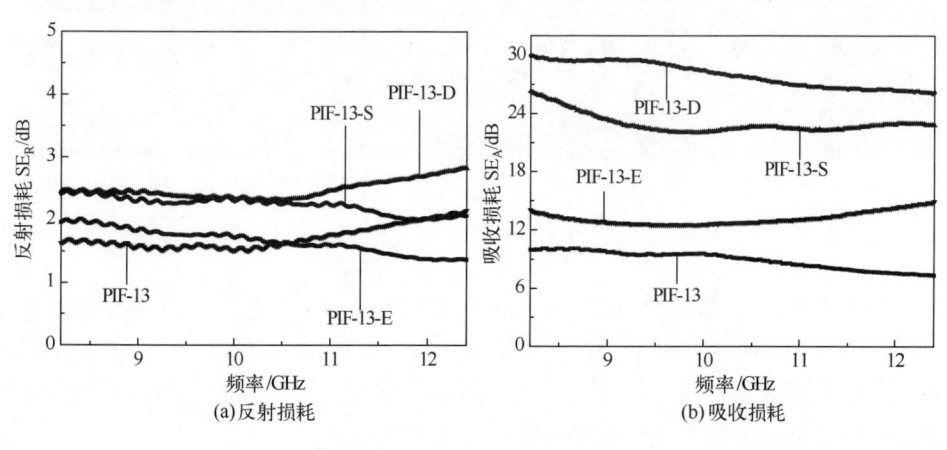

(a) 反射损耗

(b) 吸收损耗

(c) 9.6GHz下三个屏蔽效能

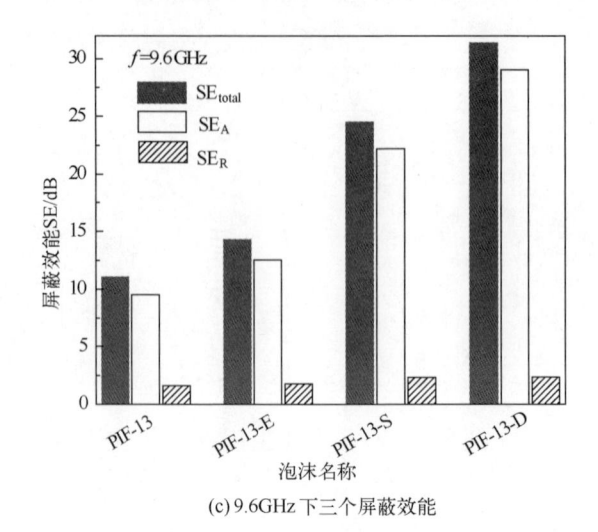

图 7.20 表面处理前后银纳米线杂化聚酰亚胺泡沫板的 SE_R、SE_A 与 SE_{total}

7.3.2 银纳米球、线、片分别杂化聚酰亚胺泡沫板的电磁屏蔽效能

7.3.2.1 三种纳米银粒子杂化聚酰亚胺泡沫的结构

图 7.22 为含 4.5%(质量)的图 7.21 所示银纳米球(AgNSs)、银纳米线(AgNWs)和银纳米线-银微米片(AgNWPs)分别杂化聚酰亚胺泡沫泡孔结构的 FESEM 照片,并分别记为 PIF-P、PIF-W 和 PIF-WS,纯聚酰亚胺泡沫记为 PIF-0。

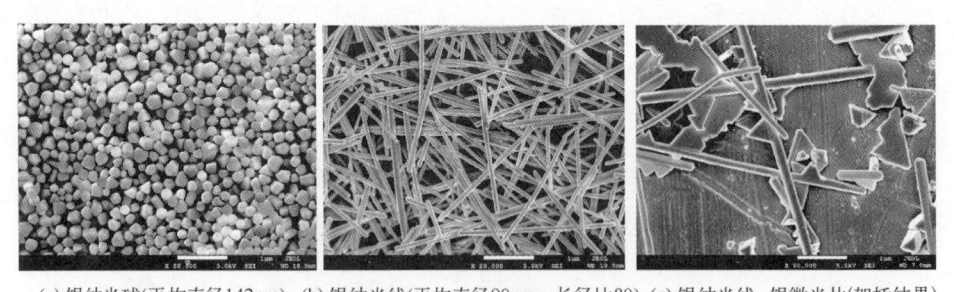

(a) 银纳米球(平均直径142nm) (b) 银纳米线(平均直径90nm,长径比80) (c) 银纳米线-银微米片(架桥结果)

图 7.21 银纳米球、银纳米线的形貌、银纳米线-银微米片的 FESEM 照片

表 7.4 所列为采用多功能数字式四探针测试仪和万用电表对三种纳米银粒子的电导率和表面电阻测试结果。由表 7.4 可知,银纳米线、银纳米线-银微米片的电导率比银纳米球高两个数量级,表面电阻小 1/30。可以推测:这种不同结构和导电性能的银粒子对电磁屏蔽的贡献肯定是不同的。

表7.4 三种纳米银粒子的电导率

试 样 名 称	银 纳 米 球	银 纳 米 线	银纳米线-银微米片
电导率/(S/m)	$2.1×10^4$	$2.4×10^6$	$1.1×10^6$
表面电阻/Ω	32.3	0.9	1.3

由图 7.22 可知,纯聚酰亚胺泡沫和银纳米球杂化泡沫的泡孔均匀性稍差,聚酰亚胺泡沫板泡孔的平均直径均为 200~400μm,银纳米球杂化泡沫的泡孔稍小,开孔率约 90%。

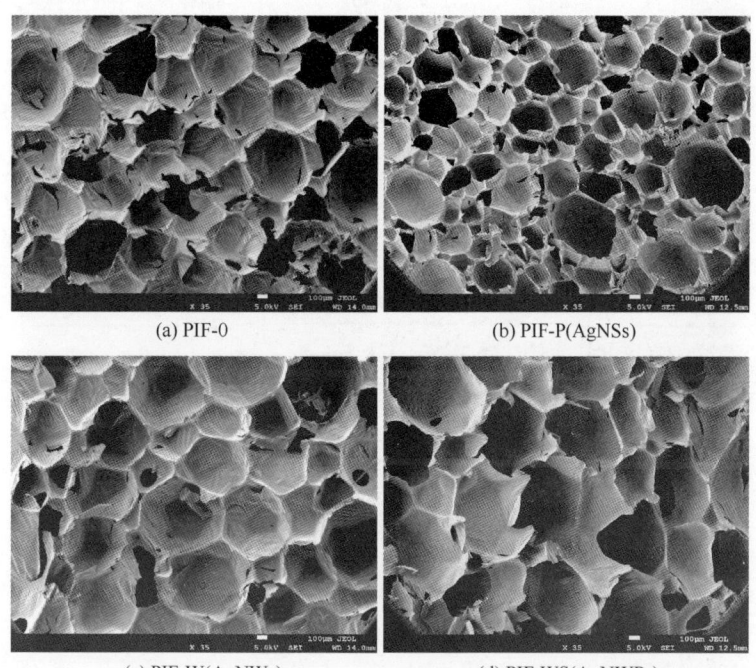

(a) PIF-0　　　　　　　　　(b) PIF-P(AgNSs)

(c) PIF-W(AgNWs)　　　　　　(d) PIF-WS(AgNWPs)

图 7.22　纳米银粒子杂化聚酰亚胺泡沫板的泡孔结构

图 7.23 和图 7.24 分别表示图 7.22(b)(c) 和(d)泡沫表面刻蚀前后的 FESEM 照片。

(a) PIF-P中的银纳米球　　(b) PIF-W中的银纳米线　　(c) PIF-WS中的银纳米片

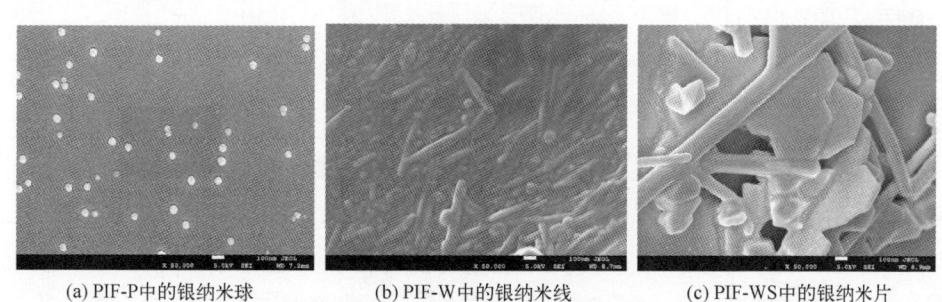

图 7.23　表面刻蚀前,三种纳米银粒子在泡沫板基体中的分布形貌

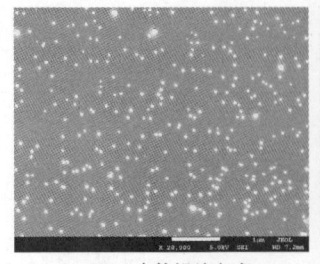

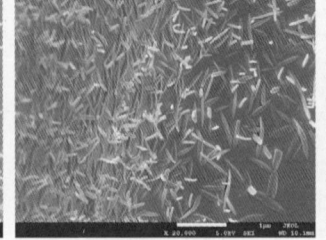

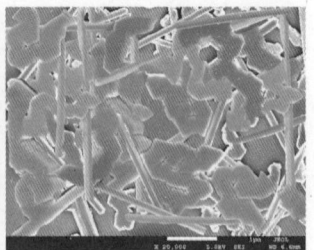

(a) PIF-P中的银纳米球　　　　(b) PIF-W中的银纳米线　　　　(c) PIF-WS中的银纳米片

图 7.24　表面刻蚀后,三种纳米银粒子在泡沫板基体中的分散形貌

分析图 7.23 和图 7.24 可知:三种纳米银粒子在泡孔壁上较均匀分散,图 7.24(a) PIF-P 中银纳米球未形成网络;图 7.24(b)试样 PIF-W 和图 7.24(c) PIF-WS 中银纳米线或银纳米线-银微米片均互相搭接,形成了导电网络,尤其是银纳米线-银微米片在泡壁中形成了更为致密的导电网络。

依据上述分析可得三种纳米银粒子在泡沫泡孔壁中的分散模型如图 7.25 所示。

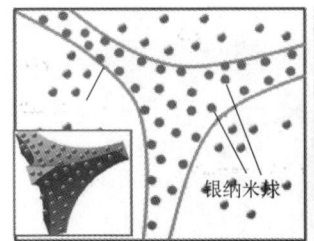

(a) PIF-P中的银纳米球　　　　(b) PIF-W中的银纳米线　　　　(c) PIF-WS中的银纳米片

图 7.25　三种纳米银粒子在泡沫板基体中分散形貌的模型

7.3.2.2　三种纳米银粒子杂化聚酰亚胺泡沫的电磁屏蔽性能

表 7.5 列出同样含量的三种纳米银粒子杂化聚酰亚胺泡沫板的电导率。由表 7.5 可知,银纳米片杂化泡沫 PIF-WS 的电导率最高,为 3.2×10^{-7} S/m,三种杂化聚酰亚胺泡沫板试样的电导率从大到小的顺序为 PIF-WS>PIF-W>PIF-P,这种顺序也预示了其电磁屏蔽性能。

表 7.5　三种纳米银粒子杂化聚酰亚胺泡沫板的电导率

试　　样	PIF-P	PIF-W	PIF-WS
电导率/(S/m)	2.1×10^{-10}	5.4×10^{-8}	3.2×10^{-7}

图 7.26 所示为三种纳米银粒子杂化聚酰亚胺泡沫板在 30~1500MHz(a)和 8.2~12.4GHz(b)内的总屏蔽效能,图中的柱状图表示特定频率下的反射损耗、吸

收损耗和总屏蔽效能。

由图7.26可知:一定含量的纳米银粒子能赋予泡沫板优良的电磁屏蔽性能;在纳米银粒子含量相同时,同一频率下三种纳米银粒子杂化泡沫的电磁屏蔽性能从大到小的顺序为 PIF-WS>PIF-W>PIF-P,与导电性系相一致。例如,在200MHz处,银纳米球杂化泡沫(PIF-P)的总屏蔽效能为14.5dB,纳米线-微米片杂化(PIF-WS)的增加到19dB;类似地,在600MHz处,由5dB增加至10dB;在1000MHz处,由1.5dB增加至9dB;在9.6GHz处,由5dB增加至12dB。可见,PIF-WS具有优良的电磁屏蔽性能,进一步说明构建良好的纳米银粒子导电网络是十分重要。

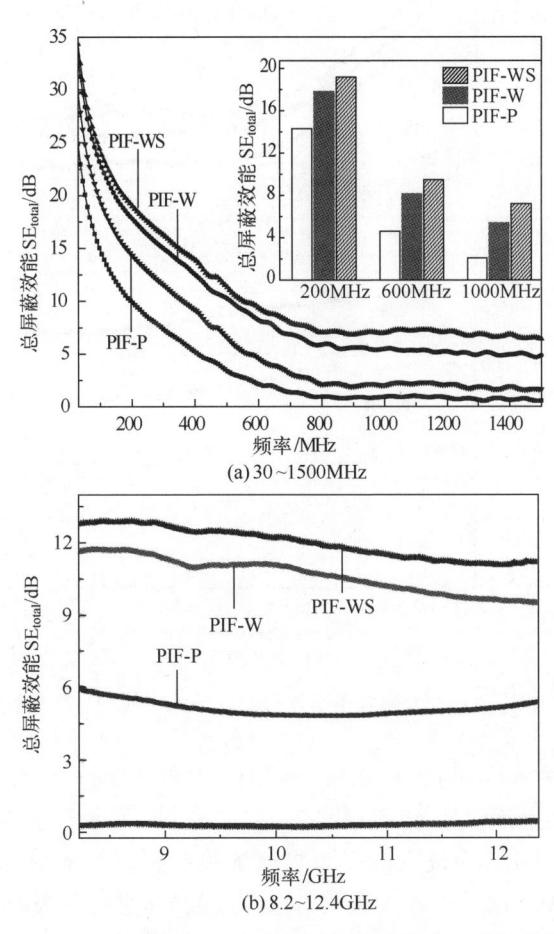

图7.26 三种纳米银粒子杂化聚酰亚胺泡沫板的总屏蔽效能

图7.27所示为比屏蔽效能,图中的柱状图表示特定频率下三种泡沫的比屏蔽效能。由图7.27可知,三种纳米银粒子杂化聚酰亚胺泡沫的比屏蔽效能大小与总

屏蔽效能一致：PIF-WS>PIF-W>PIF-P，试样 PIF-WS 的比屏蔽效能最大，在 200MHz 达 1208dB·cm³/g，在 600MHz 达 650dB·cm³/g，在 800~1500MHz 达 488dB·cm³/g，在 8.2~12.4GHz 达 780dB·cm³/g。上述说明银纳米线-银微米片杂化聚酰亚胺泡沫是一种质量小、电磁总屏蔽效能高的电磁屏蔽材料。

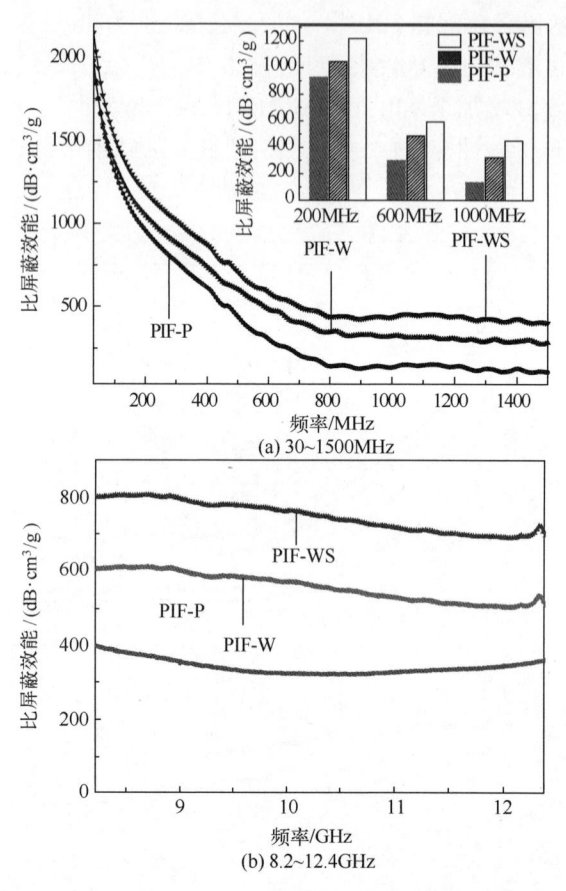

图 7.27　三种纳米银粒子杂化聚酰亚胺泡沫板的比屏蔽性能

根据式(7.3)~式(7.6)，对 PIF-WS、PIF-W 和 PIF-P 在 8.2~12.4GH 频段内反射损耗和吸收损耗估算，结果如图 7.28(a)和(b)所示。由图 7.28 可知，三种试样在 8.2~12.4GHz 频率范围内反射损耗和吸收损耗从大到小的顺序为：PIF-WS>PIF-W>PIF-P。这与三者的电导率是一致的。此外，其吸收损耗均大于反射损耗，例如，在 9.6GHz 下，三种试样的吸收损耗分别为 10.6dB、9.5dB 和 3.8dB，而反射损耗分别为 1.8dB、1.6dB 和 1.1dB，可见，吸收损耗对总屏蔽效能的贡献值分别为 85.2%、85.6%和 77.3%。

图 7.29 为三种纳米银粒子杂化聚酰亚胺泡沫板的电磁屏蔽机理示意图，即当

(a) 屏蔽效能

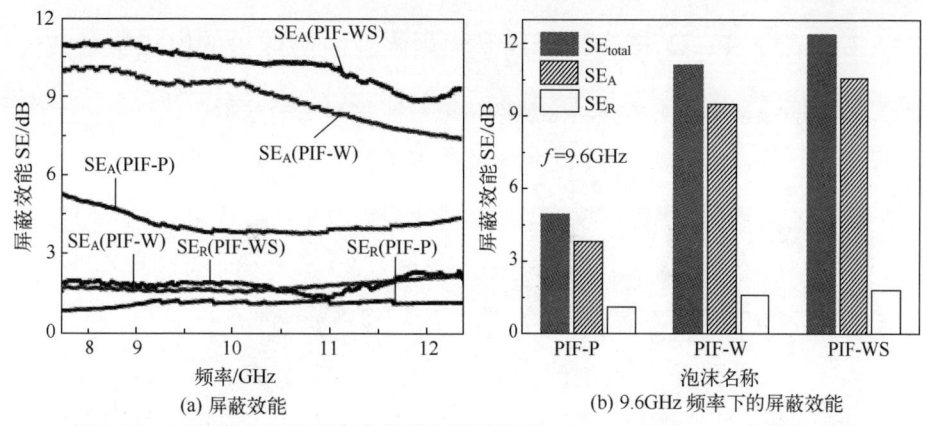

(b) 9.6GHz 频率下的屏蔽效能

图 7.28　三种纳米银粒子杂化聚酰亚胺泡沫板 SE_R、SE_A 以及 SE_{total} 之间的对比

电磁波入射泡沫表面时，空气与泡沫表面介电常数差异，使部分电磁波在材料表面发生反射，未反射电磁波进入泡沫内部，电磁波在泡孔壁和分布在泡孔壁处的导电纳米粒子的界面处发生多次反射与散射，直至转化为热能被吸收，纳米粒子的网络结构能产生与电磁波相互作用的电偶极子，促使电磁波发生涡流损耗，试样 PIF-P 中的银纳米球在泡孔壁并未形成三维网络，电磁损耗低、多重反射弱、电磁波吸收少。试样 PIF-W 中的银纳米线形成了三维网络，多重反射和电磁损耗增强，吸收损耗大。试样 PIF-WS 中的银纳米片上银纳米线-银纳米片架桥结构又桥接，在泡壁处形成致密的导电网络，多重反射和电损耗进一步增大，吸收损耗更强。

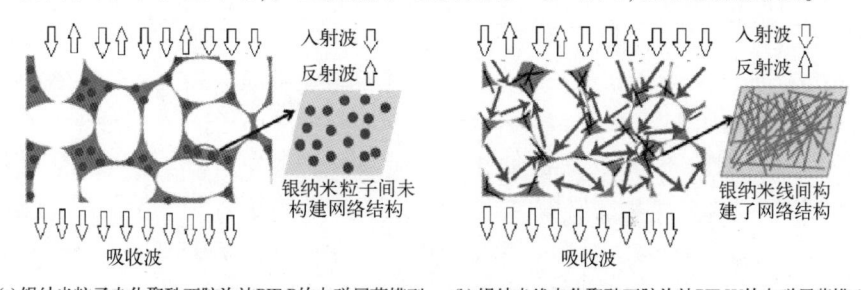

(a) 银纳米粒子杂化聚酰亚胺泡沫PIF-P的电磁屏蔽模型

(b) 银纳米线杂化聚酰亚胺泡沫PIF-W的电磁屏蔽模型

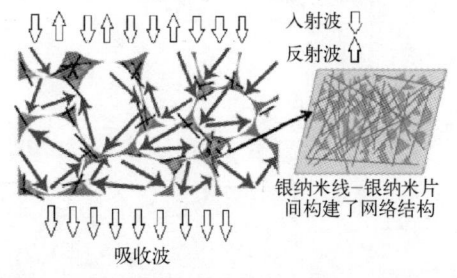

(c) 银纳米线-银纳米片架桥粒子杂化聚酰亚胺泡沫PIF-WS的电磁屏蔽模型

图 7.29　三种纳米银粒子杂化聚酰亚胺泡沫板的电磁屏蔽机理示意图

7.3.3 Ag-Fe$_3$O$_4$核壳纳米线杂化聚酰亚胺泡沫板的电磁屏蔽效能

7.3.3.1 Ag-Fe$_3$O$_4$核壳纳米线杂化聚酰亚胺泡沫的结构

图7.30所示为Ag-Fe$_3$O$_4$核壳纳米线的电子显微照片。

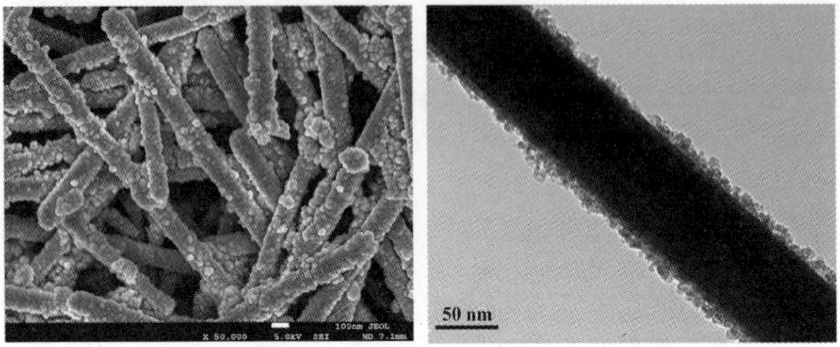

(a) FESEM照片   (b) TEM照片

图7.30　Ag-Fe$_3$O$_4$核壳纳米线的电子显微镜照片

图7.31所示为添加图7.30所示Ag-Fe$_3$O$_4$核壳纳米线含量为1.2%(质量)、2.8%(质量)、4.7%(质量)和8.1%(质量)分别杂化聚酰亚胺泡沫的泡孔结构,记为PIFM-3、PIFM-8、PIFM-13和PIFM-20。

分析图7.31可知,不同含量Ag-Fe$_3$O$_4$核壳纳米线杂化的聚酰亚胺泡沫泡孔尺寸均约280nm、开孔率大于90%,差异较小。

图7.32所示为Ag-Fe$_3$O$_4$核壳纳米线杂化聚酰亚胺泡沫表面刻蚀后的FESEM照片。由图7.32可知,银纳米线表面生长的纳米Fe$_3$O$_4$粒子仍然紧紧地聚集在银纳米线表面,这表明纳米Fe$_3$O$_4$与银纳米线之间存在较强的作用力。当Ag-Fe$_3$O$_4$核壳纳米线的含量增加为2.8%(质量)时,彼此之间互相连接并形成网络结构;继续增加纳米填料的含量,Ag-Fe$_3$O$_4$核壳纳米线之间搭接点增多,网络结构更为致密。

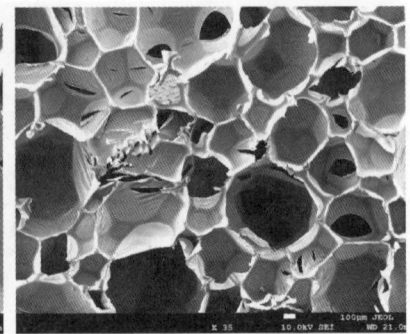

(a) PIFM-3   (b) PIFM-8

(c) PIFM-13　　　　　　　　　　　(d) PIFM-20

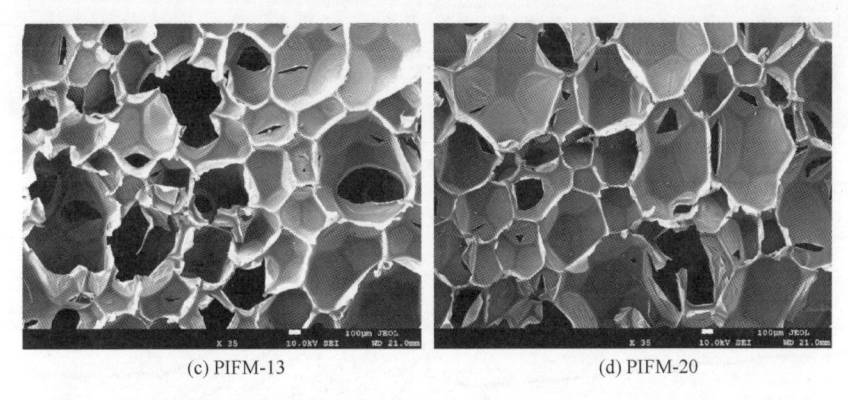

图 7.31　Ag-Fe$_3$O$_4$ 核壳纳米线杂化聚酰亚胺泡沫泡孔结构的 FESEM 照片

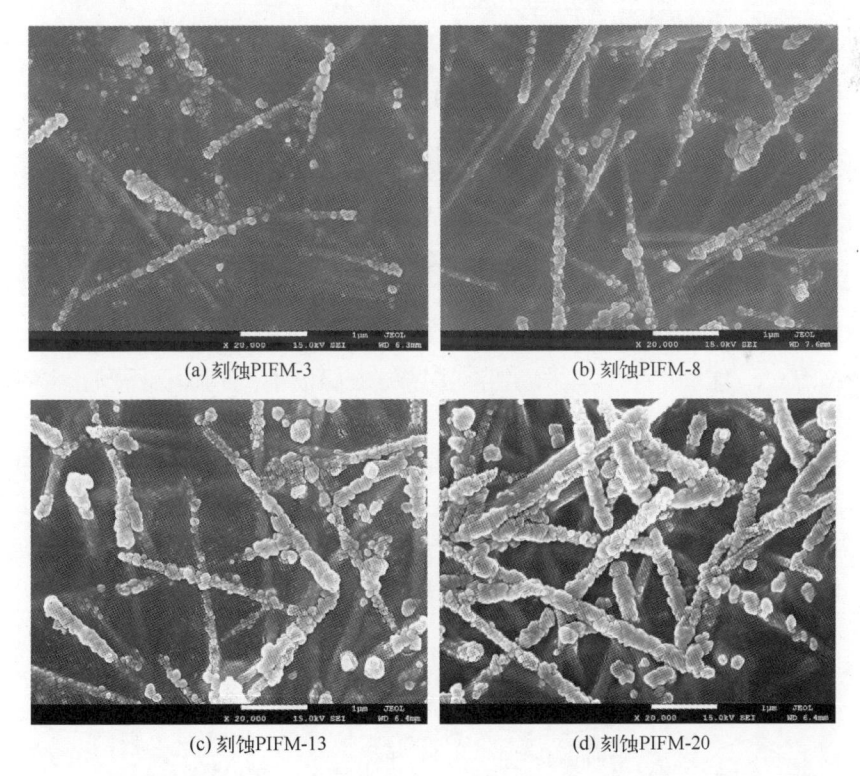

(a) 刻蚀PIFM-3　　　　　　　　　(b) 刻蚀PIFM-8

(c) 刻蚀PIFM-13　　　　　　　　　(d) 刻蚀PIFM-20

图 7.32　表面刻蚀的 Ag-Fe$_3$O$_4$ 核壳纳米线杂化聚酰亚胺泡沫表面刻蚀后的 FESEM 照片

7.3.3.2　Ag-Fe$_3$O$_4$ 核壳纳米线杂化聚酰亚胺泡沫的电磁屏蔽效能

图 7.33 所示为 Ag-Fe$_3$O$_4$ 核壳纳米线杂化聚酰亚胺泡沫板为 30~1500MHz 和 8.2~12.4GHz 的电磁总屏蔽效能。由图 7.33 可知，电磁总屏蔽效能随频率的变化关系与前述相关图示形似，但添加 Ag-Fe$_3$O$_4$ 核壳纳米线提高了电磁总屏蔽效

能,同一频率下,随着Ag-Fe$_3$O$_4$核壳纳米线含量的增加,杂化泡沫的电磁总屏蔽效能呈增加趋势,与资料一致[18]。

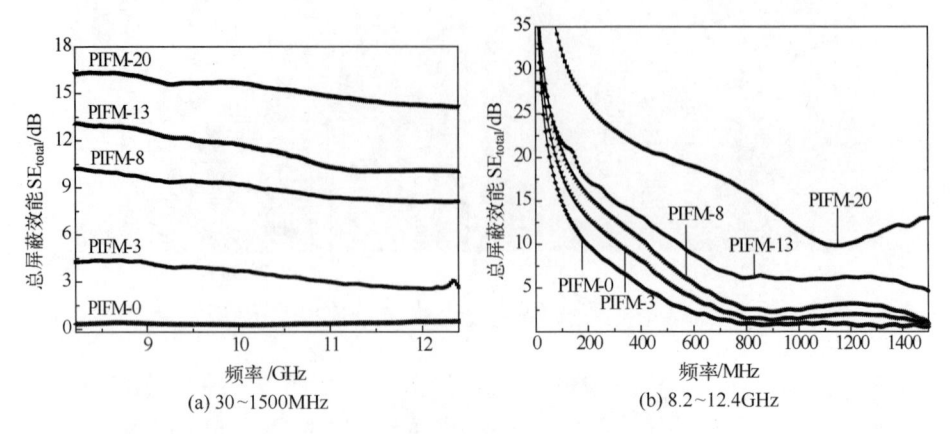

(a) 30~1500MHz

(b) 8.2~12.4GHz

图7.33 不同含量Ag-Fe$_3$O$_4$核壳纳米线杂化聚酰亚胺泡沫板的电磁总屏蔽效能

图7.34所示为特定频率下银纳米线与Ag-Fe$_3$O$_4$核壳纳米线分别杂化聚酰亚胺泡沫板的电磁屏蔽效能和比电磁屏蔽效能。由图7.34可知,当填料的含量一样时,同一频率下Ag-Fe$_3$O$_4$核壳纳米线杂化聚酰亚胺泡沫的电磁屏蔽性能优于单纯银纳米线杂化的聚酰亚胺泡沫。这表明银纳米线表面Fe$_3$O$_4$纳米粒子的引入能改善泡沫板的电磁屏蔽性能。分析原因认为:一方面,Fe$_3$O$_4$纳米粒子本身具有高的饱和感应强度,能够产生与电磁场相互作用的磁偶极子,增强电磁波的磁损耗,吸收电磁波;另一方面,纳米Fe$_3$O$_4$的引入有效改善了银纳米线在泡壁的分布,提高电磁波在泡壁处的电损耗和多重反射效应,电磁波转化为热能耗散。当Ag-Fe$_3$O$_4$核壳纳米线的含量为8.1%(质量)时,试样的电磁总屏蔽效能在600MHz时达19.2dB,在9.6GHz时达15.2dB;比屏蔽效能在600MHz时达972dB·cm^3/g,在9.6GHz时796dB·cm^3/g。

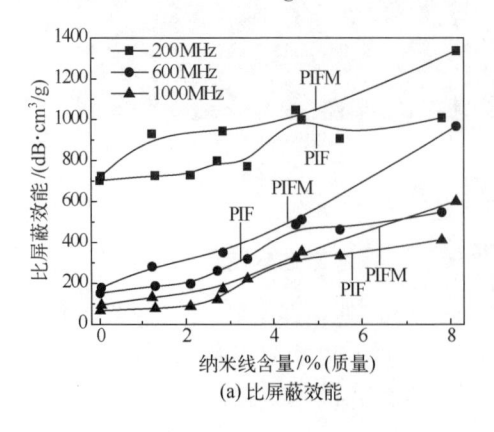

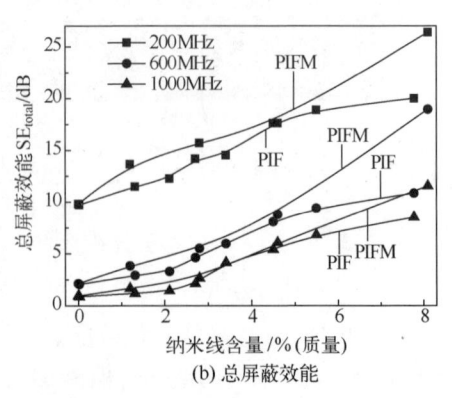

(a) 比屏蔽效能

(b) 总屏蔽效能

(c) 9.6GHz下的总屏蔽效能和比屏蔽效能

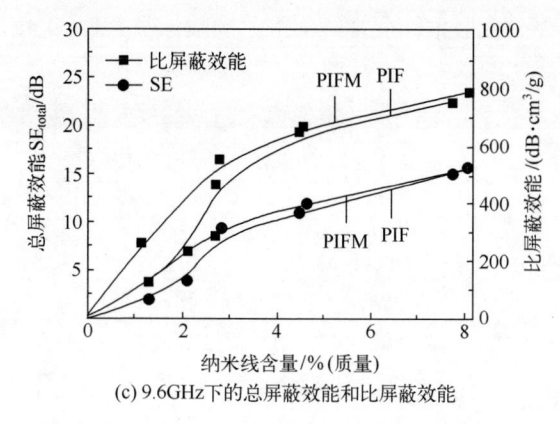

图7.34 两种纳米线杂化聚酰亚胺泡沫板的总屏蔽效能和比屏蔽效能的对比

据式(7.3)~式(7.6),对试样PIFM-3~PIFM-20在8.2~12.4GHz的反射损耗、吸收损耗进行估算,结果如图7.35所示。由图7.35(a)可知,随着Ag-Fe₃O₄核壳纳米线含量的增加,反射损耗增加缓慢,而吸收损耗增长幅度较大。这表明增加Ag-Fe₃O₄核壳纳米线的含量,主要是增加了电磁波的吸收损耗。此外,所有吸收损耗均大于反射损耗,这表明8.2~12.4GHz频率范围内Ag-Fe₃O₄核壳纳米线杂化聚酰亚胺泡沫板的屏蔽机理以吸收损耗为主。例如,在9.6GHz时,PIFM-3~PIFM-20的吸收损耗在总屏蔽效能中的贡献分别为92%、93.5%、91.2%和91.7%,如图7.35(b)所示。

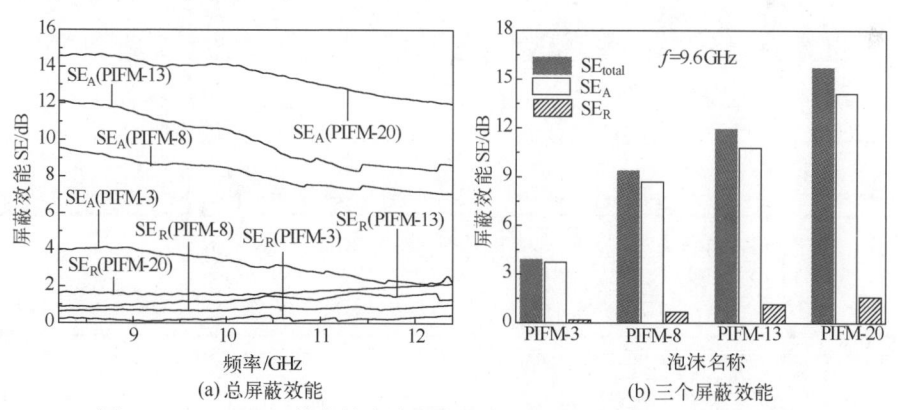

(a) 总屏蔽效能　　　　(b) 三个屏蔽效能

图7.35 Ag-Fe₃O₄核壳纳米线杂化聚酰亚胺泡沫板的SE_A与SE_R对比

7.3.4 聚酰亚胺泡沫薄片的电磁屏蔽性能

7.3.4.1 银纳米线杂化聚酰亚胺泡沫薄片的电磁屏蔽性能

1. 薄片泡沫的基本特性

为适应微电子狭窄空间高温电磁屏蔽的要求,北京航空航天大学在图7.36所示的 0.5mm 厚聚酰亚胺泡沫薄片表面上分别喷涂 Ag-Fe$_3$O$_4$ 核壳纳米线和纯 Fe$_3$O$_4$ 纳米粒子,制得杂化聚酰亚胺泡沫薄片,如图 7.37 所示。

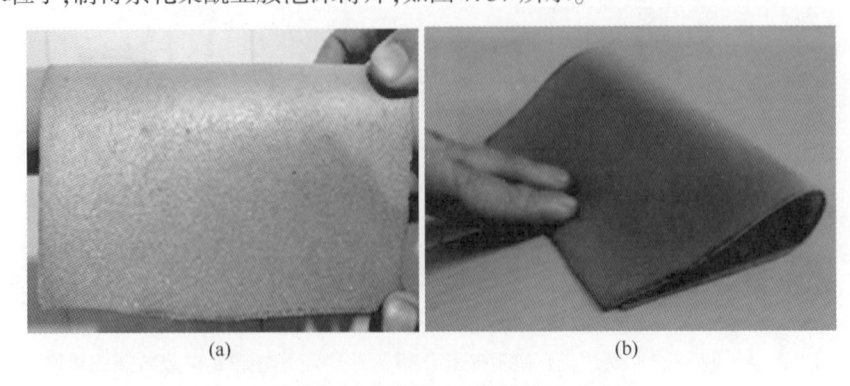

图 7.36 聚酰亚胺泡沫薄片

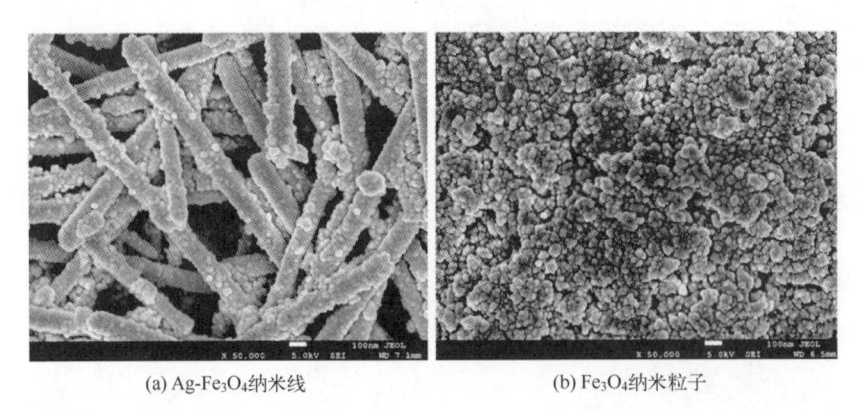

(a) Ag-Fe$_3$O$_4$ 纳米线

(b) Fe$_3$O$_4$ 纳米粒子

图 7.37 喷涂用 Ag-Fe$_3$O$_4$ 核壳纳米线和 Fe$_3$O$_4$ 纳米粒子的 FESEM 照片

表 7.6 列出喷涂杂化聚酰亚胺泡沫薄片的基本特性,其泡沫的平均孔为 100~300μm,密度为 0.09~0.20g/cm^3,表面电阻为 0.09~2.25Ω/sq。

表 7.6 AgNWs 和 AgNWs/Fe$_3$O$_4$ 喷涂杂化聚酰亚胺泡沫薄片的基本特性

泡沫试样	涂料中纳米银粒子含量/%(质量)	银纳米线长径比	表面电阻/(Ω/sq)
PIFS-Ag-0	0	—	—
PIFS-Ag-1	8.8	79	4.54
PIFS-Ag-2	16.4	79	0.18
PIFS-Ag-3	20.7	79	0.07
PIFS-Ag-4	28.1	79	0.04
PIFS-Ag-5	32.9	79	0.01

(续)

泡沫试样	涂料中纳米银粒子含量/%(质量)	银纳米线长径比	表面电阻/(Ω/sq)
PIFS-Ag-2-1	16.4	47	0.26
PIFS-Ag-2-2	16.4	34	0.57
PIFS-Ag-2-3	16.4	25	1.27
PIFS-Ag-Fe$_3$O$_4$-2	16.4	—	0.09
PIFS-Ag/Fe$_3$O$_4$-2	16.4	—	2.25

2. 室温下电磁屏蔽性能

在30~1500MHz频率下屏蔽效能测试试样为0.6mm厚、直径为115mm的圆片,在8.2~12.4GHz频率下屏蔽效能测试试样尺寸为22.5mm×10mm×0.6mm。

图7.38所示为不同含量银纳米线杂化聚酰亚胺泡沫薄片PIFS-Ag-0、PIFS-Ag-1、PIFS-Ag-2、PIFS-Ag-3、PIFS-Ag-4和PIFS-Ag-5在30~1500MHz和8.2~12.4GHz频率范围内的总屏蔽效能。由图7.38可知,纯聚酰亚胺泡沫薄片PIFS-Ag-0总屏蔽效能极低,随着表面喷涂银纳米线含量的增加,总屏蔽效能逐渐增加。在30~1500MHz内,银纳米线含量为32.9%(质量)的PIFS-Ag-5的泡沫总屏蔽效能达63dB,如图7.38(a)所示;在8.2~12.4GHz达53dB,如图7.38(b)所示。

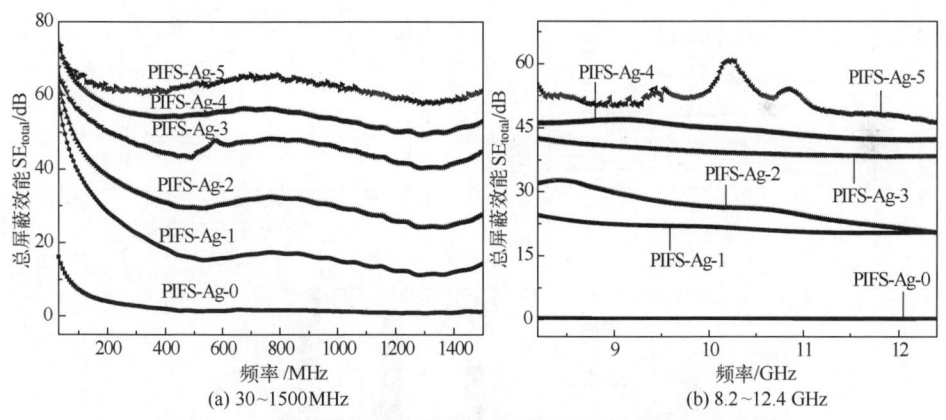

图7.38 不同含量银纳米线杂化聚酰亚胺泡沫薄片总屏蔽效能

图7.39(a)和(b)表示不同长径比的银纳米线杂化聚酰亚胺泡沫薄片PIFS-Ag-2、PIFS-Ag-2-1、PIFS-Ag-2-2和PIFS-Ag-2-3在30~1500MHz及8.2~12.4GHz频率范围内的总屏蔽效能。由图7.39可知,同一频率下,随着银纳米线长径比的增加,试样总屏蔽效能逐渐增加。在30~1500MHz和8.2~12.4GHz频率范围内,银纳米线长径比79的杂化聚酰亚胺泡沫总屏蔽效能分别约为长径比25的试样PIFS-Ag-2-3的2.1倍(图7.39(a))和2.5倍(图7.39(b)),即银纳米线长径比越大,总屏蔽效能越高。究其原因认为,同样质量的银纳米线,长径比越大,搭接点多,导电网络更为完善,电磁波电损耗越大。

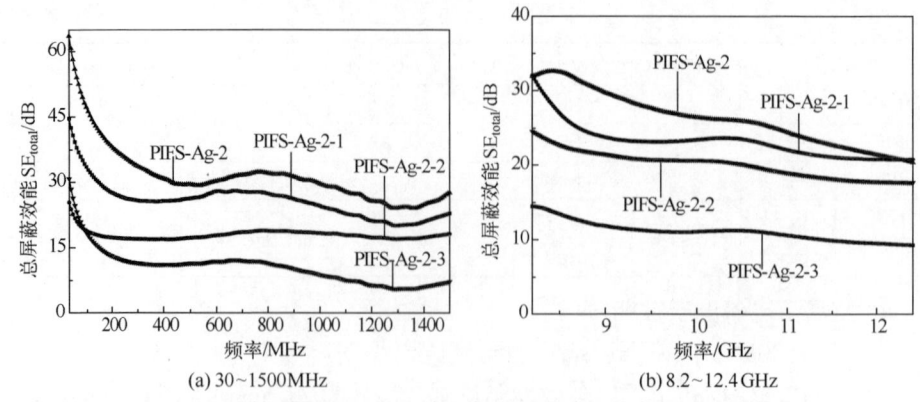

图 7.39 不同长径比的银纳米线杂化聚酰亚胺泡沫薄片的总屏蔽效能

图 7.40(a)(b)和(c)分别表示试样 PIFS-Ag-1 ~ PIFS-Ag-5 在 8.2~12.4GHz 频率范围内的反射损耗、吸收损耗和屏蔽效能。

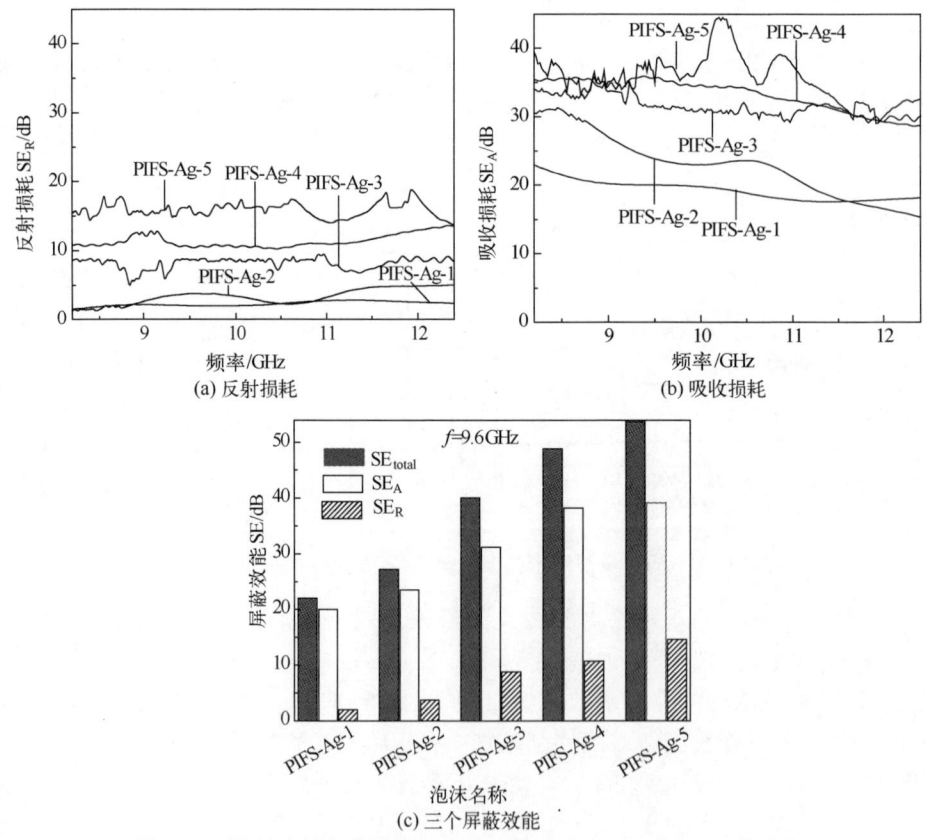

图 7.40 银纳米线杂化聚酰亚胺泡沫薄片 SE_A、SE_R 和 SE_{total} 的对比

由图7.40可知,随着银纳米线含量的增加,反射损耗和吸收损耗均呈增加趋势,所有试样的吸收损耗都大于反射损耗,例如,在9.6GHz,PIFS-Ag-1~PIFS-Ag-5的吸收损耗分别是20dB、23.5dB、31.2dB、38.2dB和39.1dB,反射损耗分别是2.0dB、3.8dB、8.8dB、10.7dB和14.6dB,其中吸收损耗在总屏蔽效能中的贡献分别为90.8%、86.2%、78%、78.1%和73%。这表明银纳米线杂化聚酰亚胺泡沫薄片的主要屏蔽机理以吸收损耗为主,但反射损耗同样发挥作用,且随着银纳米线含量的增多,这种作用越明显。

3. 高低温下电磁屏蔽效能

选取两块PIFS-Ag-3泡沫薄片,其中一块置于150℃烘箱中处理1h后,取出并保持试样表面温度约50℃,测试其电磁屏蔽效能,另一块置于-196℃液氮中处理10min后,取出并保持试样表面温度约-30℃,测试其电磁屏蔽效能。在30~1500MHz频率范围内,将以上两个温度下试样的总屏蔽效能与25℃试样的总屏蔽效能进行对比,结果如图7.41所示。

由图7.41可知:试样在三个温度下平均总屏蔽效能都大于40dB,在50℃试样的总屏蔽效能略高于室温;-30℃试样的总屏蔽效能略低于室温。分析认为,温度升高,聚合物分子链柔性增加,银纳米线运动能力增强,内部自由电子运动能力升高,电磁损耗增强,然而内部界面面积并未改变,总屏蔽效能只是略有增加,温度低于室温时,则相反。

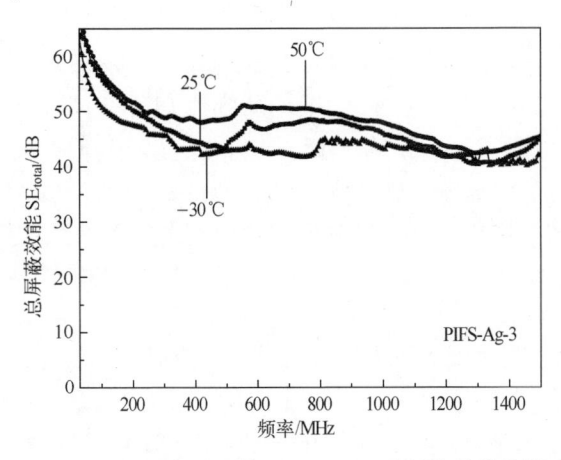

图7.41 测试温度对试样PIFS-Ag-3总屏蔽效能的影响

4. 弯曲次数对电磁屏蔽效能的影响

选取四块PIFS-Ag-3泡沫薄片,180°弯曲0次、50次、100次和200次,测试其在30~1500MHz和8.2~12.4GHz频率范围内的电磁总屏蔽效能,结果如图7.42所示。由图7.42可知,相比于未弯曲试样,弯曲处理后试样的电磁总屏蔽效能略有降低,弯曲200次试样PIFS-Ag-3的平均电磁总屏蔽效能在30~1500MHz范围内仍为38dB,在8.2~12.4GHz频率范围内仍有36dB。说明该泡沫片的柔性好,银纳米线与泡沫薄片基体间界面结合强度高。

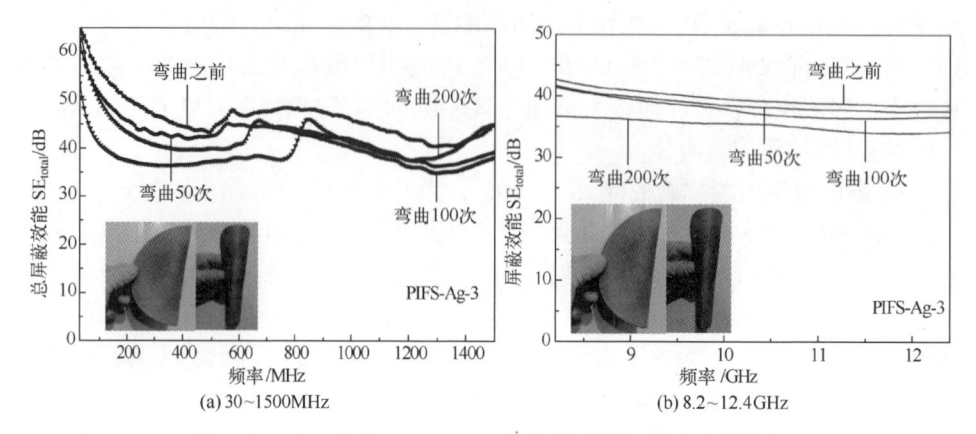

图7.42 180°弯曲PIFS-Ag-3泡沫片试样的电磁屏蔽效能

7.3.4.2 AgNWs/Fe$_3$O$_4$协同杂化聚酰亚胺泡沫薄片的电磁屏蔽效能

采用表7.6所列Fe$_3$O$_4$接枝银纳米线即Ag-Fe$_3$O$_4$-2杂化聚酰亚胺泡沫PIFS-Ag-Fe$_3$O$_4$-2和Fe$_3$O$_4$与银纳米线复配即PIFS-Ag/Fe$_3$O$_4$-2杂化聚酰亚胺泡沫片。

图7.43所示为AgNWs、AgNWs/Fe$_3$O$_4$杂化聚酰亚胺泡沫薄片在30~1500MHz和8.2~12.4GHz的电磁屏蔽性能。由图7.43可知,在纳米粒子含量相同的情况下,三种试样电磁性能大小关系为PIFS-Ag/Fe$_3$O$_4$-2>PIFS-Ag-2>PIFS-Ag-Fe$_3$O$_4$-2,与导电性大小关系相一致,PIFS-Fe$_3$O$_4$/Ag-2具有最优的电磁屏蔽性能,在30~1500MHz频率范围内的平均屏蔽效能达45dB,8.2~12.4GHz达40dB。分析原因认为:PIFS-Fe$_3$O$_4$/Ag-2试样表面沉积的银纳米线网络较其他两个试样致密,导电性能好,能够反射和吸收电磁波;银纳米线层下纳米Fe$_3$O$_4$层的引入,增强了介电损耗和磁损耗,大大促进了电磁波的吸收。值得注意的是,试样PIFS-Ag-Fe$_3$O$_4$-2的电磁屏蔽性能低于试样PIFS-Ag-2的,这与第6章Ag-Fe$_3$O$_4$核壳纳米线体系屏蔽效能高于银纳米线体系的结论不一致,对于表面喷涂体系,尽管银纳米线表面引入的Fe$_3$O$_4$对电磁波有一定吸收作用,然而试样导电性能的降低导致的屏蔽效能的降低占据了主要作用。

图7.44所示为试样PIFS-Ag/Fe$_3$O$_4$-2、PIFS-Ag-Fe$_3$O$_4$-2和PIFS-Ag-2在8.2GHz~12.4GHz频率范围内的反射损耗、吸收损耗及总屏蔽效能的对比。由图7.44可知,三种试样反射损耗和吸收损耗的大小关系均为:PIFS-Ag/Fe$_3$O$_4$-2>PIFS-Ag-2>PIFS-Ag-Fe$_3$O$_4$-2,且吸收损耗均大于反射损耗。例如,当频率为

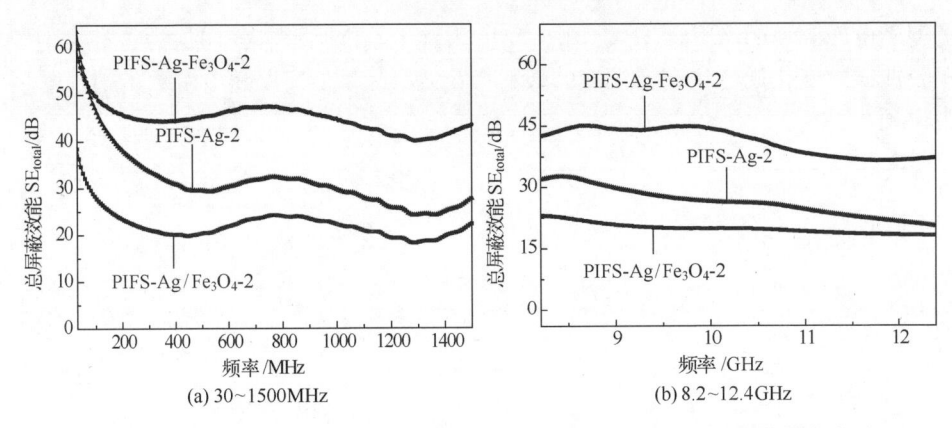

图7.43 AgNWs、AgNWs/Fe₃O₄协同杂化的聚酰亚胺泡沫薄片的总屏蔽效能的对比

9.6GHz时,其吸收损耗分别为37dB、23.5dB和17dB,反射损耗分别为7.8dB、3.76dB和3dB,吸收损耗在总屏蔽效能所占比例分别为82.6%、86%和85%,这表明8.2~12.4GHz频率范围内所有试样的屏蔽机理以吸收损耗为主。

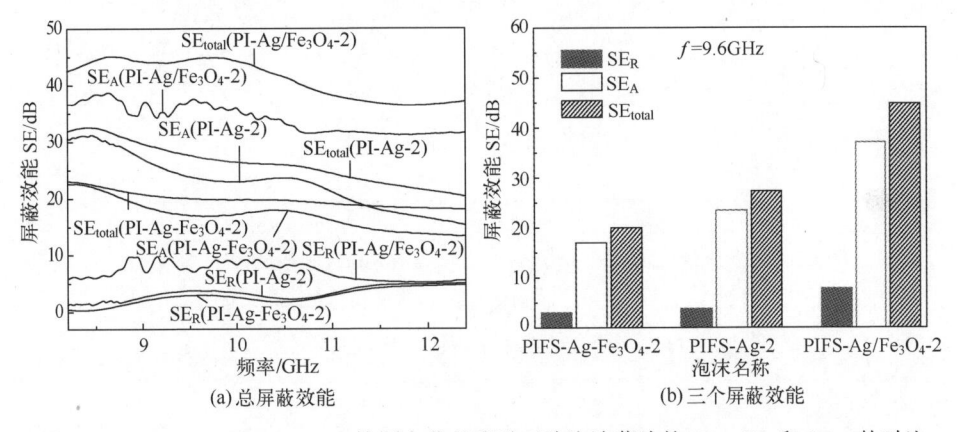

图7.44 AgNWs、AgNWs/Fe₃O₄协同杂化的聚酰亚胺泡沫薄片的SE_A、SE_R和SE_{total}的对比

7.3.5 低发泡倍率对聚酰亚胺泡沫电磁波透过率的影响

日本I.S.T公司对不同发泡倍率的SKYBOND®聚酰亚胺泡沫电磁透波率进行了研究,图7.45(a)(b)(c)和(d)分别表示四种发泡倍率聚酰亚胺泡沫的电磁波透过率与泡沫厚度及介电常数的关系。

分析图7.45可知:发泡倍率越高,即介电常数越小,电磁透过率越大,且几乎不受材料厚度和电磁频率的影响,如图7.45(a)所示;发泡倍率越低,即介电常数越大,电磁波透过率随泡沫厚度的变化越类似于正弦曲线,正弦曲线的振幅随介电常数的增大或发泡倍率的降低而增大,即正弦曲线谷底的顶点减小,且正弦曲线的宽度随电磁频率的增大而增大,如图7.45(b)(c)(d)所示。我们认为这种类似于正弦曲线的变化规律仅在低发泡的塑料中出现,或者在较大介电常数的泡沫材料中出现。

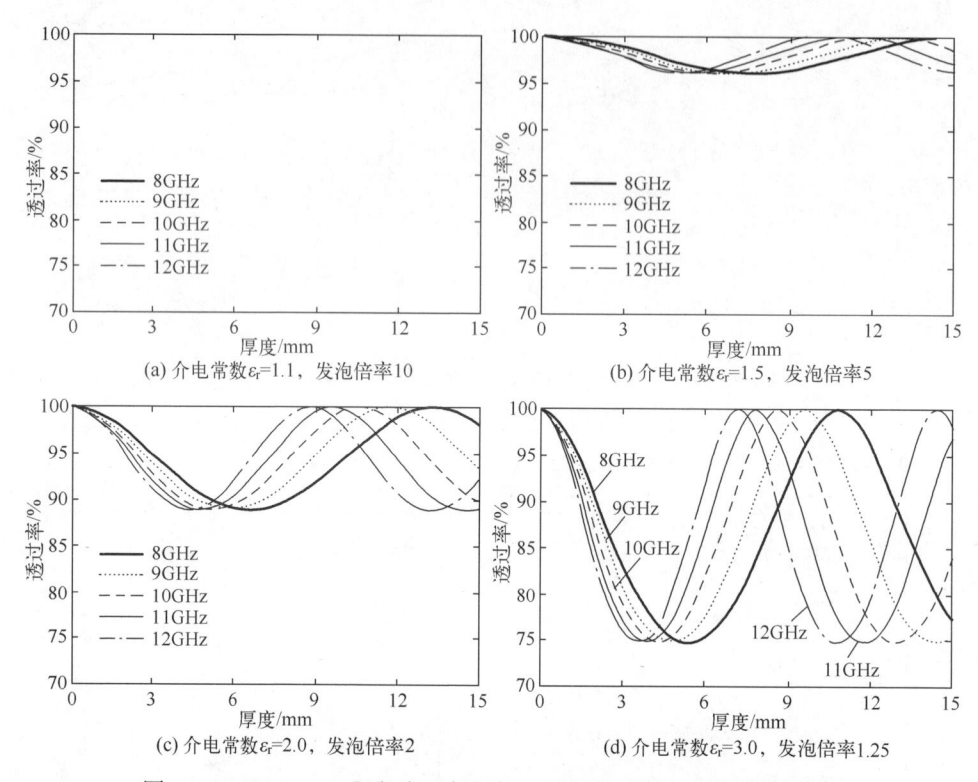

(a) 介电常数ε_r=1.1,发泡倍率10

(b) 介电常数ε_r=1.5,发泡倍率5

(c) 介电常数ε_r=2.0,发泡倍率2

(d) 介电常数ε_r=3.0,发泡倍率1.25

图7.45 SKYBOND®聚酰亚胺泡沫电磁波透过率与泡沫厚度的关系
(http://www.istcorp.jp/prod_sb_foam.htm)

7.4 拟解决的关键问题

(1) 杂化泡沫表层的银纳米粒子表面富集了聚酰亚胺树脂,影响电磁屏蔽性能的发挥,因此对杂化泡沫材料表面进行适当处理,可充分发挥银纳米线网络结构的作用,因此,针对实际应用要考虑大尺寸样件的表面处理方法。

(2) 影响聚酰亚胺泡沫电磁屏蔽的因素多,系统研究导电介质的几何形状、尺寸、分散与分布、导电性、含量,以及杂化泡沫的发泡倍率和厚度等对电磁屏蔽的影响趋势依然必要。

参 考 文 献

[1] Thomassin J M,Vuluga D,Alexandre M,et al. A Convenient Route for the Dispersion of Carbon Nanotubes in Polymers:Application to the Preparation of Electromagnetic Interference(EMI) Absorbers[J]. Polymer,2012,53(1):169-174.

[2] Thomassin J M,Pagnoulle C,Bednarz L,et al. Foams of Polycaprolactone/MWNT Nanocomposites for Efficient EMI Reduction[J]. Journal of Materials Chemistry,2008,18(7):792-796.

[3] Huang H D,Liu C Y,Zhou D,et al. Cellulose Composite Aerogel for Highly Efficient Electromagnetic Interference Shielding[J]. Journal of Materials Chemistry A,2015,3(9):4983-4991.

[4] Ameli A,Jung P U,Park C B. Electrical Properties and Electromagnetic Interference Shielding Effectiveness of Polypropylene/Carbon Fiber Composite Foams[J]. Carbon,2013,60:379-391.

[5] Li L,Chung D D. L.. Electrical and Mechanical Properties of Electrically Conductive Polyethersulfone Composites[J]. Composites,1994,25(3):215-224.

[6] Özen M S. Investigation of the Electromagnetic Shielding Effectiveness of Carded and Needle Bonded Nonwoven Fabrics Produced at Different Ratios with Conductive Steel Fibers[J]. Journal of Engineered Fibers & Fabrics,2015,10(1):140-151.

[7] Ameli A,Nofar M,Wang S,et al. Lightweight Polypropylene/stainless-steel Fiber Composite Foams with Low Percolation for Efficient Electromagnetic Interference Shielding[J]. ACS Applied Materials & Interfaces,2014,6(14):11091-11100.

[8] Ling J,Zhai W,Feng W,et al. Facile Preparation of Lightweight Microcellular Polyetherimide/graphene Composite Foams for Electromagnetic Interference Shielding[J]. ACS Applied Materials & Interfaces,2013,5(7):2677-2684.

[9] Li Y,Pei X,Shen B,et al. Polyimide/graphene Composite Foam Sheets with Ultrahigh Thermostability for Electromagnetic Interference Shielding[J]. RSC Advances,2015,5(31):24342-24351.

[10] Chen Y,Li Y,Yip M,et al. Electromagnetic Interference Shielding Efficiency of Polyaniline Composites Filled with Graphene Decorated with Metallic Nanoparticles[J]. Composites Science and Technology,2013,80:80-86.

[11] Shen B,Zhai W,Tao M,et al. Lightweight,Multifunctional Polyetherimide/graphene@Fe_3O_4 Composite Foams for Shielding of Electromagnetic Pollution[J]. ACS Applied Materials & Interfaces,2013,5(21):11383-11391.

[12] 杨士元. 电磁屏蔽理论与实践[M]. 北京:国防工业出版社,2006.

[13] 切洛齐. 电磁屏蔽原理与应用[M]. 北京:机械工业出版社,2010.

[14] 赵慧慧. 泡沫型电磁屏蔽复合材料的制备及性能研究[D]. 南京:南京航空航天大学,2014.

[15] Ma J J,Zhan M S,Wang K. Ultralightweight Silver Nanowires Hybrid Polyimide Composite Foams for High-performance Electromagnetic Interference Shielding[J]. ACS Applied

Materials & Interfaces,2015,7(1):563-576.

[16] Ma J J,Wang K,Zhan M S. A Comparative Study of Structure and Electromagnetic Inference Shielding Performance of Silver Nanostructure Hybrid Polyimide Foams[J]. RSC Advances,2015,5(80):65283-65296.

[17] 马晶晶. 银纳米线制备及其杂化聚酰亚胺电磁屏蔽材料的研究[D]. 北京:北京航空航天大学,2016.

[18] Al-Ghamdi A A,Al-Hartomy O A,El-Tantawy F,et al. Novel Polyvinyl Alcohol/Silver Hybrid Nanocomposites for High Performance Electromagnetic Wave Shielding Effectiveness[J]. Microsystem Technologies,2015,21(4):859-868.

第8章 其他功能聚酰亚胺泡沫材料

8.1 概 述

聚酰亚胺泡沫材料除了具有良好的耐热性和力学性能外[1,2]，还具有良好的隔热、吸声、低介电和防辐射等性能，可作为隔热材料、吸声材料、透波材料、介电材料及防辐射材料等使用。

虽然现在聚酰亚胺泡沫材料的原材料成本较高，产品价格较贵，但应用获益大，特别是在一些特殊的环境下，聚酰亚胺泡沫材料发挥了重要的作用。聚酰亚胺泡沫材料首次大规模应用是在美国海军 CG-47 护卫导弹巡洋舰上，现已作为隔热材料大量应用于美国海岸巡逻艇上。作为吸声材料，聚酰亚胺泡沫材料的应用减少了军用船舶，特别是潜艇的声音辐射，提高了舰艇的隐身性能。美国海军已把聚酰亚胺泡沫材料用作潜艇的隔热、吸声材料[3]。美国军标 MIL-T-24708 还规定了潜艇用开孔型聚酰亚胺泡沫材料隔热和吸声性能的指标。作为透波材料，聚酰亚胺泡沫材料满足低介电(介电常数为 1~3，介电损耗为 $10^{-3} \sim 10^{-1}$ 数量级)、防辐射等苛刻要求，已应用于航天器天线罩等[4-9]。

聚酰亚胺泡沫材料具有上述良好的物理特性，并在军事尖端领域得到更多应用，是由聚酰亚胺泡沫材料的结构决定的。本章基于聚酰亚胺泡沫材料的结构角度，分别阐述了聚酰亚胺泡沫材料具有良好隔热、吸声、低介电和防辐射等性能的原理，以及影响这些性能的因素，并介绍了几种典型聚酰亚胺泡沫材料的隔热和吸声性能。

8.2 隔热聚酰亚胺泡沫材料

隔热的意义显而易见：从简单的热饮杯到食物冷冻工业的冷藏车、大型液化天然气运输罐、航天用低温燃料储箱和卫星壁板[10,11]等，都需要隔热。隔热材料是隔热的物质载体，在传统非真空隔热体系中，闭孔泡沫材料的隔热性能最好[12]。

8.2.1 泡沫材料隔热原理与表征方法

一般地,材料的隔热性能可由其热导率 λ 和热扩散系数 α 表征[13],热导率越低,材料的隔热效果越好。因此,讨论泡沫材料的隔热性能就是讨论泡沫材料中的热传导效率。

泡沫材料中的热传导形式有四种[12]:①固体聚合物的热传导;②泡沫孔中气体的热传导;③泡孔中气体的热对流;④孔壁和孔隙的辐射热传导。因此,泡沫的热导率为

$$\lambda = \lambda_s^* + \lambda_g^* + \lambda_c^* + \lambda_r^* \tag{8.1}$$

式中:λ_s^*、λ_g^*、λ_c^*、λ_r^* 分别为固体聚合物的热导率、泡孔中气体的热导率、泡孔中气体的热对流热导率以及孔壁和孔隙的辐射热导率。

固体对整个热导率的贡献并不多。λ_s^* 是完全致密固体的热导率 λ_s 与其体积分数的乘积。

Gibson 认为[12],泡沫孔中气体的热传导对整个泡沫热传导的贡献最大。因为气体可在泡孔结构间流通,如果将空气视为介质,它在泡孔间流通的热导率为 $0.025\mathrm{W/(m \cdot K)}$。利用 Gibson 关系,根据气体热导率与泡沫中空气体积分数,可以得到泡沫体系气体的热导率约为 $0.024\mathrm{W/(m \cdot K)}$,室温下泡沫材料热导率的大部分由该项贡献。

热传导的其余部分来自对流和辐射。当格拉晓夫数 Gr 小于 1000 时,对流可以忽略不计。格拉晓夫数的定义为

$$Gr = \frac{g\dot{\beta}\Delta T_C l^3 \rho^2}{\mu^2} \tag{8.2}$$

式中:g 为重力加速度($9.81\mathrm{m/s^2}$);β 为气体的体积膨胀系数(对于理想气体有 $\beta = 1/T$);ΔT_C 为跨越一个泡孔的温差;μ 为黏度;l 为泡孔尺寸。利用 1atm(1atm = 0.1MPa)空气的数据(即 $\rho = 1\mathrm{kg/m^3}$,$\mu = 2\times 10^{-5}\mathrm{N \cdot s/m^2}$,$\Delta T_C = 10\mathrm{K}$,$T = 300\mathrm{K}$)求得 $l = 10\mathrm{mm}$。实际泡沫材料中的泡孔尺寸是该值的 1/10,甚至更小,因此对流受到完全抑制。此外,辐射通过泡沫体对热传导发生作用。从温度为 T_1 的表面向较低温度 T_0 的表面辐射,两个表面之间为真空,其传递的热通量可由 Stefan 定律描述,即

$$q_r^0 = \beta_1 \sigma (T_1^4 - T_0^4) \tag{8.3}$$

式中:σ 为 Stefan 常数($5.67\times 10^{-8}\mathrm{W/(m^2 \cdot K^4)}$);$\beta_1$ 为表面辐射率系数,小于 1。如果将泡沫材料插入两个表面之间,则热流量会减少,因为固体对辐射有吸收作用,而孔壁对辐射有反射作用,其衰减由 Beer 定律近似表达,即

$$q_r = q_r^0 \exp(-K^* t^*) \tag{8.4}$$

式中:K^*、t^*分别为泡沫体的衰减函数(m^{-1})和泡沫体的厚度。在最简单的情况下,对光学上的薄壁和细柱($t<10\mu m$),泡沫材料的衰减系数即为固体衰减系数乘以泡沫体的相对密度。用温度梯度与之相除(运用近似关系 $dT/dx \approx (T_1-T_0)/t^*$ 和 $T_1^4 - T_0^4 \approx 4\Delta T \bar{T}^3$,式中$\bar{T}$为平均温度,$\bar{T}=(T_1+T_0)/2$),可得辐射对泡沫体热导率的贡献,即

$$\lambda_r^* = 4\beta_1 \sigma \bar{T}^3 t \exp\left(-K_s^* \frac{\rho^*}{\rho_s} t^*\right) \tag{8.5}$$

由式(8.5)可知,辐射作用随着ρ^*/ρ_s的减小而增加,当泡沫体密度趋近于零时,辐射的贡献徒然上升。

由于泡沫材料的隔热性能可由热导率λ和热扩散系数α表征[13],因此下面给出这两个参数的定义。

1. 热导率 λ

热导率由傅里叶定律定义:

$$\phi = \lambda A \frac{dT}{dx} \tag{8.6}$$

则

$$\lambda = \frac{\phi \Delta x}{A \Delta T} \tag{8.7}$$

式中:λ、ϕ、A、ΔT、Δx分别表为试样的热导率、通过试样的热流量、横截面积、平板两侧表面温差和试样的厚度。

材料热导率的测试可采用护热板法,参照GB3399—82进行[14]。其测试原理基于上述傅里叶定律,试样截面为圆形或正方形,与护热板一致,厚度不小于5mm,最大不超过直径或边长的1/8。

2. 热扩散系数 α

由材料微小单元的热流差异引起的温度变化与时间的关系为

$$\rho c_p \frac{\partial T}{\partial \tau} = \frac{\partial}{\partial x}\left(\lambda \frac{\partial T}{\partial x}\right) \tag{8.8}$$

式中:ρ、c_p、λ为表示材料的密度、比热容和热导率。

若以性能ρ、c_p和λ为常数,则式(8.8)可重新写成

$$\frac{\partial T}{\partial \tau} = \alpha \frac{\partial^2 T}{\partial x^2} \tag{8.9}$$

式中:α为材料的热扩散系数,即

$$\alpha = \frac{\lambda}{\rho c_p} \tag{8.10}$$

一般认为,热导率用来表征稳态传热(温度分布不随时间变化)情况,热扩散

系数用来表征非稳态传热(温度分布随时间变化)情况。

8.2.2 聚酰亚胺泡沫材料隔热性能影响因素

8.2.2.1 聚集态结构的影响

1. 密度

聚酰亚胺泡沫材料密度增加,会导致聚酰亚胺泡沫材料的热导率增加。例如,采用聚酯铵盐前体(PEAS)粉末发泡法制备 BTDA/4,4′-ODA 体系聚酰亚胺泡沫材料的热导率随着密度的增加而增加,如图 8.1 所示,当密度增加到 300kg/m³ 时,泡沫材料的热导率大于 0.0675W/(m·K)[15]。

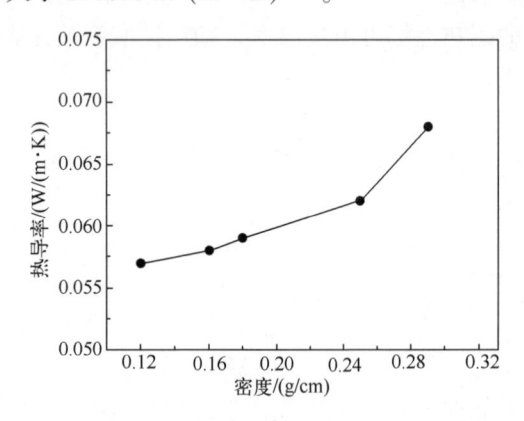

图 8.1 BTDA/4,4′-ODA 体系聚酰亚胺泡沫材料的热导率与密度的关系(50℃)[15]

2. 泡孔结构

泡沫的泡孔结构有开孔和闭孔之分。闭孔结构会使泡沫材料的热导率降低。这是因为:与开孔结构相比,闭孔结构使泡沫体中的气体封闭在泡孔内,泡孔间的气体很难发生热对流。ODPA/3,4′-ODA 体系闭孔结构泡沫材料的热导率比开孔结构泡沫的低。表 8.1 列出不同压强下的 TEEK-HL 和 TEEK-HL-F 泡沫材料的热导率[16]。

表 8.1 不同压强下 TEEK-HL 和 TEEK-HL-F 泡沫材料的热导率[16]

压强/MPa	热导率/(×10⁻³ W/(m·K))	
	TEEK-HL	TEEK-HL-F
1.33322×10⁻⁹	3.00	1.87
1.33322×10⁻⁴	16.14	11.30
1.01325×10⁻¹	29.87	25.36

注:TEEK-HL 和 TEEK-HL-F 分别表示密度为 32kg/m³ 和 39kg/m³ 的 ODPA/3,4′-ODA 体系聚酰亚胺开孔(闭孔率2.5%)和闭孔泡沫材料。

第8章 其他功能聚酰亚胺泡沫材料

由表8.1可知,密度相近时,闭孔结构的ODPA/3,4′-ODA体系聚酰亚胺泡沫材料(TEEK-HL-F)在三种不同压强下的热导率均比开孔结构聚酰亚胺泡沫材料(TEEK-HL)低。在高真空(压强1.33322×10^{-9}MPa)环境下,由于闭孔结构抑制了热对流,泡沫TEEK-HL-F的热导率比开孔结构的TEEK-HL降低约40%。

8.2.2.2 外界因素的影响

1. 工况温度

升高工况温度使泡沫材料分子热运动加剧,因此,聚酰亚胺泡沫材料的热导率随工况温度升高而增大。

例如,采用聚酯铵盐前体(PEAS)粉末发泡法制得的BTDA/4,4′-ODA体系聚酰亚胺泡沫材料的热导率随温度增加而增加,BTDA/4,4′-ODA聚酰亚胺泡沫材料的热导率与温度间的关系如图8.2所示。当温度从50℃升至180℃时,泡沫材料的热导率增加了约70%[15]。

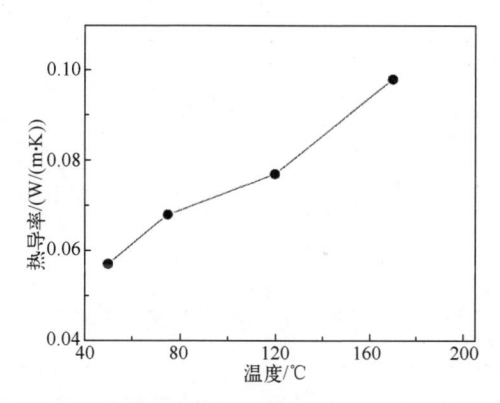

图8.2 BTDA/4,4′-ODA体系聚酰亚胺泡沫材料(120kg/m^3)热导率与温度的关系[15]

图8.3表示密度为32 kg/m^{3}的TEEK系列聚酰亚胺泡沫材料的热导率与温度间的关系。结果表明,由于温度升高,泡沫体分子热运动的加剧,三种聚酰亚胺泡沫材料的热导率都随温度升高而增大,且在100℃之后,热导率几乎呈线性增加[17]。

北京航空航天大学[18]考察了密度为50~140kg/m^{3}的ODPA/3,4′-ODA、BTDA/3,4′-ODA、ODPA/4,4′-ODA和BTDA/4,4′-ODA四种聚酰亚胺泡沫材料的热导率与温度之间的关系,如图8.4所示。结果表明,随着温度的升高,泡沫材料的热导率增大,但其变化趋势有所差别。

2. 压强

图8.5表示ILLBRUCK/Switzerland公司密度为50kg/m^{3}的聚酰亚胺泡沫材料在-10℃下的热导率与压强间的关系[19]。由图可知:当压强增加到5Pa时,聚酰亚胺泡沫材料的热导率开始增加;当压强从50Pa增加到1000Pa时,聚酰亚

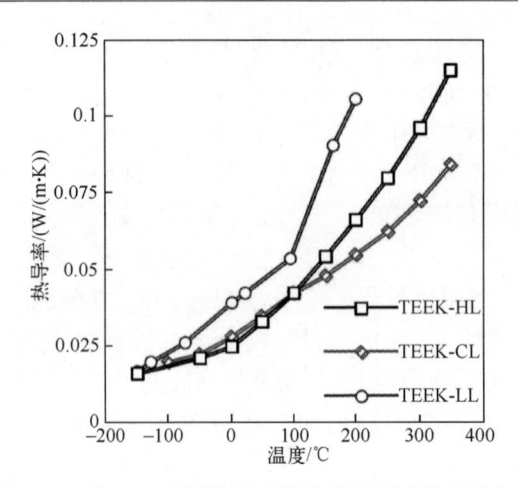

图 8.3 密度为 32kg/m³ TEEK 系列聚酰亚胺泡沫材料的热导率与温度的关系[17]

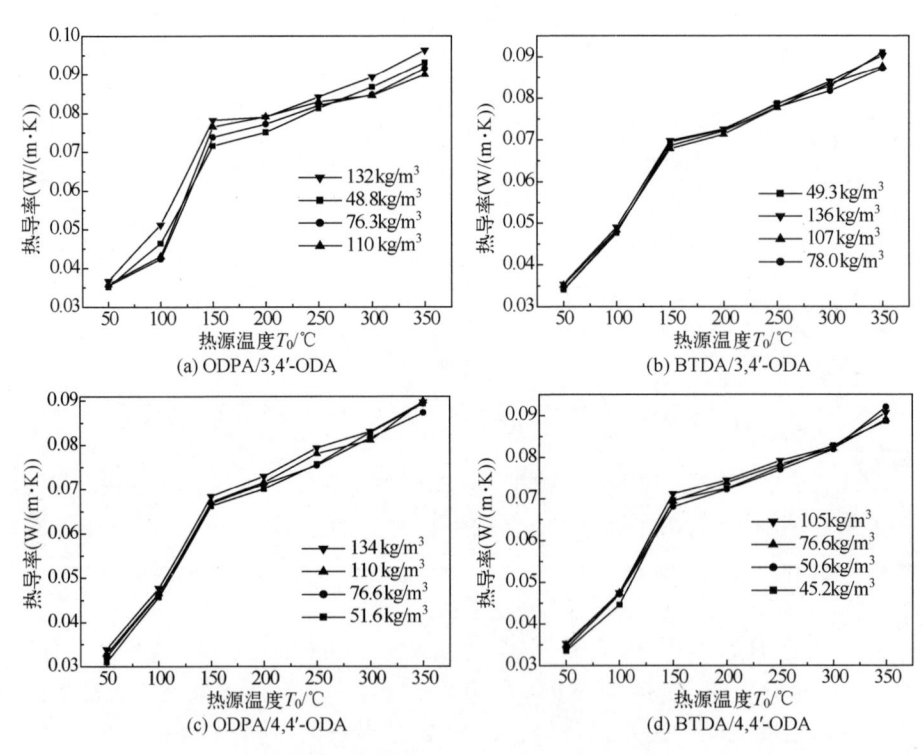

图 8.4 四种聚酰亚胺泡沫材料热导率与热源温度的关系[18]

料的热导率从 6×10^{-3} W/(m·K) 增加到 16×10^{-3} W/(m·K);当压强从 200Pa 增加到 600Pa 时,热导率增加 50%。

图 8.6 所示为 NASA 的 TEEK 系列聚酰亚胺泡沫材料的热导率与压强间的关

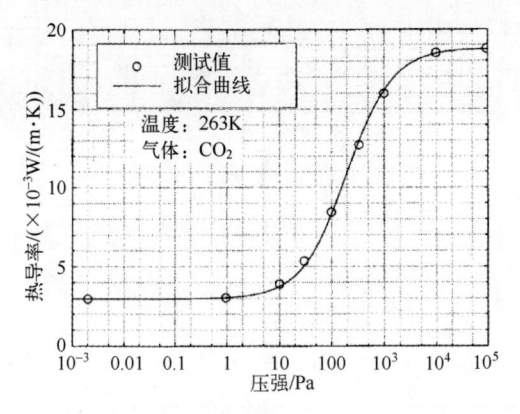

图 8.5 聚酰亚胺泡沫材料的热导率与压强间的关系(泡沫密度 50kg/m³,温度-10℃)[19]

系[16]。该图表明,增大压强,使泡沫材料中的气体传导随之增加,导致聚酰亚胺泡沫材料的热导率也增大。

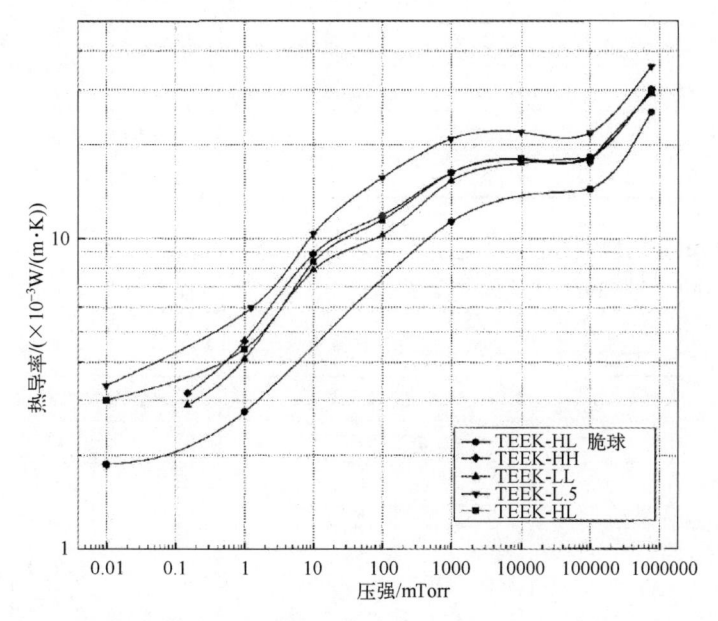

图 8.6 TEEK 系列聚酰亚胺泡沫材料的热导率与压强的关系(1mTorr = 133.322×10⁻³Pa)[16]

8.2.3 几种聚酰亚胺泡沫材料的隔热性能

1. PMI 泡沫材料

PMI 泡沫材料最初由德国 Röhm GmbH 生产,由美国子公司 Rohm Tech 以 Rohacell®商品名在美国销售。航天级别的 PMI-2 是闭孔结构的刚性泡沫,其密度为

271

48~304kg/m³。该材料可用作直升机的叶片、天线屏蔽器、天线及飞行器的机头尖端部位复合材料的内支撑体。表8.2列出五种不同密度PMI-2泡沫材料的隔热性能[20]。

表8.2 不同密度PMI-2泡沫材料的隔热性能[20]

性　　能	测试方法	PMI31	PMI51	PMI71	PMI110	PMI170
密度/(kg/m³)	ASTM D-1622-63	32	51	75	111	170
热导率/(W/(m·K)¹)①	ASTM C-177-63	0.031	0.029	0.030	—	—

① 热导率的测试温度为20℃(68℉)。

2. PEI泡沫材料

表8.3列出三种不同密度PEI泡沫材料的隔热性能[20]。

表8.3 不同密度PEI泡沫材料的隔热性能[20]

性能	测试方法	PEI-60	PEI-80	PEI-100
密度/(kg/m³)	ISO845	60	80	110
热导率/W/(m·K))①	ISO8301	0.036	0.037	0.040

① 热导率的测试温度为23℃。

3. Solimide®泡沫材料

几种不同型号Solimide®聚酰亚胺泡沫材料的热导率如表8.4所列[21]。

表8.4 几种Solimide®泡沫材料的热导率[21]

性　　能	密度/(kg/m³)	热导率/(W/(m·K))①
测试方法	ASTM D3574	ASTM C 518
TA-301	6.4	0.046
HT-340	6.4	0.046
AC-530	5.7	0.049
AC-550	7.1	0.043
Densified HT	32	0.032

① 热导率的测试温度为24℃。

上述数据表明，聚酰亚胺泡沫材料的热导率可能与其泡孔结构形式有关，但密度的影响不十分显著。

日本I.S.T股份公司[22]在申请号2012-18588的发明专利中公开了厚为0.05~1mm的耐热膜状聚酰亚胺泡沫，密度为200~580kg/m³，T_g≥300℃，拉伸强

第8章 其他功能聚酰亚胺泡沫材料

度为0.4~12MPa,用作耐热过滤、电池分离、电子设备的绝缘、耐热、隔热材料和散热材料。其制备方法:先制备发泡聚酰亚胺粉末和聚酰亚胺粉末,经两种粉末混合、模压成型,经335℃处理4h,制得薄膜聚酰亚胺泡沫。这种薄膜聚酰亚胺泡沫中可以含有各种导电介质,构成导电泡沫膜。图8.7所示为日本I.S.T公司开发的防护电子仪器中CPU和集成电路老化发热损坏用石墨薄层散热-聚酰亚胺泡沫薄层隔热的层合薄片。

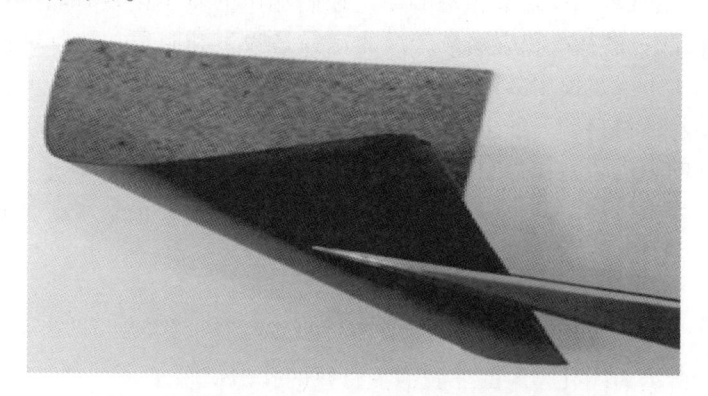

图8.7 聚酰亚胺泡沫与石墨薄层合的隔热-散热片

关于膜状聚酰亚胺泡沫的研究也较多。例如,日本昭和飞机工业股份公司[23]在申请2003-311566的发明专利中公开了一种防火服用膜状聚酰亚胺泡沫隔热的制造方法,即先采用聚酰亚胺前驱体一次发泡微球(直径0.1~1.0mm,密度30~100kg/m^3)100份、液体黏结剂5~20份及通孔助剂(是1次发泡微球聚酰亚胺前驱体体积的0.5~2倍)混合,制作成片并使液体黏结剂固化,再气化除去黏结剂中的溶剂,以及片材中的通孔助剂,该助剂痕迹便是通气孔,具有这种聚酰亚胺发泡微球与通孔结构的片材可用作防火服隔热材料,3mm这种隔热片的热导率为0.032~0.037W/(m·K)。日本帝人股份公司[24]在申请号2002-163912的发明专利中公开了一种采用压力5~50MPa、温度100~400℃、有机溶剂和CO_2膨润制备非热塑性芳香族聚酰亚胺膜状泡沫的方法。例如:把芳香族聚酰亚胺膜100phr、N-甲基吡咯烷酮1.5phr插入CO_2光散射中,注入CO_2气体440000份,加压至16MPa;对插入CO_2光散射单元的高压釜加热至250℃,制得膨润聚酰亚胺膜前驱体,以200℃/h的速度降温至室温、常压,得到膜状聚酰亚胺泡沫。日本东丽股份公司在申请号2000-86411的发明专利中公开了一种高拉伸强度膜状聚酰亚胺泡沫的制备方法,即将黏度7480Pa·s的聚酰胺酸溶液涂敷在铝箔上,厚度约1mm,200℃的烘箱内快速加热干燥1h,制得0.5mm后的聚酰亚胺泡沫片。这种聚酰亚胺泡沫片的孔隙率为45%,150℃下的拉伸强度为140MPa。

8.3　吸声聚酰亚胺泡沫材料

噪声是现代工业社会普遍存在的物理现象。噪声在许多场合下会影响人们的身体健康,对人类的危害十分显著,整治噪声具有重要意义。噪声按产生机理可分为机械噪声、空气动力噪声和电磁噪声。控制噪声的基本途径有隔声、吸声、阻尼和隔振[21],其中,最基本和应用最广泛的途径是吸声和阻尼。控制声场环境质量最根本的物质手段是使用吸声材料。几乎每一种材料都有吸声性,但不是所有的材料都可作吸声材料。一般把125Hz、250Hz、500Hz、1000Hz、2000Hz 和 4000Hz 这六个频率处的吸声系数作为材料吸声频率特性的标准,吸声系数平均值大于0.2的材料称为吸声材料。基于吸声机理,吸声材料可分为共振吸声材料和多孔吸声材料。

8.3.1　闭孔泡沫材料的吸声原理

图8.8所示为闭孔型聚酰亚胺泡沫材料的孔隙形态。

由图8.8可知,聚酰亚胺泡沫材料由于微球之间的膨胀挤压程度不同而存在大量孔隙,这些孔隙有类似于亥姆霍兹共鸣器的结构特点。亥姆霍兹共鸣器由一根短管和一个背腔构成,因为共鸣器背腔的形状并不重要,所以取柱形腔体作为共振吸声结构的基础模型讨论单个孔隙的吸声性能。亥姆霍兹共鸣器的原理简图如图8.9所示,该共鸣器的声阻抗[25,26]为

$$Z = R + j\left(\omega M - \frac{1}{\omega C}\right) \qquad (8.11)$$

图8.8　闭孔聚酰亚胺泡沫材料的孔隙形态　　图8.9　亥姆霍兹共鸣器简图

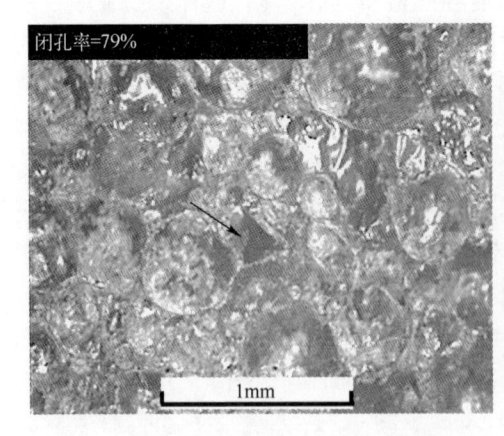

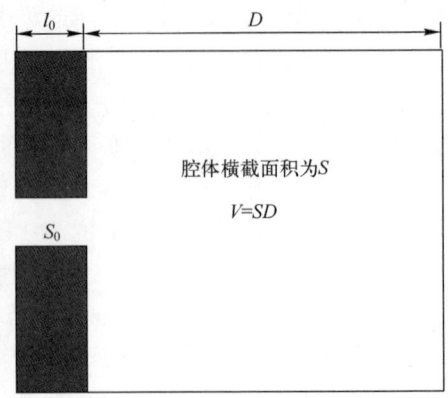

式中：R、M、C 分别为共鸣器的声阻、声质量和声容；ω 为角频率；$M=\dfrac{\rho_0 l_0}{S_0}$ 为声质量；$C=\dfrac{V}{\rho_0 c_0^2}$ 为声容；l_0、S_0 分别为窄口部分长度和截面积；ρ_0、c_0 分别为介质的密度和声速。

闭孔型聚酰亚胺泡沫材料总体吸声效果相当于多个亥姆霍兹共鸣器的并联，因此泡沫材料的声阻抗 Z_{foam} 满足

$$\frac{1}{Z_{\text{foam}}}=\sum_i^{n_0 S_{\text{foam}}}\frac{1}{Z_i} \tag{8.12}$$

式中：Z_i 为第 i 个孔隙的声阻抗；S_{foam} 为泡沫材料的面积；n_0 为泡沫单位面积上的孔隙数。假设泡沫材料表面孔隙具有相同的声阻抗，将式（8.11）代入式（8.12）可得泡沫材料的声阻抗，即

$$Z_{\text{foam}}=\frac{R}{n_0 S_{\text{foam}}}+\mathrm{j}\left(\omega\frac{M}{n_0 S_{\text{foam}}}-\frac{1}{\omega C n_0 S_{\text{foam}}}\right) \tag{8.13}$$

令 $x_s=\dfrac{R}{n_0 \rho_0 c_0}$，$y_s=\dfrac{\left(\omega\dfrac{M}{n_0 S_{\text{foam}}}-\dfrac{1}{\omega C n_0 S_{\text{foam}}}\right)}{\rho_0 c_0}$，当平面声波垂直入射时，吸声系数为

$$\alpha=\frac{4x_s}{(1+x_s)^2+y_s^2} \tag{8.14}$$

8.3.2 开孔泡沫材料的吸声原理

开孔泡沫材料的吸声主要是利用孔壁对声波的黏滞作用，将声能转化为热能实现的。

有文献指出[26]，开孔泡沫材料是一类典型的多孔材料，在材料较薄时，吸声特性主要由黏滞损失和其表面密度决定，在厚度接近或超过波长时，声波在其中传播的距离较长，就要考虑到空气黏滞性和热传导的作用。因为空气的声阻抗率很小，泡沫材料的骨架一般不随之振动，所以在空气声中，通常将泡沫材料的固体材料当作硬骨架处理。

还有文献[27-29]指出，开孔泡沫材料的吸声过程如图 8.10 所示。当声波入射到泡沫材料表面时：一部分透入材料内部；另一部分在材料表面上反射。透入材料内部的声波在狭缝和泡孔中传播，并与构成狭缝和泡孔的固体材料产生摩擦，由于黏滞性和热传导效应，声能逐渐变成热能耗散。声波传至刚性壁后，反射回吸声材料中，进一步消耗声能。如果泡沫材料设计合理，则声波传到材料表面时剩下的声能就不多了。返回到材料表面的声波有部分透回到空气中，有部分又反射回材料内部。反射回的这部分与前次相同继续在泡沫材料中消耗声能，如此下去，最后达

到平衡。这样，材料就把一定百分数的入射声能予以吸收，这个百分数就是泡沫材料的吸声系数。

由图 8.10 可知，提高泡沫材料吸声性能，对泡沫材料的整体结构有一定要求。

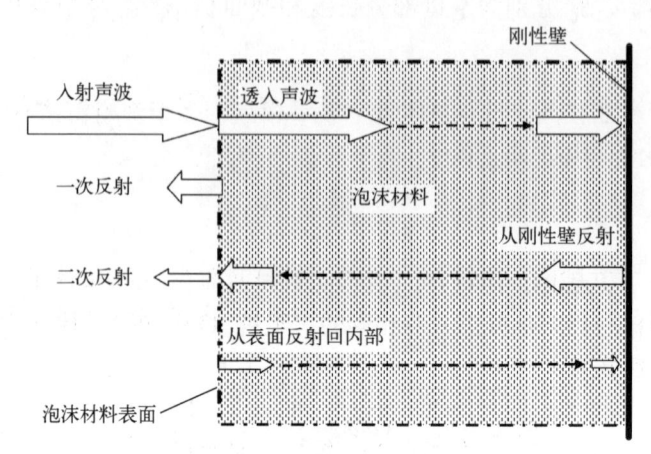

图 8.10　开孔泡沫材料吸声过程示意图

（1）要求材料表面有良好的"透声性"，即要求泡沫材料表面的声阻抗率接近空气的特性阻抗。因此，不能为了安装方便或美观等原因用气密性的塑料薄膜或薄板包裹吸声材料，否则会导致材料的吸声性能完全消失。表面可加装穿孔比较高（如 20%）的穿孔护面板。泡沫材料表面涂覆油漆时也要十分谨慎，以免堵塞表面微孔影响透声性。

（2）文献[27-29]还指出，泡沫材料应有一定的厚度。吸声材料的吸声系数在某一频率以下随频率迅速下降，而在这个频率以上，系数虽有起伏，但总保持在某个较高的值（一般是 60%～80%，这与材料其他因素有关），这个频率就是由材料厚度决定的。理论上，厚度应取 $1/4\lambda$，但从工程实用上讲，厚度取 $\lambda/15$～$\lambda/10$ 波长也能满足一定的吸声要求。波长＝波速/频率，空气中声波的速度一般是 340m/s，人耳听到的声音的频率是 20Hz～20kHz，对应的声音波长为 17～17000mm。

（3）应减少声音的逸出。这主要由材料的"结构因子"S、孔隙率 h（即材料内孔隙的体积同材料总体积之比）以及容重 ρ_m（与纤维或颗粒的粗细和紧密度相关）决定。这些因素是相互作用的，其中结构因子只能通过实验来测定。

（4）要有效地将进入泡沫材料内部的声波消耗掉。要把声音消耗，主要应使材料内部的孔隙连通、孔径合适，既能让声音通过隙缝，又能充分与材料的筋络发生摩擦，把声能变成热能耗散掉。这些因素主要反映在"流阻"σ（气体流过多孔材料的阻力，即材料两端的压差同流速之比）这个量上。因此，闭孔型泡沫材料的吸声性能差，开孔型泡沫材料具有良好的吸声性能。

材料的吸声性能可由声阻抗率 Z_S 和法向吸声系数 α_N 表征。α_N 直接反映材料吸声的效果,与之相比,声阻抗率 Z_S 能提供更多的材料信息。Z_S 不仅能完全确定 α_N,而且能反映 α_N 优劣的原因,从而为改进材料的吸声性能提供途径[30]。

材料的声阻抗率 Z_S 定义为在表面上声压 p 和质点速度 μ 的比值,即

$$Z_S = \frac{p}{\mu} \tag{8.15}$$

声波入射到材料表面上产生反射,反射声压与入射声压的比值称为声压反射系数 r。在反射过程中,反射声压一般与入射声压有一个相角差 Δ。声阻抗率 Z_S 与 r 和 Δ 的关系为

$$re^{j\Delta} = \frac{Z_S - \rho_0 C}{Z_S + \rho_0 C} \tag{8.16}$$

式中:$\rho_0 C$ 为空气的特性阻抗。

多孔材料表面的声阻抗率 Z_S 还可用材料内部孔隙中空气的密度 ρ 和压缩模量 K 表示:

$$Z_S = \sqrt{K\rho} \coth\left(j\omega\sqrt{\frac{\rho}{K}}d\right) \tag{8.17}$$

式中:ω 为角频率;d 为材料厚度。双曲余切前的系数是材料孔隙中空气的特性阻抗。对于自由空间而言,该系数就是空气的特性阻抗 $\rho_0 C$。但在泡沫材料内,K 和 ρ 一般是复数,与结构因子 S、孔隙率 h、流阻 σ 以及材料内孔缝的平均半径等有关。

声阻抗率 Z_S 常表示成声阻 R_S 和声抗 X_S 两部分,即

$$Z_S = R_S + jX_S \tag{8.18}$$

以 R_S(或 $R_S/\rho_0 C$)为横轴,以 X_S(或 $X_S/\rho_0 C$)为纵轴,在平面上绘成阻抗图,然后把恒吸声系数圆也绘在同一平面上,比较起来最为方便。典型多孔性材料的吸声系数曲线如图 8.11 所示。

(1) 在极低频率时,$\omega \ll 1$,因为 $\coth x = \frac{1}{x}$,声阻抗率就简化成

$$Z_S \approx \frac{K}{j\omega d} \tag{8.19}$$

这时,$K \approx p_0$,即大气压力,所以声阻抗率是纯容抗性的,频率越低容抗越大。由此可见,在极低频率时,多孔材料不可能有太多的吸收。要改进低频的吸声效果,只有提高容抗 $K/j\omega d$ 的值,即只有增加材料的厚度。

(2) 在低频时,$\omega < 1$,$\coth x = \frac{1}{x} + \frac{x}{3}$,声阻抗率就简化成

$$Z_S \approx j\varpi d\rho/3 + \frac{K}{j\omega d} \tag{8.20}$$

频率逐渐升高,容抗减少,曲线进入高吸收圆(图 8.11),吸收增加。这时 ρ 和 K 均成复数,故出现声阻和质量抗。

(3) 当 ω 继续增加时,$\coth x = 1 + e^{-2x}$,阻抗率 Z_s 的曲线变成对数螺线。螺线在高吸收圆内旋转,相当于吸声系数在一个较高的平均吸声系数上下起伏。要减小吸声特性的起伏,需使螺线尽快收缩到顶点,即需采用大流阻的密实多孔性材料。

(4) 当 ω 很大时,$\coth x \to 1$,这时声阻抗率变为

$$Z_S = \sqrt{K\rho} \tag{8.21}$$

即曲线趋于对数螺线的顶点。顶点 $\sqrt{K\rho}$ 受到多孔材料各参量如"流阻" σ、结构因子 S 和孔隙率 h 等的影响,$\sqrt{K\rho}$ 越接近于空气特性阻抗 $\rho_0 C$,高频区的吸声特性越佳。

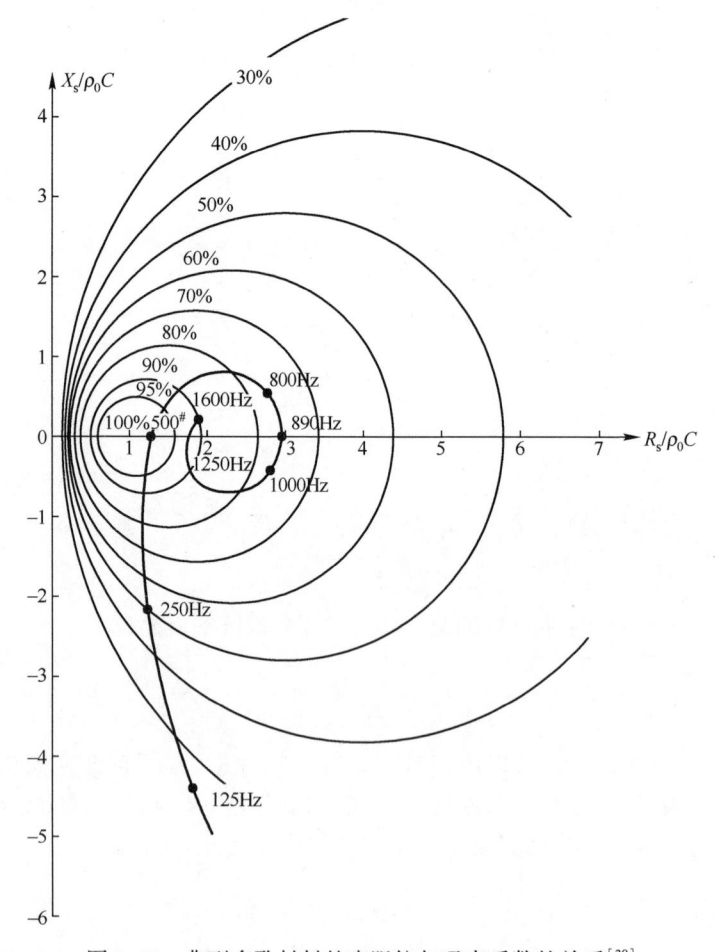

图 8.11　典型多孔材料的声阻抗与吸声系数的关系[30]

8.3.3 泡沫材料吸声性能的表征方法

吸声系数是衡量材料吸声性能的直观参数。吸声系数的定义为

$$\alpha = E_s / E_i \tag{8.22}$$

式中：α、E_s、E_i 分别为材料的吸声系数、材料吸收的声能和入射到材料上的总声能。

测定材料吸声系数的方法很多，常用的是驻波管法和混响室法。

1. 驻波管法

驻波管法测试可参照 GB-T 18696.1—2004 进行。试样为 $\phi100mm$ 的圆柱体，其原理如图 8.12 所示。

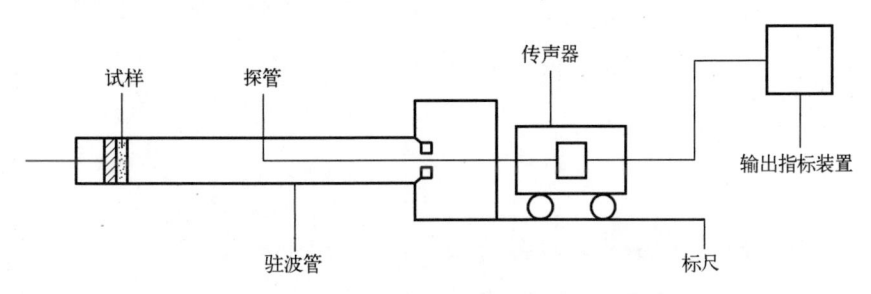

图 8.12 驻波管法测量材料吸声系数示意图

驻波管法是将试样放在驻波管的前端，移动探管测得驻波声压最小值和驻波声压最大值，由式(8.23)可得驻波比：

$$S = p_{min} / p_{max} \tag{8.23}$$

由吸声系数与驻波比的关系式可得吸声系数，即

$$\alpha = 4S / (S+1)^2 \tag{8.24}$$

2. 混响室法

混响室法适于较大样品的测量，其结果与实际应用情况更为接近，测试可参照国际标准 ISO354—2003。混响室的体积至少应该是 $125m^3$，推荐体积为 $200m^3$，但不超过 $500m^3$。在 $200m^3$ 的混响室中，测量样品一般应取 $6\sim12m^2$，一般应为矩形，且长宽比应在 0.7~1 之间。

其测量原理如下：假设空室时，室内的混响时间为 T_1，平均吸声量为 A_1，则

$$A_1 = \frac{55.2V}{c_1 T_1} - 4m_1 V \tag{8.25}$$

式中：c_1 为空气中的声速；m_1 为空气的声强吸声系数；V 为房间体积。

铺设吸声材料后，室内的平均吸声量为

$$A_2 = \frac{55.2V}{c_2 T_2} - 4m_2 V \tag{8.26}$$

式中：T_2 为铺有待测吸声材料后测得的混响时间；c_2、m_2 分别为测量时空气中的声

速和空气的声强吸声系数。

由式(8.25)和式(8.26)可知,等效吸声量差为

$$\Delta A = A_2 - A_1 = 55.2V\left(\frac{1}{c_2 T_2} - \frac{1}{c_1 T_1}\right) - 4V(m_2 - m_1) \tag{8.27}$$

式中:声速 c_1 和 c_2 与测量时室中的温度有关;m_1 和 m_2 与测量时室中的温度和湿度有关。如果测量过程中空气状况变化不大,满足 $4V(m_2-m_1) \leq 0.5m^2$,则式(8.27)的第二项可以忽略。

假设空室时混响室的壁面总面积为 S,平均吸声系数为 $\bar{\alpha}$,而测试样品的面积为 S',吸声系数为 $\bar{\alpha}'$,考虑到待测材料的吸声系数 $\bar{\alpha}'$ 远大于混响室空室时原壁面的吸声系数 $\bar{\alpha}$,则等效吸声量的差为

$$\Delta A = A_2 - A_1 = (\bar{\alpha}S + \bar{\alpha}'S') - \bar{\alpha}S = \bar{\alpha}'S' \tag{8.28}$$

因此,材料的吸声系数为

$$\bar{\alpha}' = \frac{\Delta A}{S'} \tag{8.29}$$

8.3.4 聚酰亚胺泡沫材料吸声性能影响因素

1. 柔性

适当增加泡沫材料的柔性可提高泡沫的吸声系数。例如,图 8.13 表示了不同柔性 Solimide®AC-550 聚酰亚胺泡沫材料的吸声系数,在测试频率范围内,柔性高的聚酰亚胺泡沫材料比柔性低的聚酰亚胺泡沫材料的吸声系数大,尤其在低频处更显著。

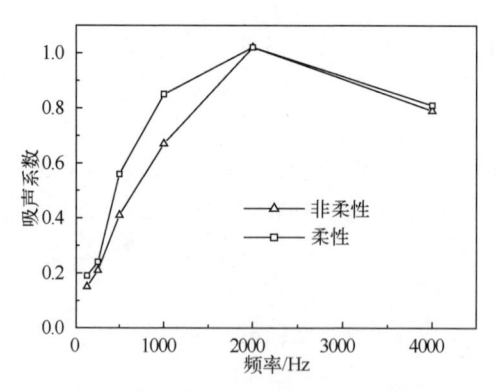

图 8.13 不同柔性 Solimide®AC-550 聚酰亚胺泡沫材料的吸声系数

2. 厚度

增加泡沫材料厚度使泡沫材料内空气-固体间的相界面面积增大,并且拓宽了材料内质点运动速率的分布,增大了声波在材料中的黏滞性损失,从而提高泡沫材料在低频处的吸声系数。例如,图 8.14 表示不同厚度 Solimide®AC-550 聚酰亚

胺泡沫材料的吸声系数。图 8.13 和图 8.14 中的数据引自 Inspec Foam 公司的 Solimide®AC-550 产品说明书。

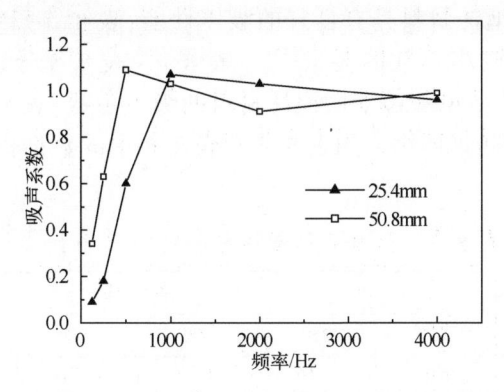

图 8.14　不同厚度 Solimide®AC-550 聚酰亚胺泡沫材料的吸声系数

由图 8.14 可知,在 125~4000Hz 低频范围内,增加泡沫材料的厚度可显著提高其吸声系数;在高频范围内,泡沫材料吸声的多选择性,使泡沫材料的厚度与其吸声系数间无明显规律。

3. 频率

聚酰亚胺泡沫材料的吸声系数具有频率依赖特性。以 BTDA/PAPI 为反应原料、反应中生成的 CO_2 为发泡剂,采用一步法制得的聚酰亚胺泡沫材料为例,泡沫材料吸声系数与频率间的关系如图 8.15 所示[31]。在低频范围内,随着频率的增大,泡沫材料的吸声系数缓慢增大;进一步增大频率,高频声波可使空隙间空气质点的振动速度加快,空气与孔壁的热交换也加快,吸声系数显著增加;在频率增至 4000Hz 后,聚酰亚胺泡沫材料的吸声系数基本保持恒定,此时材料的吸声性能主要受其自身参量如流阻 σ、结构因子 S 和孔隙率 h 等的影响。

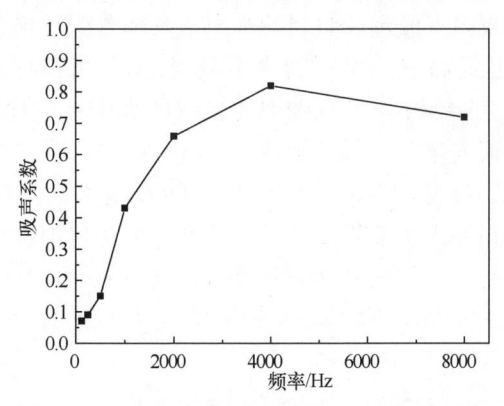

图 8.15　BTDA/PAPI 聚酰亚胺泡沫材料的吸声系数与频率关系[28]

8.3.5 典型聚酰亚胺泡沫材料的吸声性能

开孔聚酰亚胺泡沫材料具有良好的吸声性能,表8.5归纳了美国对舰船用聚酰亚胺泡沫材料吸声系数的要求[32]。表8.6~表8.8分别为Solimide® HT-340、AC-550和AC-530聚酰亚胺泡沫材料的吸声系数,表8.6~表8.8中数据引自Solimide®的产品说明书。用表8.7和表8.8中的数据作图可得图8.16和图8.17。

表8.5 聚酰亚胺泡沫材料的吸声系数[32]

类型	板厚/cm	频率/Hz					
		125	250	500	1000	2000	4000
不罩面	1.27	0.04	0.10	0.20	0.40	0.55	0.55
不罩面	2.54	0.06	0.20	0.45	0.65	0.65	0.65
不罩面	5.08	0.15	0.40	0.75	0.75	0.75	0.70
罩面	1.27	0.05	0.15	0.35	0.50	0.60	0.60
罩面	2.54	0.07	0.25	0.70	0.90	0.75	0.70
罩面	5.08	0.25	0.70	0.90	0.85	0.75	0.75

表8.6 Solimide® HT-340聚酰亚胺泡沫材料的吸声系数

试样厚度/mm	吸声系数					
	125Hz	250Hz	500Hz	1000Hz	2000Hz	4000Hz
25	0.08	0.22	0.58	0.93	0.94	0.81
50	0.34	0.52	0.86	1.06	0.85	0.94
注:测试标准符合ASTM C423和E795						

由表8.5可知,聚酰亚胺泡沫材料的吸声系数随着泡沫板厚度的增加而增大,罩面可在一定程度上提高泡沫板的吸声系数,特别是低频区的吸声系数。由表8.6可知,Solimide® HT-340聚酰亚胺泡沫材料的吸声系数随着厚度的增加而升高,随着频率的增加而先增大后趋于平稳,这与前面的论述一致。

由图8.16、图8.17、表8.7和表8.8可知,随着泡沫材料柔性的增加,吸声性能提高,增加泡沫材料厚度也能提高其吸声性能。泡沫材料厚度为25.4mm时,轻度柔化的AC-550(表8.7中的550B)的NRC值为0.65,低于轻度柔化的AC-530(表8.8中的530B)的0.70;厚度为50.8mm的完全柔化的AC-550(表8.7中的550D)泡沫材料的NRC值可达0.90。

第8章 其他功能聚酰亚胺泡沫材料

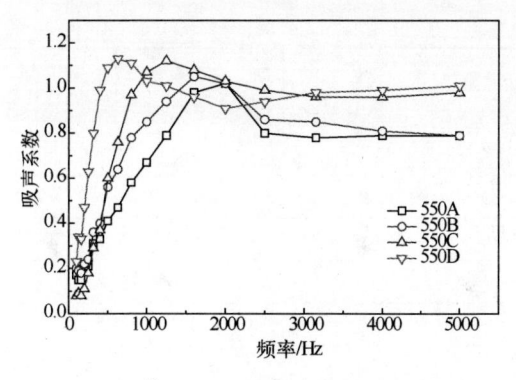

图 8.16 Solimide®AC-550 聚酰亚胺泡沫材料的吸声系数

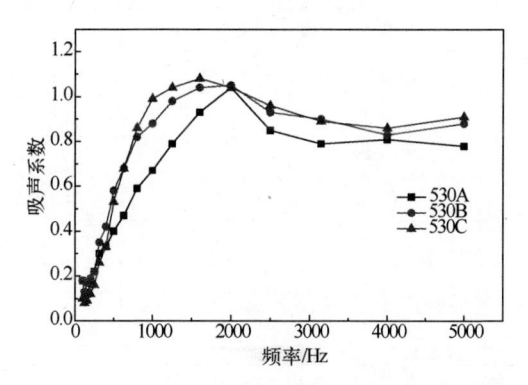

图 8.17 Solimide®AC-530 聚酰亚胺泡沫材料的吸声系数

表 8.7 Solimide®AC-550 聚酰亚胺泡沫材料的吸声系数

	编 号	550A	550B	550C	550D
试样	厚度/mm	25.4	25.4	25.4	50.8
	密度(kg/m^3)	7.36	7.36	8.32	7.68
	柔化①	未	轻度	完全	完全
	NRC②	0.60	0.65	0.70	0.90
频率/Hz			吸 声 系 数		
100		0.17	0.20	0.08	0.23
125		0.15	0.19	0.09	0.34
160		0.15	0.18	0.08	0.33
200		0.20	0.22	0.11	0.47
250		0.21	0.24	0.18	0.63
315		0.31	0.36	0.29	0.80

(续)

试样	编　号	550A	550B	550C	550D
	厚度/mm	25.4	25.4	25.4	50.8
	密度(kg/m^3)	7.36	7.36	8.32	7.68
	柔化①	未	轻度	完全	完全
	NRC②	0.60	0.65	0.70	0.90
频率/Hz		吸声系数			
400		0.33	0.40	0.37	0.99
500		0.41	0.56	0.60	1.09
630		0.47	0.64	0.76	1.13
800		0.58	0.78	0.97	1.11
1000		0.67	0.85	1.07	1.03
1250		0.79	0.94	1.12	1.01
1600		0.98	1.05	1.08	0.96
2000		1.02	1.02	1.03	0.91
2500		0.80	0.86	0.99	0.94
3150		0.78	0.85	0.96	0.98
4000		0.79	0.81	0.96	0.99
5000		0.79	0.79	0.98	1.01

注：测试标准符合 ASTM C 423 和 E975；
① 表示使泡沫材料快速经过冷的滚压设备，使泡沫软化，一般可提高泡沫的吸声系数；
② 表示降噪系数(Noise Reduction Coefficient，NRC)

表 8.8　Solimide®AC-530 聚酰亚胺泡沫材料的吸声系数

试　样	编　号	530A	530B	530C
	厚度/mm	25.4	25.4	25.4
	密度(kg/m^3)	5.92	5.92	5.92
	柔化	未	轻度	完全
	NRC	0.60	0.70	0.70
频率/Hz		吸声系数		
100		0.18	0.18	0.10
125		0.12	0.13	0.08
160		0.12	0.17	0.09
200		0.17	0.19	0.12
250		0.22	0.22	0.16

(续)

试样	编号	530A	530B	530C
	厚度/mm	25.4	25.4	25.4
	密度(kg/m³)	5.92	5.92	5.92
	柔化	未	轻度	完全
	NRC	0.60	0.70	0.70
频率/Hz		吸声系数		
315		0.30	0.35	0.26
400		0.33	0.42	0.33
500		0.40	0.58	0.53
630		0.47	0.68	0.68
800		0.59	0.82	0.86
1000		0.67	0.88	0.99
1250		0.79	0.98	1.04
1600		0.93	1.04	1.08
2000		1.04	1.05	1.04
2500		0.85	0.93	0.96
3150		0.79	0.90	0.89
4000		0.81	0.83	0.86
5000		0.78	0.88	0.91

注:测试标准符合 ASTM C 423 和 E975

8.4 低介电聚酰亚胺泡沫材料

8.4.1 泡沫材料的介电性能与表征方法

材料介电性能的本质是材料在外场(电场、力及温度)作用下的极化[33]。材料的介电性能主要包括介电常数和介电损耗等。

介电常数可看作电介质材料极化的宏观强度,是在静电场 E 的作用下,介质电容器的表面电荷密度 D 与电场强度 E 的比值,即

$$\varepsilon = \frac{D}{E} \tag{8.30}$$

介电损耗是电介质材料在交变电场作用下,由于发热而消耗的能量。在交变电场 $E^* = E_0 e^{i\omega t}$ (E_0 为振幅,ω 为频率)作用下,电容器表面电荷密度 D^* 的变化将

落后于电场变化一个相位角 δ,即

$$D^* = D_0 e^{i(\omega t-\delta)} \quad (8.31)$$

相应的介电常数 ε^* 如下:

$$\varepsilon^* = \frac{D^*}{E^*} = \frac{D_0}{E_0} e^{-i\delta} \quad (8.32)$$

$$\varepsilon^* = |\varepsilon^*|(\cos\delta - i\sin\delta) \quad (8.33)$$

$$\varepsilon^* = \varepsilon' - i\varepsilon'' \quad (8.34)$$

式中:ε' 为介电常数的实部,表征电介质在每一周期内储存的最大电能;ε'' 为介电常数的虚部,表征电介质在每一周期内以热的形式消耗的电能。两者之比为介电损耗角正切 $\tan\delta$,即

$$\tan\delta = \frac{\varepsilon''}{\varepsilon'} \quad (8.35)$$

测量介电常数的方法有工频高压电桥法(高压西林格电法)、交电纳法、谐振升高法和变电器电桥法。

8.4.2 影响聚酰亚胺泡沫材料介电性的因素

泡沫材料具有较低的介电常数是由泡沫材料的结构决定的:泡沫材料因其中含有大量极低介电常数的空气而具有较低的介电常数[34]。

8.4.2.1 结构因素

1) 孔隙率

因为增加孔隙率使泡沫材料中空气含量增加,所以泡沫材料的介电常数随之降低。例如,将聚酰亚胺与无机盐混合,经模压成型后,再析出无机盐制得 ODPA/4,4′-ODA 聚酰亚胺泡沫材料,随着无机盐含量的增加,泡沫材料孔隙率增加,其介电常数从 3.5 降低到 1.77。表 8.9 列出 ODPA/4,4′-ODA/NaCl 泡沫材料组分与介电常数间的关系[35]。又如,Chu 等[36]制备的 BTDA/4,4′-ODA/TAP 泡沫材料的介电常数随着孔隙率的增加而降低。图 8.18 所示为 BTDA/4,4′-ODA/TAP 聚酰亚胺泡沫材料的孔隙率与介电常数间的关系(25℃,1000Hz)。

表 8.9 ODPA/4,4′-ODA/NaCl 泡沫材料配比与介电常数的关系[35]

PI/NaCl 配比	1/0	1/1	1/2	1/3
介电常数 $\varepsilon(10^{10}\text{Hz})$	3.5	2.38*	1.95~1.96	1.77*

注:以上实验数据带*号表示用波导法,方块样品测得。其余是圆片形样品采用介电损耗仪测得的结果

2) 交联度

极化机理包括电子极化、原子极化和取向极化三种。其中,偶极子的取向极化

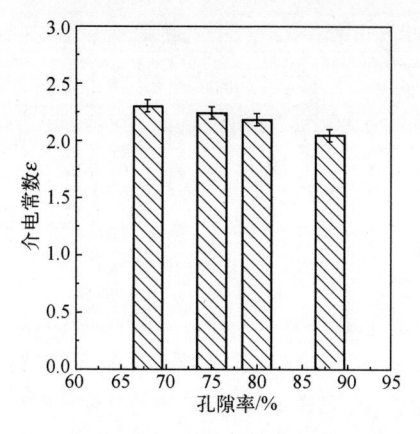

图8.18 BTDA/4,4′-ODA/TAP 聚酰亚胺泡沫材料的孔隙率与介电常数的关系(25℃,1000Hz)

对材料介电性能的影响最大。交联阻碍偶极子取向极化,因此聚合物的介电常数和介电损耗随着交联度的提高而降低。例如,在 BTDA/4,4′-ODA/TAP 交联型聚酰亚胺泡沫材料[37]中,调节二元胺与三元胺的质量比,可制备出不同交联度的聚酰亚胺泡沫材料。图8.19(a)所示为不同频率下不同交联度的 BTDA/4,4′-ODA/TAP 聚酰亚胺泡沫材料的介电常数。可见,同一频率下,随着交联度(PIF1 < PIF2 < PIF3 < PIF4)的提高,泡沫材料的介电常数降低。

3) 填料

金属等填料能引起介电常数和介电损耗的增加。例如,在双马来酰亚胺树脂(4501A)/空心玻璃微珠泡沫材料中添加矿物型金属氧化物填料 Wj-1,制得的复合泡沫材料随矿物型金属氧化物粒子含量的增加,其介电常数和介电损耗均有明显提高,如表8.10所列[38]。

(a) 介电常数

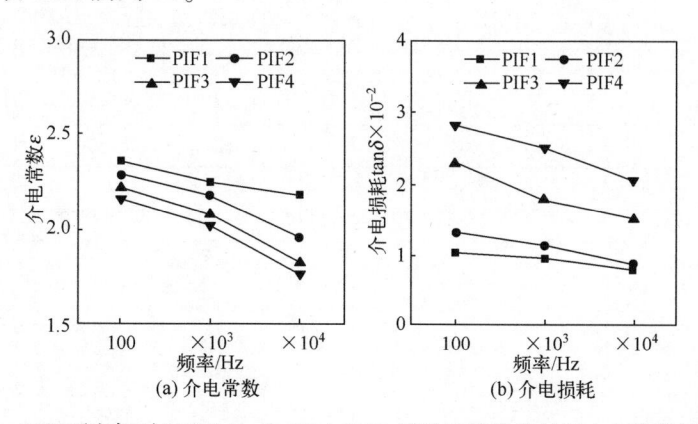

(b) 介电损耗

图8.19 25℃下电场对 BTDA/4,4′-ODA/TAP 聚酰亚胺泡沫材料介电性能的影响[36]

表 8.10　金属氧化物粒子含量对复合泡沫材料介电性能的影响[38]

Wj—1/Wf/%	4.86	7.46	8.12	8.82	9.28
介电常数 ε	2.820	3.513	3.681	3.994	4.054
介电损耗 $\tan\delta$	0.0123	0.0125	0.0126	0.0130	0.0134

8.4.2.2　外场因素

1. 电场

极化过程是松弛过程,是依赖时间的过程。例如,电子极化的响应频率为 $10^{13} \sim 10^{15} \, s^{-1}$,原子极化的响应频率小于 $10^{13} \, s^{-1}$,取向极化的响应频率小于 $10^{9} \, s^{-1}$。在低频交变电场下,所有极化均有足够的时间发生,介电常数最大;在高频交变电场下,取向极化的响应与电场的变化不同步,介电常数减小;当频率处于二者之间时,介电常数处于中间值。因此,介电常数具有明显的电场频率依赖性。同理,材料在交变电场刺激下的极化响应的介电损耗也具有明显的电场频率依赖性。例如,在 BTDA/4,4′-ODA/TAP 交联型聚酰亚胺泡沫材料中,介电常数与频率的关系如图 8.19(a)所示[36]。在 25℃下,四种 BTDA/4,4′-ODA/TAP 聚酰亚胺泡沫材料的介电常数均随频率增大而降低;在 10000Hz 时,PIF4 的介电常数降至 1.77。如图 8.19(b)所示,在 25℃下,四种 BTDA/4,4′-ODA/TAP 聚酰亚胺泡沫材料的介电损耗也随频率的增大而降低。德国 Röhm GmbH 公司商品名为 Rohacell® 泡沫材料的介电常数及介电损耗与频率的关系如表 8.11~表 8.15 所列,表中数据引自 Röhm GmbH 公司的 Rohacell® 泡沫材料产品说明书。

表 8.11　不同频率下 Rohacell-HF® 泡沫材料的介电常数

频率/GHz	Rohacell-31HF	Rohacell-51HF	Rohacell-71HF
2.5	1.057	1.057	1.075
5.0	1.043	1.065	1.106
10.0	1.046	1.067	1.093
26.5	1.041	1.048	1.093

表 8.12　不同频率下 Rohacell-HF® 泡沫材料的介电损耗

频率/GHz	Rohacell-31HF	Rohacell-51HF	Rohacell-71HF
2.5	<0.0002	<0.0002	<0.0002
5.0	0.0016	0.0008	0.0016
10.0	0.0017	0.0041	0.0038
26.5	0.0106	0.0135	0.0155

表 8.13　不同频率下 Rohacell-WF® 泡沫材料的介电常数

频率/GHz	Rohacell-51WF	Rohacell-71WF	Rohacell-110WF	Rohacell-200WF
2.0	1.070	1.080	1.080	1.27
5.0	1.070	1.090	1.140	1.22
10.0	1.050	1.070	1.140	1.140
26.0	1.110	1.070	1.140	1.24

表 8.14　不同频率下 Rohacell-WF® 泡沫材料的介电损耗

频率/GHz	Rohacell-51WF	Rohacell-71WF	Rohacell-110WF	Rohacell-200WF
2.0	0.0003	0.0004	0.0006	0.0007
5.0	0.0005	0.0006	0.0009	0.0009
10.0	0.0017	0.0017	0.0021	0.0025
26.0	0.0061	0.0067	0.0071	0.0100

表 8.15　不同频率下 Rohacell/E31 泡沫材料的介电常数与介电损耗

频率/GHz	介电常数	介电损耗
2.0	1.08	0.0001
5.0	1.05	0.0004
10.0	1.05	0.0008
26.0	1.06	0.0034

由表 8.11~表 8.15 可见，Rohacell 泡沫材料的介电常数随着泡沫材料密度的增加而升高，对频率基本保持稳定，介电损耗随着泡沫材料密度的增加而升高，随着频率的增加逐渐增大。

2. 温度场

因为取向极化有明显的温度依赖性，极性聚合物在温度升高时，分子无规热运动加剧，既有利于极化，又对偶极取向产生干扰，所以，介电常数先随着温度的提高而增大，然后又趋于平缓。

例如，在 BTDA/4,4'-ODA/TAP 交联型聚酰亚胺泡沫材料[36]中，其介电性能与温度的关系如图 8.20 所示。

由图 8.20(a)可见，在 1000Hz 下，四种 BTDA/4,4'-ODA/TAP 聚酰亚胺泡沫材料的介电常数均随着温度的上升而增加。由图 8.20(b)可见，在 1000Hz 下，四种 BTDA/4,4'-ODA/TAP 聚酰亚胺泡沫材料的介电损耗均随着温度的升高而增加。

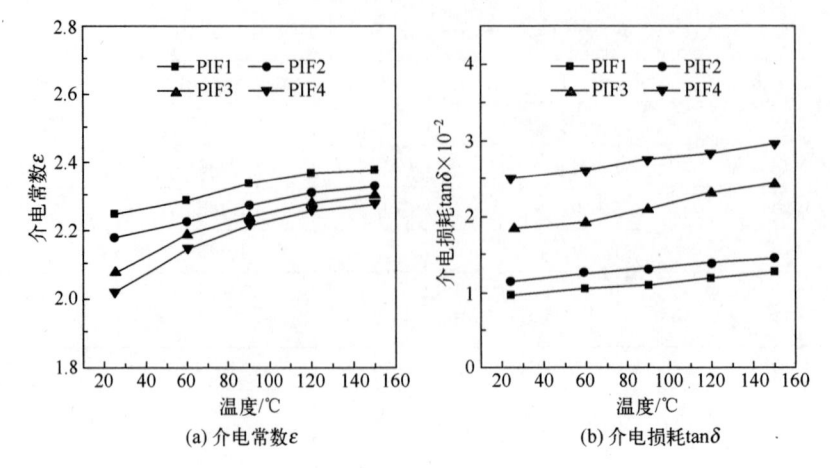

图 8.20 在 1000Hz 时 BTDA/4,4'-ODA/TAP 聚酰亚胺泡沫材料的
介电常数、介电损耗与温度间的关系[36]

8.4.3 聚酰亚胺泡沫材料介电常数的估算

有关聚酰亚胺泡沫材料介电常数的理论估算公式很多,较经典的是 Maxwell-Garnett 理论[36],其计算公式为

$$\varepsilon = \varepsilon_2 \left(\frac{\varepsilon_1 + 2\varepsilon_2 + 2P(\varepsilon_1 - \varepsilon_2)}{\varepsilon_1 + 2\varepsilon_2 - P(\varepsilon_1 - \varepsilon_2)} \right) \tag{8.36}$$

式中:P 为孔隙率;ε_1、ε_2、ε_f 分别为孔隙的介电常数、聚酰亚胺树脂的介电常数和泡沫材料的介电常数。

此外有

$$\lg\varepsilon_f = V_p \lg\varepsilon_p + (1 - V_p)\lg\varepsilon_a \tag{8.37}$$

式中:ε_f、ε_p、ε_a 分别为泡沫材料、树脂基体和空气的介电常数;V_p 为树脂基体在泡沫材料中的体积分数。

式(8.37)可以近似写为

$$\lg\varepsilon_f \approx \frac{d_f}{d_p}\lg\varepsilon_p + \left(1 - \frac{d_f}{d_p}\right) \times \lg\varepsilon_a \tag{8.38}$$

式中:d_f、d_p 分别为泡沫材料和树脂基体的密度。由于空气的介电常数 $\varepsilon_a = 1.00058$,趋近于 1,因而可将式(8.38)的第二项略去,式(8.38)变化为

$$\lg\varepsilon_f = \frac{d_f}{d_p}\lg\varepsilon_p \tag{8.39}$$

此外,ε_f 还可由式(8.40)估算:

$$\varepsilon_f = \varepsilon_p \frac{a - 2b}{a + b} \tag{8.40}$$

式中：$a = \dfrac{2\varepsilon_p + 1}{\varepsilon_p - 1}$、$b = 1 - \dfrac{d_f}{d_p}$。

除了上述公式外，也有经验公式估算聚酰亚胺泡沫材料的介电常数。例如，Hedrick[39]在研究PMDA/3FDA聚酰亚胺纳米泡沫材料时发现其介电常数为

$$\varepsilon_f = N^2 + 0.2 \tag{8.41}$$

式中：N为折射系数。

泡沫材料的介电常数与树脂基体介电常数的关系为

$$\varepsilon_f = \left(1 + \dfrac{\sqrt{\varepsilon_p} - 1}{d_p} d_f\right)^2 \tag{8.42}$$

式中：ε_p、d_f、d_p分别为树脂基体的介电常数、泡沫材料和树脂基体的密度。

8.5　防辐射聚酰亚胺泡沫材料

8.5.1　泡沫材料防辐射原理与表征方法

材料防辐射性能的表征参数较多，不同表征参数适用于不同辐射类型，通常使用屏蔽率和线性衰减系数表示。

1. 屏蔽率

光照射在物体上会出现透射、反射和吸收三种现象，同一物体对光的透射率、反射率和吸收率之和等于1。透射率是指在一定的辐射光和给定的几何分布条件下，透射光强度与入射光强度之比。物体对光的反射率与吸收率之和称为该物体对光的屏蔽率，即屏蔽率=1-透射率。

材料的抗紫外辐射性能经常用紫外线屏蔽率来表征，紫外线屏蔽率越大，表示材料的抗紫外辐射性能越好。

2. 线性衰减系数

X射线、γ射线或中子流通过某种物质时，会同物质中的原子发生作用，产生某种效应，结果使能量被削弱。发生这些效应的概率，与原子的种类、射线的类型及能量有关。一个光子或中子与一个原子相互作用的微观截面通常用σ表示，单位是靶（1靶=10^{-24}cm^2）。单位体积内所有原子的微观截面之和称为宏观截面，又称为线性衰减系数，用μ表示，单位为cm^{-1}。

对于单一元素的物质，μ可用下式计算：

$$\mu = N_A \rho \sigma / A \tag{8.43}$$

式中：N_A、ρ、A、σ分别为阿佛伽德罗常数、材料密度、原子量和一个原子的微观截面。

对于化合物,μ 可用下式计算:

$$\mu = \sum_i P_i \mu_i \tag{8.44}$$

式中:P_i、μ_i 分别为各种元素在化合物中的质量百分比和线性衰减系数。

当一束射线穿过防辐射材料后,防辐射材料的吸收和散射作用,使射线的强度从最初的 I_0 衰减为 I,如果防辐射材料的厚度为 x,则线性衰减系数为

$$I/I_0 = \exp(-\mu x) \text{ 或 } \ln(I_0/I) = \mu x \tag{8.45}$$

式中:I_0、I、x、μ 分别为衰减前的射线强度、衰减后的射线强度、材料的厚度和线性衰减系数。

线性衰减系数 μ 可以表征材料防 X 射线、γ 射线或中子辐射能力的大小,μ 越大,材料的防辐射性能越好。

为更直观地表示材料的防辐射性能,需引入衰减半值层厚度 $x_{1/2}$ 的概念。其定义为防辐射材料将射线的入射强度衰减为原来 1/2 时所需的最小厚度,即

$$I/I_0 = 0.5 = \exp(-\mu x_{1/2}) \text{ 或 } x_{1/2} = \ln 2/\mu \tag{8.46}$$

半值层厚度越小,材料防辐射性能越好。

聚合物材料在紫外线辐射作用下一般不会发生非常严重的破坏。一方面,聚合物对太阳辐射的吸收速度低;另一方面,每吸收一个光量子所引起反应的分子数(即量子产率)低。聚酰亚胺在分子结构上又具有芳香环,使主链具有良好的稳定性。

但需指出的是,在大气气氛下,氧气的存在对紫外辐射导致的聚合物性能改变影响较大。产生这一现象可能是在紫外辐射条件下,聚合物会与氧作用,产生电荷转移效应,促进自由基生成的结果;另一种解释认为可能是紫外辐射和氧分子的相互作用,产生了原子氧,进而与聚合物发生反应的结果。

8.5.2 聚酰亚胺泡沫材料的防辐射性能

据文献[4]报道,聚酰亚胺泡沫材料受 5×10^9 rad(1rad = 0.01Gy = 0.01J/kg)剂量辐射后,强度仍保持 80%,具有很好的防辐射性能。

NASA 以北纬 28.7°、西经 80.6°、距离海滩潮汐最高点 30.5m 处的大气环境为试验参数,研究了 TEEK-HH、TEEK-HL、TEEK-LL 及参比样品 PEI 的防紫外和大气辐射性。结果表明[40,41],经过短期和长期曝露后,样品都发生了明显的光降解、腐蚀、颜色变化和脆化。表 8.16 列出了 TEEK 系列聚酰亚胺泡沫材料辐射前后的热失重 10% 时的温度。其中,TEEK-LL 热失重 10% 时的温度变化较大;TEEK-HH 和 TEEK-HL 辐射前后热失重 10% 时的温度变化较小。

表 8.16　TEEK 系列聚酰亚胺泡沫材料辐射前后热失重 10%时的温度[40,41]

TEEK 系列聚酰亚胺泡沫材料	热失重 10%时的温度/℃	
	辐射前	辐射 9 个月
TEEK-HH	524	520
TEEK-HL	531	525
TEEK-LL	524	505

　　X 射线光电子能谱(XPS)分析表明,经 17 个月大气曝露后,三种泡沫材料样品中碳原子含量降低,氧原子含量升高。TEEK-HH 中氧原子增加 8.5%,TEEK-HL 增加 13%,TEEK-LL 增加 16.1%。氧等离子体辐照研究表明,TEEK-HL 和 TEEK-LL 中 C=O 峰增加。这一结果表明材料失碳,同时氧进入分子中。经 17 个月曝露后,氧增加的顺序为 TEEK-LL>TEEK-HL>TEEK-HH。TG 结果表明 TEEK-LL(二酐中含有羰基)的失重和腐蚀速率比 TEEK-HH 及 TEEK-HL 大。这些都说明 TEEK-H 系列具有紫外辐射稳定性,TEEK-LL 不耐紫外辐射。这是因为含有双键,尤其是含有羰基(C=O)的聚合物可通过直接吸收光引发降解,其可能的机理是羰基作为发色团吸收紫外辐射,通过 Norrish 反应进行分子裂解产生自由基从而导致光降解;TEEK-HH 和 TEEK-HL 中的醚键具有更好的紫外辐射稳定性,即在辐射降解中,ODPA 比 BTDA 更稳定。这与文献报道[42]相符。二酐单体中的酮键对聚酰亚胺泡沫材料的影响较大,而在二胺单体中还不能确定邻对位或对位对聚酰亚胺泡沫材料防辐射性能是否有影响[40,41]。

8.6　拟解决的关键问题

　　聚酰亚胺泡沫材料的隔热、吸声、低介电和防辐射性能受其结构的影响明显。因此,为进一步提高聚酰亚胺泡沫材料的隔热、吸声、低介电和防辐射性能,扩大聚酰亚胺泡沫材料的应用范围,必须解决如下两个关键问题。

　　(1) 通过系统研究聚酰亚胺泡沫材料的隔热、吸声、低介电和防辐射性能与泡沫材料结构的关系,求得泡沫材料结构,如泡沫材料开孔率、泡孔尺寸和泡孔尺寸分布等因素的影响规律。

　　(2) 基于理论和实验结果,建立能反映诸因素的聚酰亚胺泡沫材料的隔热和吸声模型。

参 考 文 献

[1]　Hou T H, Weiser E S, Siochi E J, et al. Processing Characteristics of TEEK Polyimide Foam

[J]. High Performance Polymers,2004,16(4):487-504.
- [2] Cook B A,Yudin V E,Otaigbe J U. Thermal Properties of Polyimide Foam Composites [J]. Materials Science Letters,2001,19(21):1971-1972.
- [3] 庞顺强. 聚酰亚胺泡沫材料在船舰上的应用[J]. 材料开发与应用,2001,16(3):38-41.
- [4] 邱银,汪树军. 聚酰亚胺泡沫材料[J]. 化工新型材料,2003,31(8):15-17.
- [5] 楚晖娟,朱宝库,徐又一. 聚酰亚胺泡沫材料在航空航天飞行器中的应用[J]. 宇航材料工艺,2006(3):1-3.
- [6] Weiser E S,Johnson T F,St Clair T L,et al. Polyimide Foams for Aerospace Vehicles [J]. High Performance Polymer,2000,12(1):1-12.
- [7] Gagliani J,Supkis D E. Non-flammable Polyimide Material for Aircraft and Spacecraft Applications [J]. Acta Astronautic,1980,7(4-5):653-650.
- [8] Thomas H R,et al. Polyimide Foam-containing Radomes:US5662293[P]. 1997-09-02.
- [9] Burke,Charles,Falcao,et al. Radar Transparent Window for Commercial Buildings:US 4896164 [P]. 2001-11-27.
- [10] Wolters R. Structure for the Thermal Insulation of Satellites:US6318673[P]. 2001-11-20.
- [11] Davis R C,et al. Cryogenic Insulation System:US4774118[P]. 1987-06-10.
- [12] 吉布森,阿什比. 多孔固体结构与性能[M]. 刘培生,译. 北京:清华大学出版社,2003.
- [13] 顾宜. 材料科学工程与基础[M]. 北京:化学工业出版社,2002.
- [14] 刘民生,吴述杨. GB 3399—82,塑料导热系数试验方法护热平板法[S]. 国家标准局,1982-12-29.
- [15] 楚晖娟,朱宝库,徐又一. 聚酯铵盐粉末发泡制备聚酰亚胺泡沫材料的研究[J]. 广东化工,2007,34(12):14-17.
- [16] Williams M K,Weiser E S,Fesmire J E,et,al. Effects of Cell Structure and Density on the Properties of High Performance Polyimide Foams [J]. Polymer for Advanced Technologies,2005,16(2-3):167-174.
- [17] Williams M K,Holland D B,Melendez O,et al. Aromatic Polyimide Foams:Factors that Lead to High Fire Performance [J]. Polymer Degradation and Stability,2005,88:20-27.
- [18] 李光珠,沈燕侠,詹茂盛. 芳香族聚酰亚胺泡沫的隔热性能研究[J]. 材料工程,2009(7):43-46.
- [19] Caps R,Heinemann U,Fricke J,et al. Thermal Conductivity of Polyimide Foams [J]. Heat Mass Transfer,1997,40(2):269-280.
- [20] Weiser E S. Synthesis and Characterization of Polyimide Eres-iduum,Friableballoons,Microspheres and Foams[D]. Wiuiamsburg:The College of William and Mary,2004.
- [21] 丁孟贤. 聚酰亚胺:化学、结构与性能的关系及材料[M]. 北京:科学出版社,2006.
- [22] Sakata Satoshi,Moriuchi Koji. Thin-film Polyimide Foam:JP2013155342(A)[P]. 2013-08-15.
- [23] Nomoto Kazuhiko. Method for Producing Heat Insulating Sheet for Fireproof Garment:JP2005076009 (A)[P]. 2005-03-24.
- [24] Hirata Shigeki,Ishiwatari Toyoaki,Sawaki Toru. Aromatic Polyimide Foam Aand Method for

Producing the Same:JP2004010695(A)[P].2004-01-15.

[25] 何琳,邱小军,朱海潮,等.声学理论与工程应用[M].北京:科学出版社,2006.

[26] 马大猷.现代声学理论基础[M].北京:科学出版社,2004.

[27] 钱军民,李旭祥.聚合物基复合泡沫材料的吸声机理[J].噪声与振动控制,2000(2):41.

[28] O'Neill J T. Foam-Barrier-Foam-Facing Acoustical Composite:US4488619[P].1984-04-11.

[29] 李海涛,朱锡,石勇,等.多孔性吸声材料的研究进展[J].材料科学与工程学报,2004,22(6):934-935.

[30] 吕如榆.吸声材料的吸声机理和设计原则[J].噪声与振动控制,1983,3:52-57.

[31] 王连才,郭宝华,曾心苗,等.聚酰亚胺泡沫材料制备与性能研究[J].工程塑料应用,2008,36(8):6-8.

[32] 庞顺强.聚酰亚胺泡沫材料在船舰上的应用[J].材料开发与应用,2001,16(3):38-41.

[33] 过梅丽.高分子物理[M].北京:北京航空航天大学出版社,2005.

[34] Maier G. Low Dielectric Constant Polymers for Microelectronics [J]. Progress in Polymer Science,2001,26(1):55-58.

[35] 柯育才,朱征,徐元森.聚酰亚胺泡沫材料的研制[J].工程塑料应用,1981,1:16-19.

[36] Chu Hui juan,Zhu Bao ku,Xu You yi. Polyimide Foams with Ultralow Dieletric Constants [J]. Journol of Applied Polymer Science,2006,102:1734-1740.

[37] Chu Hui juan,Zhu Bao ku,Xu You yi. Preparation and Dielectric Properties of Polyimide Foams Containing Crosslinked Structures [J]. Polymers for Advanced Technologies,2006,17:366-371.

[38] 张明习,董存峰,梁主宇.复合泡沫材料的性能改性研究[J].工程塑料应用,1994,22(6):9-10.

[39] Hedrick J L,Carter K R,Cha H J,et al. High-temperature Polyimide Nanofoams for Microelectronic Applications [J]. Reactive & Functional Polymers,1996,30:43-53.

[40] Williams K B. A Study of Properties of High Temperature Polyimide foams [D]. Melbourne, Florida Institute of Technology,2003.

[41] Williams K B,Melendez O,Palou J,et al. Characterization of Polyimide Foams after Exposure to Extreme Weathering Conditions [J]. Adhesion Science& Technology, 2004, 18 (5):561-573.

[42] 彭桂荣,甄良,杨德庄,等.真空紫外线辐射对聚合物材料的作用[J].宇航材料工艺,2001(5):12-18.

第 9 章 聚酰亚胺微发泡材料

9.1 概 述

普通高分子微发泡材料也称微孔泡沫材料,已广泛应用于汽车、建筑、食品包装甚至医药等领域。其先进发泡技术是将超临界流体(如超临界 CO_2、N_2 等)作为发泡剂溶于聚合物熔体中形成均相体系,在挤出或注射成型时,熔体压力降低,发泡剂由聚合物中析出形成泡孔。目前,挤出法制备的 PS 微发泡塑料已商业化,Trexe 有限公司已成功开发出微孔泡沫注塑技术,并研发出与该技术配套的注塑机附加装置[1,2]。

聚酰亚胺微发泡材料是指泡孔直径在几纳米至几十微米之间的一类多孔材料,其中,孔径小于 $1\mu m$ 的聚酰亚胺多孔材料也称为聚酰亚胺纳米泡沫材料。

聚酰亚胺微发泡材料,特别是纳米泡沫材料最初是为满足微电子工业对超低介电常数绝缘材料的需求而开发的。随着微电子元件体积不断减小,为保持高的信号传输速率,降低能量损耗及调制过程中的信号失真,需要使用具有低介电常数和超低介电常数的绝缘材料。现有的绝缘材料如二氧化硅的介电常数为 3.9~4.2,而微电子工业对下一代绝缘材料介电常数的要求是低于 2.2[3,4]。聚酰亚胺是微电子器件中重要的绝缘材料,它具有优良的耐热性能、力学性能、绝缘性能和耐化学药品等性能,然而传统的聚酰亚胺材料的相对介电常数为 3.2~3.4,远高于亚微米电子器件所要求的低介电常数。开发聚酰亚胺微发泡材料是实现绝缘材料超低介电常数的有效途径之一。

聚酰亚胺微发泡材料通常以薄膜形式存在,根据制备方法和用途不同,其厚度在几微米至几十微米之间,泡孔结构分闭孔、单侧开孔(非对称膜)和通孔等。这类材料可作为低介电常数绝缘材料用于微电子领域、特殊环境(如高温、酸性环境)下气体或液体的分离膜或过滤膜、轻质隔热材料、电池和电容器分离膜、催化剂等微粒或浆液的载体和多孔碳膜前体等。

聚酰亚胺材料通常难溶解难熔融,几乎无法使用普通塑料的微发泡成型技术。因此,制备聚酰亚胺微发泡材料需要一些比较特殊的制备方法,目前已报道的方法主要有热分解法、相反转法、超临界 CO_2 发泡法、添加空心微粒法和刻蚀法等。各种方法制备的聚酰亚胺微发泡材料的形态、泡孔结构、孔径和孔径分布各不相同,因此,所得材料的用途也有所不同。本章将重点介绍聚酰亚胺微发泡材料的热分解法原理、制备工艺、表征方法及其性能,并简要介绍其他方法的最新研究成果。

9.2 热分解法

9.2.1 原理

20世纪90年代,IBM公司以Hedrick为首的研究小组[5-18]开展了一系列聚酰亚胺纳米泡沫薄膜材料的研究,其主要原理是通过嵌段或接枝共聚等手段将可分解材料(热不稳定的聚合物链段)引入基体(聚酰亚胺)的分子链中,由微相分离产生纳米级的、不连续的、球形的、尺寸单分散的分散相,分散相的尺寸和体积分数可由嵌段的分子结构和分子量较精确地控制;然后,在高温下使分散相分解产生均匀分散的纳米泡孔。他们最终得到了介电常数、热稳定性和其他性能满足微电子绝缘材料要求的聚酰亚胺纳米泡沫材料。因此,将这种制备聚酰亚胺微发泡材料的方法称为热分解法,所得材料多为闭孔的纳米泡沫材料,热分解法制备原理如图9.1所示。

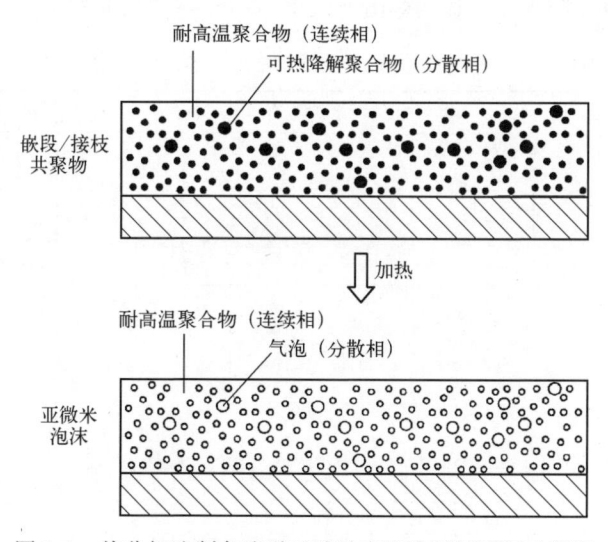

图9.1 热分解法制备聚酰亚胺纳米泡沫材料原理示意图

9.2.2 基体材料

为获得超低介电常数的聚酰亚胺纳米泡沫材料,需要合理选择匹配的聚酰亚胺基体和热不稳定分散相。作为基体的聚酰亚胺应满足如下条件：

(1) 在450℃或更高的温度下具有热和化学稳定性；
(2) 高的玻璃化温度（$T_g>375℃$）；
(3) 各向同性的光电性能；
(4) 良好的力学性能；
(5) 低吸水率；
(6) 介电常数小于3.0；
(7) 在聚酰亚胺阶段或前驱体聚合物阶段可加工；
(8) 单体易获得。

需要特别指出的是，各向同性的力学性能对制备聚酰亚胺纳米泡沫材料的聚酰亚胺基体也是非常必要的。早期研究[5,6]表明，对典型的刚性和半刚性聚酰亚胺，如PMDA/PDA、BPDA/PDA和PMDA/ODA体系，虽然可以形成具有纳米微相结构的共聚物薄膜，但在发泡过程中，微孔会在基体的T_g以下发生坍塌，无法形成纳米泡沫结构。这主要是因为这类聚酰亚胺的分子链具有很大的取向趋势，致使在薄膜厚度方向上（面外）的模量过低，无法支撑已形成的孔穴。在PMDA/ODA体系中引入大量柔性二胺单体，使基体的力学性能各向同性，可得到稳定的泡沫结构[6]。最近研究表明，通过控制合成方法[19-21]和热处理工艺[22]，也能够得到PMDA/ODA基的纳米泡沫材料。表9.1归纳了可作为聚酰亚胺纳米泡沫材料的典型基体树脂。

表9.1 可用作制备聚酰亚胺纳米泡沫材料的基体树脂

名称/缩写	化学结构	热性能	参考文献
PMDA/ODA	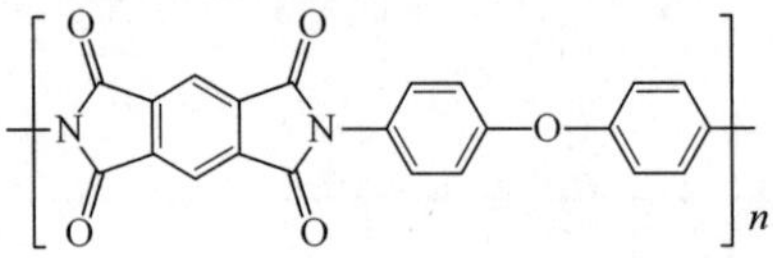	$T_g>450℃$	[6,20,21]
PMDA/ODA/DADQ	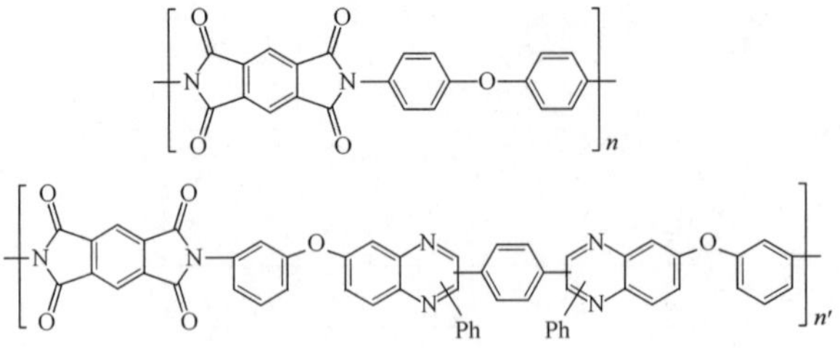	$200℃<T_g<450℃$	[6]
ODPA/FDA	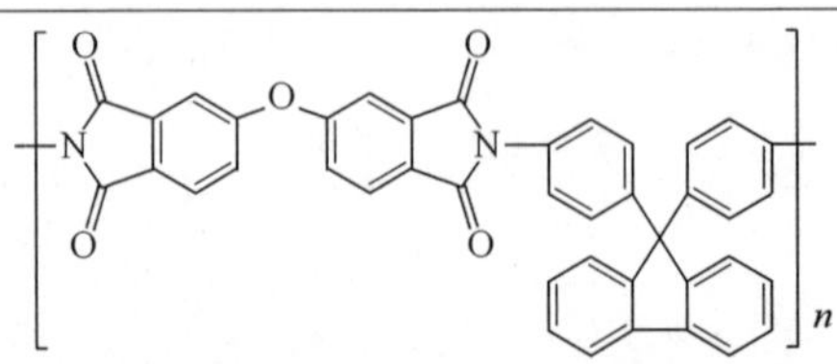	$T_g≈330℃$	[8]

(续)

名称/缩写	化学结构	热性能	参考文献
PMDA/FDA		T_g>500℃	[7,11]
PMDA/3FDA(3FET)	X: —H 3FDA; —C≡CH 3FET	T_g≥432℃	[8~17]
6FXDA/6FDA		T_g=460℃	[12,18]
6F/DACH		T_g=360℃	[12]
PMDA/4-BDAF		T_g=310℃ T_m>400℃	[12,14]
PMDA/4BAP		—	[21]
PMDA/3BAP		—	[21]

(续)

名称/缩写	化学结构	热性能	参考文献
PMDA/BAN	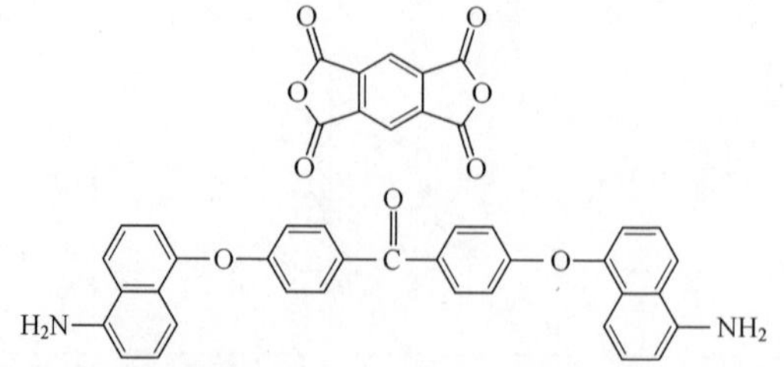	—	[21]

9.2.3 可热分解材料

对可热分解材料(分散相)的主要要求如下：

(1) 带有或可引入能与聚酰亚胺结合的官能团,在基体中形成单分散且分布均匀的球状分散相；

(2) 热分解温度应高于成膜温度,但低于基体聚合物的 T_g,以避免发泡过程中孔洞坍塌；

(3) 分散相链段可定量地分解成非活性气体并能从基体中扩散出去；

(4) 气泡尺寸应远低于薄膜厚度,为获得低介电常数,气泡体积分数应尽可能高。

已报道的热不稳定分散相材料主要包括聚环氧丙烷(PPO)、聚甲基丙烯酸甲酯(PMMA)、聚苯乙烯(PS)、聚 α-甲基苯乙烯(PαMS)、聚丙交酯(poly(lactides))和聚内酯(poly(lactones))等,这些链段均可在一定温度范围内分解成小分子,部分热不稳定分散相材料如表 9.2 所列。

表 9.2 常见热不稳定分散相材料

类型	名称	化学结构	参考文献
聚环氧丙烷 Poly(propylene oxide), PPO	单胺封端 PPO	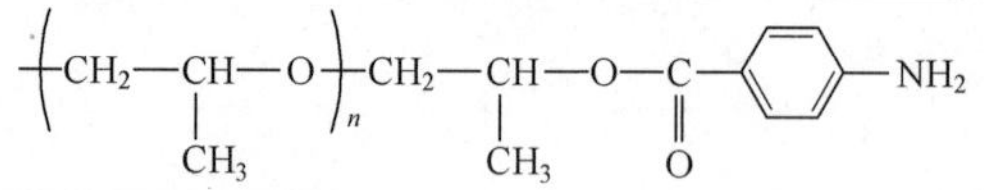	[7,12-14,18]
	二胺封端 PPO	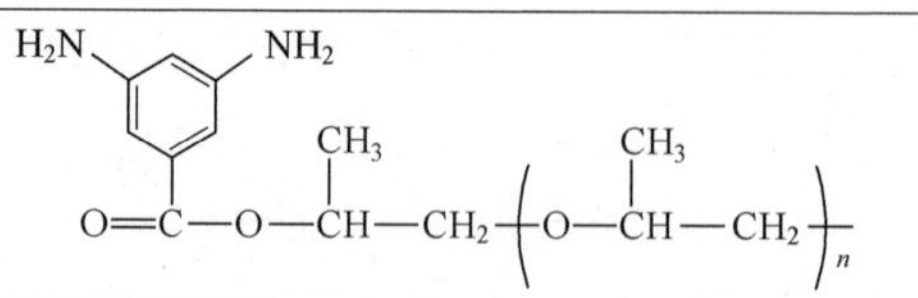	[7,14]
	酰氯双封端 PPO	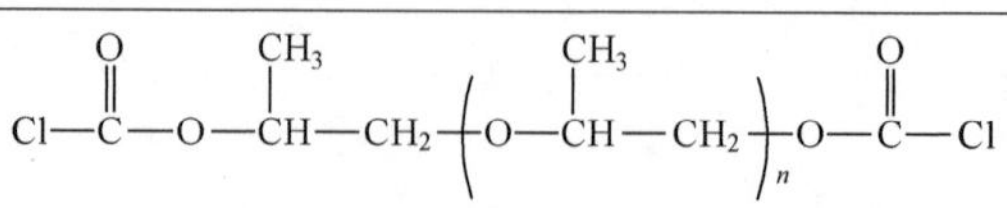	[6]
	单溴封端 PPO	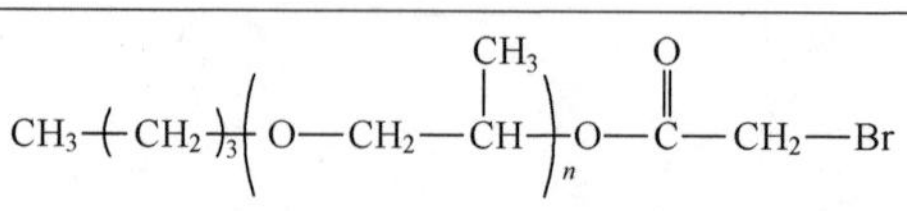	[19-21]

300

第9章 聚酰亚胺微发泡材料

(续)

类 型	名 称	化 学 结 构	参考文献
聚苯乙烯 Poly(styrene), PS	单胺封端PS	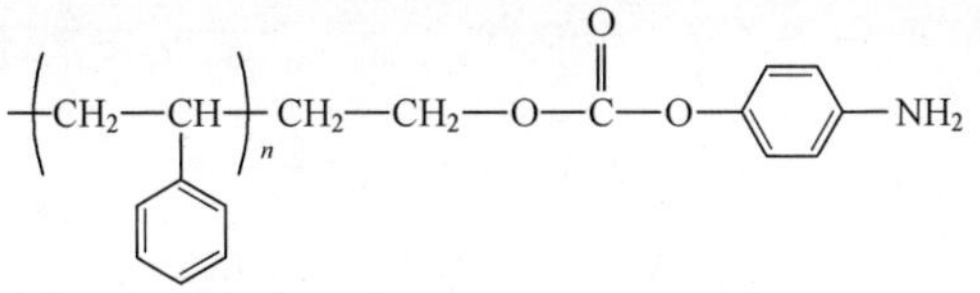	[11,12]
聚α- 甲基苯乙烯 Poly(α- methylstyrene), PαMS	单胺封端PαMS	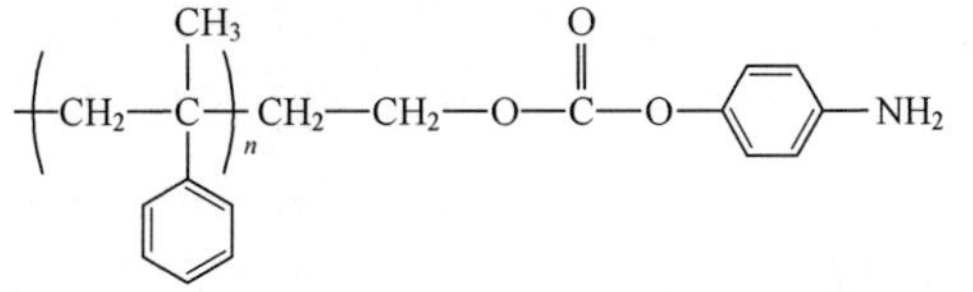	[8,9,12]
	二胺封端 PαMS	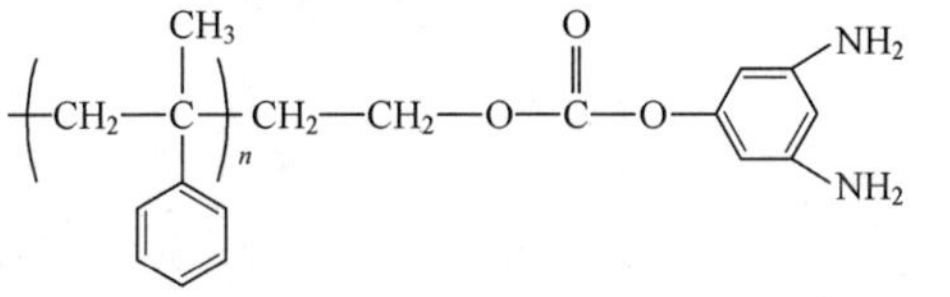	[10]
聚甲基丙烯 酸甲酯 Poly(methyl methacrylate), PMMA	单胺封端 PMMA	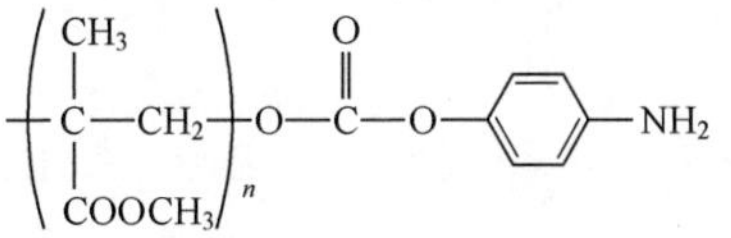	[12]
	二胺封端 PMMA	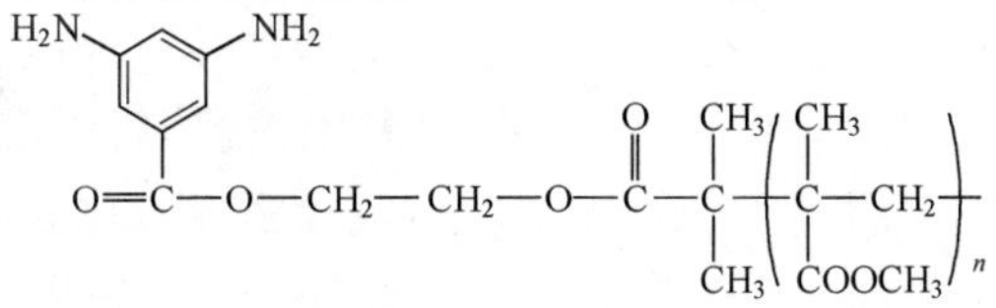	[5]
脂肪族聚酯 Aliphatic Polyester	聚己酸内酯	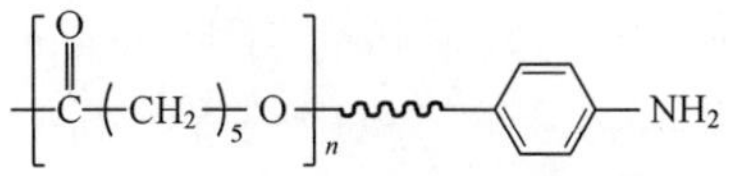	[16]
	聚戊酸内酯	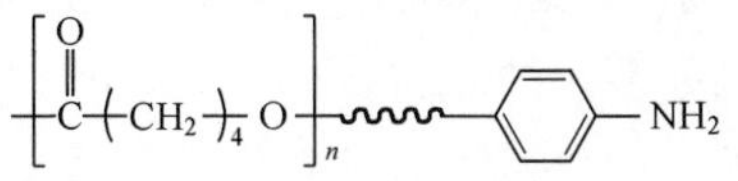	[16]

在表9.2中，PPO在300℃的惰性气体环境中仍保持稳定，在250~300℃的有氧环境中将迅速分解。等温热失重分析表明，在空气环境和275℃下，PPO在20min内完全分解。正是基于这一性质，在利用PPO做不稳定分散相时，通常在N_2环境下制备聚酰亚胺膜，然后在空气环境下成孔。

PMMA的分解温度依赖聚合方法，由自由基聚合得到的PMMA含有大量的歧化终止终端，分解温度较低；由阴离子或基团转移方法制备的PMMA具有完整的非活性链端基，分解温度相对较高，一般在335℃左右。

PαMS和苯乙烯/甲基苯乙烯共聚物是很好的热不稳定分散相,它们一般采用阴离子聚合,能够较方便地引入且与聚酰亚胺官能团结合,其分解机理为链式裂解,可定量生成小分子单体,并能较快地从聚酰亚胺基体中扩散出去。

9.2.4 共聚聚酰亚胺的合成路线

用于制备纳米泡沫材料的聚酰亚胺共聚物一般可分为嵌段共聚物和接枝共聚物两类。其中,嵌段共聚物根据其结构还可分为AB型、ABA型和(AB)$_n$型等,最常见的是ABA型三嵌段共聚物,其中A为热不稳定分散相,B为聚酰亚胺链段。

根据聚酰亚胺的溶解性能,聚酰亚胺嵌段共聚物的合成路线一般分为两种。对可溶性聚酰亚胺而言,通常先制备聚酰胺酸(Poly(Amic Acid),PAA)前驱体,再热酰亚胺化或化学酰亚胺化制备共聚聚酰亚胺;对不溶性聚酰亚胺(大多数情况)而言,一般先制备聚酰胺酯(Poly(Amic Alkyl Ester),PAE)前驱体,然后热亚胺化制备共聚聚酰亚胺。这是因为与PAA相比,PAE的溶解性更好,软化温度更低,酰亚胺化前模量更低,这些特点有利于热不稳定分散相在基体中发生微相分离。

典型的聚酰亚胺与单胺封端的热不稳定低聚物制备ABA型嵌段共聚物的路线如图9.2所示。

经PAA制备共聚物的路线如图9.2(a)所示,首先将二胺单体与单胺封端的低聚物溶于NMP中,再加入二酐单体,室温搅拌24h得PAA,固含量一般为10%(质量/体积);然后加入乙酸酐和吡啶,缓慢加热到90~100℃,保持6~8h完成化学酰亚胺化;将得到的共聚物沉淀到甲醇中,过滤后用甲苯反复清洗,除去未充分反应的低聚物,最后真空干燥24h,得到完全酰亚胺化的可溶性共聚物。

经PAE制备共聚物的路线如图9.2(b)所示,先将二胺单体与单胺封端的低聚物溶于NMP中,通N$_2$,加入中和剂(acid acceptor)如N-甲基吗啉,然后将二酐单体的二酯二酰氯化合物溶于二氯甲烷等溶剂中,缓慢滴加,反应12h,反应体系的固含量一般在15%(质量/体积)左右;将得到的共聚物沉淀到甲醇/水中,过滤后用水反复清洗,除去多余的盐,再用甲醇和甲苯反复漂洗,真空干燥24h,制得可加工的PAE中间体。

现有接枝共聚物的合成路线主要有两种:一种是利用二胺基封端的热不稳定低聚物作为一种反应物直接与二酐单体和另一种二胺单体共聚;另一种是利用溴封端的热不稳定低聚物与聚酰胺酸反应,形成接枝型的PAA,合成路线分别如图9.3(a)和(b)所示。接枝共聚物在热分解后,聚酰亚胺的分子量基本保持不变,这更有利于保持薄膜的力学性能。

表9.3和表9.4[23]分别列出了不同体系的嵌段共聚物及接枝共聚物的热不稳定分散相添加量与实际含量。

第9章 聚酰亚胺微发泡材料

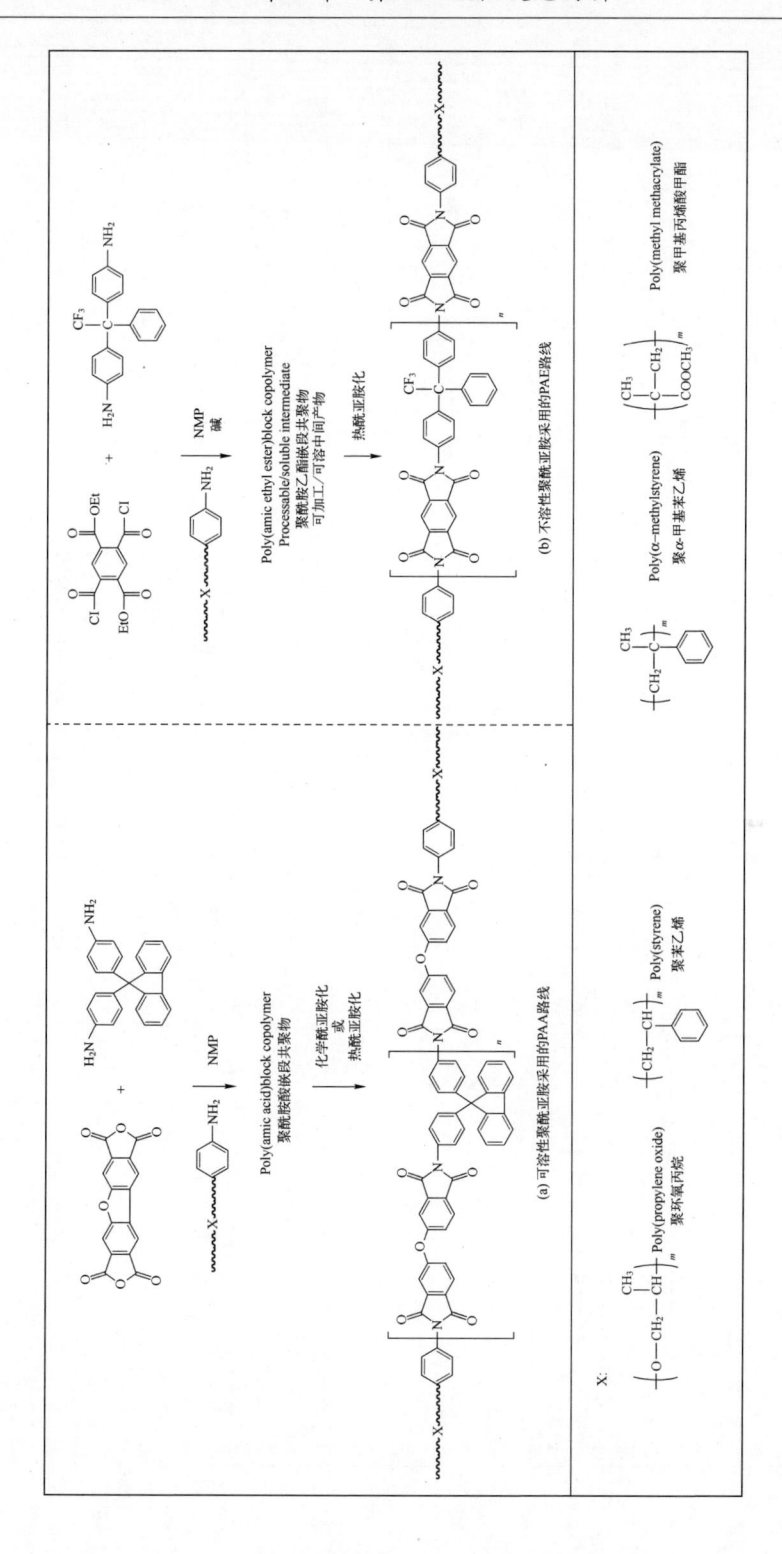

图9.2 ABA型嵌段共聚物的合成路线示意图

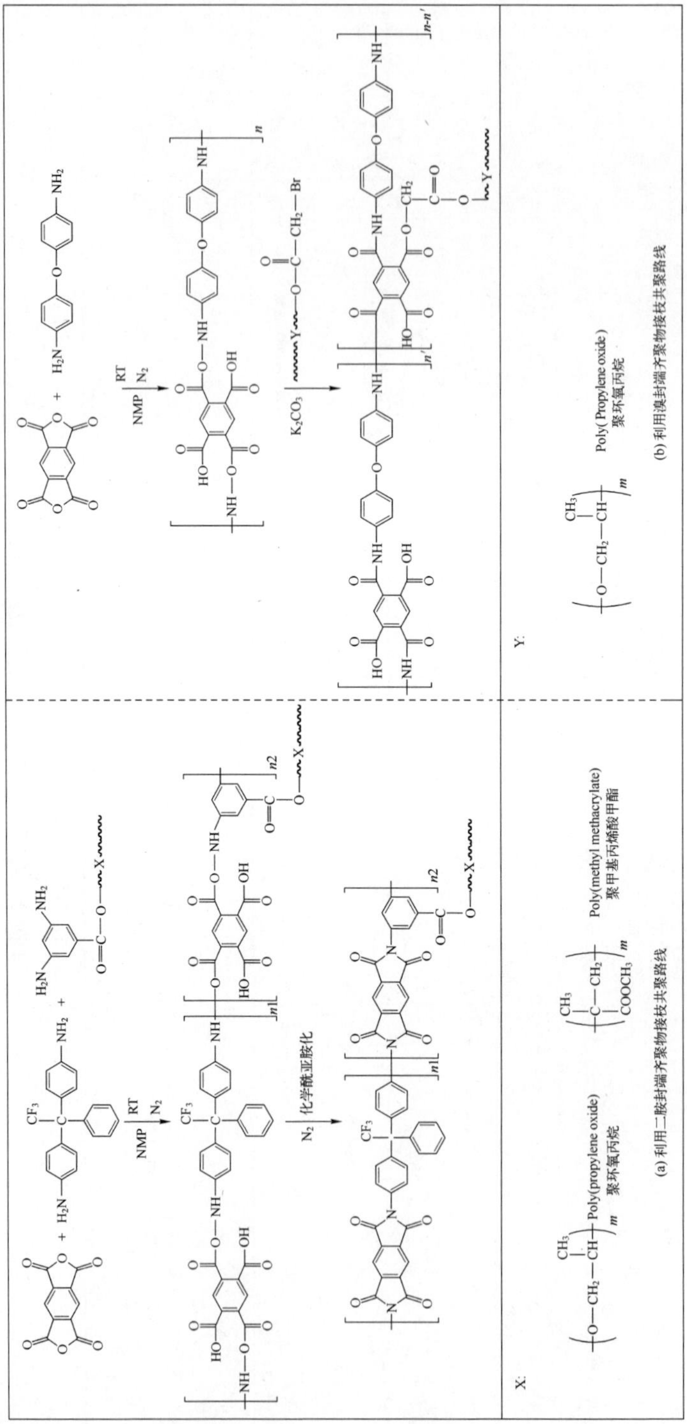

图 9.3 接枝型共聚物的合成路线示意图

第9章 聚酰亚胺微发泡材料

表9.3 嵌段共聚聚酰亚胺薄膜性能

编 号	聚酰亚胺种类(形式)	热不稳定嵌段种类	热不稳定嵌段含量/%(质量) 添加量	实测值 1H-NMR	实测值 TGA	热不稳定嵌段的体积分数/%
C1	PMDA/3FDA①	PPO	15	9.9	9	11
C2	PMDA/3FDA①	PPO	25	23	22	27
C3	ODPA/FDA②	PPO	15	13.1	13	—
C4	ODPA/FDA②	PPO	25	22.5	22.5	—
C5	PMDA/FDA①	PPO	15	14	9.2	12
C6	PMDA/FDA①	PPO	25	22	18.4	—
C7	ODPA/FDA②	PαMS	14	13	14	16
C8	ODPA/FDA②	PαMS	25	24	24	29
C9	PMDA/3FDA①	PαMS	15	14	15	27
C10	PMDA/3FDA①	PαMS	25	—	24	27
C11	PMDA/3FDA①	PS	20	18	19	2
C12	PMDA/3FDA①	PαMS	20	15	14	18
C13	PMDA/ODA①	PPO	25	22	23	28
C14	PMDA/ODA①	PMMA	25	20	21	23

① 经 PAE 路线制备;
② 经 PAA 路线制备

表9.4 接枝共聚聚酰亚胺薄膜性能

编号	聚酰亚胺种类(状态)	PPO $/M_W \times 10^3$	添加量/% (质量)	实测值 1H-NMR	实测值 TGA
G1	PMDA/3FDA①	3.5	25	24.9	23.6
G2	PMDA/3FDA①	3.5	15	15.0	14.3
G3	PMDA/3FDA②	3.5	25	19.8	19.1
G4	PMDA/3FDA①	7.9	25	21.9	22.1
G5	PMDA/3FDA①	7.9	15	15.7	16.1
G6	ODPA/FDA①	3.5	25	24.0	—
G7	ODPA/FDA①	7.9		16.0	—
G8	PMDA/FDA③	3.5	15	12.5	—
G9	PMDA/FDA③	3.5	25	20.0	—
G10	PMDA/FDA③	7.9	15	7.5	—
G11	PMDA/FDA③	7.9	25	13.0	—

① 实验完全酰亚胺化;
② 试样为 PAE 状态;
③ 试样为 PAA 状态

9.2.5　成型工艺

热分解法制备聚酰亚胺微发泡材料通常包括制膜与发泡两个步骤。

制膜步骤是指将上述聚酰亚胺共聚物配制成一定浓度(5%~15%质量)的溶液;利用旋涂或刮涂将溶液涂覆在硅片或玻璃板上形成溶液薄膜,溶液薄膜厚度一般控制在几微米至几百微米;加热使溶剂挥发,并完成酰亚胺化,得到酰亚胺/热不稳定链段共聚物薄膜。其中,热不稳定链段已在聚酰亚胺基体中形成纳米级的分离分散相。

发泡步骤是指纳米泡沫结构形成的步骤,泡孔一般是将完全酰亚胺化的共聚薄膜热处理,使热不稳定分散相分解后形成的。不同的热不稳定微分散相应采用不同的处理温度和气氛。

聚酰亚胺的制膜温度 T_{film}、发泡温度 T_{foam}、基体的玻璃化温度 T_g、热不稳定分散相的分解温度 T_d 与最终材料结构的关系如图9.4所示。由图9.4可知,制膜与发泡工艺应满足: $T_{film}<T_d<T_{foam}<T_g$。制膜时,应保证热不稳定分散相不发生分解,因为此时聚合物基体的刚度很低,无法支撑形成的泡孔或形成宏观的大孔;发泡时,应保证热不稳定分散相可控分解,同时温度低于聚酰亚胺基体的 T_g,否则会发生泡孔的坍塌。

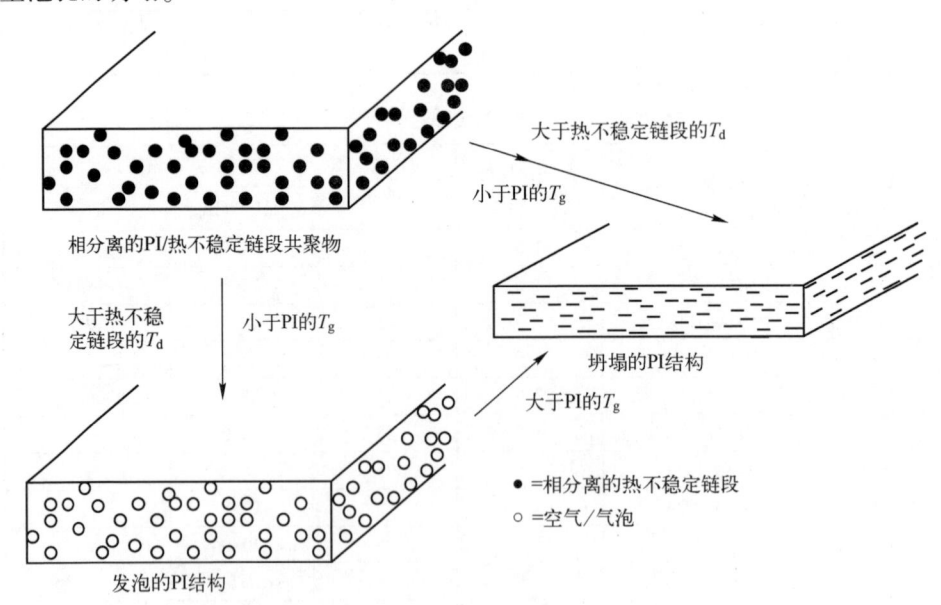

图9.4　成膜温度与薄膜结构关系示意图

制膜通常在氮气环境下进行。这是因为,在惰性气体环境中,大多数热不稳定分散相的 $T_d>300℃$。因此,在热不稳定分散相分解前可获得无溶剂且酰亚胺化完全的聚酰亚胺薄膜,IR、¹H-NMR、DSC 和 TGA 测试证实了这一观点。但对 α-甲基苯乙烯类热不稳定分散相,成膜温度应限制在 265℃ 以下,以避免聚 α-甲基苯乙烯的分解。在该成膜温度下,薄膜中通常会残余 1%~3%(质量)的溶剂,且酰亚胺化不完全,残余的溶剂和未亚胺化的链段对基体起增塑作用,从而导致基体 T_g 降低,形成的泡孔膨胀或坍塌,后续章节中的形态表征结果也证实这一点。

发泡通常在空气中进行,例如,对 PI-PPO 共聚物,降解一般是在空气中加热到 240℃ 并保持 6h,然后在 300℃ 后处理 2h,使 PPO 组分彻底降解。TGA 和 ¹H-NMR 分析表明[5],在上述处理条件下,聚酰亚胺中没有残余的副产物,聚酰亚胺基体也没有发生其他化学变化。对苯乙烯基热不稳定分散相[11,24],需要采用逐步升温工艺,以控制分解速率。

有文献[8,32]指出,薄膜中纳米泡孔的形成和孔隙率还依赖于发泡温度及热不稳定分散相的含量。热不稳定分散相的降解产物形成纳米级气团,这些气团必须从聚合物基体中排出才能形成泡孔。气团排出速率由其渗透率决定,渗透率是溶解度和扩散系数的函数。对热不稳定嵌段含量较低的共聚物,如果渗透率很高,则产生的气团会很快耗尽,大部分降解产物溶解到基体中会导致基体模量降低(塑化),不能有效形成泡孔。对热不稳定嵌段含量较高的共聚物,降解产物的浓度可能会在聚合物基体中达到饱和,虽然相对于聚合物基体的塑化速率而言,降解产物从聚合物基体中排出的速率较大,但仍不足以防止全部纳米结构的坍塌。因此,纳米泡沫结构的保持力依赖于热不稳定分散相的降解速率、降解产物在聚合物中的溶解度和扩散系数,以及基体的厚度等因素。对现有热不稳定分散相,一般采用中等的分解温度,使分解行为较温和地进行,尽量降低基体材料的塑化速率。

9.2.6 聚集态结构表征

共聚物的形态以及纳米泡孔形成的过程可利用动态热机械分析法(DMTA)、小角 X 射线散射(SAXS)、小角中子散射(SANS)、中子反射率(NR)、透射电镜(TEM)和场发射扫描电镜(FE-SEM)等手段进行检测。

9.2.6.1 动态热机械分析法

可用 DMTA 技术评价微相分离的程度。如果发生微相分离,在 DMTA 图谱中应该出现与分离相对应的转变,阻尼峰 tanδ 越清晰,表明分离相的纯度越高,相界越明显,高纯度的分离相有利于减小纳米泡孔的坍塌。

文献[14]利用 DMTA 对聚酰亚胺微发泡材料发泡前后的热力学转变进行了研究,如图 9.5 所示。由图 9.5 可知:在发泡前共聚物的 DMTA 图谱中,tanδ 曲线在 -60℃ 附近有较明显的 PPO 转变峰,随着温度的升高,E' 明显下降,说明 PPO 发生了分解,其产物起增塑作用;发泡完成后,聚酰亚胺泡沫材料的 E' 在玻璃化温度之前变化较小。

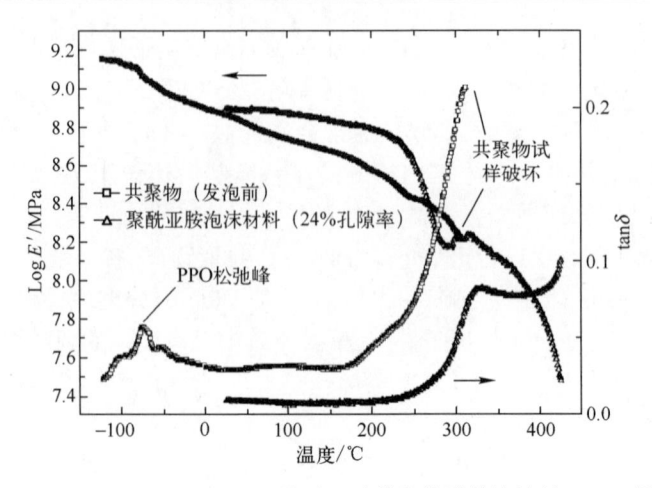

图 9.5 PMDA/4-BDAF-PPO 聚酰亚胺共聚物及其泡沫的 DMTA 图谱

9.2.6.2 小角 X 射线散射法

SAXS 方法[25]适合表征聚合物的亚微观结构,即十几埃至几千埃的结构。这是因为电磁波的所有散射现象都遵循反比定律,即相对波长来说,被辐照物体的有效尺寸越大则散射角越小。因此,当 X 射线穿过与本身波长相比具有很大尺寸的高聚物和生物大分子体系时,散射效应皆局限在小角度处。对聚合物微结构参数例如:粒子(微晶、片晶、球晶、填充剂、离子聚集簇和硬段微区等)的尺寸、形状及其分布,粒子的分散状态(粒子重心的空间分布、取向度及相互取向的空间相关性),高分子的链结构和分子运动,多相聚合物的界面结构和相分离(特别是近年来对嵌段聚合物微相分离研究)等,用 SAXS 方法均能给出明确的信息和结果。

理论证明,小角散射图谱、强度分布与散射体的原子组成以及是否结晶无关,仅与散射体的形状、大小分布及其与周围介质电子云的密度差有关。可见,小角散射的实质是由体系内电子云密度差异所引起的。因此,在高聚物体系中,若空洞(微孔)的大小和形状与粒子大小和形状相同,则它们具有相同的散射图谱。

SAXS 可表征块状、片状和纤维状等试样,试样大小一般只要大于入射光束的截面积即可。考虑到小角散射强度,对试样厚度有一定要求:样品太厚,吸收衰减严重,且会产生多重散射;样品过薄,散射强度弱;为达到最大的散射强度,试样的最佳厚度 d_{opt} 应为 $1/\mu$。这里的 μ 是线吸收系数。

对粒子形状相同、大小均一的稀薄体系,当散射角很小时,散射强度 I 与散射角 ε 的关系为

$$I(s) = I_e n^2 N \exp\left(\frac{4\pi^2 \varepsilon^2 R_g^2}{3\lambda^2}\right) \qquad (9.1)$$

式中:$I(s)$ 为 X 射线受位于倒易空间矢量 s 处电子散射的强度;I_e 为一个电子的散

射强度;n为一个粒子中的总电子数;N为形状相同、大小均一的粒子总数;R_g为体系中粒子的回转半径,即所有原子与其重心的均方根距离,其意义如同力学中的惯性半径;λ为X射线的波长。R_g是常用作衡量物质不同结构变化的重要参数,而且可直接给出粒子空间大小的信息。

有文献指出[7,14],因为泡孔与聚合物基体对X射线的反差很大,SAXS可用于评价纳米泡沫材料的结构信息。图9.6为ODPA/FDA-PPO共聚物从60℃加热到250℃(升温速率5℃/min)时的SAXS图谱。SAXS曲线表明,初始反射峰对应的布喇格空间约为367Å。由PPO在共聚物中的体积分数(约0.12)可得PPO微区的尺寸约为44 Å。这表明PPO的确发生了微相分离,但相区小于100Å。这可能是由微相分离远未达到平衡态,且微相区的尺寸呈多分散所致。试样加热后,随着PPO链段的分解,薄膜散射强度显著增强,在220℃时,散射强度增加到初始强度的5倍。峰的位置并没有随着温度的升高而变化,表明泡孔的结构与初始嵌段共聚物的形态一致。

9.2.6.3 小角中子散射法

SANS测试原理与SAXS基本相同,二者的主要区别在于:SAXS表征X射线与样品的核外电子作用而发生的散射,SANS则表征中子与原子核作用而产生的散射。由于中子不带电,当中子打击到样品上时,中子与核外电子几乎不发生作用,没有散射现象。因此,只要将SAXS强度表达式中的电子相干散射振幅转化为核的相干散射振幅,即可得到SANS的相干散射强度。

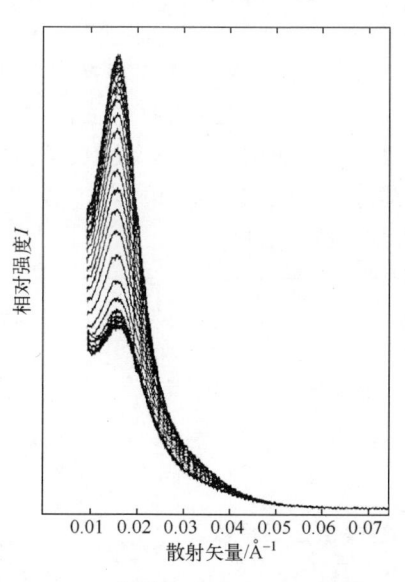

图9.6 ODPA/FDA-PO共聚物升温过程中的小角X射线散射图谱
(从60℃加热到250℃,升温速率5℃/min)[7]

与 SAXS 相比,SANS 具有以下特征[26]:

(1) 反应堆或加速器脉冲中子源的能量是连续的,即其波长是连续的。常用的中子源波长为 0.1~1nm,是研究链结构和相结构等的理想波段。采用冷中子源时,其波长为 1nm 左右,在较小散射角也可获得满意的分辨率,且可避免多重布喇格背景散射,应用更广泛。使用热中子流则可获得 0.1nm 左右的波长,对研究单胞结构和单链结构等具有重要意义。

(2) 中子不带电。中子与原子的相互作用是原子核的相互作用;而 X 射线与原子的相互作用是核外电子的散射作用。中子散射性质由原子核决定。

(3) 中子具有磁性。中子是研究带有磁性的聚合物形态结构和磁涨落的有力工具;X 射线是电磁波,不能测定具有磁性聚合物的结构。

(4) 中子对同一元素的不同同位素具有不同的散射长度。例如,氢(H)和重氢(氘,D)分别为 $b_H = 0.37 \times 10^{-12}$ cm,$b_D = 0.66 \times 10^{-12}$ cm。用标记法可以研究处于浓溶液中聚合物链的形态结构等。

(5) 中子穿透性强。这是因为中子对绝大多数材料的吸收小,即使波长为 0.5~1.5nm 时,其吸收系数也很小,所以中子具有较好的波长选择性。

(6) 利用冷中子能量低、速度小的特点,可研究聚合物的动态结构。

此外,氢原子同其他元素比较,其 X 射线散射能力极差,因此对富氢的样品不宜用 SAXS 进行表征。中子散射与核外电子无关,氢原子也是中子的较好散射源,因此更适于富含氢原子的样品。综上所述,在测定聚合物结构方面,SANS 比 SAXS 具有更广泛的适用范围。

与 SAXS 相比,SANS 可对硅片上的薄膜直接进行测试,更加方便、准确。图 9.7 给出了不同处理条件下,PMDA/3F-PPO 三嵌段共聚薄膜的 SANS 图谱。结果表明:微相分离是在酰亚胺化过程中发生的,发泡过程对微相形态没有明显的影响;微相分离过程与酰亚胺化反应相关,在 250℃ 以下分相不明显,在 300℃ 时,随着酰亚胺化的完成,微相形态趋于完全。

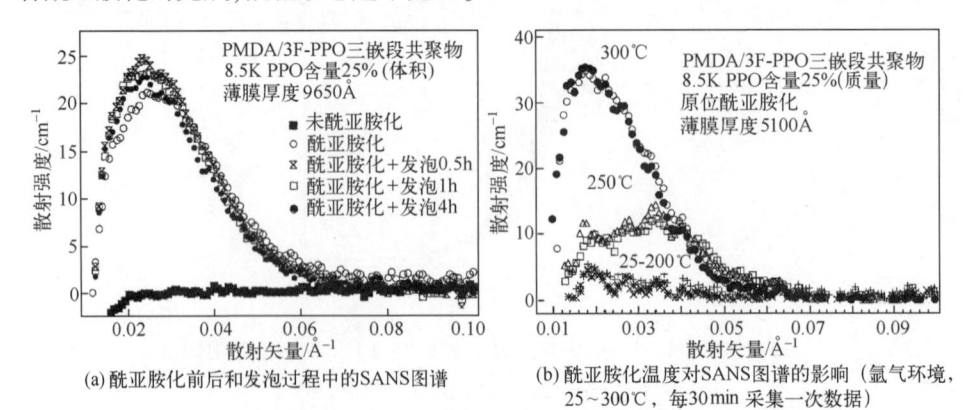

(a) 酰亚胺化前后和发泡过程中的SANS图谱

(b) 酰亚胺化温度对SANS图谱的影响(氩气环境, 25~300℃,每30min采集一次数据)

图 9.7 PMDA/3F-PPO 三嵌段共聚薄膜在不同处理条件下的 SANS 图谱[23]

9.2.6.4 孔隙率测试

测定聚酰亚胺微发泡膜材料孔隙率的方法有密度、红外图谱、TEM 和 FE-SEM 等。其中,最简单的是密度法,通过比较薄膜的密度和对应的均聚物的密度就可确定薄膜的孔隙率。薄膜的密度可由密度梯度法测得,但这种技术要求薄膜能够从基材(如硅片)上取下,此外,如果薄膜中存在一些贯通的孔,液体会渗入其中,导致测得的密度比实际密度大。

IR 图谱适合于厚度可测薄膜的孔隙率测定[27],但是当孔径较大时会对红外线产生散射,导致测定的孔隙率明显偏大。

TEM 同样可用于测定薄膜的孔隙率[15,28]。对小孔试样,TEM 测定的结果与密度法和 IR 法相近。TEM 法的空间分辨率明显优于 IR 法,更适于对 IR 有明显散射的试样。

1. 密度法

密度法可以表征泡沫材料的泡孔存在与否。表 9.5 列出不同聚酰亚胺及其 PPO 嵌段共聚聚酰亚胺微发泡材料的性能。由表 9.5 可知,ODPA/FDA 和 PMDA/FDA 的密度均为 1.28g/cm³,PMDA/3FDA 的密度为 1.34g/cm³。大部分 PPO 基共聚物的密度为 1.09~1.27g/cm³,分别是其均聚物的 85%~99%。这表明该薄膜的孔隙率为 1%~15%。进一步分析表 9.5 可知,PPO 的体积分数明显大于最终孔隙率,说明发泡效率较低。PMDA/ODA-PPO 体系没有表现出密度降低,说明没有形成泡沫结构。这是 PMDA/ODA 体系中分子在面内产生排列和取向,在面外方向上模量偏低,松弛速率过快,导致泡沫结构在低于 T_g 的温度下发生坍塌的缘故。另外,泡孔的存在也会进一步加速 PMDA/ODA 体系的应力松弛。因此,这种体系可用来制备低残余应力材料。

表 9.5 不同聚酰亚胺及其 PPO 嵌段共聚聚酰亚胺微发泡材料的性能[29]

编号	嵌段含量/%(体积)	密度/(g/cm³)	孔隙率/%(体积)	编号	嵌段含量/%(体积)	密度/(g/cm³)	孔隙率/%(体积)
PMDA/3FDA	0	1.35	0	C6	—	1.11	12
PI-2	0	1.28	0	C7	16	1.23	3.1
PI-3	0	1.28	0	C8	29	1.18	7.5
PI-4	0	1.41	0	C9	27	1.13	16
C1	11	1.17	13	C10	27	—	30
C2	27	1.10	18	C11	22	1.17	14
C3	—	1.20	6	C12	18	1.18	19
C4	—	—	12	C13	20	1.41	0
C5	12	1.17	7	C14	25	1.41	0

注:PI-1,表示 PMDA/3FDA 纯聚酰亚胺;PI-2,表示 ODPA/FDA 纯聚酰亚胺;PI-3,表示 PMDA/FDA 纯聚酰亚胺;PI-4,表示 PMDA/ODA 纯聚酰亚胺。

密度法不适于测定苯乙烯基或 α-甲基苯乙烯基共聚聚酰亚胺微发泡材料的孔隙率[24]。在测试过程中,发现试样开始停留在密度梯度计某个高度上,然后缓慢下降。这表明液体渗入试样中,导致所测得的密度偏大,孔隙率偏低。因此,需要另一种适当的方法测定孔隙率。

2. 红外法

有些试样可用 IR 光谱法测量,但该方法需要准确测定试样的厚度、IR 吸光率,并用标准聚合物校准,利用干扰带确定折射率。表 9.5 中的孔隙率是由 IR 法测定的,与密度法测得结果接近。含高分子量 α-甲基苯乙烯嵌段的共聚聚酰亚胺具有较高的发泡效率,其最终孔隙率达到甚至超过嵌段的体积分数。但是,许多由 α-甲基苯乙烯嵌段和苯乙烯嵌段的共聚聚酰亚胺薄膜表现出雾化和不透明现象,从而导致 IR 散射显著增强。这些试样可用透射电镜测定孔隙率,其孔径明显大于共聚聚酰亚胺中的微分离相尺寸。

3. TEM 法

图 9.8(a) 所示为 PMDA/3FDA-PPO 三嵌段共聚物制备的聚酰亚胺纳米泡沫材料形态,图中的白色部分表示孔隙,平均孔径约为 60Å。图 9.8(b) 所示为 PMDA/FDA-PPO 接枝共聚物制备的聚酰亚胺纳米泡沫材料形态,图中白色部分是孔隙,平均孔径约为 50Å。分析可知,TEM 测得的孔径与 SAXS 数据一致。

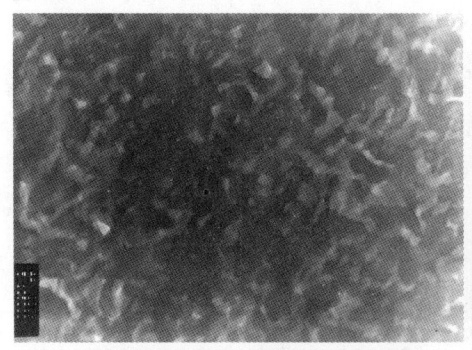

(a) PMDA/3FDA-PPO 三嵌段共聚物制备的聚酰亚胺纳米泡沫材料[15]

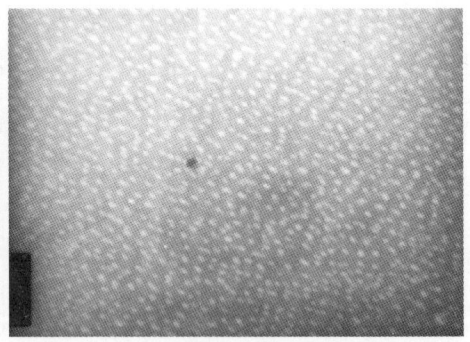

(b) PMDA/FDA-PPO 接枝共聚物制备的聚酰亚胺纳米泡沫材料[17]

图 9.8 聚酰亚胺纳米泡沫材料的 TEM 照片

9.2.7 典型聚酰亚胺微发泡材料的性能与研究实例

9.2.7.1 PMDA/3FDA-PPO 三嵌段共聚聚酰亚胺纳米泡沫材料

当 PPO 的分子量为 3.5kg/mol,加入量为 15%(质量)和 25%(质量)时,PMDA/3FDA-PPO 三嵌段共聚聚酰亚胺纳米泡沫材料的孔隙率分别为 14% 和

19%，弹性模量分别为1.74GPa和1.65GPa，而PMDA/3FDA均聚物的弹性模量为2.7GPa。可见，随着孔隙率的增加，聚酰亚胺纳米泡沫材料的弹性模量显著降低。利用Flexus装置测定残余热应力，其结果表明，与纯聚酰亚胺相比，聚酰亚胺纳米泡沫材料的残余热应力减小了10%～45%，如图9.9所示。表9.6列出了部分基于PPO的ABA型三嵌段共聚聚酰亚胺纳米泡沫材料的性能。其中的平衡吸水率是在22℃、相对湿度90%的条件下测得的。与纯聚酰亚胺相比，泡沫材料的吸水率不但没有增加，反而稍有下降。表9.7列出部分基于PPO接枝共聚物及其纳米泡沫材料的性能[23]。

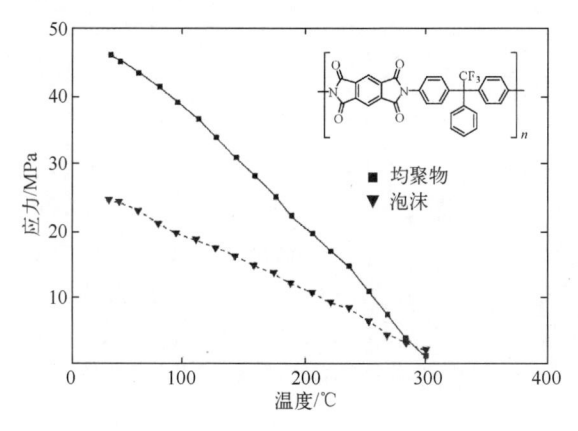

图9.9 基于PMDA/3FDA-PPO的聚酰亚胺和聚酰亚胺泡沫材料的温度-残余热应力谱[23]

表9.6 基于PPO的ABA型三嵌段共聚物制备的聚酰亚胺纳米泡沫材料的性能[23]

聚合物		嵌段/%(质量)	强度/MPa	面内折射率	面外折射率	孔隙率/%(体积)	介电常数	吸水率/%
PMDA/3FDA	薄膜	0	46	1.62	1.60	—	2.85	3.04
	泡沫	24	25	1.46	1.42	18	2.35	2.80
PMDA/FDA	薄膜	0	50	1.66	1.65	—	2.95	—
	泡沫	13	27	—	—	—	—	—
PMDA/4BDAF	薄膜	0	49	1.63	1..56	—	2.85	
	泡沫	20	21	1.51	1.46	16	2.30/2.70	
6F/6FXDA	薄膜	0	31	1.56	1.50	—	2.55	2.90
	泡沫	16	28	1.47	1.44	14	2.25	2.70

表9.7 基于PPO接枝共聚物制备的聚酰亚胺纳米泡沫材料的性能[23]

聚合物	合成途径	PPO /$M_W \times 10^3$	添加量 /%(质量)	添加量 /%(体积)	孔隙率 /%(体积)
PMDA/3FDA	PI	3.5	25.0	30.0	18.7
	PI	3.5	15.0	19.0	13.4
	PAE	3.5	22.0	24.0	15.9
ODPA/3FDA	PI	3.5	24.0	27.0	0.4
	PI	7.9	16.0	19.0	9.0
PMDA/FDA	PAA	3.5	20.0	23.5	0.8
	PAA	7.9	7.5	9.0	5.5
	PAA	7.9	13.0	15.5	8.7

图9.10所示为PMDA/3F-PPO(PAE路线)纳米泡沫材料在1MHz时的介电常数随孔隙率的变化[30]。图中的虚线是根据Maxwell-Garnett理论[31]的计算结果。该理论基于球形孔穴。虽然实验点较少,且测得的介电常数略低于理论值,但与理论值的符合性较好。孔隙率为11%的纳米泡沫材料的热稳定性如图9.11所示,其介电常数和薄膜厚度在350℃以下均保持稳定。

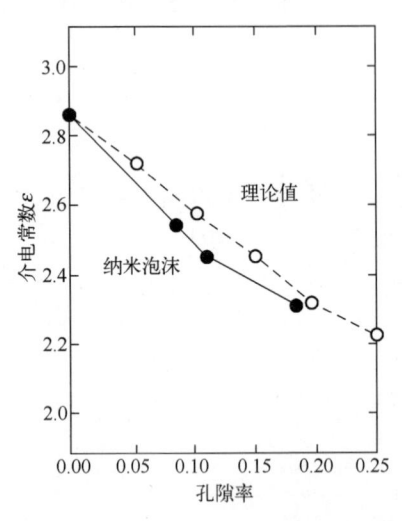

图9.10 基于PMDA/3F-PPO的聚酰亚胺纳米泡沫材料的
介电常数(在1MHz时)随孔隙率的变化[30]

由苯乙烯基或α-甲基苯乙烯基共聚制备的聚酰亚胺纳米泡沫材料的孔径为200~1800Å,明显大于共聚物中分离相微区的尺寸,而且这些孔相互连接的情况更明显,导致孔穴呈各向异性而非球形。此外,这类材料在共聚物阶段呈透明状,发泡处理后多呈半透明。这表明苯乙烯或α-甲基苯乙烯链段分解后的产物起到了发泡剂的作用,部分分解产物扩散到基体中起到了增塑剂的作用。而这类链段,特别是 α-甲基苯乙烯链段的分解速率较快,在增塑基体的同时,使基体膨胀,内部形成较大的气孔,部分大孔随着发泡时间的延长而连接到一起,形成互连的泡孔结构。

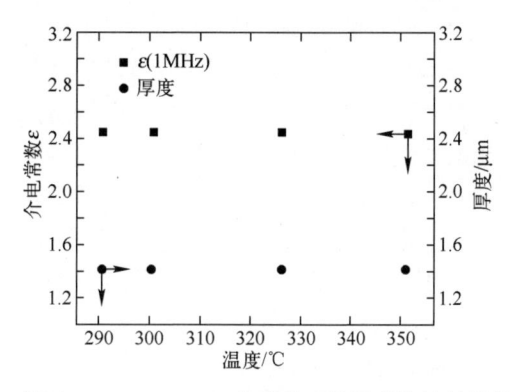

图 9.11 基于 PMDA/3F-PPO 的聚酰亚胺纳米泡沫的热稳定性[23]

对 PPO 和 PMMA 链段,最终泡沫的孔隙率明显小于其在共聚物中的体积含量,造成这一现象的原因:①在共聚物中,链段分相微区的尺寸并不是单分散的,考虑到气孔的外压与表面张力成正比,与半径成反比,在气孔很小时,外压过大,容易使气孔坍塌;②有少量链段与聚酰亚胺基体互溶;③当可分解链段含量较高时,分相微区间的聚酰亚胺基体过少,在链段分解时发生塑化,不能支撑气孔,导致气孔坍塌。

可分解链段的分解产物与聚酰亚胺基体的作用机理尚不清楚,文献[23]指出,PPO 的热裂解产物主要有 11 种,其中,乙醛和丙酮约占 80%(质量)。这些产物很可能溶解于聚酰亚胺基体中,使基体更容易塑化,导致气孔坍塌。研究发泡效率表明,对不同聚酰亚胺和热不稳定分散相可能存在某一最佳的气孔尺寸和孔隙率。

对 PMDA/3F-PPO 体系,其孔隙率可高达 18%,并保持纳米级多孔形态。但是,通过进一步增加 PPO 体积分数提高其孔隙率会导致薄膜不透明。分析原因认为:PPO 的分解速率高于其在基体中的扩散速率,分解产物特别是高体积分数的产物起到类似发泡剂的作用,促使基体塑化,从而增大孔尺寸和连通性。可能的解决方法是使基体交联,提高基体对分解产物的耐溶剂性[32]。

芳香族乙炔侧基可在 200~300℃ 发生交联反应,该交联结构有利于提高聚合物基体的耐热性。该交联反应温度比完全酰亚胺化的 PMDA-3FDA 聚酰亚胺的 T_g(约 440℃)低 150~200℃,因此交联反应不可能在已酰亚胺化的基体中进行,但应在热不稳定分散相分解前完成。采用 PAE 路线可以实现上述要求。

如前所述，PAE前驱体在120℃即可发生软化，该软化温度远低于酰亚胺化所需的250℃，使乙炔侧基的交联可在完全酰亚胺化前完成。采用带有苯乙炔侧基的3FET二胺单体和3F二胺单体与PMDA的二乙酯二酰氯反应,添加热不稳定分散相PPO15%~40%(质量)(17%~44%(体积))制备共聚物,3FET在PAE中的含量为5%~40%(质量)。在N_2环境和300℃条件下,完成含乙炔基PAE的交联和酰亚胺化。DMTA测试至475℃,未见聚酰亚胺T_g转变,表明的确发生了交联反应。在-60℃出现PPO微相的转变。虽然发生了微相分离，试样仍呈透明状。在空气中加热至240℃开始发泡，试样转为不透明，表明孔的尺寸明显大于共聚物中初始微分离相的尺寸。由TEM观察表明，孔已贯穿整个试样(800Å)，泡沫的形态与共聚物的形态明显不同，说明发生了塑化和发泡，导致孔增大和互连。进一步研究表明，交联对聚酰亚胺的丙酮和乙醛吸收率几乎没有影响。应注意，交联不适于提高聚酰亚胺的稳定性和泡沫材料的孔隙率[23]。

9.2.7.2　PAA/PU共混多孔膜材料

Takeichi等[33]尝试将聚酰亚胺的前驱体聚酰胺酸(PAA)与聚氨酯(PU)的预聚体混合，在酰亚胺化过程中，聚氨酯预聚体与聚酰亚胺发生接枝反应，同时在聚酰亚胺基体中发生相分离。随后，在300~400℃热处理1h，得到多孔聚酰亚胺薄膜。典型的多孔膜形态如图9.12所示。PI与PU的配比和热处理温度对薄膜形态及性能的影响如表9.8所列。

由图9.12和表9.8可知，气孔尺寸受组分比影响不大，当PI/PU达到20/80时，仍可得PI多孔膜，说明在该比例下，PI仍呈连续相，且保持了PI高玻璃化温度和良好的热稳定性。但增加聚氨酯含量，在提高多孔膜的孔隙率的同时会导致其力学性能下降。

表9.8　热处理温度和配比对PI/PU多孔膜性能的影响[33]

PI/PU	处理温度/℃	气孔尺寸/μm 平均	气孔尺寸/μm 范围	拉伸模量/GPa	拉伸强度/MPa	伸长率/%	表观密度/(g/cm³)
100/0	300	—	—	2.64	137.3	65.7	1.34
100/0	350	—	—	2.53	117.1	48.3	1.31
100/0	400	—	—	2.94	128.6	30.6	1.38
80/20	300	1.4	0.9~1.9	2.90	94.1	37.0	1.31
80/20	350	1.5	1.0~1.9	2.31	98.6	20.1	1.25
80/20	400	1.5	1.0~2.0	3.00	113.8	15.5	1.35
50/50	300	1.4	1.0~1.9	2.30	56.3	9.1	1.25
50/50	350	1.5	1.1~1.9	2.64	45.3	4.6	1.13
50/50	400	1.3	0.8~1.7	2.24	24.5	3.5	1.10

(续)

PI/PU	处理温度/℃	气孔尺寸/μm 平均	气孔尺寸/μm 范围	拉伸模量/GPa	拉伸强度/MPa	伸长率/%	表观密度/(g/cm³)
20/80	300	1.6	1.4~1.9	0.45	10.3	8.1	0.87
	350	1.7	1.5~1.9	1.40	13.6	3.2	0.81
	400	1.6	1.1~2.1	—	—	—	0.78

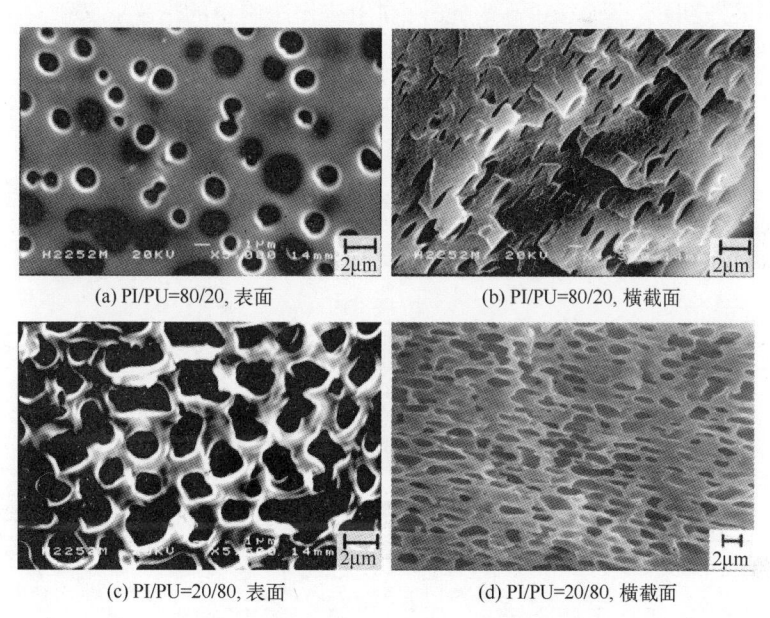

(a) PI/PU=80/20,表面　　(b) PI/PU=80/20,横截面

(c) PI/PU=20/80,表面　　(d) PI/PU=20/80,横截面

图 9.12　PI/PU 多孔膜的 SEM 照片[33]

与上述 IBM 研究组开发的热分解法相比,该方法的特点:①制备工艺更简单,只需简单的共混和加热反应;②可使用高分子量的聚酰亚胺前驱体,从而使多孔膜具有更好的物理性能;③可通过选择聚氨酯预聚体实现气孔尺寸控制。但这种方法目前还很难得到纳米级气孔。因此,这类多孔膜不能用于微电子绝缘材料。Takeichi 等[34]在 900℃将这类聚酰亚胺多孔膜碳化,得到了孔径为 0.6~10μm 的碳膜,有望用于气体/液体的分离。

9.2.7.3　超支化化合物掺杂 PAA 的纳米泡沫材料

2004 年,Kim 等[35]发表了一种超支化结构的可分解化合物(BTRC-BE),其化学结构如图 9.13 所示。TGA 分析表明,该化合物在 320℃开始分解,在约 430℃完全分解。将这种化合物与 PMDA/ODA 的聚酰胺酸溶液混合均匀、涂膜,在 300℃酰亚胺化,然后在氮气环境和 440℃下保持 10h,使 BTRC-BE 全部分解,结果获得了纳米泡沫材料。BTRC-BE 含量为 5%(质量)和 20%(质量)的聚酰亚胺薄膜的微观形貌如图 9.14 所示。由图 9.14 可知,气孔分布比较均匀,BTRC-BE 含量为 5%(质量)时,气孔尺寸(长轴方向)约为(90±50) nm,BTRC-BE 含量为 20%(质量)时,气孔尺寸增至(390±100) nm。也就是说,气孔的尺寸和密度可由 BTRC-BE 的添加量控制,但无薄膜介电性能和力学性能数据。

上述方法对聚酰亚胺基体材料的热稳定性和力学性能具有很高要求,大大限制了聚酰亚胺基体的选择范围,且满足热性能和力学性能要求的聚酰亚胺通常具有很高的极性,吸水率往往过高。此外,利用该方法制备的聚酰亚胺微发泡材料的孔隙率受到一定限制,一般介电常数大于 2.0。

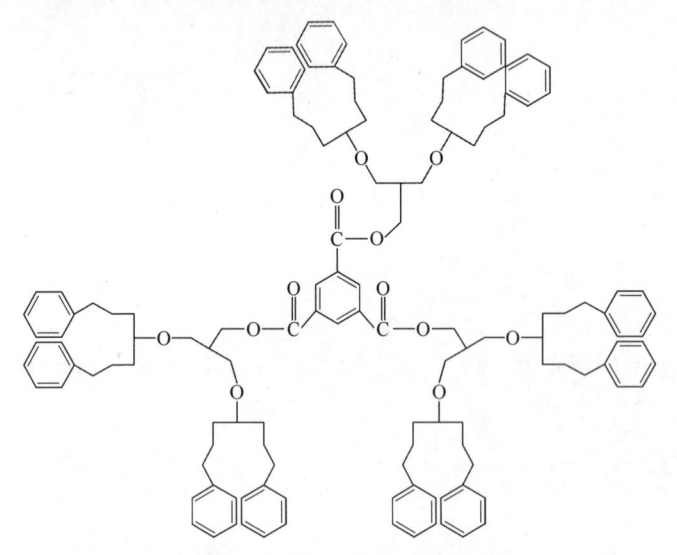

图 9.13 可分解超支化致孔剂 BTRC-BE 的化学结构[35]

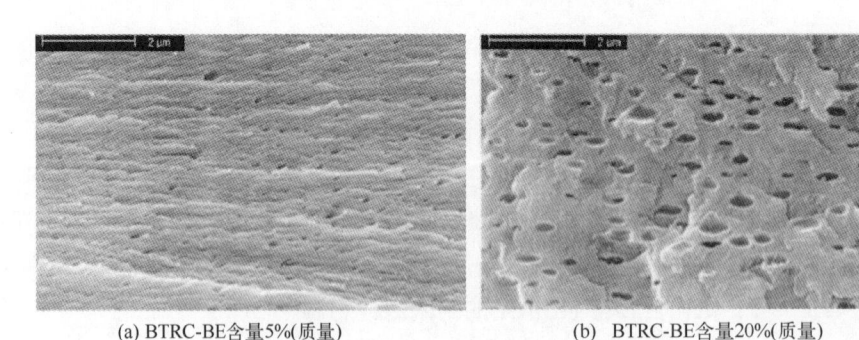

(a) BTRC-BE含量5%(质量)　　(b) BTRC-BE含量20%(质量)

图 9.14 热分解后不同 BTRC-BE 含量聚酰亚胺薄膜横截面的 SEM 照片[35]

9.2.7.4 脂肪族聚酰亚胺的减压分解的多孔薄膜材料

脂肪族或部分脂肪族聚酰亚胺因耐热性和模量较低,无法利用上述方法制备纳米多孔膜。韩国 Chung 等[36]提出一种减压分解工艺,先制备单氨基封端的聚环氧丙烷(PPG),然后利用脂环族二酐 DAn 和对苯二胺与 PPG 合成三嵌段共聚物,制得部分脂肪族聚酰亚胺多孔膜,并进行了性能表征,其合成路线如图 9.15 所示。

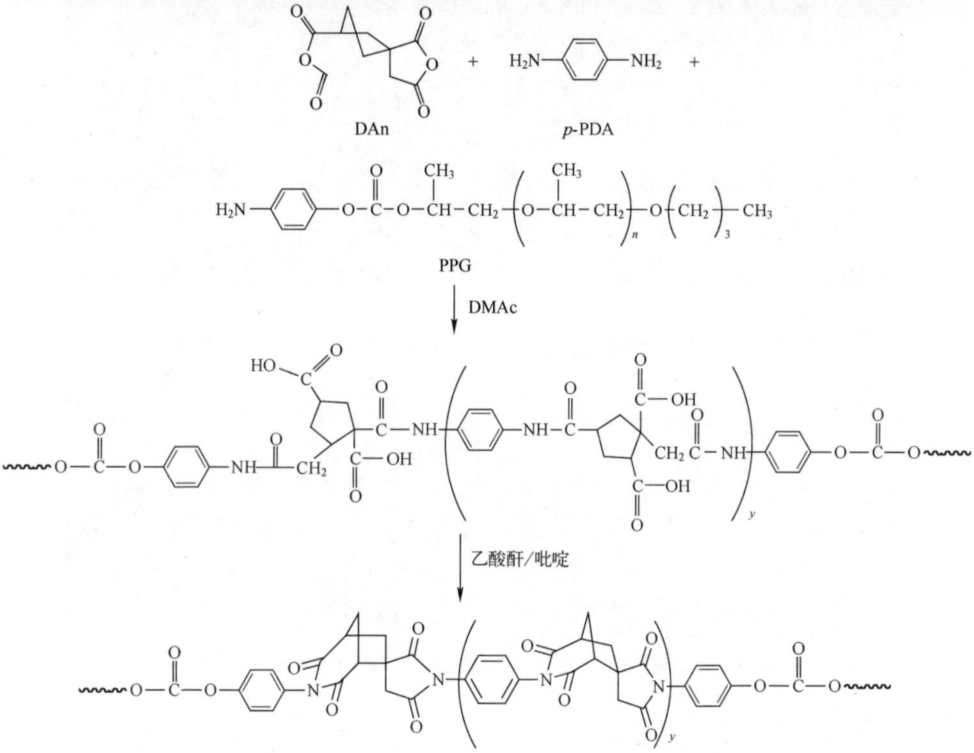

图 9.15　部分脂肪族聚酰亚胺/PPG 三嵌段共聚物的合成路线示意图[36]

他们先将三嵌段共聚物溶于甲基亚砜中,过滤后在硅片上涂膜,经 170℃烘干得厚度为 7~15μm 的薄膜;然后在真空干燥箱中 240℃烘 90min 使 PPG 嵌段降解,并考察了 PPG 含量与真空度对所制薄膜形态和性能的影响。表 9.9 列出不同 PPG 添加量的聚酰亚胺多孔膜的性能,由表 9.9 中试样 P16 在不同真空度条件下制得薄膜的形态如图 9.16 所示。

表 9.9　均聚物和三嵌段共聚物的分子量、PPG 含量以及介电常数[36]

试样编号	M_W	M_n	PPG 含量/%(质量) 添加量	测试值 TGA	测试值 NMR	介电常数
P0	62400	60200	0	0	0	2.73
P8	71200	98400	8	8	8	2.60
P16	53700	52200	16	13	13	2.52
P27	48800	44700	27	19	17	2.42

(a) 压力1mmHg (b) 压力710mmHg

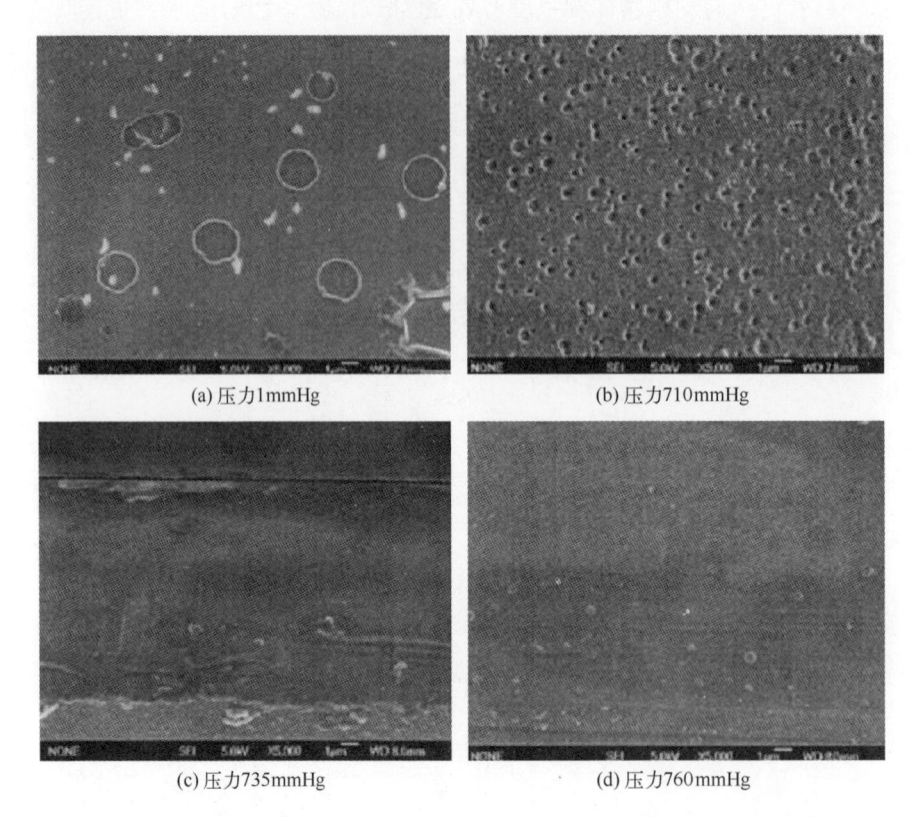

(c) 压力735mmHg (d) 压力760mmHg

图9.16 不同真空度下由P16热分解制备的多孔膜横截面的SEM照片[36]

(1mmHg=133.3Pa)

由图9.16(c)和(d)可知,在760mmHg或735mmHg条件下,薄膜内部没有形成孔洞。这表明不稳定分散相热降解形成的空洞很快发生了坍塌,在较高的真空度下(710mmHg),形成了直径为200~500nm的闭孔,如图9.16(b)所示。这证明适当提高真空度(减压)可加快降解产物从聚酰亚胺基体中的逸出速度,并保留孔的结构。在真空度过高(1mmHg)时,形成气孔的直径大于2μm,如图9.16(a)所示。

图9.17给出了三种共聚物在240℃和710mmHg条件下制备的多孔膜横截面的形态。由图9.17可知,三种共聚物均形成了闭孔的多孔结构,孔径随着PPG含量的增加由100nm增加到1000nm左右。可见,可通过增加PPG的含量,增大PPG链段相分离微区的尺寸,由表9.9可知,该聚酰亚胺微发泡材料的介电常数依然大于2.0。

(a) 试样P8　　　　　　　　(b) 试样P16　　　　　　　　(c) 试样P27

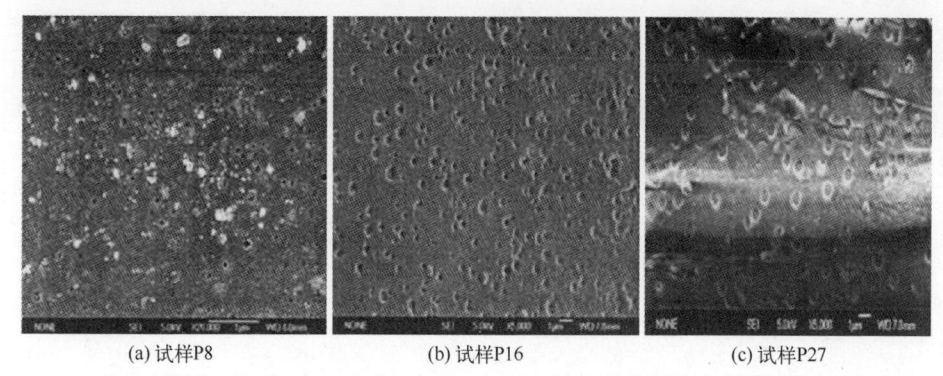

图 9.17　不同共聚物在 710mmHg 条件下制备的多孔膜横截面的 SEM 照片[36]

9.3　超临界 CO_2 发泡法

利用超临界 CO_2 发泡大体可分为两种原理：一种是利用其作发泡剂，通过不同手段将超临界 CO_2 渗入被发泡材料中，经减压或升温等方法，使 CO_2 从超临界状态转变为气态，在被发泡材料中胀大，形成泡孔，从而实现发泡；另一种是利用其作干燥剂，在超临界状态下置换被发泡材料中的溶剂相，然后减压使 CO_2 从超临界状态转变为气态，从被发泡材料中排出，留下原有溶剂相的孔洞，从而实现微发泡，如气凝胶。

9.3.1　超临界 CO_2 作发泡剂的聚酰亚胺微发泡泡沫

Van der Vegt 等[37-39]利用超临界 CO_2 作为物理发泡剂制备出一系列聚酰亚胺微发泡材料。该方法是将聚合物薄膜置入高压容器并充入一定压力（饱和压力 p_{sat}）的 CO_2，在一定温度（饱和温度 T_{sat}）下保持 2h，使 CO_2 在薄膜中达到饱和后，迅速卸压（1s），取出薄膜；然后浸入一定温度（发泡温度 T_{foam}）的甘油中，保持一定时间（发泡时间 30s 左右）；最后将薄膜浸入乙醇/水（1/1）中冷却，用乙醇充分清洗，再在 30℃下真空干燥 24h，得到微发泡材料。所用聚酰亚胺基体分子结构如图 9.18 所列，制得材料的性能如表 9.10 所列。由表 9.10 可见，该方法可制得聚酰亚胺纳米或微米泡沫材料，其介电常数可降至 2.0 以下。

表 9.10　CO_2 发泡聚酰亚胺的主要工艺参数及泡沫性能[37]

聚合物	编号	p_{sat}/MPa	T_{sat}/℃	T_{foam}/℃	形态	密度/(g/cm³)	T_g/℃	ν_{air}	ε'_{exp}①	ε'_{calc}②	ε'_{calc}③
1	1-0				致密	1.240	314	0	3	3	3
	1-1	5.0	25	250	纳米多孔	1.084	—	0.126	2.69	2.75	2.69
	1-2	5.0	25	270	纳米多孔	0.914	—	0.263	2.18	2.47	2.37
	1-3	5.0	25	290	纳米多孔	0.775	—	0.375	1.97	2.25	2.13

(续)

聚合物	编号	P_{sat}/MPa	T_{sat}/℃	T_{foam}/℃	形态	密度/(g/cm³)	T_g/℃	ν_{air}	ε'_{exp}①	ε'_{calc}②	ε'_{calc}③
2	2-0	—	—	—	致密	1.430	250	0	2.79	2.79	2.79
	2-1	5.5	25	220	微米多孔	1.207	—	0.156	2.4	2.51	2.45
	2-2	5.5	25	240	微米多孔	1.023	—	0.285	2.2	2.28	2.19
	2-3	5.5	0	240	纳米多孔	0.861	—	0.398	1.87	2.08	1.97
3	3-0	—	—	—	致密	1.481	298	0	2.73	2.73	2.73
	3-1	5.5	25	250	微米多孔	1.010	—	0.318	1.91	2.18	2.09
	3-2	5.5	0	250	纳米多孔	0.870	—	0.413	1.774	2.02	1.91
4	4-0	—	—	—	致密	1.343	395	0	2.574	2.57	2.57
	4-1	5.5	0	300	纳米多孔	0.832	—	0.381	2.243	1.97	1.89
5	5-0	—	—	—	致密	1.45	380	0	3.15	3.15	3.15
	5-1	5.0	25	150	片层	1.35	—	0.069	2.85	3.00	2.96
	5-2	5.0	25	200	片层	1.25	—	0.160	2.57	2.81	2.72
	5-3	5.0	25	250	片层	1.13	—	0.221	2.26	2.67	2.57
	5-4	5.0	25	300	片层	1.08	—	0.255	1.98	2.51	2.39

① 在25℃,1KHz条件下测得;
② 利用混合物线性规则计算;
③ 利用 Maxwell-Garnett 平均场方程计算。

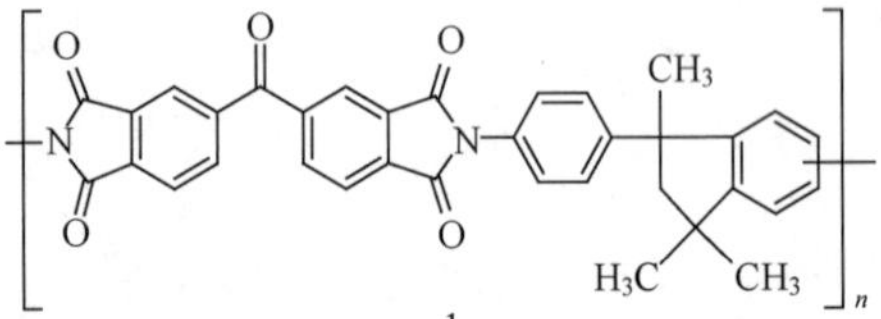

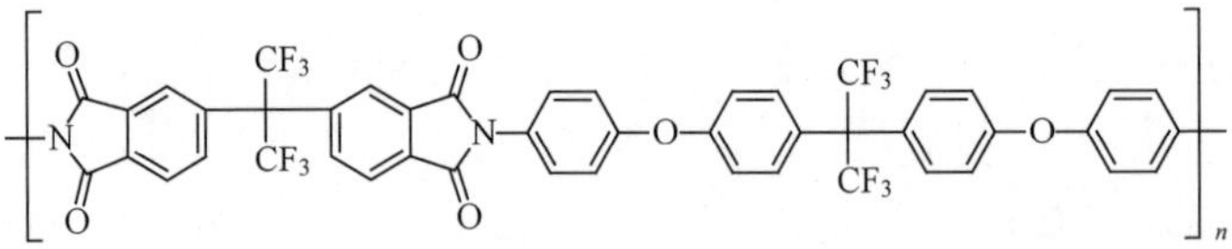

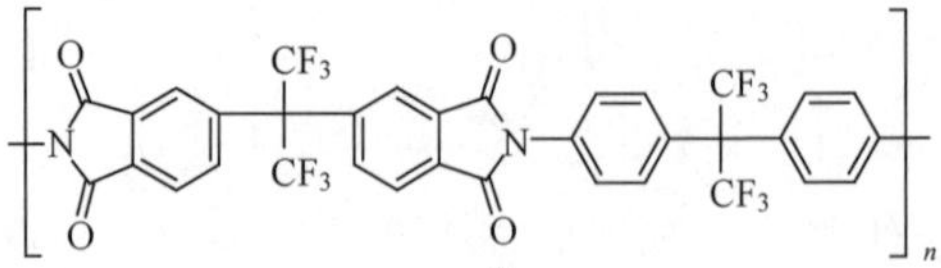

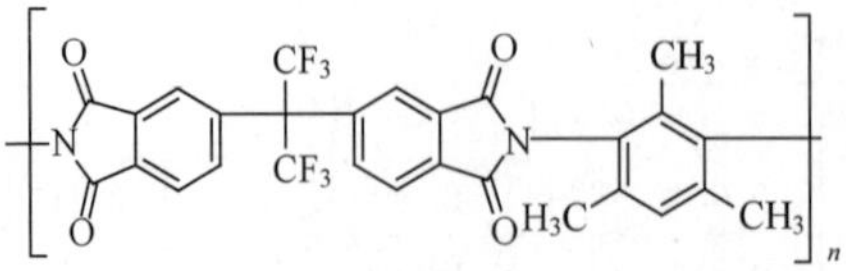

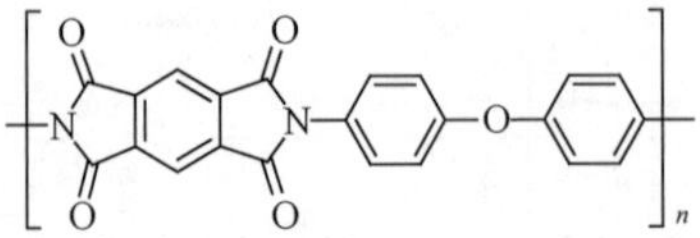

图 9.18 CO_2 发泡聚酰亚胺基体的分子结构[37]

第9章 聚酰亚胺微发泡材料

此外,他们[40]还利用类似的方法制备出一种聚酰亚胺 Matrimid 和双酚 A 型聚砜共混物的微发泡材料,并讨论了共混物配比与发泡工艺对微发泡材料形态的影响。

研究表明,这种微发泡材料的形态与发泡温度和薄膜中 CO_2 的浓度密切相关。CO_2 对聚合物薄膜起到增塑作用,导致其 T_g 降低,发泡温度应高于 CO_2 增塑聚酰亚胺薄膜的 T_g,而低于纯聚酰亚胺的 T_g,图 9.19 所示为 Matrimid/PSU 发泡材料的密度与发泡温度间的关系。由图 9.19 可见,随着共混物中聚酰亚胺含量的增加,起始发泡温度升高,发泡材料能达到的最小密度增大。

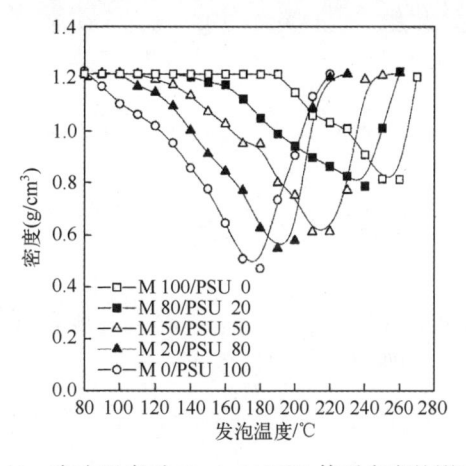

图 9.19 发泡温度对 Matrimid/PSU 体系密度的影响[40]

CO_2 的浓度对微孔最终的形态影响较大:低 CO_2 浓度易形成闭孔的微泡结构;高 CO_2 浓度易形成开孔的纳米多孔结构。微孔形态从闭孔转变到开孔所需的 CO_2 浓度范围十分狭窄,约为 $(50±3)cm^3/cm^3$(CO_2/聚合物)。利用该方法制备的多孔薄膜的孔径一般较大,且多呈互连通孔,很难得到满足多层微电子器件要求的薄膜。图 9.20 所示为 CO_2 饱和压力为 5MPa 时制得的典型 PSU、PI 及其共混物纳米多孔膜的形貌。

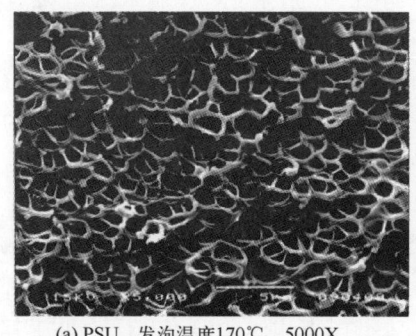

(a) PSU,发泡温度170℃,5000X

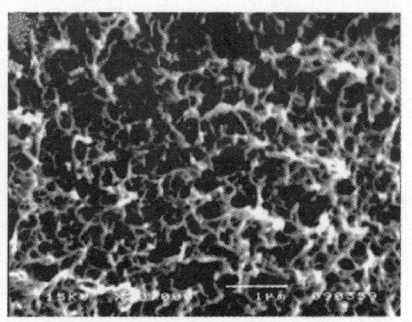

(b) PSU/PI=50%(质量)/50%(质量),发泡温度210℃,20000X

(c) PSU/PI=20%(质量)/80%(质量),
发泡温度240℃,20000X

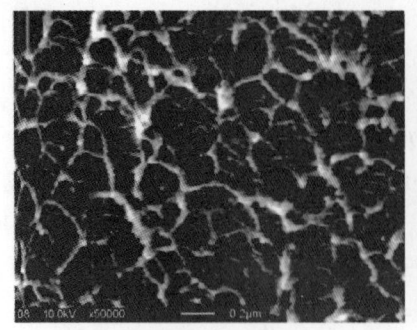

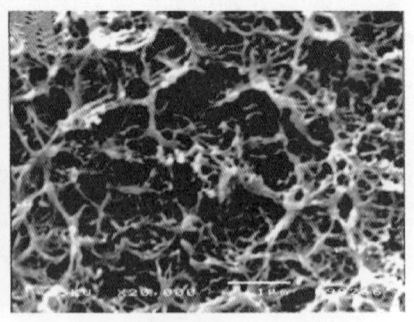

(d) PI,发泡温度260℃,50000X

图9.20 CO$_2$饱和压力为5MPa时,典型PSU、PI及其共混物纳米多孔膜的形貌[40]

9.3.2 超临界CO$_2$作干燥剂的聚酰亚胺气凝胶

9.3.2.1 制备原理

通常情况下,气凝胶由湿凝胶经干燥过程除去其所含溶剂制备而成。在干燥过程中,界面间毛细压力的驱动使湿凝胶发生一定的收缩塌陷,毛细压力为

$$p_c = \frac{\gamma_{LV}}{r_P}\cos\theta = \frac{\gamma_{LV}}{\dfrac{2V_P}{S_P}}\cos\theta \tag{9.2}$$

式中:γ_{LV}为微孔内液-气界面的表面张力;r_P为微孔半径;θ为液体与凝胶网络间的接触角;V_P、S_P分别为微孔的体积和表面积。相邻不同半径微孔间存在压力梯度,干燥过程中毛细压力差达100~200MPa,从而导致制品收缩和开裂。因此,湿凝胶强度、微孔尺寸及均匀性、溶剂种类是影响干燥过程中收缩开裂的主要因素。有研究表明[41]:湿凝胶干燥过程中所受应力与微孔内液体黏度和干燥速率成正比,与湿凝胶渗透率呈反比;当微孔大于20nm或小于4nm时,界面张力更低。因此,理论上可通过控制干燥条件在一定范围内控制最终气凝胶微孔尺寸。

一种常用的制备方式是冷冻-干燥方法,该方法先将样品冷冻为固体,再在真空下升华除去溶剂,该状态下没有液-气界面而只有固-气界面,毛细压力的作用很小,但冷冻干燥制备聚酰亚胺气凝胶的方法需要长时间进行溶剂交换,且制品密度较高(大于0.2g/cm^3)。

20世纪90年代以来,以超临界CO$_2$为代表的超临界流体萃取/干燥技术开始广泛运用于多孔材料的制备领域。在超临界干燥状态下,由于没有液-气界面,不存在毛细压力。如图9.21所示,超临界流体是指当流体的温度和压力处于其临界温度和临界压力以上时,该流体处于超临界状态,超临界态的流体具有许多独特的性质,如黏度小、密度、扩散系数、溶剂化能力等性质随温度和压力变化十分敏感,黏度和扩散系数接近气体,而密度和溶剂化能力接近液体等。

表9.11列出几种常见超临界流体的临界参数。由表9.11可知:CO_2的临界温度接近室温,也就是说,在室温附近即可实现CO_2超临界操作,且其临界压力并不高,对压力设备的要求较低;CO_2具有无毒、不可燃等特点,因此是超临界流体技术中最常用的溶剂。

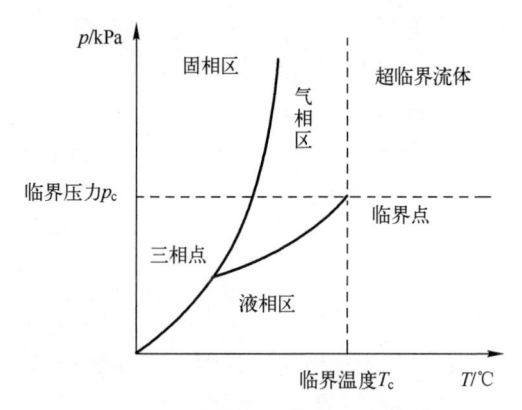

图9.21 超临界流体定义示意图

表9.11 几种常见的超临界流体临界参数

物质	临界温度 T_c/℃	临界压力 p_c/MPa
CO_2	31.1	7.37
乙烷	32.3	4.88
乙烯	9.3	5.04
氮	−147.0	3.39
氨	132.5	11.28
苯	288.9	4.89
环己烷	280.3	4.07
水	374.2	22.05

利用超临界CO_2干燥法制备聚酰亚胺气凝胶的具体步骤如下:在某特定溶剂体系中制得聚酰胺酸稀溶液,并采用化学亚胺化制备湿凝胶;利用乙醇、丙酮、环己烷等溶剂对湿凝胶进行溶剂交换,并将样品置于超临界压力釜中,加入液态CO_2,增加压力和温度,使干燥釜中的CO_2变为超临界流体,随后超临界CO_2会置换出湿凝胶中的溶剂,直至湿凝胶中所有溶剂均被超临界CO_2所置换;将压力缓慢释放,此时存在于湿凝胶聚合物骨架之间的超临界CO_2会变为气态CO_2,形成几纳米至几微米的孔隙,最终制得含有纳米孔或微米孔的聚酰亚胺气凝胶。

9.3.2.2 合成方法与发展历程

最初,人们尝试以二酐和二胺为单体,利用传统的合成路线制备线性聚酰胺酸稀溶液,然后采用化学亚胺化制备湿凝胶,再利用超临界 CO_2 干燥制备气凝胶。这种方法收缩率过高(达 40%),难以降低气凝胶的密度[42]。

2010 年,美国密苏里科技大学[43]利用二异氰酸酯代替二胺与二酐反应制备湿凝胶,经几天的老化和溶剂置换,再利用超临界 CO_2 干燥制备气凝胶。这种方法虽然能够大大降低收缩率,10%固含量体系的产物收缩率最低仅 2.1%,产物密度最低约 $0.11g/cm^3$,孔隙率达 93%,平均孔径为 28~40nm,但这种利用二异氰酸酯制备的气凝胶因酰亚胺化程度较低,200℃ 就出现 5% 以上的失重,热稳定性差。2011 年,该课题组[44]以降冰片烯封端的二酰亚胺预聚物为主要原料,利用 ROMP 法制备湿凝胶,经 90℃ 高温老化和几天的溶剂置换,再利用超临界 CO_2 干燥制备气凝胶。这种方法制得的气凝胶虽然具有较小孔径(20~33nm),且孔隙率为 50%~90%,但其制备过程中收缩率大(28%~39%),密度较高($0.13~0.66g/cm^3$)。

2007 年,日本研究者[45]利用三胺单体使酐封端聚酰胺酸预聚物交联,通过热酰亚胺化使其凝胶,然后利用超临界 CO_2 干燥制备聚酰亚胺气凝胶。这种方法制得的气凝胶收缩率较低,孔隙率大于 90%,但所用预聚物分子量低,力学性能差,且干燥后需要进一步热处理,在此过程中出现变形。因此可在聚酰胺酸预聚物中添加多官能度交联剂,使预聚物在酰亚胺化之前形成一定的交联网络,提升凝胶的强度,有效降低凝胶及干燥过程中气凝胶的收缩率。图 9.22 所示为已报道的部分交联剂化学结构。

2011—2015 年,NASA 的 Glenn 研究中心[46-48]和中国科学院化学所[49]分别以三官能度或八官能度的化合物为交联剂,利用化学酰亚胺化制备聚酰亚胺湿凝胶,同样经若干天的老化、溶剂交换和超临界 CO_2 干燥,制得综合性能较好的聚酰亚胺气凝胶。NASA 聚酰亚胺气凝胶的固含量为 10%(质量),聚合度为 25~30,其典型聚酰亚胺气凝胶块体的性能如表 9.12 所列。

表 9.12 典型聚酰亚胺气凝胶块体的性能

单体	交联剂	收缩率/%	密度/(g/cm^3)	孔隙率/%	BET 比表面积/(m^2/g)	孔径/nm	T_d/℃	压缩模量/MPa
BPDA/PPDA	OAPS	38	0.296	82.0	380	14	625	78.7
BPDA/DMBZ	OAPS	6.0	0.086	94.0	507	28	530	17.9
BPDA/DMBZ	TAB	17	0.131	91.6	472	28	511	20.1
BPDA/DMBZ	BTC	15	0.132	90.2	513	10~40	510	45.4
BPDA/BAX	OAPS	11~13	0.10~0.11	91~92	240~260	20~40	560	—

(续)

单体	交联剂	收缩率/%	密度/(g/cm³)	孔隙率/%	BET比表面积/(m²/g)	孔径/nm	T_d/℃	压缩模量/MPa
BPDA/ODA	OAPS	14	0.116	92.4	270	25	525	10.4
BPDA/ODA	TAB	22	0.194	88.1	412	26	548	12.7
BPDA/ODA	BTC	20	0.153	90.0	405	10~40	598	28.8
BPDA/6FDA/ODA	TAB	12	0.112	92.6	452	—	—	3.35

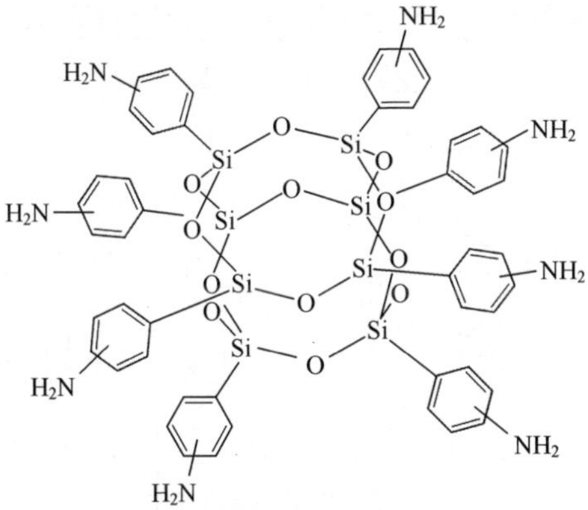

八氨苯基倍半硅氧烷
(Octa(aminophenyl)silsesquioxane, OAPS)

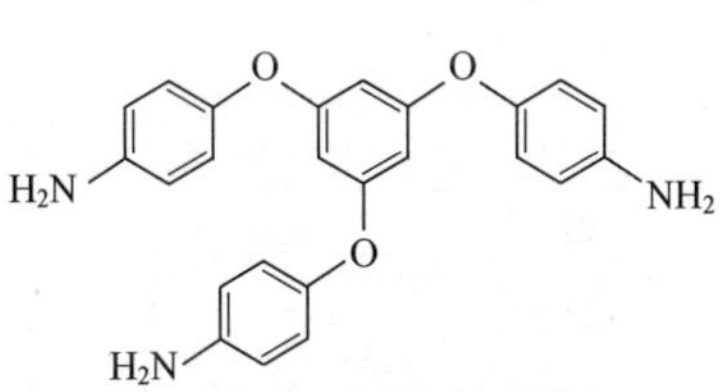

1,3,5-三氨基苯氧基苯
(1,3,5-Triaminophenoxybenzene, TAB)

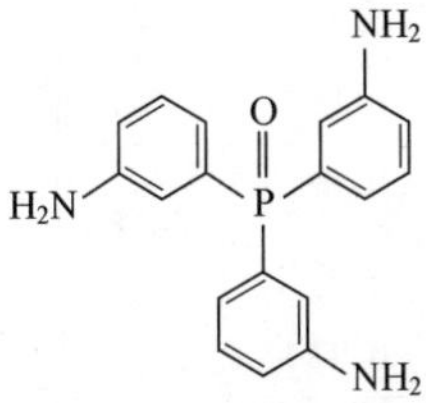

三(3-氨基苯基)氧膦
(Tris(3-aminophenyl)phosphine oxide, TAPO)

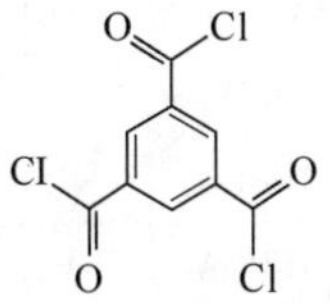

1,3,5-三酰氯苯
(1,3,5-Benzenetricarbonyl trichloride, BTC)

图9.22 已报道的部分交联剂的化学结构

研究表明:在树脂基体相同时,以三官能度的TAB或BTC两种交联剂制得的气凝胶孔隙结构相近;以八官能度的OAPS为交联剂时,气凝胶的收缩率和密度更低,韧性更好;以TAB为交联剂可制得柔性可折叠的气凝胶薄膜,但密度大于0.13g/cm³;以八官能度的OAPS为交联剂时,联苯酐(BPDA)/二苯胺基对二甲苯(BAX)体系在聚合度为25时可制得厚度为0.5mm、密度约0.1g/cm³的柔性可折叠气凝胶薄膜,其室温常压热导率约14.4mW/(m·K),室温真空热导率仅4.3mW/(m·K),均与相同密度的SiO₂气凝胶相当。可见,高官能度交联剂有利于提高聚酰亚胺气凝胶的韧性,降低其密度。这说明高官能度交联剂制备的聚酰亚胺湿凝胶强度更高,干燥过程中形成的收缩和缺陷更小。但是,这种方法可采用的高官能度交联剂种类稀少,官能度单一,价格十分昂贵,严重限制了聚酰亚胺气凝胶的结构调控和量产的可行性。

以自制的三胺化合物 TAPO 为交联剂,加入 BPDA/PMDA 混杂二酐和 ODA 构成的聚酰胺酸体系,制得耐热性更好、刚度更高的聚酰亚胺气凝胶,如表 9.13 所列。可见,当使用刚性更强的单体 PMDA 代替部分 BPDA 时,气凝胶的压缩模量和压缩强度比只使用 BPDA 为单体时有所提高。在 BPDA 与 PMDA 摩尔比为 1:1 时,气凝胶的压缩模量达 14.9MPa,玻璃化温度为 309℃。然而,该方法的局限性在于:TAPO 的反应活性有限,交联作用对产物性能的提升不明显。

表 9.13 气凝胶性能及配方

编号	二酐	聚合度	固含量/%(质量)	密度/(g/cm³)	收缩率/%	10%变形压缩强度/MPa	压缩模量/MPa	比强度/((MPa·cm³)/g)
1	BPDA	30	10	0.18	16	0.16	6.8	0.89
2	BPDA	30	7.5	0.14	19	0.12	1.7	0.86
3	BPDA	30	5	0.14	22	0.09	1.6	0.64
4	BPDA	30	2.5	0.09	30	0.04	1.0	0.44
5	BPDA	15	10	0.22	19	0.72	8.2	3.27
6	BPDA	15	7.5	0.19	22	0.72	8.6	3.79
7	BPDA	15	5	0.16	26	0.55	7.0	3.44
8	BPDA	15	2.5	0.12	33	0.15	3.0	1.25
9	1PMDA:4BPDA	30	10	0.17	14	0.72	6.5	4.24
10	1PMDA:4BPDA	30	7.5	0.15	19	0.54	4.1	3.60
11	1PMDA:4BPDA	30	5	0.11	24	0.47	1.0	4.27
12	1PMDA:4BPDA	30	2.5	0.08	29	0.14	0.8	1.75
13	1PMDA:4BPDA	30	10	0.24	19	1.37	12.2	5.71
14	1PMDA:4BPDA	30	7.5	0.32	20	1.64	14.9	5.13
15	1PMDA:4BPDA	30	5	0.24	24	1.10	11.5	4.58
16	1PMDA:4BPDA	30	2.5	0.22	24	0.97	10.6	4.41

近年来,众多研究表明[50],利用功能化纳米粒子作交联点可设计和调控水凝胶分子链网络,使传统水凝胶的强度和伸长率提高几十倍至上百倍,但纳米复合水凝胶的交联拓扑结构(交联密度、交联点密度、交联点形态等)对其性能的影响规律仍有待进一步研究。

2015 年,复旦大学[51]将氧化石墨烯(GO)作交联剂加入聚酰胺酸盐(PAA)水溶液中,利用冷冻干燥法制得 PAA-GO 气凝胶,随后经热酰亚胺化和碳化获得石

第9章 聚酰亚胺微发泡材料

墨烯/碳气凝胶。结果表明:随着 GO 交联剂的增加,该气凝胶表现出明显的多级孔结构,孔径为 50nm~2μm,比表面积显著增大。

北京航空航天大学[52]将多种不同形态、不同功能的纳米粒子加入聚酰胺酸中,制得系列气凝胶。例如,将银纳米线(AgNWs)进行氨基化改性,以 0.1%~2%(质量)的不同含量加入聚合度为 50 的 BPDA-ODA 聚酰胺酸中,制得系列气凝胶样品。结果表明:随着银纳米线含量的增加,气凝胶的压缩强度、压缩模量、拉伸强度和断裂伸长率均得到改善,如表 9.14 所列。在密度增加不多的情况下,压缩强度从 0.97MPa 升至 2.41MPa,气凝胶拉伸实验的断裂能从 18.95J/m^2 升至 40.18J/m^2。

此外,还将(GO)、氨基改性石墨烯(PPDA-GO)作为交联剂加入 PMDA/ODA 体系中,制得压缩模量较高的刚性气凝胶,其性能如表 9.15 所列。可见,样品的压缩模量达近 50MPa。缺点是产物的密度较大,均在 0.30g/cm^3 以上。此外,将银纳米颗粒、银纳米片、介孔二氧化硅微球、还原石墨烯等不同纳米粒子添加至聚酰胺酸制备气凝胶的研究也在进行中。

表 9.14 气凝胶性能及改性银线性能[52]

编号	氨基银纳米线含量/%(质量)	密度/(g/cm^3)	收缩率/%	10%变形压缩强度/MPa	压缩模量/MPa	断裂拉伸强度/MPa	断裂能/(J/m^2)
1	0	0.192	16.5	0.97	8.57	5.79	18.95
2	0.1	0.191	15.8	1.09	13.58	6.54	22.66
3	0.2	0.200	16.0	1.27	16.72	7.82	29.51
4	0.5	0.204	14.8	1.59	19.15	8.37	34.39
5	2	0.205	14.3	2.41	27.66	9.52	40.18

表 9.15 GO 及 PPDA-GO 交联气凝胶性能

试样编号	压缩模量/MPa	压缩强度/MPa	密度/(g/cm^3)	比模量/(MPa·cm^3/g)	比压缩强度/(MPa·cm^3/g)
GO-1	20.86	2.14	0.34	61.52	6.32
GO-2	22.24	2.19	0.33	66.99	6.59
GO-3	23.85	2.14	0.33	72.76	6.52
GO-4	21.58	2.11	0.32	67.25	6.59
GO-5	23.89	2.06	0.31	89.81	7.74
PPDA-GO-1	35.15	3.50	0.35	100.82	10.03
PPDA-GO-2	38.84	4.59	0.38	102.52	12.10
PPDA-GO-3	45.46	4.57	0.38	119.59	12.02
PPDA-GO-4	49.47	4.74	0.37	132.02	12.65
PPDA-GO-5	49.86	4.71	0.37	134.54	12.72

注:从 GO-1 至 GO-5,氧化石墨烯添加量从 0 依次上升到 0.5%。

综上所述,无论是为低密度聚酰亚胺气凝胶的强韧化,还是为低成本干燥工艺,均需调控聚酰亚胺湿凝胶的结构(分子结构、交联拓扑结构等)。目前,聚酰亚胺分子结构,特别是交联拓扑结构对其湿凝胶状态的影响规律仍在研究过程中,尚缺乏有效调控手段,制约了低成本、低密度、高性能聚酰亚胺气凝胶的开发。

9.3.2.3 典型实例

1. OAPS 作交联剂的超临界 CO_2 发泡聚酰亚胺气凝胶[46,53]

合成方案如下:将 4.18mmol 的二胺溶解在 19mL 的 NMP 中,随后加入 BPDA(1.278g,4.34mmol),待 BPDA 完全溶解后加入 0.042mmol 的 OAPS(与 BPDA 摩尔比为 1∶100),配置成固含量为 10% 的混合物;将该混合物搅拌 10min,再加入 34.7mmol 的乙酸酐和吡啶(与 BPDA 的摩尔比均为 8∶1),得到的溶胶搅拌 10min 后倒入直径为 2cm 的 20mL 离心管模具中,等待其凝胶,凝胶过程约 60min;用 N-甲基-2-吡咯烷酮(NMP)、75%NMP 的丙酮溶液、25%NMP 的丙酮溶液和纯丙酮分别浸泡 1 天,将湿凝胶中的溶剂全部置换为丙酮;在超临界干燥器中,在 10.0MPa 和 25℃下用液态 CO_2 交换出丙酮,再将温度上升到 45℃,达到超临界态,交换充分后,缓慢地将 CO_2 排出,得到密度为 $0.095g/m^3$、孔隙率为 93.7% 的气凝胶。该气凝胶的主要性能如表 9.16 所列。由该表可知,引入刚性二胺较好地改善了气凝胶柱体的压缩模量,并使薄膜试样的拉伸强度、拉伸模量得到改善。但同时,刚性二胺含量越高,样品的收缩率和密度越大,孔隙率有所降低,刚性更强的 PPDA 比 DMBZ 更明显地体现了这一行为。

表9.16 主要性能指标及其原料配比

刚性二胺含量/%(质量)	刚性二胺种类	密度/(g/cm³)	薄膜密度/(g/cm³)	孔隙率/%	收缩率/%	压缩模量/MPa	薄膜拉伸模量/MPa	薄膜断裂拉伸强度/MPa
100	PPDA	0.296	0.395	82.0	38.3	78.7	167.5	4.5
75	PPDA	0.267	0.400	83.4	36.4	54.3	155.0	3.9
50	PPDA	0.291	0.451	80.3	37.7	51.7	130.9	3.5
25	PPDA	0.206	0.274	85.8	29.5	20.2	72.2	1.6
0	PPDA	0.122	0.163	91.6	16.2	18.4	35.2	2.1
100	DMBZ	0.086	0.108	94.1	6.0	17.9	72.8	2.1
75	DMBZ	0.086	0.150	93.8	6.1	25.6	76.6	1.9
50	DMBZ	0.094	0.197	93.8	8.5	21.5	58.6	3.4
25	DMBZ	0.101	0.132	93.1	9.8	18.0	40.0	1.2
0	DMBZ	0.116	0.162	92.4	14.1	10.4	25.4	1.4
100	PPDA	0.268	—	85.3	36.9	56.0	—	—

(续)

刚性二胺 含量/% (质量)	刚性二胺 种类	密度 /(g/cm³)	薄膜密度 /(g/cm³)	孔隙率 /%	收缩率 /%	压缩模量 /MPa	薄膜拉伸 模量/MPa	薄膜断裂拉 伸强度/MPa
50	PPDA	0.214	—	86.2	31.2	26.7	—	—
0	PPDA	0.133	0.166	91.4	19.0	23.9	33.7	1.2
100	DMBZ	0.089	—	93.9	6.7	22.1	—	—
50	DMBZ	0.110	0.179	92.8	12.9	18.5	54.8	1.8
0	DMBZ	0.153	0.157	90.7	19.7	19.4	31.2	1.3

2. 三官能度化合物作交联剂的超临界 CO_2 发泡聚酰亚胺气凝胶[47,48,52,54]

PI 气凝胶的合成方案如图 9.23 所示,以 TAB 为交联剂,将两种二酐(BPDA、BTDA)与三种二胺(ODA、DMBZ、p-PDA)分别组合制得聚酰亚胺气凝胶,其聚合

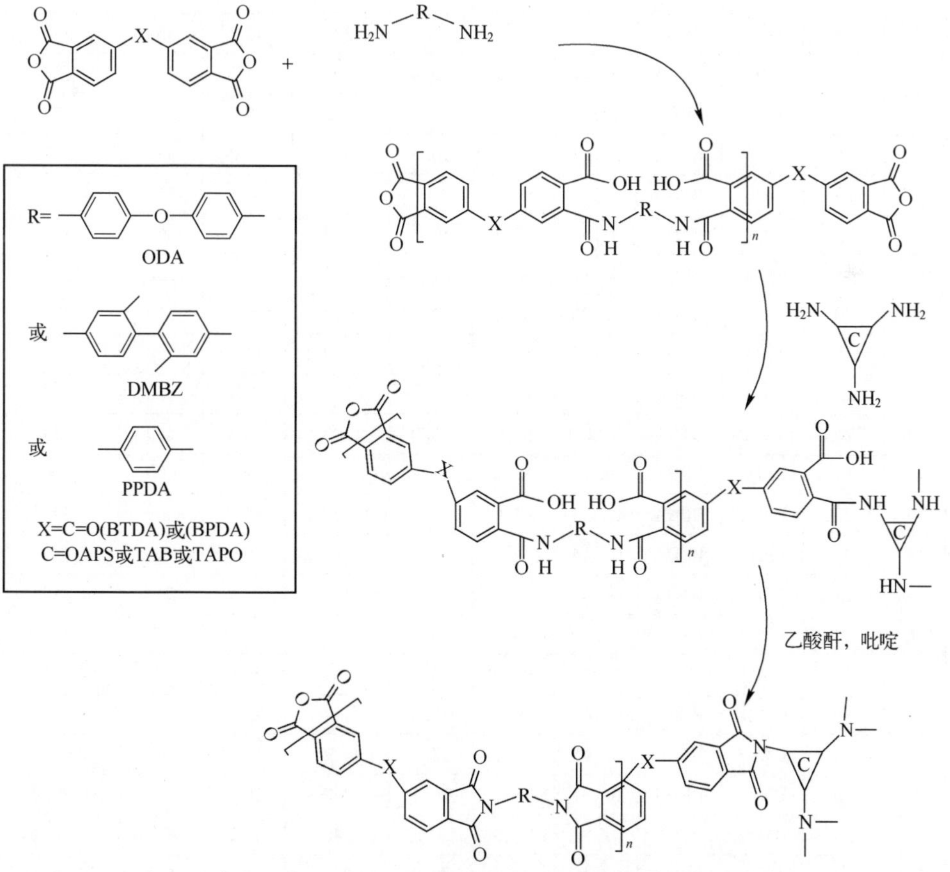

图 9.23 以三胺化合物为交联剂的 PI 气凝胶的合成方案示意图

度为30,所制聚酰胺酸的NMP溶液的固含量为10%,表9.17和表9.18列出了气凝胶的配方与性能。作为范例,使用BPDA、ODA作单体的聚酰胺酸制备步骤如下:在氮气气氛下,将ODA(3.16g,15.8mmol)加入50mL的NMP中,并加入BPDA(4.79g,16.3mmol);待全部溶解后,将TAB(0.14g,0.35mmol)分散在16mL的NMP中,并持续搅拌10min;以BPDA 8倍的摩尔量加入乙酸酐(12.3mL,130mmol)和吡啶(10.5mL,130mmol),混合均匀后立即倒入事先准备好的模具中,在20min后发生凝胶;静置老化1天后,用NMP、75%NMP的丙酮溶液、25%NMP的丙酮溶液和纯丙酮分别浸泡1天,将湿凝胶中溶剂全部置换为丙酮;进行超临界CO_2干燥,并在80℃真空烘箱中干燥10h,得到密度为0.203g/m³的气凝胶产物。

表9.17 气凝胶性能指标及其配方[47]

样品	重复单元数	二胺	二酐	密度(g/cm³)	孔隙率/%	收缩率/%	BET比表面积/(m²/g)	压缩模量/MPa	分解起始温度/℃	玻璃化温度/℃
1	15	ODA	BPDA	0.206	88.0	24.5	377	15.9	558	274
2	20	ODA	BPDA	0.194	86.7	22.4	401	11.1	557	267
3	25	ODA	BPDA	0.194	88.1	22.8	412	12.7	548	272
4	15	ODA	BTDA	0.144	90.6	20.3	469	1.0	552	257
5	20	ODA	BTDA	0.167	89.5	20.3	499	1.5	567	271
6	25	ODA	BTDA	0.157	89.4	19.3	477	0.9	565	268
7	15	ODA	BPDA	0.181	90.1	21.2	425	16.9	555	255
8	20	ODA	BPDA	0.196	86.2	22.1	377	5.5	552	272
9	25	ODA	BPDA	0.180	87.5	21.1	362	12.2	550	267
10	15	ODA	BTDA	0.192	87.0	23.3	—	0.9	560	278
11	20	ODA	BTDA	0.207	86.0	25.0	503	2.3	550	282
12	15	PPDA	BPDA	0.318	79.8	47.8	335	30.1	600	346
13	20	PPDA	BPDA	0.333	77.6	47.9	329	46.1	609	343
14	25	PPDA	BPDA	0.324	79.5	47.1	255	19.1	593	—
15	15	PPDA	BTDA	0.231	84.9	41.4	358	27.6	566	337
16	20	PPDA	BTDA	0.210	86.2	39.7	498	19.2	571	321
17	25	PPDA	BTDA	0.219	85.0	40.2	461	29.2	570	325
18	30	DMBZ	BPDA	0.146	89.7	19.0	314	19.1	517	286
19	30	DMBZ	BTDA	0.195	87.1	27.5	442	58.4	463	—
20	30	DMBZ	BPDA	0.131	91.6	17.1	472	20.1	511	293
21	30	DMBZ	BTDA	0.181	87.6	30.1	340	102	470	—
22	30	ODA	BPDA	0.207	86.3	28.7	202	13.9	577	292

表9.18 气凝胶性能指标及其配方[54]

样品	二酐	二胺DMBZ含量/%(质量)	密度/(g/cm³)	压缩模量/MPa	X波段介电常数	X波段损耗角正切/×10⁻³	低频介电常数	低频损耗角正切/×10⁻³	Kₐ段介电常数	Kₐ损耗角正切/×10⁻³
1	BPDA	0	0.207	13.9	1.266	8.74	—	—	—	—
2	BPDA	0	0.163	—	1.223	7.00	—	—	1.227	7.00
3	BPDA	25	0.130	16.0	1.170	4.70	—	—	1.185	4.71
4	BPDA	75	0.159	—	1.158	4.33	1.260	6.77	—	—
5	BPDA	75	0.108	—	1.136	5.68	—	—	1.133	1.78
6	BPDA	50	0.188	33.9	—	—	—	—	1.214	3.37
7	BPDA	50	0.195	28.1	—	—	—	—	—	—
8	BPDA	100	0.111	19.1	1.155	3.90	—	—	1.145	1.57
9	BPDA	100	0.131	20.1	1.159	1.10	1.249	1.54	—	—
10	BTDA	0	0.264	6.7	—	—	—	—	—	—
11	BTDA	25	0.195	17.8	1.246	4.69	—	—	—	—
12	BTDA	50	0.196	—	1.249	4.13	—	—	—	—
13	BTDA	100	0.210	102.3	1.280	4.13	—	—	1.289	2.68
14	BTDA	75	0.197	56.2	1.239	4.60	1.356	1.04	—	—
15	BTDA	50	0.203	18.6	1.268	6.02	1.320	1.13	1.320	1.30
16	BTDA	100	0.195	58.4	1.285	5.30	1.355	4.05	—	—

以BTC为交联剂[49]的合成路线与前上述方案相似,首先合成以胺封端的聚酰胺酸低聚物溶液,聚酰胺酸溶液的固含量为7%~10%(质量),聚合度即重复单元数为10~40(质量),选用二胺为ODA或DMBZ。以使用DMBZ、聚合度40、固含量7%(质量)的配方为例,其合成步骤如下:将DMBZ(3.18g 15mmol)溶解在80mL的NMP中,然后加入BPDA(4.31g,16mmol)搅拌至全部溶解;依次加入11.07mL的乙酸酐和2.04mL的三乙胺,15min后,加入BTC(0.065g,0.24mmol)和10mL的NMP,搅拌均匀后立即倒入模具凝胶,凝胶过程持续10~15min;静置老化1天后,用NMP、75%NMP的丙酮溶液、25%NMP的丙酮溶液和纯丙酮分别浸泡1天,将湿凝胶中的溶剂全部置换为丙酮;在超临界干燥器中,以及7.8MPa、25℃下用液态CO_2交换出丙酮,再将温度升到35℃,达到超临界态,交换充分后,缓慢地将CO_2以10g/min的速率排出,得到密度为0.100g/m³、孔隙率为92.6%的气凝胶。主要性能如表9.19所列。由该表可知,采用BTC交联的气凝胶具有较好的压缩强度和弹性模量,同时比表面积也比使用OAPS交联的气凝胶普遍高,结合BTC交联剂较为廉价易得的优点,可有效降低成本。但BTC交联的气凝胶存在的问题是其吸

湿性较高,如何提高该体系气凝胶的疏水性是决定其使用价值的关键。

以 TAPO 为交联剂[52]的合成路线与前述方案相似,具体合成步骤如下:将 ODA(1.938g,9.68mmol)溶解在 30mL 的 DMAC 中,待完全溶解后加入 BPDA(2.942g,10mmol),并用 18mL 的 DMAC 冲洗;搅拌反应 12h 后,加入 TAPO(0.069g,0.215mmol),反应 4h 后,加入三乙胺、乙酸酐(均为 40mmol)进行亚胺化;搅拌 5min,倒入离心管,老化 24h 后,用 DMAC 浸泡 24h,除去三乙胺和乙酸酐;用乙醇进行溶剂交换,待溶剂交换完成后,将该样品用乙醇浸没并放入充满液态 CO_2 的干燥釜中(干燥釜维持 25℃,14MPa),用 CO^2 交换乙醇直至干燥釜中无醇剩余;交换 24h 后,将干燥釜的温度、压力分别设定为 45℃ 和 12MPa,使 CO_2 达到超临界态,并维持 5h;缓慢放气,将得到的 PI 气凝胶在真空烘箱中处理 12h,得到成品。所得气凝胶性能及配方如表 9.19 所列。

表 9.19 气凝胶性能指标及其配方[48]

样品	聚合度	二胺	固含量/%(质量)	密度/(g/cm³)	孔隙率/%	比表面积/(m²/g)	压缩模量/MPa	10%变形压缩强度/MPa	分解起始温度/℃
1	30	DMBZ	10.0	0.132	90.2	513	45.4	1.5	510.2
2	10	DMBZ	10.0	0.108	92.0	526	—	—	500.0
3	30	ODA	10.0	0.153	90.0	405	28.8	0.87	598.7
4	10	ODA	10.0	0.123	91.3	440	18.6	—	602.5
5	30	DMBZ	7.0	0.097	92.9	550	24.0	0.67	510.9
6	10	DMBZ	7.0	0.077	94.3	539	11.0	0.36	526.3
7	30	ODA	7.0	0.120	92.1	418	12.6	0.48	594.0
8	10	ODA	7.0	0.090	94.1	466	12.0	—	592.2
9	40	DMBZ	7.0	0.100	92.6	555	40.5	0.76	514.6
10	40	ODA	7.0	0.138	90.5	382	18.3	0.64	591.9
11	40	DMBZ	10.0	0.138	89.8	542	74.8	1.65	515.9
12	30	ODA	8.5	0.142	91.3	409	27.6	0.69	598.1
13	30	ODA	8.5	0.142	89.8	406	19.7	0.64	587.3
14	30	DMBZ	8.5	0.110	91.5	560	40.9	0.97	514.6
15	30	ODA	8.5	0.135	89.8	409	16.3	0.61	584.1
16	30	DMBZ	8.5	0.112	92.1	578	48.3	1.05	516.7
17	20	DMBZ	10.0	0.128	89.9	546	48.5	1.35	511.1
18	30	DMBZ	8.5	0.116	91.8	531	27.2	1.11	513.3
19	20	DMBZ	8.5	0.108	91.5	556	28.4	0.92	507.9

(续)

样品	聚合度	二胺	固含量/%(质量)	密度/(g/cm³)	孔隙率/%	比表面积/(m²/g)	压缩模量/MPa	10%变形压缩强度/MPa	分解起始温度/℃
20	30	ODA	8.5	0.142	89.5	395	18.3	0.66	580.0
21	20	DMBZ	7.0	0.096	92.4	571	37.6	0.65	515.6
22	40	ODA	8.5	0.157	88.4	444	22.0	0.81	583.9
23	30	ODA	10.0	0.154	88.8	388	21.6	0.82	588.1
24	30	DMBZ	8.5	0.116	91.5	558	70.4	1.10	510.3
25	20	ODA	7.0	0.119	91.6	423	21.3	0.45	591.6
26	40	ODA	10.0	0.177	87.4	374	37.6	1.08	589.1
27	20	ODA	8.5	0.127	90.5	397	17.6	0.56	599.4
28	30	DMBZ	8.5	0.111	91.6	548	34.3	1.04	515.5
29	30	ODA	8.5	0.145	89.6	379	25.5	0.74	586.5
30	40	DMBZ	8.5	0.120	90.8	488	38.0	1.16	520.9
31	20	DMBZ/ODA	7.0	0.085	94.4	504	11.9	0.39	531.5
32	30	DMBZ/ODA	7.0	0.092	93.5	476	15.4	0.47	—
33	40	DMBZ/ODA	7.0	0.091	93.9	477	22.5	0.44	535.8
34	20	DMBZ/ODA	10.0	0.120	88.1	493	28.5	0.77	544.7
35	30	DMBZ/ODA	10.0	0.126	89.1	474	28.9	0.89	539.0
36	40	DMBZ/ODA	10.0	0.132	87.3	437	33.1	0.97	540.4

3. 官能化纳米粒子作交联剂的超临界 CO_2 发泡聚酰亚胺气凝胶

以 GO 为交联剂[55]，PI/0.2% m-GO 气凝胶的合成方案如下：将 1.58g (7.9mmol)的 ODA 和 2.1mL 的 m-GO 悬浮液溶于 35.8mL 的 NMP 中超声 15min，之后在氮气气氛中加入 2.395g(8.15mmol)的 BPDA，待完全溶解后加入 6.15mL、65mmol 的乙酸酐(与 BPDA 的摩尔比为 8:1)和 5.25mL、65mmol 的吡啶，室温下凝胶 24h 后，用乙醇进行交换，再进行超临界干燥，制得气凝胶。

作为对比，以 TAB 为交联剂，PI/1.8%TAB 气凝胶的合成方案如下：将 1.58g (7.9 mmol)的 ODA 和 2.395g(8.15 mmol)的 BPDA 溶于 33mL 的 NMP 中，之后向溶液中加入 0.07g(0.175 mmol)的 TAB 和 5.65mL 的 NMP 混合溶液，之后的操作与前例相同。气凝胶性能指标及其配方如表 9.20 所列，可见，两种气凝胶性能各有特色。

表9.20　气凝胶性能指标及其配方

试样	孔体积 /(cm^3/g)	孔径 /nm	BET比表面积 /(m^2/g)	密度 /(mg/cm^3)	压缩模量 /MPa	比压缩模量 /(MPa·cm^3/g)
PI/1.8%TAB.	0.71	13.0	239	126.2	13.70	108.56
PI/0.2%m-GO	1.04	18.3	259	116.8	10.50	89.90

4. 其他方法的超临界 CO_2 发泡聚酰亚胺气凝胶[44,56]

聚酰亚胺气凝胶块体(MPA)的合成：通过在氮气气氛下，将10mmol 的 PMDA(2.0024g)和10mmol 的 ODA(2.0024g)缓慢加入 NMP(20mL)，然后在20℃下磁力搅拌24h合成聚(酰胺酸)溶液(PAA)。搅拌PAA溶液并缓慢加入丙酮(30mL)，搅拌1h使其溶胀以产生多孔结构；溶胀后，将溶液转移到30mL玻璃瓶中并置于高压釜中，以2℃/min的升温速度将处理温度升至150℃，在150℃保持6h，再以2℃/min的速率冷却，合成聚酰亚胺气凝胶块体(MPA)。

上述产物 MPA[56]具有高的热性能和力学性能，孔隙率为45%，气凝胶表面上的平均孔径为157nm，气凝胶内部的平均孔径为4nm；热失重10%的温度与纯 PI 相当，均为577℃，T_g 也类似。此外，油性物质吸附实验表明，产物MPA可吸附其自身质量1.5倍的油性物质；将油吸附样品加热至250℃即可回收气凝胶，实现油和气凝胶完全分离，且蒸发过程不改变气凝胶的形状。然而，由于气凝胶是块体结构，其对油的吸附比微孔气凝胶颗粒慢。

聚酰亚胺气凝胶[44]由两种预先制备好的溶剂混合而成，一种是 bis-NAD [2,2'-(methylenebis(4,1-phenylene))bis(3a,4,7,7a-tetrahydro-1H-4,7-methanoisoindole-1,3(2H)-dione)]的 NMP 溶液，另一种是具有潮湿耐受性的 Crubbs' 催化剂 GC-Ⅱ 的甲苯溶液。根据 bis-NAD 溶液浓度不同，制得产物的密度也不同。产物以 bis-NAD-×× 命名，其中的 ×× 代表 bis-NAD 在其 NMP 溶液中占的质量分数。将 bis-NAD 溶液加热到60℃后，加入50μL 的 GC-Ⅱ甲苯溶液，剧烈搅拌混合后倒入模具，10~20min 后发生凝胶；再将湿凝胶在90℃下老化12h，用 NMP、4-二氧六环和丙酮分别进行溶剂交换，最后进行超临界 CO_2 干燥，制得气凝胶，其合成方案示意图如图9.24所示，性能指标及其配方如表9.21所列。由表9.21可知，随着 bis-NAD 在其 NMP 溶液中占的质量分数的增加，气凝胶的密度、压缩屈服强度和压缩模量均呈增加趋势。但当其质量分数达到20%时，所得气凝胶的密度达到了0.625g/m^3，可应用的领域会有所受限。

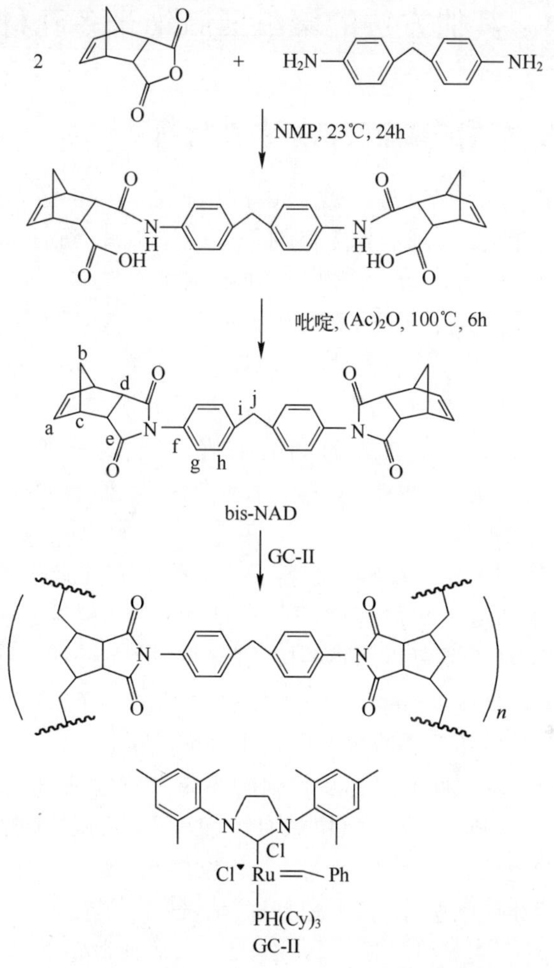

图 9.24 ROMP 法合成 PI 气凝胶合成方案示意图

表 9.21 ROMP 法合成 PI 气凝胶性能指标及其配方

试样	块体密度 /(g/cm³)	压缩速率 /s⁻¹	10%变形压缩强度 /MPa	压缩模量 /MPa
bis-NAD-5	0.240	0.035	0.36	—
bis-NAD-10	0.390	0.035	2.25	48
bis-NAD-15	0.528	0.035	6.05	173
bis-NAD-20	0.625	0.035	11.2	288

9.4 其他方法的聚酰亚胺纳米多孔材料

9.4.1 相反转法聚酰亚胺纳米多孔材料

相反转法也称为干-湿相反转法(dry-wet phase inversion process)。通常由三元体系,聚合物-良溶剂-不良溶剂体系,经浸润-沉淀技术实现,制备工艺如图9.25所示。Pinnau等[57,58]最先利用该技术制备了具有无缺陷表皮的聚砜非对称薄膜,并研究了工艺对薄膜结构和气体渗透性能的影响。这种非对称薄膜透气性能主要由其表层决定。该表层应是无缺陷的,且越薄越好,以获得最高的气体透过性能和气体选择性。表层的形成显著受挥发步骤(干燥处理)的影响,表层的厚度受挥发时间的影响,表层的形态和透气性能由溶剂挥发时发生的相反转决定,也受挥发溶剂种类影响;而薄膜次层的结构由浸润处理步骤决定[59]。

Kawakami等[60-71]利用相反转法制备了一系列具有无缺陷表皮的聚酰亚胺非对称多孔膜,系统地研究了聚酰亚胺的化学结构[64,65]、相对分子质量[66]、涂膜工艺[67]和表层碳化处理[68-70]等对薄膜结构、气体渗透性能和选择性能的影响,并获得了具有适当表层厚度(约10nm)、氧气渗透率为 7.9×10^{-4} $cm^3(STP)/(cm^2 \cdot s \cdot cmHg)$、$O_2/N_2$ 选择性可达 5.3 的聚酰亚胺非对称薄膜。

相反转法制备聚酰亚胺非对称多孔膜的步骤大致包括:将聚酰亚胺溶于良溶剂(如THF、DMAc、NMP、DMF、二氯甲烷/1,1,2-三氯乙烷/丁醇混合溶剂等)中,制成一定固含量的溶液;在玻璃板上涂膜;挥发溶剂;浸入不良溶剂(如水、甲醇、乙醇、异丙醇、甲苯和环己烷等)产生相分离;清洗;干燥等。

其中,良溶剂-不良溶剂的相互作用参数 χ_{12} 对薄膜的最终结构具有显著影响。在 χ_{12} 较低时,良溶剂与不良溶剂间的分层很快发生,薄膜形成多孔的上层和"指状"的孔结构,如图9.26所示。当 χ_{12} 较高时,良溶剂与不良溶剂间的分层发生缓慢,薄膜形成半多孔的上层和海绵状的孔结构。6FDA/6FAP体系的聚酰亚胺(结构和性能参见表9.22)以水作不良溶剂,不同良溶剂制得的非对称膜的形态如图9.27所示[71]。这种差异源于相分离速率的差异。在相分离过程中,热力学和动力学因素都会显著影响薄膜的形成过程,薄膜最终的孔隙率大小通常由聚合物溶液的热力学性能决定,而孔径大小和分布一般由动力学因素决定。也就是说,聚合物溶液与沉淀剂之间界面处的物质交换速率决定了薄膜的结构形态。

第9章 聚酰亚胺微发泡材料

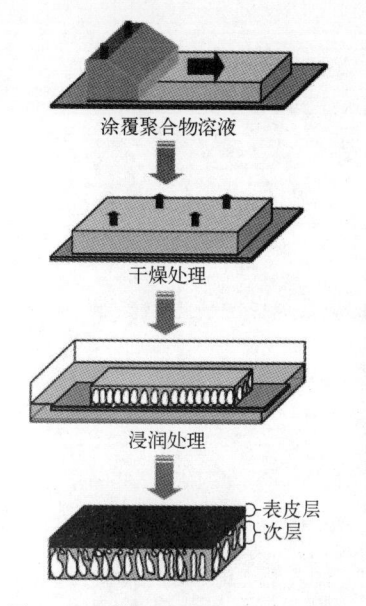

图9.25 利用干-湿相反转法制备非对称薄膜的制备工艺过程示意图

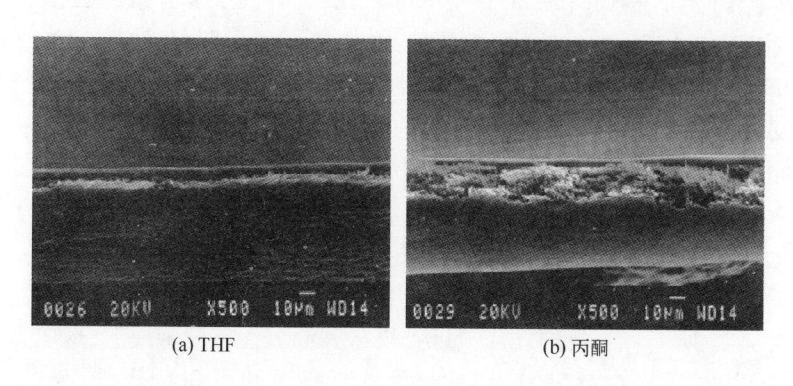

图9.26 6FDA/6FAP 聚酰亚胺非对称薄膜中"指状"孔结构的微观形貌和结构示意图[71]

表9.22 6FDA/6FAP 聚酰亚胺的化学结构与基本性能[71]

化学结构	M_W	M_W/M_n	T_g/℃
	$1.2 \sim 1.5 \times 10^5$	2.0~2.2	332

(a) THF

(b) 丙酮

339

(c) DMAc	(b) MMP
(e) DMF	(f) DMSO

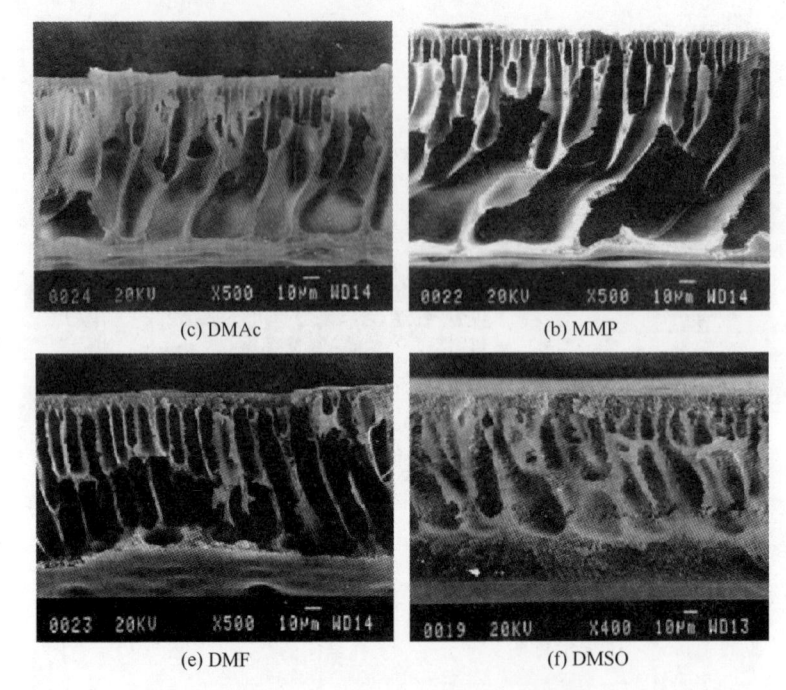

图 9.27　良溶剂种类对 6FDA/6FAP 聚酰亚胺非对称膜横截面微观形貌的影响[71]

为系统地研究相分离速率对薄膜形态的影响，Matsuyama 等[72]在 NMP 中加入水改变相分离速率，并对薄膜形态进行了考察。Kawakami 等[73,74]考察了聚酰亚胺溶液中加入醇类溶剂对其表层结构和透气性能的影响。结果表明，随着加入醇类溶剂分子量的增大，非对称薄膜的表层厚度减小。图 9.28 所示为加入不同丁醇含量的 NMP 对薄膜微观结构的影响。

由图 9.28(a)和(c)可知：当丁醇含量较低时，薄膜呈多孔的上层和"指状"次层孔结构；当丁醇含量较高时，薄膜呈海绵状孔结构；当丁醇含量为 25.5%(质量)时，孔结构由"指状"转变为柱状，如图 9.28(b)所示。实际上，加入 29%(质量)的甲醇或 9%(质量)的辛醇也能获得类似的柱状孔结构。使用不同的溶剂和醇，可得到宽度为 4～10μm、高度为 90～200μm 的柱状孔结构。

此外，Matsuyama 等[72]还在液氮中成功地除去这种非对称膜的多孔表层，得到了如图 9.29 所示的蜂窝状结构。这种具有直孔结构的材料，有望用作光子带隙材料和催化剂载体等。但是，目前他们只能除去薄膜上表层很小的一部分。

Han 等[75]先利用 6FDA 和 DMMDA 合成了一种高吸水率可溶聚酰亚胺，基本性能如表 9.23 所列；然后将其溶于氯仿，再将其涂覆在玻璃基板上，形成多孔聚酰亚胺薄膜，考察了相对湿度和溶液浓度对薄膜微孔形态的影响，结果分别如图 9.30 和图 9.31 所示。可见，较高的相对湿度和浓度有利于提高孔的有序程度，孔径的大小可由相对湿度调节,该文献只给出薄膜表面的形态,没有表示其横截面的形态、力学性能和介电性能。

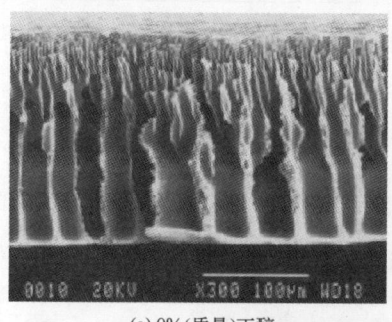

(a) 0%(质量)丁醇

(b) 25.5%(质量)丁醇

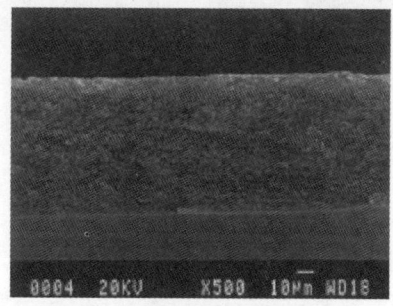

(c) 42.5%(质量)丁醇

图 9.28　NMP 中的丁醇含量对 6FDA/6FAP 聚酰亚胺非对称膜横截面微观形貌的影响[73]

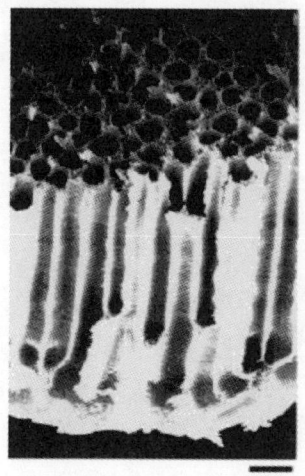

图 9.29　除去多孔表层的 6FDA/6FAP 多孔膜的次层横截面 SEM 照片[73]

表 9.23　6FDA-DMMDA 聚酰亚胺的化学结构与基本性能[75]

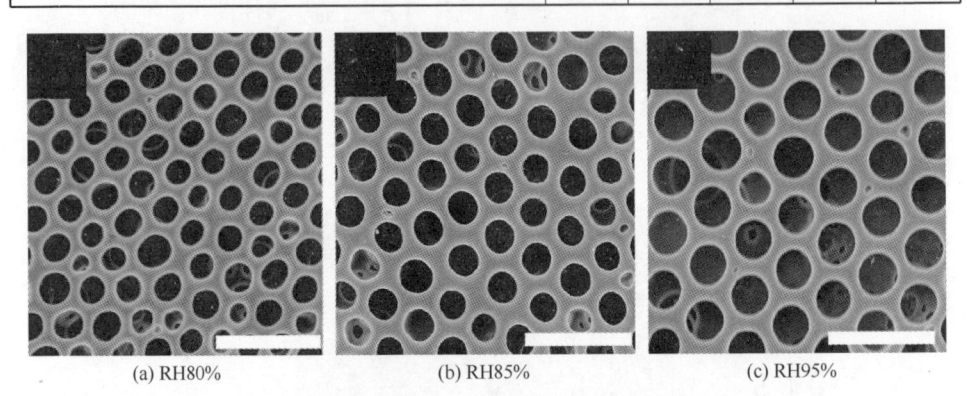

化学结构	接触角	M_W	M_W/M_n	$T_g/℃$	$T_d/℃$
(结构式)	67.6	164300	1.72	281	520

(a) RH80%　　(b) RH85%　　(c) RH95%

图 9.30　相对湿度对 6FDA-DMMDA 多孔薄膜微结构的影响

(温度 20℃,溶液浓度 5g/L,图中标尺表示 5μm [75])

(a) 0.5g/L　　(b) 2g/L

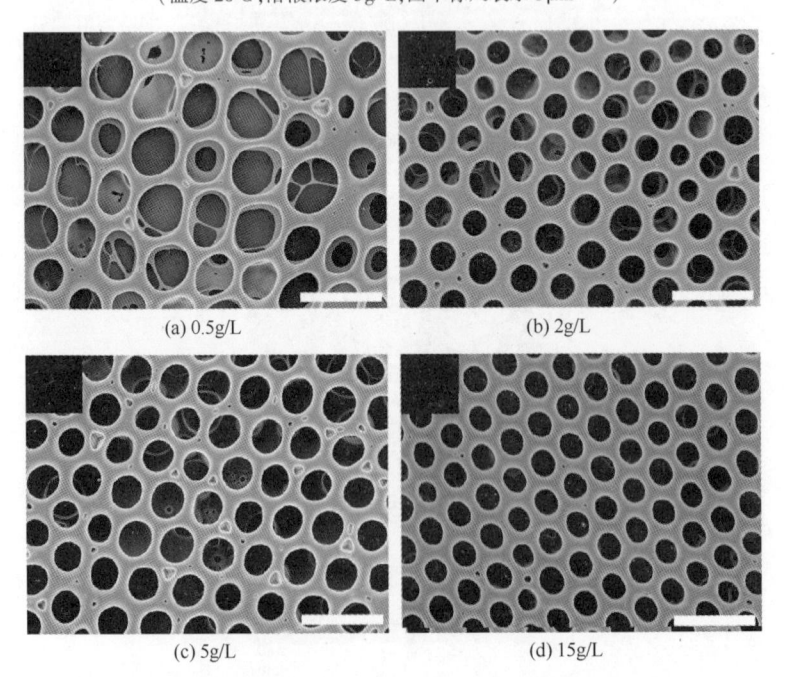

(c) 5g/L　　(d) 15g/L

图 9.31　溶液浓度对 6FDA-DMMDA 多孔薄膜微结构的影响

(温度 20℃,相对湿度 95%,图中标尺表示 5μm [75])

第9章 聚酰亚胺微发泡材料

在利用这种方法制备聚酰亚胺微发泡材料时,存在泡孔结构在薄膜厚度方向不均匀的问题。这是因为在与不良溶剂作用时,薄膜的一侧直接与不良溶剂接触,另一侧为基板,如玻璃、硅片等,因此通常得到的是非对称薄膜,从而限制了其在电池隔板或微过滤器材料方面的应用。

2004年,Ube公司的一项专利[56]给出了一种改进的相反转法,他们利用良溶剂与少量不良溶剂混合作为聚酰亚胺前驱体溶液的溶剂,而在产生相分离的沉淀剂中加入少量溶剂,聚合物溶液中溶剂的含量大于沉淀剂中的溶剂含量。利用这种方法制备的聚酰亚胺微发泡材料空气侧的泡孔平均直径与基板侧相差小于100%,孔径的分散系数小于70%,孔间距的分散系数小于50%。

2001年,O'Neill 等[77]利用类似方法成功地制备出小于等于10μm厚、平均孔径约30nm的聚酰亚胺纳米多孔薄膜。其主要特征在于:①将聚酰亚胺溶解于至少由两种溶剂组成的混合溶剂中,其中高沸点溶剂和低沸点溶剂的沸点差应大于等于50℃;②将上述溶液旋涂成膜;③将大多数低沸点溶剂除去;④将薄膜与聚酰亚胺的不良溶剂接触,该不良溶剂应与溶液中的至少两种溶剂相容,从而引发薄膜内的相反转;⑤产生平均孔径小于30nm的孔。

以数均分子量为$1×10^4$~$3×10^4$g/mol、PDI=2~3的BTDA/DAM(酮酐/1,3,5-三甲基苯二胺)体系为例,以碳酸丙二酯(PC)、二氧六环(D)和THF为混合溶剂,水为相反转剂(不良溶剂),不同数均分子量BTDA/DAM聚酰亚胺的薄膜性能如表9.24所列。利用PAE路线制得BPDA/FDA聚酰亚胺薄膜的性能如表9.25所列。

由表9.24可见,该方法可制得平均孔径小于30nm、孔隙率高达54%的聚酰亚胺纳米泡沫材料,其介电常数可达1.93。

由表9.25可见,该方法制得的聚酰亚胺泡沫材料多为纳米泡沫材料,且介电常数大多可降至2.0以下,其中5号试样的平均孔径小于30nm,孔隙率达50%,介电常数可降至1.67。

表9.24 BTDA/DAM聚酰亚胺多孔膜的介电常数和折射率[77]

试样编号	介电常数 ε (±5%)	折射率 η (±5%)	孔隙率 /%	平均孔径 /nm
1	4.14	1.6833	0	
2	3.53	—	11	<20
3	2.75	1.464	28	<30
4	1.93	—	54	<30

表 9.25 BPDA/FDA 聚酰亚胺多孔膜的介电常数和折射率[77]

试样编号	介电常数 ε (±5%)	折射率 η (±5%)	孔隙率 /%	平均孔径 /nm
1	2.75	1.6808	0	—
2	—	1.530	—;21	<30
3	1.95	1.4325	34;34	<30
4	1.98	—	33	<30
5	1.67	—	50	<30
6	1.93	—	35	<30
7	1.91	—	37	<30
8	1.81	—	42	>100
9	1.38	—	70	>100
10	2.35	—	16	<20
11	1.92	—	36	<30

9.4.2 添加笼形聚倍半硅氧烷粒子法聚酰亚胺纳米多孔材料

在聚酰亚胺基体中添加笼形聚倍半硅氧烷(Polyhedral Oligosilsesquioxane, POSS)粒子也能够得到聚酰亚胺多孔膜。典型的 POSS 是一种内核有 0.5nm 孔隙的粒子,其结构如图 9.32 所示。其中,$R_1 \sim R_8$ 表示取代基团,可赋予 POSS 不同的性能,目前已报道的用于制备聚酰亚胺多孔膜的 POSS 主要有四种,分别为 OAPS、POSS-Cl、OFG 和 POSS-PEO。

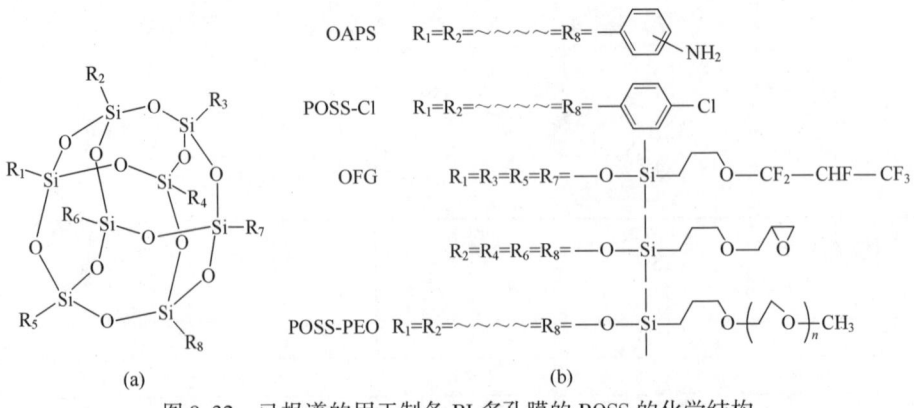

图 9.32 已报道的用于制备 PI 多孔膜的 POSS 的化学结构

第9章 聚酰亚胺微发泡材料

Huang 等[78,79]将八氨苯基倍半硅氧烷(OAPS)加入到由 6FDA 和 DADPM 合成的聚酰胺酸中,然后在玻璃板上涂膜,经热亚胺化制得厚度约 $50\mu m$ 的 PI/OAPS 纳米杂化膜。薄膜的力学性能热性能如表 9.26 所列,在 0.3MHz 时介电常数随温度的变化如图 9.33 所示。分析表明,随着 OAPS 含量的增加,PI 多孔膜的玻璃化温度和面内模量增高,介电常数和吸水率降低。

表 9.26 OAPS 含量对 6FDA/DADPM 聚酰亚胺纳米杂化膜力学性能和热性能的影响[79]

编 号	OAPS 含量 %(质量)	OAPS 含量 %(体积)②	T_g/℃③	T_d/℃④	CTE/ 10^{-6}/K	密度/ (g/cm³)	拉伸模量 /GPa	伸长率 /%	最大应力 /MPa	吸水率/ %(质量)
纯 PI	0	0	308.1	513.5	55.2	1.43	2.01±0.04	7±1.2	95.6±3.4	2.73
PI(9:10:0.25)①	4.4	5.7	320.6	519.7	50.1	1.42	—	—	—	2.57
PI(8:10:0.5)	8.7	11.1	332.1	508.1	49.1	1.40	—	—	—	2.24
PI(6:10:1)	17.0	21.2	363.2	507.9	47.0	1.36	—	—	—	1.69
PI(4:10:1.5)	24.8	30.2	379.8	495.6	43.5	1.31	—	—	—	1.26
PI(10:10:0.25)	4.3	5.6	322.8	522.2	51.4	1.39	2.37±0.09	9±1.2	110.0±8.1	2.39
PI(10:10:0.5)	8.2	10.5	341.0	523.8	50.5	1.37	2.73±0.03	5±1	105.1±5.3	1.97
PI(10:10:1)	15.2	19.0	365.8	528.6	49.9	1.32	2.82±0.06	3±1	80.3±4.9	1.38
PI(10:10:1.5)	21.2	26.1	385.7	540.2	45.6	1.28	2.96±0.04	2±1	44.3±2.1	1.14

① 表示二胺:二酐:OAPS 的摩尔比;
② 理论值,根据纯 PI 的密度(1.43)和 OAPS 的密度(1.09)计算得到;
③ 由 DMTA 测得的玻璃化温度;
④ 由 TGA 测得的 on-set 分解温度

图 9.34 给出了几种 PI 多孔膜微结构的 TEM 照片,由图 9.34 可知,OAPS 略有团聚,且随着其含量的增加,团聚的颗粒增大。由图 9.34(d)可知,当 OAPS 含量过高时,其自组装成直径 60~70nm 的棒状结构,这可能是由 OAPS 分子与 PI 间的链-链排列造成的。Leu 等[80]将 POSS-Cl 添加到 6FDA/HAB 聚酰亚胺体系中,也观察到类似现象,并给出了解释,薄膜的性能如表 9.27 所列。Ye 等[81]在 POSS 的侧基中引入三氟甲基和环氧基团,制得 OFG(图 9.25);然后,将其与 PMDA 和 MDA 制得的聚酰胺酸混合、涂膜,热亚胺化后得到 PI/OFG 纳米杂化膜。不同 OFG 含量的多孔膜性能如表 9.28 所列。

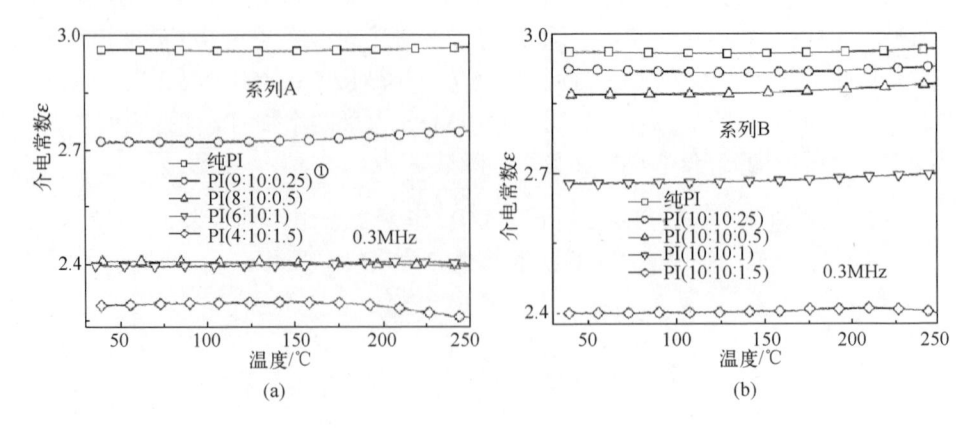

图 9.33　纯 PI 和 PI 纳米杂化膜在 0.3MHz 的介电常数
(① 二胺:二酐:OAPS 的摩尔比)

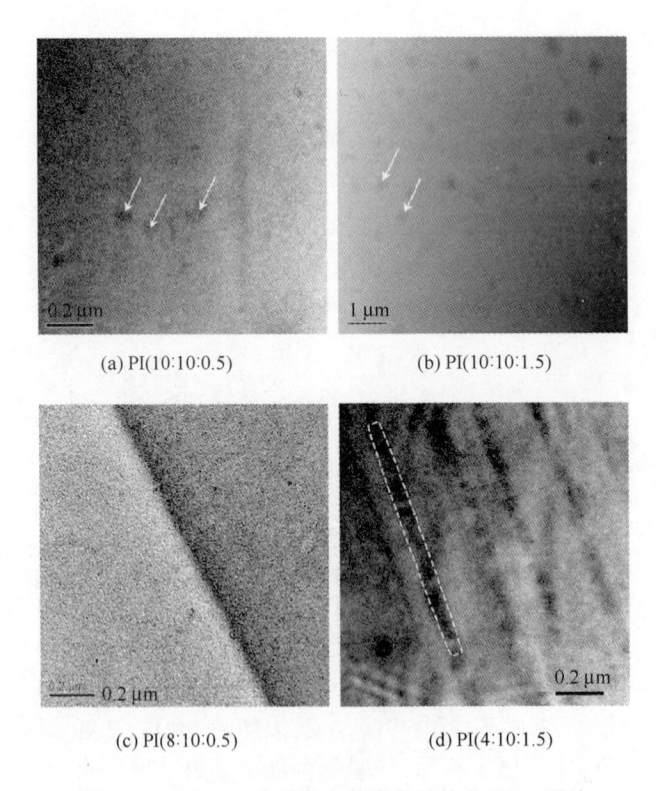

(a) PI(10:10:0.5)　　(b) PI(10:10:1.5)

(c) PI(8:10:0.5)　　(d) PI(4:10:1.5)

图 9.34　PI-OAPS 纳米杂化膜微结构的 TEM 照片

第9章 聚酰亚胺微发泡材料

表9.27 POSS-Cl含量对6FDA/HAB聚酰亚胺纳米杂化膜性能的影响[80]

POSS-Cl含量/mol%	T_g/℃①	T_d/℃②	压缩模量/GPa	最大应力/MPa	表面硬度/GPa	电容(1MHz)/(×10¹¹)	理论密度/(g/cm³)	实测密度/(g/cm³)	相对孔隙率/%	介电常数(1MHz)
0	359.3	430.2	1.86±0.08	59.2±7.7	0.15±0.01	2.35±0.19	1.42	1.42±0.04	0	3.35±0.16
10	355.1	415.1	1.85±0.09	45.1±5.1	59.2±7.7	1.91±0.09	1.37	1.30±0.04	5.9	2.83±0.04
22	350.3	407.9	1.20±0.02	22.3±4.9	59.2±7.7	1.14±0.08	1.33	1.19±0.07	12.0	2.67±0.07
35	337.6	405.7	0.61±0.07	11.2±3.9	59.2±7.7	1.16±0.12	1.29	1.12±0.01	15.2	2.40±0.04

① 表示玻璃化温度；
② 表示5%(质量)热失重温度；
③ POSS-Cl和纯PI的密度分别为1.12和1.42g/cm³

表9.28 OFG含量对PMDA/MDA聚酰亚胺PI/OFG纳米杂化膜性能的影响[81]

OFG含量/%(质量)	T_g/℃①	T_d/℃②	CTE/(×10⁻⁶/K)③	压缩模量/GPa	伸长率/%	最大应力/MPa	理论密度④/(g/cm³)	实测密度/(g/cm³)	相对孔隙率/%	总自由体积分数	介电常数(1MHz)
0	350.9	526.9	31.1	2.38±0.02	1.5±0.2	261.2±12	1.370	1.37±0.04	0	0.044	3.19±0.05
3	360.9	504.5	36.1	2.49±0.03	1.7±0.1	328.3±15	1.358	1.29±0.04	5.16	0.116	2.84±0.04
7	362.1	494.4	44.2	2.69±0.03	1.3±0.1	251.2±16	1.352	1.16±0.01	14.44	0.212	2.64±0.03
10	360.3	491.8	48.2	2.80±0.04	1.1±0.2	201.6±14	1.346	1.09±0.03	19.33	0.267	2.56±0.04
15	359.0	471.5	52.4	3.07±0.05	0.6±0.3	155.5±19	1.341	1.02±0.01	24.37	0.319	2.30±0.02

① 由DMA测得；
② 由TGA测得；
③ 由TMA测得；
④ OFG和纯PI的密度分别为1.21和1.37g/cm³

Lee 等[82]利用内径 0.5nm 的空心 POSS 与聚酰亚胺杂化制备出纳米多孔聚酰亚胺薄膜。为增加 POSS 在 PI 中的分散效果,他们首先对 Q8M8H 型 POSS 进行处理,将其与 $M_W=200$g/mol 的聚环氧乙烷(Poly(Ethylene Oxide),PEO)接枝;然后将 PEO-POSS 与 PMDA/ODA 的 PAA 混合;再将 PAA 溶液涂膜,在氮气气氛下程序升温至 300℃,制得厚度为 200μm 的 PI 薄膜;最后在空气中 250℃ 处理 12h、280℃ 处理 4h,得到孔径为 10~40nm 的多孔 PI 薄膜。不同 POSS 含量聚酰亚胺纳米多孔材料的性能如表 9.29 所列。

对气体分离膜来说,现在的聚合物薄膜似乎在产量和选择性的平衡间已达到极限。纯聚合物薄膜通常表现出一些局限性,如低选择性、高温不稳定性和在有机溶剂中的溶胀及降解等。碳分子筛和沸石具有非常突出的渗透性,且选择性明显高于聚合物材料,但成型工艺复杂、成本过高,限制了其在工业中的应用。

Kusworo 等[83]将颗粒尺寸小于 2μm 的 4A 沸石分子筛作为填料加入到聚酰亚胺/聚醚砜共混溶液中,考察了涂膜时不同的剪切速率对薄膜形态和气体分离性能的影响。结果表明,当剪切速率为 581 s^{-1} 时,所制薄膜具有更高的透过率和 O_2/N_2 选择性。

表 9.29 POSS-PEO 含量对 PMDA/ODA 聚酰亚胺纳米多孔材料性能的影响[82]

编号	POSS-PEO 添加量 %(质量)	POSS-PEO 添加量 mol%	软化温度 /℃	5%(质量)热失重温度/℃(空气)	800℃残重/%(质量)(空气)	密度 /(g/cm³)	TEC/ppm (50~250℃)	介电常数
PI-0P	0	0	370	581	0	1.38	38.2	3.25
PI-2P	2	0.0007	368	578	0	1.31	42.3	2.88
PI-5P	5	0.0017	366	565	3	1.18	46.5	2.43
PI-19P	10	0.0034	360	558	5	1.09	55.8	2.25

9.4.3 刻蚀法和萃取法聚酰亚胺纳米多孔材料

除了上述方法外,有研究者利用紫外线或离子束刻蚀聚酰亚胺薄膜[84,85],形成纳米级孔洞,但这类方法通常只能制得通孔,且制品尺寸很小,多用于其他材料成型的模版,如图 9.35 所示[86]。

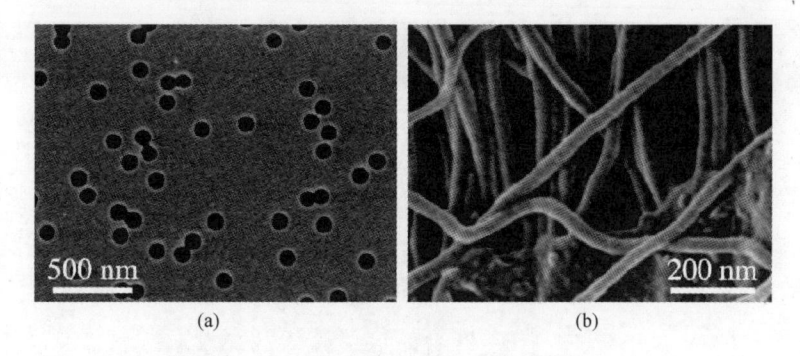

图 9.35 硅片支撑的聚酰亚胺刻蚀模版(a)和
在自支撑聚酰亚胺模版中合成的聚吡咯纳米线(b)[86]

也有研究者[87]利用刻蚀方法:首先制备 SiO_2 杂化 PMDA/ODA 聚酰亚胺薄膜;然后利用 HF 刻蚀除去 SiO_2,制得多孔的聚酰亚胺薄膜,并对其进行了表征。表 9.30 列出这种方法制备的聚酰亚胺薄膜的性能;图 9.36 为不同 SiO_2 含量的聚酰亚胺薄膜刻蚀前后的 TEM 照片。

Kanada 等[88,89]首先将低分子量的聚乙二醇二甲醚(polyethylene glycol dimethylether)加入到聚酰亚胺前驱体溶液中,经低温(90~250℃)预处理完成微相分离;然后利用液体 CO_2 或超临界 CO_2 将薄膜中的分散相萃取除去,形成亚微米级的泡孔;最后高温(270~400℃)酰亚胺化制得聚酰亚胺微发泡材料。这种方法可获得平均孔径为 0.194μm、介电常数为 2.2 的聚酰亚胺微发泡薄膜。

表 9.30 不同 SiO_2 含量的混杂薄膜和多孔薄膜的 TGA、拉伸强度、T_g 和介电常数[87]

SiO_2 含量 /%(质量)	TGA[①]/℃		拉伸强度[②]/MPa		T_g/℃		介电常数	
	混杂膜	多孔膜	混杂膜	多孔膜	混杂膜	多孔膜	混杂膜	多孔膜
0	559.4	—	112.3	—	394.1	—	3.40	—
5	—	—	119.1	105.9	—	—	3.38	2.85
10	—	—	128.7	101.1	—	—	3.35	2.43
15	—	—	121.3	97.3	—	—	3.34	2.29
20	583	560	116.6	93.9	427.5	363.9	3.26	1.84

① TGA,氮气中 5%(质量)热失重对应的温度;
② 拉伸强度,偏差小于等于 3%。

(a) 杂化聚酰亚胺薄膜
(SiO$_2$含量5%(质量))

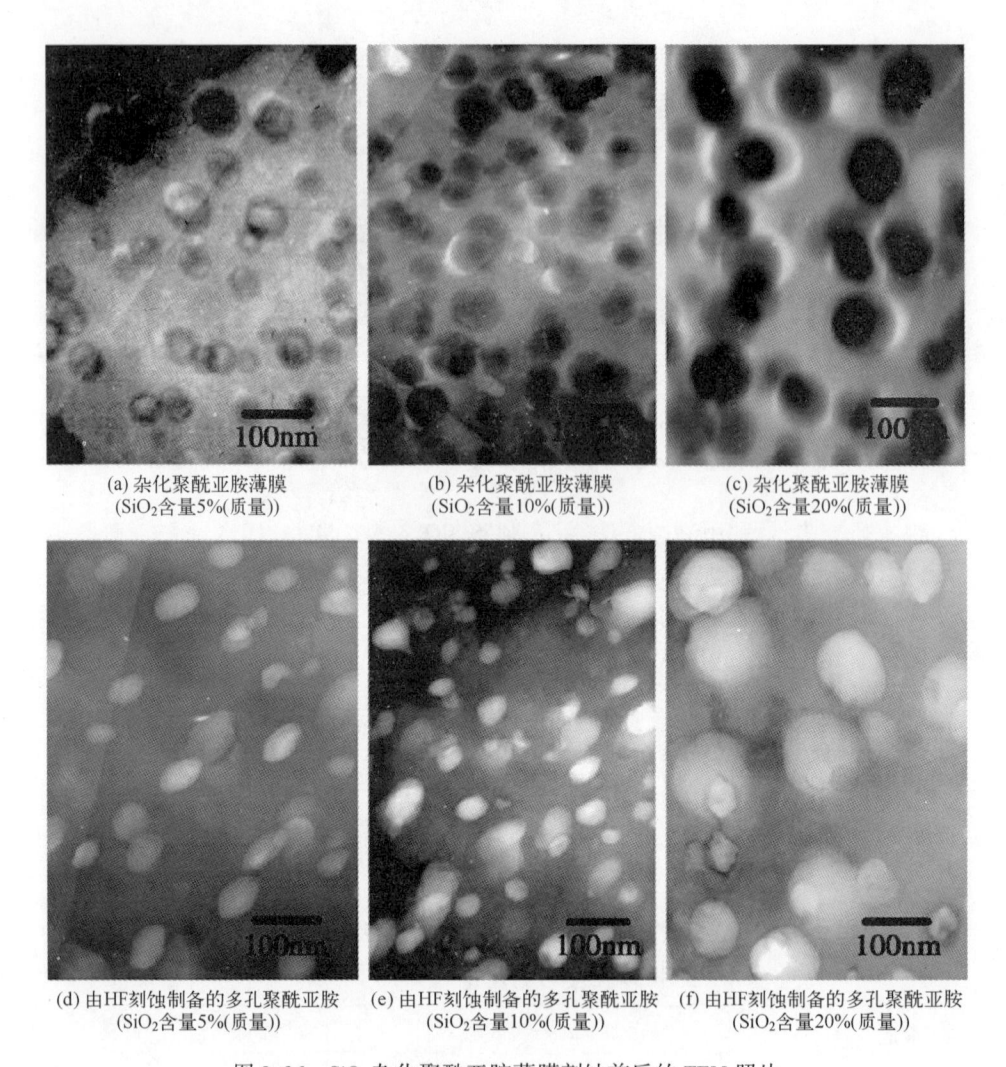

(b) 杂化聚酰亚胺薄膜
(SiO$_2$含量10%(质量))

(c) 杂化聚酰亚胺薄膜
(SiO$_2$含量20%(质量))

(d) 由HF刻蚀制备的多孔聚酰亚胺
(SiO$_2$含量5%(质量))

(e) 由HF刻蚀制备的多孔聚酰亚胺
(SiO$_2$含量10%(质量))

(f) 由HF刻蚀制备的多孔聚酰亚胺
(SiO$_2$含量20%(质量))

图9.36　SiO$_2$杂化聚酰亚胺薄膜刻蚀前后的TEM照片

9.5　商品化聚酰亚胺微发泡多孔材料

目前,商品聚酰亚胺微发泡材料只有日本宇部兴产公司的一种空隙尺寸、通孔率、透气率可控的通孔结构多孔膜,如图9.37所示。其热性能和电性能如表9.31所列。

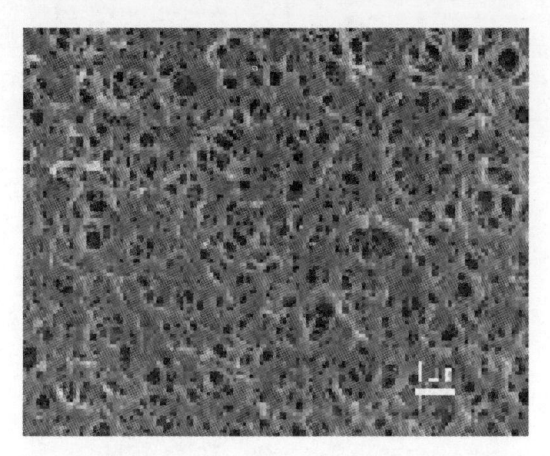

图9.37 宇部兴产多孔聚酰亚胺膜的微结构

表9.31 宇部兴产的多孔膜性能

项目		单位	多孔膜编号				试验方法
			BF301	BP101	BP021	BP011	
表观密度		kg/m³	6~4	34~32	135	270	ASTMD3574(Test A)
T_g		℃	401	401	401	401	DSC(N_2)
5%热分解温度		℃	569	569	569	569	TGA(空气)
脆化温度		℃	<-150	<-150	<-150	<-150	
热导率		W/(m·K)	0.035	0.035	0.044	0.054	ASTM C 518
阻燃性		—	V-0	V-0	V-0	V-0	
极限氧指数		%	51	—	49	—	ASTM D 2863
真空排气性能	TML	%	2.18	—	0.94	1.00	ASTM E595
	WVR		0.05	—	0.01	0.004	
	CVCM		2.25	—	0.81	0.90	
介电常数(1MHz)		—	1.10	—	1.25	—	
介电损耗角正切(1MHz)		—	0.0015	—	0.0025	—	

注:TML为总质量损失;CVCM为收集到的可凝结挥发物;WVR为回收的水蒸气

日本宇部兴产开发的聚酰亚胺多孔膜以二苯基四羧酸二酐(BPDA)和芳香族二胺单体为原料,膜断面方向具有贯通孔,且表面无致密层。膜内具有均质连续微孔,孔隙率为30%~80%,平均孔径为0.01~5μm,膜厚为5~10μm,透气度为30s/100mL~2000s/100mL(按JIS P8117标准,100mL空气在0.879g/mm²下透过膜的秒数)等。该膜具有稳定的化学性能、优良的耐热性和低介电常数,在耐热性二次电池用分离器、耐热过滤器、复印、打印部件、各种传感器部件、电解电容器、气液物质等分离材料、金属微粒子载体、燃料电池电解质浆料载体、高频率信号处理用低电容率电子仪器基板等方面有广泛用途。图 9.38 所示利用这种多孔聚酰亚胺膜制备的燃料电池驱动风扇的照片。

图 9.38　多孔聚酰亚胺膜制备的燃料电池驱动风扇实验照片

此外,日本宇部兴产还采用同样的独创技术在研究开发与此膜相近的另一种膜,内部保持有均质多孔质结构,且膜两表面具有微米级致密结构的多孔膜。

9.6　拟解决的关键问题

经过近二十余年的发展,人们对聚酰亚胺微发泡材料的制备方法、结构与性能间的关系已有了一定的认识。近年来,除作为超低介电常数绝缘层材料应用于微电子领域外,人们还致力于将聚酰亚胺微发泡材料应用于气体分离、燃料电池隔膜等领域。此外,人们还将聚酰亚胺微发泡材料作为原材料,在适当的条件下碳化或石墨化制备多孔碳膜,这类材料有望用于制作高导电率的电极、气体或液体分离膜和储氢材料[90,91]。

但是,聚酰亚胺微发泡材料还存在成型工艺复杂、制备周期长、难以批量化生产等问题。此外,不同应用领域对聚酰亚胺微发泡材料的泡孔结构、尺寸和尺寸分布的要求差异很大。这些问题都限制了聚酰亚胺微发泡材料的深入研究和工业化应用。

参 考 文 献

[1]　Miller R D. In Search of Low-k Dielectrics[J]. Science,1999,286(5439):421-423.
[2]　Maier G. Low Dielectric Constant Polymers for Microelectronics[J]. Progress in Polymer Science,2001,26(1):3-65.

[3] 伊夫斯 大卫.泡沫材料手册[M].周南桥,彭响方,谢小莉,等译.北京:化学工业出版社,2006:229-251.

[4] 奥尔莫 特凯尔文 T. 微孔塑料成型技术[M]. 张玉霞,译.北京:化学工业出版社,2004:1-15.

[5] Hedrick J L, Labadie J, Russell T P, et al. High Temperature Polymer Foams[J]. Polymer, 1993,34(22):4717-4726.

[6] Hedrick J L, Russell T P, Labadie J, et al. High Temperature Nanofoams Derived From Rigid and Semi-rigid Polymers[J]. Polymer, 1995,36(14):2685-2697.

[7] Charlier Y, Hedrick J L, Russell T P, et al. High Temperature Polymer Nanofoams Based on Amorphous, High T_g Polyimides[J]. Polymer, 1995,36(5):987-1002.

[8] Charlier Y, Hedrick J L, Russell T P, et al. Crosslinked Polyimide Foams Derived from Pyromelliticdianhydride and 1,1-Bis(4-Aminophenyl)-1-phenyl-2,2,3-trifluoroethane with Poly(α-methylstyrene) [J]. Polymer, 1995,36(6):1315-1320.

[9] Charlier Y, Hedrick J L, Russell T P. Polyimide Foams Prepared from Homopolymer/Copolymer Mixtures[J]. Polymer, 1995,36(23):4529-4534.

[10] Hedrick J L, DiPietro R, Plummer C J G, et al. Polyimide Foams Derived from a High T_g Polyimide with Grafted Poly(α-methylstyrene)[J]. Polymer, 1996,37(23):5229-5236.

[11] Hedrick J L, Hawker C J, DiPietro R, et al. Use of Styrenic Copolymers to Generate Polyimide Nanofoams[J]. Polymer, 1995,36(25):4855-4866.

[12] Hedrick J L, Carter K R, Cha H J, et al. High-temperature Polyimide Nanofoams for Microelectronic applications[J]. Reactive and Functional Polymers, 1996,30(1-3):43-53.

[13] Hedrick J L, Charlier Y, DiPietro R, et al. High T_g Polyimide Nanofoams Derived from Pyromelliticdianhydride and 1,1-Bis(4-aminophenyl)-1-phenyl-2,2,2-trifluoroethane [J]. Journal of Polymer Science, Part A:Polymer Chemistry, 1996,34(14):2867-2877.

[14] Carter K R, DiPietro R A, Sanchez M I, et al. Polyimide Nanofoams Based on Ordered Polyimides Derived from Poly(Amic Alkyl Esters):PMDA/4-BDAF[J]. Chemistry of Materials, 1997,9(1):105-118.

[15] Fodor J S, Briber R M, Russell T P, et al. Transmission Electron Microscopy of 3F/PMDA-polypropylene Oxide Triblock Copolymer Based Nanofoams[J]. Journal of Polymer Science, Part B:Polymer Physics, 1997,35(7):1067-1076.

[16] Hedrick J L, Carter K R, Richter R, et al. Polyimide Nanofoams from Aliphatic Polyester-Based Copolymers[J]. Chemistry of Materials, 1998,10(1):39-49.

[17] Fodor J S, Briber R M, Russell T P, et al. Non-Uniform Composition Profiles in Thin Film Polymericnanofoams[J]. Polymer, 1999,40(10):2547-2553.

[18] Carter K R, DiPietro R A, Sanchez M I, et al. Nanoporous Polyimides Derived from Highly Fluorinated Polyimide/Poly(Propylene Oxide) Copolymers[J]. Chemistry of Materials, 2001, 13:213-221.

[19] Do Jin-Sek, Zhu Baoku, Han Sang Hyup, et al. Synthesis of Poly(Propylene Glycol)-Grafted

Polyimide Precursors and Preparation of Nanoporous Polyimides[J]. Polymer International, 2004,53(80):1040-1046.

[20] Han S H, Do J S, Kader M. A, et al. Preparation and Characterization of a Polyimide Nanofoam through Grafting of Labile Poly(Propylene Glycol) Oligomer[J]. Polymers for Advanced Technologies,2004,15(70):370-376.

[21] Shahram M A, Samaneh S. Structure-property Relationships of Low Dielectric Constant, Nanoporous, Thermally Stable Polyimides Via Grafting of Poly(Propylene Glycol) Oligomers[J]. Polymers for Advanced Technologies,2008,19(7):889-894.

[22] Kim D W, Hwang S S, Hong S M, et al. Optimization of Foaming Process Using Triblock Polyimides with Thermally Labile Blocks[J]. Polymer,2001,42(1):83-92.

[23] Hedrick J L, Carter K R, Labadie J W, et al. Nanoporous Polyimides. Advances in Polymer Science[M]. in Kricheldorf H R. Progress in Polyimide Chemistry II. Heidelberg:Springer Berlin, 1999,V141:2-43.

[24] Hedrick J L, DiPetro R, Charlier Y, et al. Polyimide Foams Derived From Poly(4,4'-oxydiphenylpyromellitimide) and Poly(alpha-methylstyrene)[J]. High Performance Polymers,1995,7(2):133-147.

[25] 殷敬华,莫志深.现代高分子物理学(下册)[M].北京:科学出版社,2001:511-534.

[26] 莫志深,张宏放.晶态聚合物结构和X射线衍射[M].北京:科学出版社,2003:316-320.

[27] Sanchez M I, Hedrick J L, Russell T P. Nanofoam Porosity by Infrared Spectroscopy[J]. Journal of Polymer Science Part B:Polymer Physics,1995,33(2):253-257.

[28] Plummer C J G, Hilborn J G, Hedrick J L. Transmission Electron Microscopy Methods for the Determination of Void Content in Polyimide Thin Film Nanofoams[J]. Polymer,1995,36(12):2485-2489.

[29] Hedrick J L, Brown H R, Volksen W, et al. Low-stress Polyimide Block Copolymers[J]. Polymer,1997,38(3):605-613.

[30] Cha H J, Hedrick J, DiPietro R A, et al. Structures and Dielectric Properties of Thin Polyimide Films with Nano-Foam Morphology[J]. Applied Physics Letters,1996,68(14):1930-1932.

[31] Kantor Y, Bergman D J. The Optical Properties of Cermets from the Theory of Electrostaticresonances[J]. Journal of Physic C:Solid State Physic. 1982,15(9):2033-2042.

[32] Hedrick J L, Carter K, Sanchez M, et al. Crosslinked Polyimide Foams Derived from Poly(Imidepropylene Oxide) Copolymers[J]. Macromolecular Chemistry and Physics. 1997,198(2):549-559.

[33] Takeichi T, Zuo M, Ito A. Preparation and Properties of Porous Polyimide Films[J]. High Performance Polymers,1999,11(1):1-14.

[34] Takeichi T, Yamazaki Y, Zuo M, et al. Preparation of Porous Carbon Films by the Pyrolysis of Poly(urethane-imide) Films and Their Pore Characteristics[J]. Carbon,2001,39(2):257-265.

[35] Kim D W, Kang Y, Jin M Y, et al. Porous Polyimide Films Prepared by Thermolysis of

Porogens with Hyperbranched Structure[J]. Journal of Applied Polymer Science,2004,93(4): 1711-1718.

[36] Chung C M,Lee J H,Cho S Y,et al. Preparation of Porous Thin Films of a Partially Aliphatic polyimide[J]. Journal of Applied Polymer Science,2006,101(1):532-538.

[37] Krause B,Koops Ge H,van der Vegt NFA,et al. Ultralow-k Dielectrics Made by Supercritical Foaming of Thin Polymer Films[J]. Advanced Materials,2002,14(15):1041-1046.

[38] Krause B,Mettinkhof R,Van der Vegt NFA,et al. Microcellular Foaming of Amorphous High-tg polymers Using Carbon Dioxide[J]. Macromolecules,2001,34(4):874-884.

[39] Krause B,Sijbesma H J P,Münüklü P,et al. Bicontinuous Nanoporous Polymers by Carbon Dioxide foaming [J]. Macromolecules,2001,34(25):8792-8801.

[40] Krause B,Diekmann K,Van der Vegt NFA,et al. Open Nanoporous Morphologies from Polymeric Blends by Carbon Dioxide Foaming[J]. Macromolecules,2002,35(5):1738-1745.

[41] Shen D,Liu J,Yang H,et al. Highly Thermally Resistant and Flexible Polyimide Aerogels Containing rigid-rod biphenyl,Benzimidazole and Triphenylpyridine Moieties:Synthesis and Characterization[J]. Chemistry Letter,2013,42:1545-1547.

[42] Rhyne W,Wang J,Begag R. Polyimide Aerogels,Carbon Aerogels,and Metal Carbide Aerogels and Methods of Making Same:WO2004009673[P]. 2004-01-29.

[43] Chidambareswarapattar C,Larimore Z,Sotiriou-Leventis C,et al. One-Step Room-Temperature Synthesis of Fibrous Polyimide Aerogels from Anhydrides and Isocyanates and Conversion to Isomorphic Carbons[J]. Journal of Materials Chemistry, 2010,20:9666-9678.

[44] Leventis N,Sotiriou-Leventis C,Mohite D P,et al. Polyimide Aerogels by Ring-Opening Metathesis Polymerization (ROMP) [J]. Chemistry of Materials,2011,23:2250-2261.

[45] Kawagishi K,Saito H,Furukawa H,et al. Superior Nanoporous Polyimides Via Supercritical CO_2 Drying of Jungle-gym-type Polyimide Gels[J]. Macromolecular Rapid Communications, 2007,28:96-100.

[46] Guo H,Meador M A B,McCorkle L,et al. Polyimide Aerogels Cross-Linked Through Amine Functionalized Polyoligomeric Silsesquioxane[J]. ACS Applied Materials & Interfaces,2011, 3:546-552.

[47] Meador M A B,Malow E J,Silva R,et al. Mechanically Strong, Flexible Polyimide Aerogels Cross-linked with Aromatic Triamine[J]. ACS Applied Materials & Interfaces,2012,4:536-544.

[48] Meador M A B,Alemán C R,Hanson K,et al. Polyimide Aerogels with Amide Cross-links:a Low Cost Alternative for Mechanically Strong Polymer Aerogels[J]. ACS Applied Materials & Interfaces,2015,7:1240-1249.

[49] Shen D,Liu J,Yang H,et al. Highly Thermally Resistant and Flexible Polyimide Aerogels Containing rigid-rod biphenyl,Benzimidazole and Triphenylpyridine Moieties:Synthesis and Characterization[J]. Chemistry Letter,2013,42:1545-1547.

[50] Wang Q,Mynar J L,Yoshida M,et al. High-Water-Content Mouldable Hydrogels by Mixing

[51] Zhang Y F, Fan W, Huang Y P, et al. Graphene/Carbon Aerogels Derived from Graphene crosslinked Polyimide as Electrode Materials for Supercapacitors[J]. RSC Advances,2015,5(2):1301-1308.

[52] Jiang Y, Zhang T, Wang K, et al. Synthesis and Characterization of Rigid and Thermostable Polyimide Aerogel Crosslinked with Tri(3-Aminophenyl) Phosphine Oxide[J]. Journal of Porous Materials,2017,24(5):1353-1362.

[53] Guo H, Meador M A B, McCorkle L, et al. Tailoring Properties of Cross-Linked Polyimide Aerogels for Better Moisture Resistance, Flexibility, and Strength[J]. ACS Applied Materials & Interfaces,2012,4(10):5422-5429.

[54] Meador MAB, Wright S, Sandberg A, et al. Low Dielectric Polyimide Aerogels as Substrates for Lightweight Patch Antennas[J]. ACS Applied Materials & Interfaces,2012,4:6346-6353.

[55] Yi L, Yun L U, Yao W S, et al. Polyimide Aerogels Crosslinked with Chemically Modified Graphene Oxide[J]. ActaPhysico-ChimicaSinica 2015,31(6):1179-1185.

[56] Kim J, Kwon J, Kim S-I, et al. One-step Synthesis of Nano-Porous Monolithic Polyimide Aerogel[J]. Microporous and Mesoporous Materials 2016,234:35-42.

[57] Pinnau I, Wind J, Peinemann K V. Ultrathin Multicomponent Poly(Ether Sulfone) Membranes for Gas Separation Made by Dry/Wet Phase Inversion[J]. Industrial & Engineering Chemistry Research,1990,29(10):2028-2032.

[58] Pinnau I, Koros W J. Influence of Quench Medium on the Structures and Gas Permeation Properties of Polysulfone Membranes Made by Wet and Dry/Wet Phase Inversion[J]. Journal of Membrane Science,1992,71(1-2):81-96.

[59] Pesek S C, Koros W J. Aqueous Quenched Asymmetric Polysulfone Membranes Prepared by Dry/wet Phase Separation[J]. Journal of Membrane Science,1993,81(1-2):71-88.

[60] Kawakami H, Mikawa M, Nacaoka S. Gas Permeability and Selectivity Through Asymmetric Polyimide Membranes[J]. Journal of Applied Polymer Science,1996,62(7):965-971.

[61] Kawakami H, Mikawa M, Nagaoka S. Gas transport properties in Thermally Cured Aromatic Polyimide Membranes[J]. Journal of Membrane Science,1996,118(2):223-230.

[62] Kawakami H, Mikawa M, Nagaoka S. Formation of Surface Skin Layer of Ssymmetric Polyimide Membranes and their Gas Transport Properties[J]. Journal of Membrane Science,1997,137(1-2):241-251.

[63] Kawakami H, Mikawa M, Nagaoka S. Gas Transport Properties of Asymmetric Polyimide Membrane with an Ultrathin Surface Skin Layer[J]. Macromolecules,1998,31(19):6636-6638.

[64] Kawakami H, Nakajima K, Nagaoka S. Gas Separation Characteristics of Isomeric Polyimide Membrane Prepared under Shearstress[J]. Journal of Membrane Science, 2003, 211(2):291-298.

[65] Kawakami H, Nakajima K, Shimizu H, et al. Gas Permeation Stability of Asymmetric Polyimide Membrane with Thin Skin Layer: Effect of Polyimidestructure [J]. Journal of Membrane

Science,2003,212(1-2):195-203.

[66] Mikawa M, Nagaoka S, Kawakami H. Gas Permeation Stability of Asymmetric Polyimide Membrane with Thin Skin Layer: Effect of Molecular Weight of Polyimide[J]. Journal of Membrane Science,2002,208(1-2):405-414.

[67] Niwa M, Kawakami H, Kanamori T,et al. Gas Separation of Asymmetric 6FDA Polyimide Membrane with Oriented Surface Skin Layer[J]. Macromolecules,2001,34(26):9039-9044.

[68] Iwase M, Sannomiya A, Nagaoka S,et al. Gas Permeation Properties of Asymmetric Polyimide Membranes with Partially Carbonized Skin Layer [J]. Macromolecules, 2004, 37 (18): 6892-6897.

[69] Sannomiya A, Nagaoka S, Suzuki Y, et al. Gas Diffusion and Solubility in He+-irradiated Asymmetric Polyimide Membranes[J]. Polymer,2006,47(19):6585-6591.

[70] Sasaki T, Nagaoka S, Tezuka T, et al. Preparation of Novel Organic-inorganic Nanoporousmembranes[J]. Polymers for Advanced Technologies. 2005,16(9):698-701.

[71] Shimizu H, Kawakami H, Nagaoka S. Membrane Formation Mechanism and Permeation Properties of a Novel Porous Polyimide Membrane[J]. Polymers for Advanced Technologies,2002,13(5):370-380.

[72] Matsuyama H, Nakagawa K, Maki T, et al. Studies on Phase Separation Rate in Porous Polyimide Membrane Formation by Immersion Precipitation[J]. Journal of Applied Polymer Science,2003,90(1):292-296.

[73] Taketani Y, Nagaoka S, Kawakami H. Fabrication of Three-dimensionally Ordered Microporous Membrane by Wet Phase Separation[J]. Journal of Applied Polymer Science,2004,92(5):3016-3021.

[74] Mikawa M, Seki N, Nagaoka S, et al. Structure and Gas Permeability of Asymmetric Polyimide Membranes Made by Dry-wet Phase Inversion: Influence of Alcohol as Casting Solution[J]. Journal of Polymer Science: Part B: Polymer Physics,2007,45(19):2739-2746.

[75] Han Xutong, Tian Ye, Wang Lihua, et al. Ordered Porous Films Based on Fluorinated Polyimide Derived from 2,2'-Bis(3,4-dicarboxyphenyl) Hexafluoropropane Dianhydride and 3,3'-Dimethyl- 4, 4' - Diaminodiphenylmethane [J]. European Polymer Journal, 2007, 43 (10): 4382-4388.

[76] Ohya S, Fujii Y, Yao S,et al. Polyimide Porous Film: US20030018094 A1[P],2003-1-23.

[77] O'Neill ML, Robeson LM, Burgoyne WF Jr, et al. Nanoporous Polymer Filems for Extreme Low and Interlayer Dielectrics: US187248 B1[P],2001-2-13.

[78] Huang J, Lim P C, Shen L, et al. Cubic Silsesquioxane - Polyimide Nanocomposites with Improved Thermomechanical and Dielectric Properties[J]. Acta Materialia, 2005, 53 (8): 2395-2404.

[79] Huanga J, Hea C, Xiao Y, et al. Polyimide/POSS Nanocomposites: Interfacial Interaction, Thermal Properties and Mechanical Properties[J]. Polymer,2003,44(16):4491-4499.

[80] Leu CM, Chang Y T, Wei K H. Polyimide-Side-Chain Tethered Polyhedral Oligomeric Sils-

[81] esquioxane Nanocomposites for Low-dielectric Film Applications[J]. Chemistry of Materials, 2003,15(19):3721-3727.

[81] Ye Y S, Chen W Y, Wang Y Z. Synthesis and Properties of Low-Dielectric-Constant Polyimides with Introduced Reactive Fluorine Polyhedral Oligomeric Silsesquioxanes[J]. Journal of Polymer Science:Part A:Polymer Chemistry,2006,44(18):5391-5402.

[82] Lee Y J, Huang J M, Kuo S W, et al. Low-dielectric, Nanoporous Polyimide Films Prepared from PEO-POSS Nanoparticles[J]. Polymer,2005,46(23):10056-10065.

[83] Kusworo T D, Ismail A F, Mustafa A, et al. Dependence of Membrane Morphology and Performance on Preparation Conditions:The Shear Rate Effect in Membrane Casting[J]. Separation and Purification Technology,2008,61(3):249-257.

[84] Suzuki Y, Maekawa Y, Yoshida M, et al. Ion-Beam-Induced Dual-Tone Imaging of Polyimide via Two-step Imidization[J]. Chemistry of Materials,2002,14:4186-4191.

[85] Park S, Wang J Y, Kim B, et al. A simple Route to Highly Oriented and Ordered Nanoporous Block Copolymer Templates[J]. Nano,2008,2(4):766-772.

[86] Ferain E, Legras R. Track-etch Templates Designed for Micro and Nanofabrication[J]. Nuclear Instruments and Methods in Physics Research B,2003,208(1-4):115-122.

[87] Jiang LZ, Liu J G, Wu D Z, et al. A Methodology for the Preparation of Nanoporous Polyimide Films with Low Dielectric Constants[J]. Thin Solid Films,2006,510(1-2):241-246.

[88] Kanada M, Fukuoka T, Kinjou N. Process for Producing Porous Polyimide Resin and Porous Polyimide Resin:US20040101626 A1[P],2004-5-27.

[89] Kanada M, Yamamoto T, Mochizuki A, et al. Process for Producing Porous Polyimide and Porous Polyimide:US6372808 B1[P],2002-4-16.

[90] Barsema J N, Klijnstra S D, Balster J H, et al. Intermediate Polymer to Carbon Gas Separation membranes based on MatrimidPI[J]. Journal of Membrane Science, 2004, 238(1-2): 93-102.

[91] Barsema J N, Kapantaidakis G C, van der Vegt N F A, et al. Preparation and Characterization of Highly Selective Dense and Hollow Fiber Asymmetric Membranes Based on BTDA-TDI/MDI Co-Polyimide[J]. Journal of Membrane Science,2003,216(1-2):195-205.

附　　录

附录1　典型聚酰亚胺泡沫材料品牌与性能

根据公开资料,将典型聚酰亚胺泡沫介绍如表F.1~表F.8所列。

表F.1　DuPont™ Vespel® SF 聚酰亚胺泡沫材料性[1]

性　能	测试方法	SF-0920	SF-0930	SF-0940
密度/(kg/m^3)	ASTM D 3574 E	150±50	300±100	500±10
极限抗拉强度/MPa	ASTM D 3574 E	0.425	4.40	26.0
拉伸模量/MPa	ASTM D 3574 E	—	106.7	521.2
断裂伸长率/%	ASTM D 3574 E	—	7.94	9.08
变形20%压缩强度/MPa	ASTM D 3574 C	0.12	1.76	32.4
变形40%压缩强度/MPa	ASTM D 3574 C	0.20	3.80	52.70
压缩模量/MPa	ASTM D 1621	—	1.64	320.60
变形10%压缩强度/MPa	ASTM D 1621	—	2.0	25.4
变形20%压缩强度/MPa	ASTM D 1621	—	3.4	41.0
介电常数	ASTM D 1673	1.11	1.39	1.90
连续使用温度/℃	—	300	300	300
室温热导率/(W/(m·K))	ASTM C 518	0.033-0.036	0.0467	0.0657

表F.2　NASA® 聚酰亚胺泡沫材料性能[2]

性　能	测试方法	TEEK-HH	TEEK-HL	TEEK-LL	TEEK-CL
密度/(kg/m^3)	ASTM D-3574(A)	80	32	32	32
10%热失重温度/℃		518	267	516	528
50%热失重温度/℃	—	524	522	524	535
100%热失重温度/℃		580	578	561	630
室温热导率/(W/(m·K))	ASTM C 518	0.038	0.036	0.042	0.036
开孔率/%	ASTM D 6226	80.6	97.5	94.7	—
玻璃化温度/℃	—	237	237	281	321
极限氧指数/%	ASTM D 2863	49	42	49	46
弯曲强度/MPa	ASTM D 790	0.275	0.048	0.17	—
室温拉伸强度/MPa	ASTM C 273	1.36	1.24	—	—

表 F.3 Solimide® 聚酰亚胺泡沫材料性能[3]

性 能	测试方法	TA-301	AC-550	AC-530	HT-340	Densified HT	TA-301-DODI
密度/(kg/m³)	ASTM D-3574(A)	7.05	7.05	5.61	6.41	32	7.05
玻璃化温度/℃	—						
热导率/(W/(m·K))	ASTM C-518	0.043	0.045	0.045	0.046	0.032	0.042
压缩强度/MPa	Boeing BMS 8-300(AC550) ASTM D3574B (AC530, TA-301-DODI)	—	压缩变形25%时 0.00483	压缩变形25%时 0.00217		压缩变形20%时 0.0221	压缩变形50%时 0.009
断裂拉伸强度/MPa	ASTM D3574E	0.059	0.059	0.055	0.048	—	0.06
火焰蔓延指数	ASTM E162	2.0	2.0	2.0	1.0		≥5.0
极限氧指数/%	ASTM D2863	—	30	≥30			
空气中最高使用温度/℃	—	200	200	200	300	300	
降噪系数	ASTM C423 and E795	0.75(25mm厚) 0.9(50mm厚)	0.75(25mm厚)	0.7(25mm厚) 0.9(50mm厚)	0.65(25mm厚) 0.8(50mm厚)		0.7(25mm厚) 0.85(50mm厚)

表 F.4 UBE® 聚酰亚胺泡沫材料性能[4]

性 能	测试方法	BF301	BP101	BP021	BP011	BF303	BP103	BP023	BP013
密度/(kg/m³)	ASTM D-3574(A)	6~4	34~23	135	270	6~11	23~34	135	270
玻璃化温度/℃	—	401	401	401	401	360	360	360	360
5%热失重温度/℃	—	569	569	569	569	485	485	485	485
脆化温度/℃	—	<-150	<-150	<-150	<-150	<-150	<-150	<-150	<-150
热导率/(W/(m·K))	ASTM C 518	0.035	0.035	0.044	0.054	0.034	0.034	0.047	0.054
TML/%(真空总质损)	ASTM E 595	2.18	—	0.94	1.00	0.86			
CVCM/%(可凝挥发物)	ASTM E 595	0.05		0.01	0.004	0.21			
WVR/%(水汽回吸量)	ASTM E 595	2.25		0.81	0.90	0.18	—	—	—

（续）

性 能	测试方法	BF301	BP101	BP021	BP011	BF303	BP103	BP023	BP013
拉伸强度/MPa	ASTM D 3574E	0.1	0.3	1.3	2.5	0.1	0.3	2.0	2.5
弹性模量/MPa	ASTM D 3574E	0.25	0.77	11.5	51.4	0.5	1.0	13	51
断裂伸长率/%	ASTM D 3574E	35	33	23	19	17	17	17	17
弯曲弹性模量/MPa	—	—	—	18.6	141.9	—	—	19	142
发泡倍率	—	180~200	40~60	10	5	120~225	40~60	10	5
燃烧性能	—	V-0	V-0	V-0	V-0	V-0	V-0	V-0	V-0
极限氧指数/%	ASTM D 2863	51	—	49	—	48	—	—	—

表 F.5 Rohacell® 聚酰亚胺泡沫材料性能[5]

性 能	测试方法	31A	51A	71A	51HERO	71HERO	110HERO	150HERO	200HERO
密度/(kg/m³)	ISO 845	32	52	75	52	75	110	150	205
压缩强度/MPa	ISO 844	0.4	0.9	1.5	0.6	1.1	2.5	4.3	7.1
拉伸强度/MPa	ISO 527-2	1.0	1.9	2.8	2.6	4.1	6.3	8.8	12.3
弹性模量/MPa	ISO 527-2	36	70	92	—	—	—	—	—
剪切强度/MPa	ASTM C273	0.4	0.8	1.3	0.7	1.3	2.3	3.5	5.2
剪切模量/MPa	ASTM C273	13	19	29	22	28	50	75	109
断裂点形变/%	ISO 527-2	3	3	3	8	9.5	9.9	10.3	10.8
热膨胀系数/($10^{-4}K^{-1}$)	—	3.7	3.33	3.52	—	—	—	—	—
压缩模量/MPa	ISO 844	—	—	—	32	48	83	124	180
最大剪切应变/%	ASTM C273	—	—	—	7.0	7.2	7.2	7.2	7.2

表 F.6 Alcan® 聚酰亚胺泡沫材料性能[6]

性 能	R82 60	R82 80	R82 110
密度/(kg/m³)	60	80	110
平面压缩强度/MPa	0.7	1.1	1.4
压缩弹性模量/MPa	46	62	83
拉伸强度/MPa	1.7	2.0	2.2
拉伸弹性模量/MPa	45	54	65
剪切强度/MPa	0.8	1.1	1.4

(续)

性 能	R82 60	R82 80	R82 110
剪切弹性模量/MPa	18	23	30
断裂伸长率/%	20	18	18
缺口冲击强度/(kJ/m^2)	1.0	1.3	1.4
室温热导率/(W/(m·K))	0.036	0.037	0.040

表 F.7　Sordal® 聚酰亚胺泡沫材料性能[7]

性 能	Rexfoam		
密度/(kg/m^3)	128	96	48
热导率/(W/(m·K))	−4℃:0.033 18℃:0.036 24℃:0.036 38℃:0.038 66℃:0.040 93℃:0.044	−4℃:0.032 18℃:0.034 24℃:0.035 38℃:0.036 66℃:0.039 93℃:0.042	−4℃:0.030 18℃:0.032 24℃:0.035 38℃:0.036 66℃:0.039 93℃:0.043
最高使用温度/℃	315	315	315
压缩强度/MPa	1.68	0.92	0.28
10%变形压缩强度/MPa	0.65	0.45	0.19
极限氧指数/%	46	45	43
闭孔率/%	75	75	75
水蒸气渗透性/(g/(Pa·s·m))	0.7×10^{-9}	0.7×10^{-9}	5.1×10^{-9}
一氧化碳释放量/10^{-6}	点燃62.5;不点燃1	点燃62.5;不点燃1	点燃62.5;不点燃1
氟化氢释放量/10^{-6}	点燃0;不点燃0	点燃0;不点燃0	点燃0;不点燃0
氯化氢释放量/10^{-6}	点燃1;不点燃1	点燃1;不点燃1	点燃1;不点燃1
氧化氮产物释放量/10^{-6}	点燃4.5;不点燃1;	点燃4.5;不点燃1	点燃4.5;不点燃1
二氧化硫释放量/10^{-6}	点燃0;不点燃0	点燃0;不点燃0	点燃0;不点燃0
氰化氢释放量/10^{-6}	点燃2;不点燃1	点燃2;不点燃1	点燃2;不点燃1

表 F.8　日本 I.S.T 公司的电磁波吸收 SKYBOND® 聚酰亚胺泡沫材料特性[8]

项 目	TYPE 1	TYPE 2	测试方法
发泡倍率	10	5	
密度/(kg/m^3)	125	250	—
5%热失重温度/℃	453(空气环境)	453(空气环境)	TGA
玻璃化温度/℃	330	330	DMA
拉伸强度/MPa	0.8	2.8	ISO 1926

附 录

(续)

项　目		TYPE 1	TYPE 2	测试方法
拉伸模量/MPa		34	100	ISO 1926
弯曲强度/MPa		0.8	2.9	JIS K 7074
弯曲模量/MPa		27	140	JIS K 7074
10%变形压缩强度(静态)/MPa		0.24	1.39	JIS K 7220
10%变形压缩强度(冲击)/MPa		0.44	1.86	分离式霍普金森压杆法
燃烧性能		V-0	V-0	UL-94
极限氧指数/%		41.3	42.0	ASTM D 2863
热导率/(W/(m·K))		0.037	0.044	JIS A 1412-2
介电常数	1MHz	1.07	1.26	JIS K 6911:2006
	1GHz	1.20	1.40	分离介质谐振器法
	10GHz	1.20	1.40	分离介质谐振器法
损耗正切	1MHz	0.0003	0.0018	JIS K 6911:2006
	1GHz	0.0028	0.0045	分离介质谐振器法
	10GHz	0.0045	0.0069	分离介质谐振器法

注：表中数据不保证准确，仅供参考

参 考 文 献

[1] DuPont de Nemours and Company. The Miracles of Science[DB/OL]. [2017-09-17]. http://www.dupont.com/content/dam/dupont/products-and-services/plastics-polymers-and-resins/parts-and-shapes/vespel/documents/Vespel_SF.pdf.

[2] Martha Kay Bodden-Williams. A Study of the Properties of High Temperature Polyimide Foams [D]. Melboarne:Florida Institute of Technology,2003.

[3] BOYD Corporation[OL]. [2018-06-20]. http://www.boydcorp.com/soli.html.

[4] UBE Industries. LTD. 航空宇宙材料开发室 [DB/OL]. [2017-09-17]. http://www.upilex.jp/e_index.html.

[5] Evonik Foams Inc. Evonik Resource Efficiency GmbH[DB/OL]. [2017-09-17]. http://www.rohacell.com/sites/lists/RE/DocumentsHP/Rohacell% 20HERO% 20Product% 20Information.pdf.

[6] 何桢,张广成,礼崇明,等. 聚醚酰亚胺塑料的研究进展[J]. 工程塑料应用,2010,38(12):84-87.

[7] Sordal Inc. Rexfoam-the-data[DB/OL]. [2017-09-17]. http://www.sordal.com.

[8] I. S. T. Corporation. Properties of Skybond Foam [OL]. [2018-06-20]. https://www.istcovp.jp/en/industrial_matenial/skybond-foam/

363

附录2 材料名称缩写对照表

缩写	中文名称	缩写	中文名称
3,3'-DDS	3,3'-二氨基二苯基砜	DIAP	偶氮二甲酸二异丙酯
3,4'-ODA	3,4'-二氨基二苯醚	DMAc	N,N'-二甲基乙酰胺
3-BAPB	4,4'-二(3-氨基苯氧基)联苯	DMF	N,N'-二甲基甲酰胺
4,3-BAPS	4-二(3-双氨基苯氧基)苯基砜	DMMP	有机磷阻燃剂
4,4'-DDS	4,4'-二氨基二苯基砜	DMSO	二甲基亚砜
4,4-BAPS	4-二(4-双氨基苯氧基)二苯基砜	DSDA	3,3',4,4'-联苯基砜四羧基二酐
4,4'-ODA	4,4'-二氨基二苯醚	IPDI	异佛尔酮二异氰酸酯
4-BAPB	4,4'-二(4-氨基苯氧基)联苯	MA	丙烯酸
Ag-Fe$_3$O$_4$	四氧化三铁粒子接枝银纳米线表面的核壳纳米线	MAA	甲基丙烯酸
		MAN	甲基丙烯腈
AgNSs	银纳米球	MDA	二氨基二苯甲烷
AgNWPs	银纳米线-银微米片	MDI	二苯基甲烷二异氰酸酯
AgNWs	银纳米线	MEKP	过氧化甲乙酮
AIBN	偶氮二异丁腈	MPA	聚酰亚胺气凝胶块体
AN	丙烯腈	m-PDA	间苯二胺
APB	1,3-二(3-氨基苯氧基)苯	NA	降冰片二酸酐
BAPP	2,2-二[4-(4-氨基苯氧基)苯基]丙烷(双酚A二胺)	NMP	N-甲基吡咯烷酮
BAX	二苯胺基对二甲苯	OAPS	八氨苯基倍半硅氧烷
BMI	双马来酰亚胺	ODA	二氨基二苯醚
BPADA	2,2-二[4-(3,4-苯氧基苯基)]丙烷二酐(双酚A型二酸二酐)	ODPA	3,3',4,4'-二苯醚四酸二酐
BPB	1,3-二(4-氨基苯氧基)苯	PAA	聚酰胺酸
BPDA	3,3',4,4'-联苯基四羧基二酐	PAE	聚酰胺酯
BPO	过氧化苯甲酰	PAPI	多苯基多异氰酸酯
BTC	1,3,5-三酰氯苯	PBI	聚苯并咪唑
BTDA	3,3',4,4'-二苯甲酮四羧酸二酐	PEG	聚乙二醇
CTBN	端羧基丁氰橡胶	PEGM	聚乙二醇二甲醚(Polyethylene glycol dimethylether)
DADE	二酸二酯	PEO	聚环氧乙烷
DAP	二氨基吡啶	PMDA	均苯四酸二酐
DC-193	硅油-193	PMI	聚甲基丙烯酰亚胺

（续）

缩　写	中 文 名 称	缩　写	中 文 名 称
PMMA	聚甲基丙烯酸甲酯	TAIC	三烯丙基异氰尿酸酯
poly(lactides)	聚丙交酯	TBA	三丁基胺
poly(lactones)	聚内酯	TDI	甲苯二异氰酸酯
POSS	聚倍半硅氧烷	TEA	三乙胺
p-PDA	对苯二胺	THF	四氢呋喃
PPO	聚环氧丙烷	TMXDI	四甲基苯二亚甲基二异氰酸酯
PU	聚氨酯	TOA	三辛烷胺
PαMS	聚α-甲基苯乙烯	XDI	苯二亚基二异氰酸酯
R-OH	醇	α-BPDA	2,3,3',4'-联苯四羧酸二酐
TA	四羧酸	α-BPDE	苯二亚基二异氰酸酯
TAB	1,3,5-三氨基苯氧基苯		

内 容 简 介

先进聚酰亚胺泡沫材料是支撑航空航天、舰艇、国防和微电子等尖端技术领域的重要新型耐高温轻质功能材料，可推动聚合物材料科学与技术发展。本书以"863"计划新材料技术领域"高性能结构材料专题项目"和多项航天基金项目的研究成果为基础，重点介绍聚酰亚胺泡沫材料的组分、化学结构、发泡原理、制备工艺方法和性能，以及增强聚酰亚胺泡沫材料和吸声、隔热聚酰亚胺泡沫材料，尽可能覆盖聚酰亚胺泡沫材料的广泛信息。本书力求技术先进性和工艺应用性，全面反映聚酰亚胺泡沫材料的国内外最新研究成果，以及该方向拟解决的科学问题。

本书适用于从事先进高分子材料、高分子物理、高分子加工工程、复合材料等领域的研究人员、工程技术和企业科研管理人员，以及大学生、研究生等阅读和参考。

Advanced polyimide foam is a kind of high-temperature resistant and light weight functional materials, which is supporting the development of aeronautics, astronautics, marine, national defense and micro-electronics domains. This book is based on some research results of a High-performance Structural Materials Project of new materials technology field supported by the National High Technology Research and Development Program("863" Program) of China, and some projects supported by aerospace foundation. This book place emphasis on the components, chemical structures, foaming mechanisms, preparation technologies and processes, as well as properties of polyimide foams. It also covered other information about polyimide foams, such as information of reinforced polyimide foams, acoustic absorbed polyimide foams and heat insulation polyimide foams. This book attempt to reflect technical advancement and practicality of polyimide foams, introduced the latest research achievements at home and abroad about polyimide foams, as well as the scientific problems needed to be solved in this research direction.

This book provide enough reference information to the researchers who are working on advanced polymer materials, polymer physics, polymer processing engineering, and composite materials. It is also can be used as a reference book for related graduate and college students.

(a) AC-550

(b) AC-530

(c) TA-301

(d) HT340

(e) Densified HT

Solimide 聚酰亚胺泡沫

风速传感器

火星探测者机器人的车轮

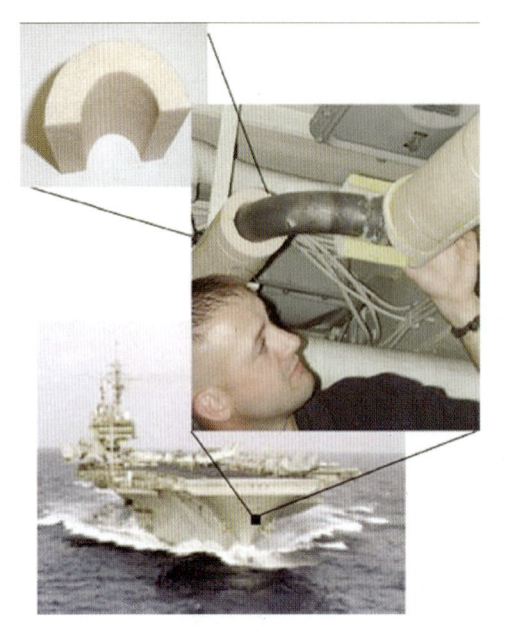

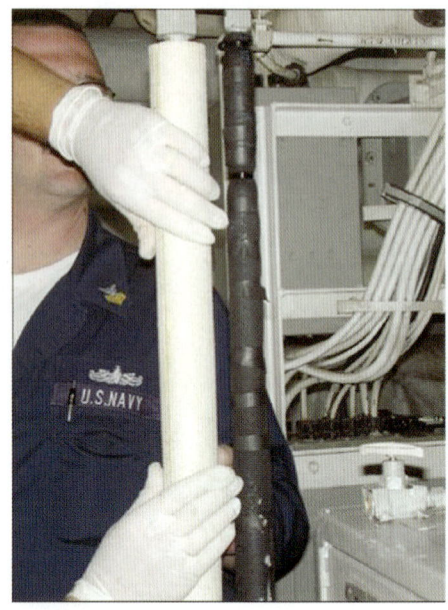

Rexfoam™聚酰亚胺泡沫在船舶上的应用

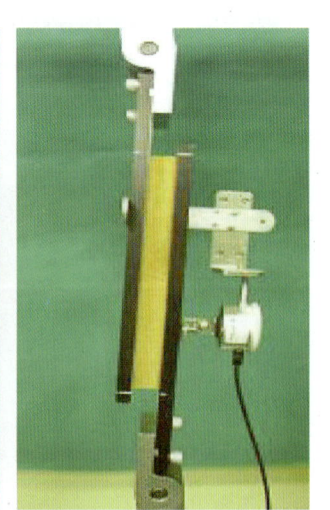

(a) 拉伸　　　　　　(b) 压缩　　　　　　(c) 剪切

聚酰亚胺泡沫力学性能测试装置

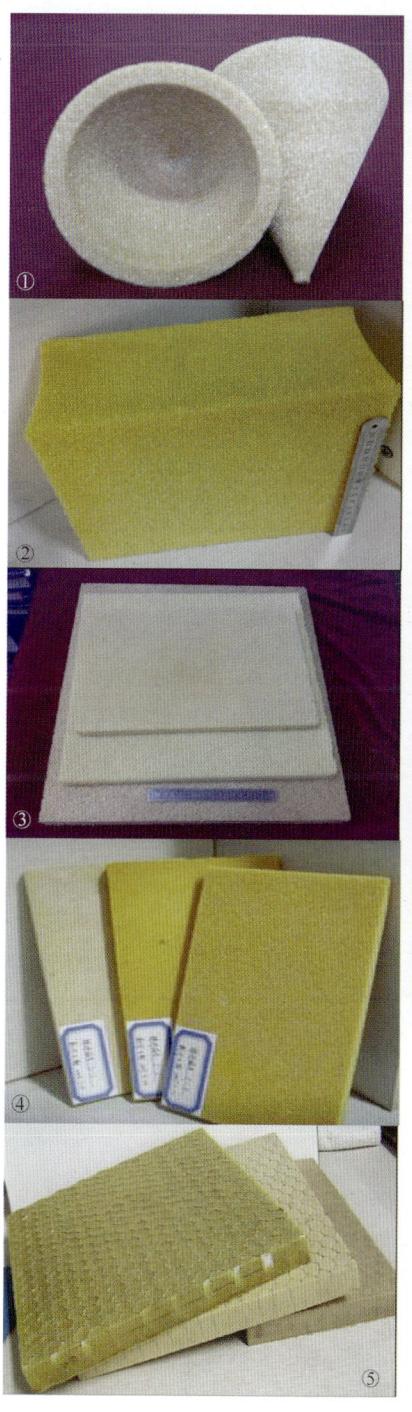

①雷达罩衬套缩比件；
②块状泡沫；
③板状泡沫Ⅰ；
④板状泡沫Ⅱ；
⑤蜂窝增强泡沫复合材料；
⑥大型泡沫样件。

北京航空航天大学制品

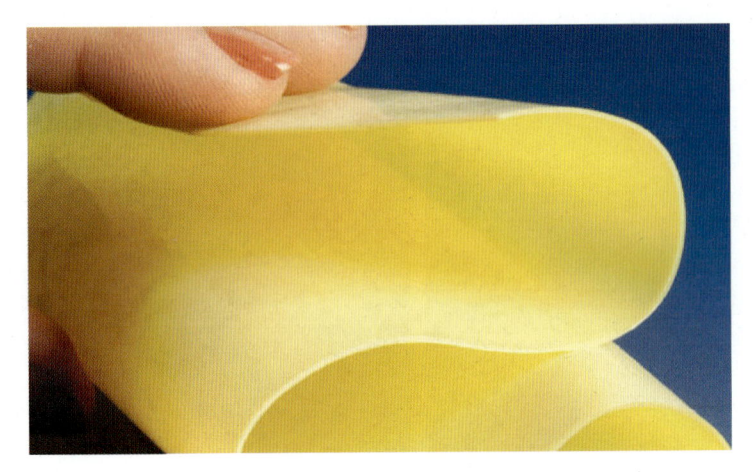

美国航空航天局格伦研究中心聚酰亚胺气凝胶

SKYBOND® 的厚 200μm 聚酰亚胺泡沫片和厚 15cm 聚酰亚胺泡沫块

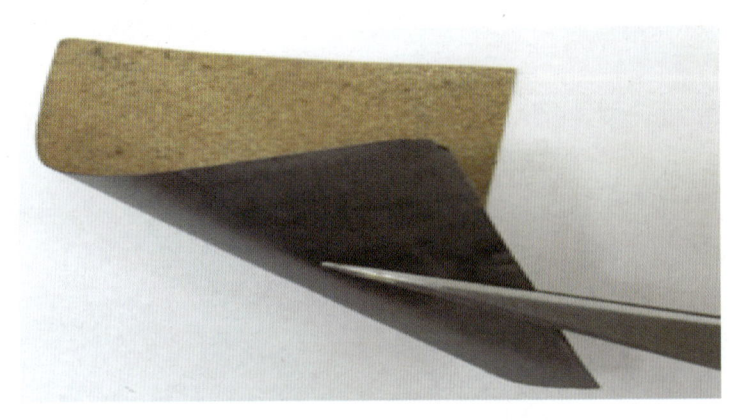

聚酰亚胺泡沫-石墨薄层层合高隔热散热片